U0805726

科学出版社“十四五”普通高等教育本科规划教材

遥感技术基础与应用

（第三版）

张安定　主编

吴孟泉　孔祥生　王大鹏　曹建荣　贾维花　编著

科学出版社

北　京

内 容 简 介

本书是一本全面、系统介绍遥感技术基本原理、技术方法和主要应用的基础教材。全书主要内容包括绪论、遥感电磁辐射基础、传感器及其成像方式、遥感卫星及其运行特点、微波遥感、遥感图像处理、遥感图像的目视解译、遥感图像的计算机分类、遥感技术的应用。

本书可作为地理科学、地理信息科学、测绘工程、遥感科学与技术，以及农学、林学等相关专业本科生教材，也可供相关专业研究生、教师和科研工作者参考。

审图号：GS 京（2025）0812 号

图书在版编目（CIP）数据

遥感技术基础与应用 / 张安定主编. -- 3 版. --北京 ：科学出版社，2025. 6. --（科学出版社“十四五”普通高等教育本科规划教材）. -- ISBN 978-7-03-082214-7

Ⅰ. TP7

中国国家版本馆 CIP 数据核字第 2025ND6969 号

责任编辑：杨　红 / 责任校对：任云峰
责任印制：张　伟 / 封面设计：有道文化

科学出版社出版
北京东黄城根北街 16 号
邮政编码：100717
http://www.sciencep.com
天津市新科印刷有限公司印刷
科学出版社发行　各地新华书店经销
*
2014 年 3 月第 一 版　开本：787×1092　1/16
2020 年 3 月第 二 版　印张：15 3/4
2025 年 6 月第 三 版　字数：364 000
2025 年 6 月第十五次印刷

定价：59.00 元

（如有印装质量问题，我社负责调换）

第三版前言

本次修订保持原教材的体系与结构不变，仅对第二版中的第一、第四和第七章的部分内容做了修订，具体修改如下。

（1）对第一章中的“遥感技术发展历史”部分做了适当的补充和完善，加入了一些具体且具有代表性的时间节点和相关事件，使遥感发展的历史脉络更加清晰、内容更加充实，同时介绍了一些遥感卫星的新信息。

（2）在第四章修订中，首先，对 NOAA 系列卫星、FY 系列卫星、RADARSAT 系列卫星以及我国的 HY 系列卫星等内容进行了适时的更新，力争教材内容能反映出近年来遥感卫星发展的最新进展。其次，在陆地卫星中，增加了成像模式具有鲜明特点的 ALOS 系列卫星；在海洋卫星中，新增了 Sentinel-3、Sentinel-6 等新一代海洋测高卫星，旨在反映海洋卫星在传感器和成像方式等方面的发展成就。

（3）在第七章修订中，以图文并重的形式，重点加强了原教材中“热红外图像的解译”和“雷达图像的解译”两部分内容。共增加 10 幅热红外和雷达图像，使读者对图像解译的理解更为具体和直观。

另外，本书在每章增加了自测题，读者可通过微信扫描每章思考题后的二维码进行在线自测。

本次修订过程中，一些高校教师和研究人员提出了宝贵意见和建议，在此表示衷心的感谢！限于时间，再版教材中难免还存在不足之处，恳请读者批评指正。

作　者

2024 年 12 月

第二版前言

《遥感技术基础与应用》自 2014 年出版以来，得到了广大读者的普遍认同与肯定，并被全国许多大学相关专业作为教材使用。

党的二十大报告指出："教育是国之大计、党之大计。培养什么人、怎样培养人、为谁培养人是教育的根本问题。"作为承载学科知识传播、促进学科发展、体现学科教学内容和要求的载体，教材是落实立德树人根本任务和提高人才培养质量的重要保证。近年来，遥感技术日新月异，应用领域不断扩展与深入，第一版教材中的部分内容需要及时更新。另外，我们在多年的教材使用过程中发现，教材中的一些重点、难点内容需要作进一步的充实和完善。基于上述考虑，为保持教材内容的先进性、满足读者多层次的需求，我们对第一版教材进行了修订。

此次修订保持原教材体系与结构不变，重点对第一、第四、第六和第九章做了适当修订，其他章节没有变化。具体修订内容为：第一章从遥感数据获取手段、遥感数据的计算机处理、遥感综合应用以及遥感卫星的商业化、市场化、产业化等方面，对遥感技术发展趋势作了较为全面的补充；第四章对气象、陆地和海洋三大系列卫星的相关内容进行了修订，新增了中国的"资源系列"和"高分系列"卫星，使读者能更全面了解我国遥感技术取得的巨大成就；第六章对"辐射定标"和"大气校正"两个重点难点内容进行了充实，并增加了"地面辐射校正场建设及其意义"等内容；第九章新增了"遥感在其他方面的应用"一节，内容包括遥感在考古和测绘两个方面的应用。

本书在修订过程中，一些同行与读者提出了很多有益的建议，在此深表感谢。

由于水平所限，第二版教材中不足之处在所难免，恳请广大读者批评指正。

本书配套有试题库，如采用本书作为教材可发信至 dx@mail.sciencep.com 免费索取。

作　者

2023 年 6 月

第一版前言

现代遥感技术使人类有能力从更高、更广的宇宙空间，以多维、多尺度的综合视角，获取更加丰富的地表信息，从而实现对地球环境的深入理解和认识。遥感技术宏观、综合、动态、快速的特点，使其在国民经济和社会发展的诸多领域得到了广泛应用，并逐步呈现出前所未有的强大生命力和广阔的应用前景，成为人类认识世界的新方法和新手段。

随着遥感技术的发展和遥感应用领域的不断拓展，遥感教育也得到了相应的发展。自20世纪80年代初期我国在高等学校开设遥感概论选修课以来，先后培养出了大批遥感方面的科研和教学人才，对促进我国遥感技术的发展起到了重要作用。目前，遥感已经逐步成为地学、测绘以及农学、林学等相关专业的重点课程。与此同时，遥感教材建设也备受关注，许多优秀教材在人才培养过程中发挥了重要作用。

本书是作者结合自身的教学实践，在深入学习和广泛参阅国内外优秀遥感教材以及相关论著、专业论文的基础上编写而成的，是一本全面、系统介绍遥感技术基本原理、技术方法和主要应用的基础教材。作为基础教材，内容的完整性和系统性是第一位的。全书以遥感技术过程为主线，以遥感电磁辐射理论为基础，把传感器及其成像方式、遥感平台、图像处理、图像解译、遥感应用等几个遥感子过程依次串联起来，并对其中的关键技术从原理和技术方法两个层面做了全面、系统的阐述。

微波遥感是未来遥感发展的重要方向，具有广泛的应用前景，因此教材把微波遥感单列为一章，并从成像原理、图像特征等多个方面对微波成像系统做了比同类教材更为全面、系统的论述，这也是本书的一个突出特点。

遥感的最终目的在于应用。因为遥感技术的应用领域越来越广泛，任何教材都不可能全部涵盖，所以在遥感技术的应用一章中，我们主要从资源、环境、灾害三个视角，介绍了遥感技术的具体应用。其中，既有原理和技术方法的分析，又辅以国内外典型的应用案例，力争使读者进一步加深对所学理论知识的理解，缩短理论与实践之间的距离。

本书在编写过程中，通过大量图表加强对概念和原理的重点解读，而对涉及的数学模型或算法则力求简单明晰。同时，教材紧密结合遥感技术的新进展，对相关内容进行了更新，并重点在遥感应用部分融入了一些最新的研究成果。

全书共分为九章。其中第一、六章由张安定编写；第二章由贾维花编写；第三、四章由曹建荣编写；第五章由孔祥生编写；第七、八章由王大鹏编写；第九章由吴孟泉编写。全书由张安定统稿。书中全部插图由仲少云老师精心绘制，在此表示感谢。由于作者水平所限，书中难免有许多不足之处，敬请读者批评指正。

作　者

2013 年 10 月

目　　录

第一章 绪　论

遥感是20世纪60年代在航空摄影测量的基础上兴起并迅速发展起来的一门综合性探测技术。本章主要介绍遥感的定义、遥感的过程、遥感技术的特点以及遥感的分类等基础知识，在此基础上，简要总结和分析了遥感技术的发展历史与发展趋势。学习本章要深刻理解遥感技术宏观观测能力强、动态监测优势明显、探测手段多样等特点。

第一节 遥感与遥感技术过程

一、遥感的定义

遥感一词来源于英文“remote sensing”，从字面上可理解为“遥远的感知”。准确地说，遥感是指从高空或外层空间，通过飞机或卫星等运载工具所携带的传感器，“遥远”地采集目标对象的数据，并通过数据的处理、分析，获取目标对象的属性、空间分布特征或时空变化规律的一门科学和技术。在日常生活中，人们通过视觉功能获得周围环境信息的过程非常类似遥感的过程，从这个意义上说，人的视觉系统就是一个“遥感”系统（图1.1）。

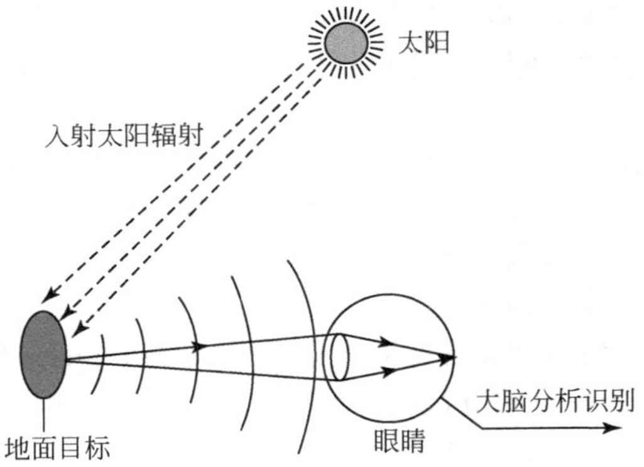

图1.1　人的视觉系统示意图

遥感是一种远距离的、非接触的目标探测技术和方法。广义的遥感泛指一切无接触的远距离探测，包括对电磁场、力场、机械波（声波、地震波）等的探测。因为力场、声波、地震波等探测手段通常被划到物理探测，即物探的范畴，所以，只有电磁波探测属于遥感的范畴，这是一种狭义的理解。

二、遥感技术过程

遥感技术过程由数据获取，数据传输、接收和处理，数据解译、分析与应用三部分组成，这三部分是遥感技术过程相辅相成、不可分割的三个阶段。

（一）数据获取

遥感技术的任务首先是数据获取，即通过不同的遥感系统来获取目标对象的数据。这里所说的遥感系统是指由遥感平台（remote sensing platform）和传感器（sensor）共同组成的数据获取系统。其中，传感器是接收并记录目标对象反射或自身发射电磁辐射能量的仪器，是数据获取的核心部件，如摄影机、扫描仪等；遥感平台则是搭载传感器的空中移动载体，如飞机、卫星等。遥感平台和传感器的多种组合，为现代遥感技术提供了多样化的数据获取手段。

遥感技术是通过电磁波传递并获取地球表面信息的。太阳是遥感最主要的电磁辐射源，其波谱范围很宽，由紫外线、可见光、红外线等不同辐射波段综合组成。透过大气层到

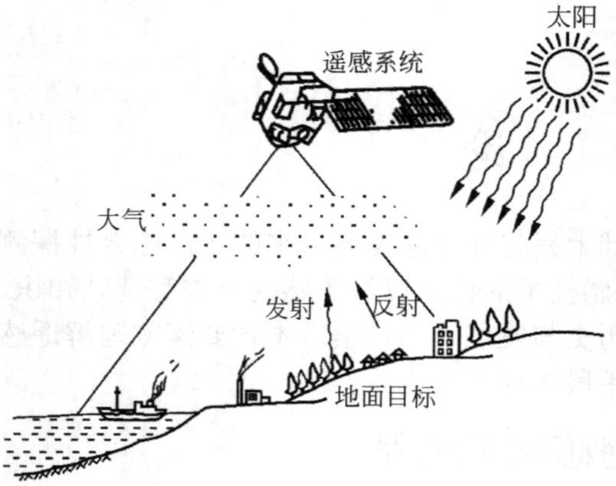

图 1.2　遥感数据获取过程示意图

达地表的太阳辐射与地表发生相互作用，作用的结果是不同波长的电磁波被选择性地反射、吸收、透射。地表反射或发射的电磁辐射再次通过大气层被传感器以成像方式或非成像方式储存在不同的介质上，得到最初的遥感数据产品，从而完成遥感数据的获取过程。除太阳外，地球本身以及其他人工辐射源也都是遥感重要的辐射源。图 1.2 是遥感数据获取过程示意图。

（二）数据传输、接收和处理

遥感卫星地面站是接收、处理、存档和分发各类遥感卫星数据的技术系统，由地面数据接收、记录系统和图像数据处理系统两部分组成。

地面站接收观测数据时，如果卫星处在地面站的覆盖范围之内，通常采用卫星实时传送、地面站实时接收的数据传输方式；如果卫星超出地面接收站所能覆盖到的范围，则采用数据记录器（mission data recorder，MDR）和跟踪数据中继卫星（tracking and data relay satellite，TDRS）两种方式传输数据。MDR 是先把数据记录下来，当卫星进入地面站覆盖范围后，再把数据回放出来进行接收，显然这是一种非实时传输方式。而 TDRS 则是一种间接的实时传输方式。例如，美国国家航空航天局（National Aeronautics and Space Administration，NASA）在西经 41°和西经 171°的赤道上空发射了两颗跟踪数据中继卫星。来自 TDRS 的数据由设在美国新墨西哥州的白沙（White Sands）地面站接收，该接收站再将接收到的数据通过通信卫星传送到戈达德航天中心（Goddard Space Flight Center，GSFC）进行处理，由此实现对全球数据的实时传送。

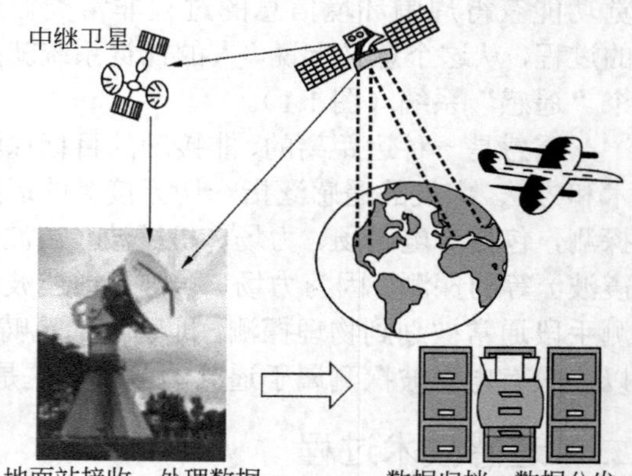

图 1.3　遥感数据传输、接收和处理示意图

地面站接收到的数据存在各种误差和变形，图像数据处理系统负责对接收和记录的原始遥感数据做一系列辐射校正和几何校正处理，消除畸变，并根据用户的要求，制作成一定规格的图像胶片和数据产品，作为商品提供给用户。图 1.3 为遥感数据传输、接收和处理示意图。

中国遥感卫星地面站 1986 年建成并投入运行，现建有密云、喀什、三亚、昆明、北极 5 个卫星接收站，具有覆盖我国全部领土和亚洲 70%陆地区域的卫星数据实时接收能力，以及全球卫星数据的快速获取能力。

（三）数据解译、分析与应用

用户从地面站得到数据后，根据需要对数据进行进一步的处理，然后对数据进行解译，从中提取专题信息。地面目标的种类及其所处环境条件的差异，往往导致其具有不同的反射或辐射电磁波信息的特性，遥感技术正是利用地物的这种特性，达到获取地物信息并识别其属性的目的。数据的解译主要有两种形式：一种是目视解译；另一种是利用计算机自动识别和提取专题信息。

遥感的最终目的在于应用。不同用户根据解译获得的专题信息，对研究对象进行深入分析，获得对事物或现象更深层次的理解，揭示规律，解决特定问题。遥感应用非常广泛，涉及资源环境、环境监测、国土整治、区域规划和全球变化等诸多领域，在第九章中将会详细介绍。

纵观遥感技术的全过程，不难看出：①从系统的角度分析，我们可以把遥感技术过程看成一个大系统，而这个大系统是由数据获取（传感器与遥感平台的组合）、数据传输、数据接收与处理等若干个子系统组成的。②数据获取是遥感技术的核心，其广泛涉及物理学、电子学、空间科学、信息科学等领域的技术方法；数据传输、接收和处理过程中广泛运用数学、计算机科学等方面的理论与方法；而遥感应用则是遥感的基本出发点和最终目的，它主要以地学规律为基本分析方法，广泛运用地球科学、生物科学等学科知识。因此，可以认为遥感是一门以物理手段、数学方法和地学分析为基础的综合性应用学科。

第二节　遥感技术的特点与分类

一、遥感技术的特点

（一）宏观观测能力强

遥感技术获取的图像数据的空间范围比地面观测的空间范围要大得多，且不受地形地貌的影响。一张比例尺为 1∶35000 的 23cm×23cm 的航空像片，可反映出 60 多平方千米的地表综合景观实况；一幅陆地卫星 TM 图像的面积可达 34225km^2，极轨气象卫星在一条轨道的扫描宽度可达 2800km，每天都可以得到覆盖全球的资料；一颗地球静止卫星的观测面积可达 1.7 亿 km^2，约为地球表面积的 1/3。由此可见，遥感技术可以从不同的空间尺度上实现大范围、多尺度的对地观测，不仅拓宽了人们的视觉空间，为宏观地掌握地面事物的现状情况创造了极为有利的条件，同时也为宏观研究自然现象和规律提供了宝贵的第一手资料。

（二）动态监测优势明显

遥感卫星按照一定的周期，通过获取同一地区不同时间的遥感数据，实现动态监测地表事物或现象的目的。极轨 NOAA 卫星每天可以接收到两次覆盖全球的图像，如采用双星系统，同一地点每天可以获取四次过境资料；静止气象卫星对同一地点每隔 20～30min 可获得一次观测资料，重复观测的周期更短。由此可见，遥感技术通过对地表周期性的重复观测，使人们能快速掌握地表事物的变化，并在此基础上分析和研究事物变化的规律、发展趋势，进而为区域经济和社会发展决策提供科学支持，这就是遥感动态监测。遥感动态监测具有数据获取速度快、数据一致性和对比性强的突出优势，这是传统方法无法比拟的。

遥感动态监测的能力取决于卫星的重复观测周期，周期越短，动态监测能力越强。地表环境要素变化的时间尺度不同，对遥感卫星重复观测周期的要求也不同。台风、森林火灾、江河洪水等短期现象的动态监测，选择覆盖范围大、周期短的气象卫星最为理想；土地利用变化、城市扩张、农作物长势等动态监测，选择 Landsat、SPOT 等卫星即可。

（三）探测手段多样，数据量大

遥感技术通过不同遥感平台和传感器的组合，产生了多种探测手段和技术方法。现代遥感技术不仅能利用可见光波段探测物体，而且能利用人眼看不见的紫外线、红外线和微波波段进行探测；不仅能探测地表的性质，而且可以探测到目标物的一定深度。某些波段具有对云、雾、冰、植被、干沙土等的穿透性，可深化对被测目标的认识。微波波段还具有全天候工作的能力。

多种探测手段使遥感技术获取的数据类型多样化。在遥感应用研究中，用户可以发挥各种遥感数据多样化的特点和优势，通过数据类型的优势互补，为遥感数据的综合分析与信息提取、深入研究地表事物和现象提供重要保障。

遥感技术所获取的数据量极大，如一幅 Landsat 卫星的 ETM 图像，仅空间分辨率为 30m 的 6 个波段的多光谱数据量，就可达到 6000×6600×6×1byte=237600000bytes，即 237.6MB，大大超过了传统方法所获取的数据量。对同一地区而言，通过多尺度、周期性获取的各种类型的遥感数据已足以构成海量数据，这些数据中蕴含着丰富的地表环境要素信息，是地学研究的重要信息源。

（四）数据具有综合性与可比性

遥感数据是地表瞬间各种自然要素和人文要素的真实再现，和其他数据尤其是地图数据相比，没有经过任何的取舍，因此具有很强的综合性，可以满足不同用户的多种需求。遥感探测所获取的是同一时段、覆盖大范围地区的遥感数据，这些数据综合展现了地球上的自然与人文现象，宏观反映了地球上各种事物的形态与分布，真实再现了地质、地貌、土壤、植被、水文、人工构筑物等地物的特征，全面揭示了地理事物之间的关联性，并且这些数据在时间上具有相同的现势性和可比性。

以上是遥感技术的主要特点，正是因为这些突出特点，应用遥感技术可以节约大量的人力、物力和财力，也必然产生极高的经济效益和社会效益。仅以美国 Landsat 卫星为例，据专家估计，其经济投入与所取得的综合效益相比，至少可以达到 1∶80。

基于以上遥感技术的突出特点，近年来遥感技术的应用领域越来越广泛，人们对遥感技术的应用前景也有了更高的期待，“遥感”一词也因此在各种媒体上频频出现，普通人对其也不陌生了。

二、遥感的分类

（一）按遥感平台分类

（1）宇航遥感：宇航遥感主要指在地球大气层以外的宇宙空间，利用太空平台（以人造卫星为主体，包括载人飞船、航天飞机、太空站和各种行星探测器）上的探测器对行星进行探测的遥感技术系统。

（2）航天遥感：航天遥感泛指以各种太空飞行器为平台的遥感技术系统，以地球人造卫星为主体，包括载人飞船、航天飞机和太空站。卫星遥感（satellite remote sensing）为航天遥感的组成部分，以人造地球卫星作为遥感平台，主要利用卫星对地球和低层大气进行光学和电子观测。

（3）航空遥感：航空遥感泛指从飞机、飞艇、气球等空中平台对地观测的遥感技术系统。其特点是灵活性大，图像分辨率高，且历史悠久，形成了完整的理论和应用体系。

（4）地面遥感：地面遥感主要指以高塔、车、船为平台的遥感技术系统，其主要任务是测定地物的光谱特性及其变化规律，试验各种传感器的性能，为遥感工作提供经验和基础。

（二）按遥感所利用的电磁波谱段分类

（1）紫外遥感：探测波段在 0.05～0.4μm 的遥感称为紫外遥感。因为大多数地物在该波段的反差较小，仅部分地物，如萤石和石油在此波段可以表现出来，所以紫外遥感除在石油普查探测中可以发挥一定作用外，在其他领域很少使用。此外，由于大气层中臭氧对紫外线的强烈吸收和散射作用，紫外遥感通常在2000m高度以下范围进行。

（2）可见光/反射红外遥感：可见光/反射红外遥感主要指利用可见光（0.4～0.76μm）和近红外（0.7～2.5μm）波段的遥感技术。前者是人眼可见的波段，后者是反射红外波段，人眼虽不能直接观察到，但其信息能被特殊的传感器所接收。它们共同的特点是：辐射源都是太阳，也都是根据地物对太阳辐射的反射率的差异获取地面目标的信息。此外，它们都可以通过摄影和扫描两种方式成像。

（3）热红外遥感：热红外遥感指通过红外敏感元件探测物体的热辐射能量，显示目标的辐射温度或热场图像的遥感技术。热红外遥感的探测范围通常在8～14μm，常温下（约300K）地物热辐射能量的绝大部分都集中在这一范围，且在此波段地物自身的热辐射能量远大于其对太阳辐射的反射能量。热红外遥感还具有昼夜工作的能力。

（4）微波遥感：微波遥感指利用波长为1～1000mm的电磁波遥感的统称。微波遥感通过接收地面物体发射的微波辐射能量，或接收遥感仪器本身发出的电磁波束的回波信号，对物体进行探测、识别和分析。其突出特点是具有穿透云雾以及全天候、全天时工作的能力。

（三）按传感器的工作原理分类

（1）主动遥感（active remote sensing）：主动遥感指传感器带有能发射信号（电磁波）的辐射源，工作时向目标物发射信号，接收目标物反射这种辐射波的强度，如侧视雷达。

（2）被动遥感（passive remote sensing）：被动遥感指传感器记录地表反射的太阳辐射或自身发射的热辐射。

主动遥感和被动遥感示意图如图1.4所示。

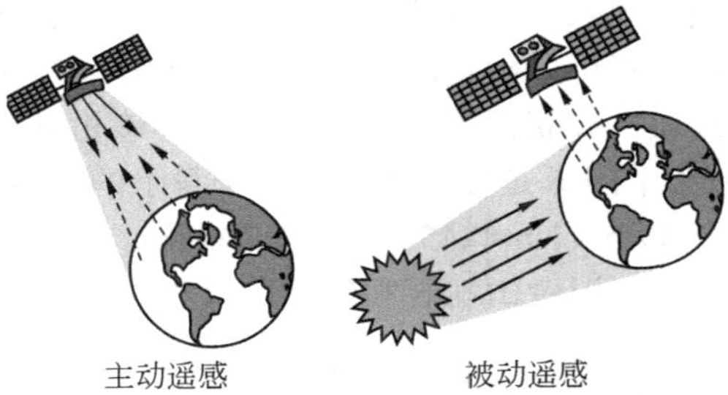

图1.4 主动遥感和被动遥感示意图

（四）按遥感资料的获取方式分类

（1）成像方式遥感：成像方式就是把所探测的地物辐射的电磁波强度，用深浅不同的色调构成图像，如航空像片、卫星图像等。

（2）非成像方式遥感：非成像方式是以数据、曲线等形式记录目标物反射或发射的电磁辐射的各种物理参数。

（五）按遥感应用领域分类

根据用户具体应用情况，可将遥感分为环境遥感、城市遥感、农业遥感、林业遥感、海洋遥感、地质遥感、气象遥感和军事遥感等。

第三节 遥感技术的发展历史与展望

一、遥感技术的发展历史

“遥感”这一科学术语最早是1960年由美国学者普鲁伊特提出的，之后于1961年在美国密歇根大学召开的一次国际学术研讨会上得到了学者们的认同，从此遥感这门新的学科就诞生了。事实上，在“遥感”一词出现以前，就已经有了遥感技术，遥感的渊源可以追溯到很久以前。

（一）遥感思想的萌芽阶段（1610～1858年）

如果说人类最早的遥感意识是懂得凭借人的眼、耳、鼻等感觉器官来感知周围环境的形、声、味等信息，从而辨认出周围物体的属性和位置分布，那么人类自古以来就在想方设法不断地扩大自身的感知能力和范围。古代神话中的“千里眼”“顺风耳”即是人类这种意识的表达和流露，体现了人们梦寐以求的美好幻想。

1610 年意大利科学家伽利略利用自己研制的望远镜对月球的首次观测，可视为是遥感的最初尝试和实践。1824 年摄影技术的发明标志着早期遥感技术的诞生，1826 年法国科学家尼普斯拍摄的第一张永久照片“窗外的景色”则是遥感成果的首次展示。

（二）空中摄影阶段（1858～1903 年）

早期人类的各种摄影活动都是在地面上进行的，直到 1858 年法国摄影师图纳乔用系留气球拍摄了法国一个小村庄的鸟瞰像片，人类才开始了航空摄影，比普鲁伊特提出“遥感”一词早了一个世纪。1860 年 10 月 13 日，美国人布莱克与金，乘坐气球上升到 1200ft（1ft=0.3048m）的高度，拍摄了波士顿市部分地区的像片，这是保存最古老的空中摄影照片。

19 世纪末至 20 世纪初，在军事侦察中开始使用安装在风筝、鸽子上的相机获取地面目标图像。1888 年 5 月，被誉为“风筝航空摄影之父”的法国人巴图使用风筝拍摄了他的第一张空中照片：直接连接到风筝上的相机有一个高度计，可以对胶片上的曝光高度进行编码，这样就可以确定图像的比例。1903 年，摄影师 Neubranner 设计了一种安装在鸽子身上的胸式相机并获得了专利（图 1.5）。该相机仅重 70g，沿着鸽子飞行的航线以 30s 的间隔自动曝光。图 1.6 是使用佩戴在鸽子身上的相机拍摄的照片。1906 年，Lawrence 用一串风筝托起一个 49lb（1lb=0.453592kg）的相机，从 2000ft 高度上拍摄了著名的《废墟中的旧金山》，这是一张在旧金山地震和随后的火灾发生六周后拍摄的空中摄影照片。

图 1.5　用于空中摄影的信鸽

图 1.6　信鸽拍摄的照片

空中摄影是遥感技术发展的初级阶段，虽然使用的是信鸽、风筝及气球等简陋平台，获取的图像质量较差，但它却是人类梦想离开地面从另外一个视角观测和了解地球的重要开始。

（三）航空遥感阶段（1903～1957 年）

航空遥感是从航空摄影测量开始的。1903 年，莱特兄弟首次成功试飞了飞机，为航空摄影提供了崭新平台。1909 年，莱特兄弟中的威尔伯 · 莱特在意大利罗马附近的森托切利首次使用飞机进行了航空摄影。1913 年，利比亚的本格森油田测量就使用了航空摄影，并通过航片制作了油田地质图，这标志着 20 世纪机载航空摄影时代的开始。

第一次世界大战期间（1914～1918 年），航空摄影很快取代了空中观察员的素描和绘画，成为军事侦察的重要手段，获得了大量军事情报。英国估计其侦察机在战争期间拍摄了近 50

万张照片。1924 年，Mannes 和 Godousky 发明彩色胶片；1937 年，戈达德率先将彩色胶卷用于航空摄影。第二次世界大战期间（1939～1945 年），航空摄影技术在军事侦察领域的作用得到了进一步深化。1940 年，彩红外技术和微波雷达技术成功应用于军事目标的侦察与识别，扩展了遥感探测的光谱范围。20 世纪 30 年代以来，除了军事侦察以外，航空摄影还广泛应用于地学领域，并成为大面积测制地形图的有效方法。1937 年，美国农业调整管理局开始实施其全国性的航空摄影计划，到 1941 年共获得了全美 90%以上的农业用地的航空照片。与此同时，航空摄影公司应运而生，像片判读理论与技术开始出现并得到迅速发展，关于摄影测量和判读技术方面的书刊也陆续出版。例如，厄德莱的《航空像片：应用与判读》、巴格莱的《航空摄影与航空测量》、美国创刊出版的《摄影测量工程》杂志（1945 年创刊，1975 年更名为《摄影测量与遥感》），等等。20 世纪 50 年代末，航空摄影测量发展到了黄金期，应用领域不断扩展，成为自然资源考察和研究的重要手段和基本工具。

（四）航天遥感阶段（1957 年至今）

1957 年，苏联发射了世界上第一颗人造卫星，从此，以卫星为主要平台的航天遥感拉开了序幕，遥感技术的发展也从航空遥感进入了航天遥感阶段。

卫星遥感始于 20 世纪 50 年代末的“概念测试”初级卫星，如苏联的 Sputnik-1 和美国的 Explorer-1。与此同时，美国的 CORONA 战略侦察卫星（1959～1972 年）在“冷战”高峰期被广泛用于军事目的。1960 年，美国发射了第一颗气象卫星 TIROS-1，开创了遥感对地观测新的里程碑。20 世纪 70 年代，NASA 开始实施 Landsat 计划，以获取全球资源环境数据。从 1972 年 Landsat-1 成功发射至今，美国先后发射了 9 颗 Landsat 卫星，记录了大量的地球观测数据，成为各国遥感发展过程中重要的信息源。20 世纪 80 年代，法国联合一些欧洲国家，设计和研制了 SPOT 对地观测卫星系统，以多种观测模式实现空间数据获取，成为中尺度地表现象研究的重要信息源。20 世纪 90 年代，欧洲雷达卫星 ERS-1（1991 年）、ERS-2（1995 年）、日本地球资源卫星 JERS-1（1992 年）、加拿大雷达卫星 RADASAT-1（1995 年）的发射，标志着航天微波遥感技术取得了重大进展和广泛应用。此外，2000 年，奋进号航天飞机上的航天飞机雷达地形任务（SRTM）使用合成孔径雷达和干涉测量，收集了地球近 80%的陆地表面地形数据，创建了有史以来第一个近乎全球的陆地高程数据集。20 世纪末，美国国家航空航天局（NASA）启动了 EOS 地球观测系统计划。EOS 计划先后发射了 Terra（1999 年）和 Aqua（2002 年）两颗极地轨道环境卫星。Terra、Aqua 双星组网，通过中分辨率成像光谱仪（MODIS）提供每日重访的全球高时间分辨率数据。几乎与 EOS 计划同期，NASA 推出新千年计划(NMP)，旨在将新一代技术和任务概念融入未来的地球和空间科学任务。1999 年 10 月，我国成功发射了首颗资源卫星 ZY-1 01 星，标志着我国航天遥感进入了新时代。

21 世纪航天遥感进入了一个崭新的发展阶段。2006 年，日本在 JERS-1、ADEOS-Ⅰ（1996 年）、ADEOS-Ⅱ（2002 年）之后，启动了 ALOS 科学计划，以一种崭新的成像模式开始了对地球陆地的观测。2016 年，欧洲空间局（ESA）启动了名为“哥白尼计划”（Copernicus programme）的新一代欧洲地球观测计划，替代 ERS 和 ENVISAT 地球观测任务。该计划的每个任务都侧重于地球观测的不同方面，通过光学成像、雷达成像等多种传感器兼顾陆地、海洋、大气的监测，开创了地球观测的新模式。2024 年 2 月 8 日，NASA 成功发射了 PACE（plankton，aerosol，cloud，ocean ecosystem）地球科学卫星，该卫星计划通过多种有效载荷的协同工作在气溶胶-云-海洋研究方面取得重大突破。该卫星的成功发射是卫星观测技术的重大进步，并由此形成一种全新的遥感数据采集模式。新一代传感器的成功研制，使遥感能获得分辨率更高、质量更好的图像和数据。成像光谱仪的应用，使遥感探测的波段越来越精细，同时也为研究信息形成机理和遥感定量分析奠定了基础；ENVI、ERDAS Imagine、PCI Geomatica、ER Mapper、eCognition 等功能强大的遥感图像处理软件，在大容量、高速度计算机的支持下，使遥感图像处理和专题信息提取技术不断进步，所有这些都为遥感技术的广泛应用奠定了坚实基础。

二、现代遥感技术发展展望

遥感技术是一门多学科交叉的综合性应用学科。随着空间科学、信息科学等相关学科的发展，21 世纪遥感技术的发展将呈现出许多新的特点，主要表现在以下六个方面。

（一）遥感数据获取手段趋向多样化、系统化、小型化、星座化

随着航天技术、通信技术和信息技术的飞速发展，人们将可以从各种航天、近空间、航空和地面平台上，用紫外、可见光、红外、微波、合成孔径雷达、激光雷达、太赫兹等多种传感器，多角度获取多种比例尺的目标影像，大大提高遥感影像的空间分辨率、光谱分辨率和时间分辨率，形成空-天-地一体化的遥感数据获取能力。各种高、中、低轨道相结合，大、中、小卫星相协同，高、中、低分辨率相弥补的多样化、系统化数据获取手段，正在使人类进入一个“多层次、立体化、多角度、全方位和全天候”的对地观测新时代。

继 2014 年美国人罗森伯格提出“轨道革命”、2016 年美国政府宣布“小卫星革命”倡议以来，全球遥感对地观测卫星日益呈现出小型化、星座化的趋势。小卫星一般指质量小于 500kg 的卫星，具有持续覆盖能力强、成本低廉的巨大优势。Planet 公司是全球拥有小卫星数量最多的公司，自 2013 年以来，已先后发射了 Flock-1/1b/1c/1d/1d'/1e/1f/2/2b/2c/2d/2e/2e'/2k/2p/3m/3p/3p'等 18 个小卫星星座群，累计超过 289 颗鸽子卫星，每颗卫星都是一个三单元立方体纳卫星；BlackSky 计划在 2019 年打造一个由 60 颗卫星组成的星座，卫星每天在一些主要城市上空重复拍摄 40～70 次，将影像获取时间缩短至几个小时甚至更短；Spire Global 公司计划构建一个由 175 颗 The Lemur-2 立方体纳卫星组成的小卫星星座，主要用于全球船只监测和天气预报。我国的遥感小卫星星座发展迅速，主要有吉林一号（138 颗）、高景一号（24 颗）、珠海一号（18 颗）、丽水一号（120 颗），陕西一号（256 颗），灵鹊星座（378 颗）、金紫荆星座（112 颗）、云遥宇航星座（90 颗）、秦岭小卫星星座（128 颗）、星时代星座（192 颗），等等。

（二）微波遥感、高光谱遥感是未来空间遥感发展的核心内容

微波遥感技术是当前国际遥感技术发展的重点之一，其全天候、穿透性和纹理特性对海况监测，恶劣气象条件下的灾害监测，冰雪覆盖区、云雾覆盖区、松散层掩盖区及国土资源勘查等将有重大作用，是其他遥感方法不具备的。微波遥感的发展进一步体现为多极化技术、多波段技术和多工作模式。

高光谱分辨率传感器是既能对目标成像又可以测量目标物波谱特性的光学传感器，其特点是光谱分辨率高、波段连续性强。其传感器在 0.4～2.5μm 范围内可细分成几十个，甚至几百个波段，光谱分辨率能达到 5～10nm。高光谱和超高光谱传感器的研制和应用将是未来遥感技术发展的重要方向。

（三）遥感数据的计算机处理更趋自动化和智能化

2008 年和 2011 年 *Nature*、*Science* 等国际顶级学术刊物相继出版专刊探讨对大数据的研究，标志着大数据时代的到来。随着对地观测技术的发展，人类对地球的综合观测能力达到

空前水平，遥感技术进入了以高精度、全天候信息获取和自动化快速处理为特征的新时代：不同成像方式、不同波段和分辨率的数据并存，遥感数据日益多元化；遥感影像数据量显著增加，呈指数级增长；数据获取的速度加快，更新周期缩短，时效性越来越强。成像方式的日益多样化以及遥感数据获取能力的增强，导致了遥感数据的多元化和海量化，这意味着遥感大数据时代已经来临。

大数据的价值不在其“大”而在其“全”，在其对数据背后隐藏的规律或知识的全面反映。同样，遥感大数据的价值不在其海量，而在其对地表的多粒度、多时相、多方位和多层次的全面反映，在于隐藏在遥感大数据背后的各种地学知识、社会知识、人文知识等。遥感大数据利用的终极目标在于对遥感大数据中隐藏知识的挖掘。当前，与遥感数据获取能力形成鲜明对比的是对遥感信息处理能力十分低下，仍然停留在从“数据到数据”的阶段；在实现从数据到知识的转化上存在明显不足，对遥感大数据的利用率低，陷入了“大数据，小知识”的悖论。因此，遥感大数据的自动处理和数据挖掘方法，基于深度学习的遥感图像数据智能检索以及遥感信息智能提取技术研究是未来遥感发展的主要方向。未来，AI技术将彻底改变遥感数据收集、处理和分析的方式，将在遥感影像分类与识别、多源遥感影像配准与融合、遥感影像时序分析、遥感影像建模与仿真等多个领域发挥重要作用。

（四）全定量化遥感方法将走向实用

从遥感科学的本质讲，对地球表层岩石圈、水圈、大气圈和生物圈4大圈层进行遥感观察，目的是获得有关地物目标的几何与物理特性，因此需要通过全定量化遥感方法进行反演。几何方程是有显式表示的数学方程，而物理方程一直是隐式。目前的遥感解译与目标识别并没有通过物理方程反演，而是采用了基于灰度或加上一定知识的统计、结构和纹理的影像分析方法。但随着对成像机理、地物波谱反射特征、大气模型、气溶胶的深入研究和数据积累，多角度、多传感器、高光谱及雷达卫星遥感技术的成熟，顾及几何与物理方程式的全定量化遥感方法将逐步由理论研究走向实用化，遥感基础理论研究将迈上新的台阶。只有实现了遥感定量化，才可能真正实现遥感的自动化和实时化。

（五）遥感综合应用将不断深化

随着遥感探测手段和遥感数据类型的日趋多样化，以及遥感图像处理技术的不断进步和高水平遥感图像处理软件的相继推出，遥感综合应用的深度和广度将不断扩展。表现为：从单一信息源分析向包含非遥感数据的多元信息的复合分析方向发展；从定性判读向信息系统应用模型及专家系统支持下的定量分析发展；从静态研究向多时相的动态研究发展。与此同时，“3S”技术的综合运用，尤其是地理信息系统技术的发展，为遥感技术提供了各种辅助信息和分析手段，有效提高了遥感信息的识别精度，从而更进一步促进了遥感综合应用的不断深化。

（六）遥感卫星商业化、市场化、产业化是大势所趋

自20世纪80年代开始，遥感卫星商业化开始起步，90年代以后，美国、法国发射了民用商业卫星并实现了巨大的商业价值。1994年，美国政府允许私营企业经营图像分辨率不优于1m的遥感卫星，从而为遥感卫星的商业化开辟了广阔前景。2014年6月，DigitalGlobe公司获得美国商务部批准，可以向其所有用户销售全色分辨率高达0.25m、多光谱分辨率为1m的卫星图像数据，这是美国政府继2000年将商业遥感卫星分辨率销售限制放松至0.5m以来，再次调整商业遥感卫星分辨率的限制。当前，国际上商业遥感卫星系统得到了迅速发展，遥感卫星的商业化、市场化、产业化已是大势所趋。

高分辨率卫星观测系统的商业化是未来发展的重要方向。高分辨率商业卫星小、投资少、风险低、见效快，更加适合民间资本进入和社会化发展，国外比较成功的有美国的DigitalGlobe、Planet Labs、加拿大的UrtheCast、阿根廷的Satellogic等企业发射运营的纯商业化遥感卫星星座。国内以企业与地方政府合作为主，目前有二十一世纪空间技术应用股份有限公司的“北京二号”系列、长光卫星技术股份有限公司的“吉林一号”系列、航天集团的商业遥感卫星等。高分辨率商业小卫星的迅猛发展，极大地提升了遥感数据的保障能力，降低了数据服务成本，进一步加快了遥感卫星的商业化、市场化和产业化步伐。

思考题

1. 什么是遥感？试述广义遥感和狭义遥感的区别。
2. 遥感技术过程由哪几个部分组成？试简要分析各个组成部分的主要技术环节以及它们之间的关系。
3. 主动遥感和被动遥感的区别是什么？
4. 作为重要的对地观测技术，遥感与其他常规手段相比，其突出的特点和优势是什么？
5. 简要分析遥感技术的发展现状及发展趋势。

第一章测试题

第二章　遥感电磁辐射基础

地表物体具有不同的发射或反射电磁波的特性，遥感技术正是利用地物电磁辐射的差异，实现远距离探测的目的。本章在介绍电磁辐射基本理论的基础上，重点分析了地物的电磁波发射特性和反射特性，并就大气层对遥感电磁辐射传输过程的影响做了简要分析。掌握地物的光谱特性及其影响因素，是学习本章的重点。

第一节　电磁波与电磁波谱

一、电磁波的性质

空间的电磁振源（电磁辐射源）在其周围产生交变的电场，交变的电场周围又会激发出交变的磁场。这种变化的电场和磁场的相互激发和交替产生，形成了电磁场。电磁场是物质存在的一种形式，具有质量、能量和动量，其在空间中以波的形式传递着电磁能量，这种波就是电磁波（electromagnetic wave）。

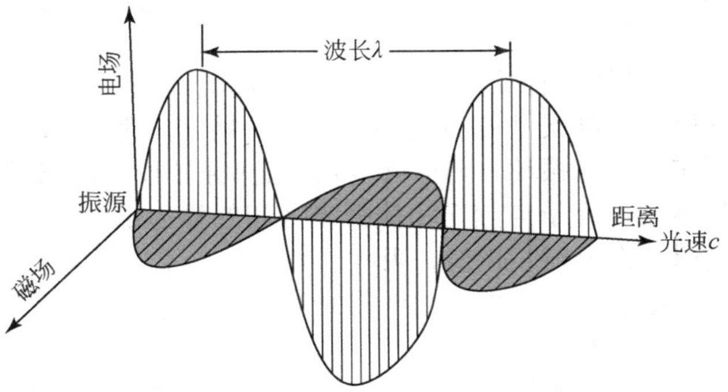

图 2.1　电磁波的传播

电磁波是一种伴随电场和磁场的横波，在平面波内，电场和磁场的振动方向都是在与波的行进方向成直角的平面内，是相互垂直的（图 2.1）。电磁波的波长λ、频率 v 及速度 c 之间有如下关系：

$$\lambda=c/v \tag{2.1}$$

电磁波在真空中以光速（$c\approx2.998\times10^8$m/s）传播，在大气中的传播速度接近于真空中的光速。频率 v 是指 1s 内传播的波的次数，单位用 Hz 表示。电磁波的波长和频率成反比，波长越长，频率越低；波长越短，频率越高。图 2.2 表示了电磁波的波长与频率的关系。

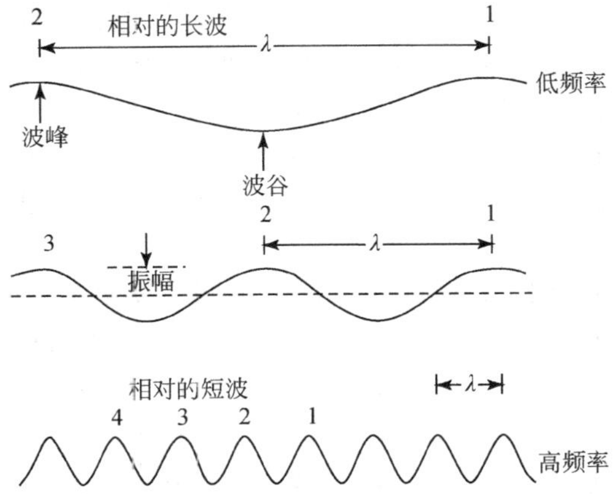

图 2.2　电磁波的波长与频率的关系（Jensen，2007）

电磁波具有波动性和粒子性两种性质。连续的波动性和不连续的粒子性是相互排斥、相互对立的，但两者又是相互联系的，在一定条件下可以相互转化。

（一）波动性

电磁波的波动性可用波函数来描述，波函数是一个时、空周期性函数。单一波长电磁波的一般函数表达式为

$$\Psi=A\cdot\sin[(\omega t-kx)+\varphi_0] \tag{2.2}$$

式中，Ψ为波函数；A 为振幅；ω为角频率；$k=2\pi/\lambda$，为圆波数；t 为时间变量；x 为空间变量；φ_0 为初相位。

由式（2.2）可知：波函数由振幅和相位两部分组成。对电磁波来讲，振幅表示电场振动的强度，振幅的平方与电磁波具有的能量大小成正比。一般成像只记录振幅，只有全息成像才同时记录振幅和相位的全部信息，“全息”成像也因此得名。

电磁波的波动性在光的干涉、衍射、偏振等现象中得到了充分的体现。

同振幅、频率和初位相的两列（或多列）波的叠加合成而引起振动强度重新分布的现象称为干涉现象。干涉现象中，在波的叠加区有的地方振幅增加，有的地方振幅减小，振动强度在空间出现强弱相间的固定分布，形成干涉条纹。许多光学器件和仪器就是根据光的干涉原理设计的，如为了减少反射、增加透射，可以制作干涉滤光片、增透膜、透镜组等；也可以利用电磁波的干涉制作定向发射天线。

波在传播过程中遇到障碍物时，在障碍物的边缘，一些波偏离直线传播而进入障碍物后面的“阴影区”的现象称为衍射现象。遥感传感器中的一些分光部件正是运用多孔衍射原理，用一组相互平行、宽度和间隔相同的狭缝组成衍射光栅，使光发生色散以达到分光的目的。

电磁波是横波，由相互垂直的电场矢量 E 和磁场强度矢量 H 来表征，并且电场矢量 E 和磁场强度矢量 H 都与电磁波的传播方向垂直。如果电场矢量 E 在一个固定的平面内沿一个固定的方向振动，则称该电磁波是偏振的，包含电场矢量 E 的平面称为偏振面。自然光是非偏振的，介于自然光和偏振光之间的称为部分偏振光。偏振在微波遥感中又称为“极化”。电磁波在反射、折射、吸收、散射中，不仅强度发生变化，其偏振状态也往往发生变化，因此，电磁波与物体相互作用的偏振状态的改变也是一种可以利用的遥感信息。

（二）粒子性

电磁波的粒子性是指电磁辐射除它的连续波动状态外，还能以离散形式存在，电磁辐射的实质是光子微粒流的有规律的运动。光子的能量可表示为

$$E=h\nu \tag{2.3}$$

式中，E 为光子能量；$h=6.626\times10^{-34}\mathrm{J\cdot s}$，为普朗克常数；$\nu$ 为频率。因为$\lambda=c/\nu$，所以可得

$$E=hc/\lambda \tag{2.4}$$

式（2.4）表明：辐射能量与它的波长成反比，即电磁辐射波长越长，其辐射能量越低。地表物体的微波辐射要比波长相对短的热红外辐射更难感应，就是这个道理。因此，对于长波的低能辐射，遥感系统必须采取相应的对策，以尽量获得可探测的能量信号。

电磁波在传播中主要表现为波动性，而当与物质相互作用时主要表现为粒子性，这就是电磁波的波粒二象性。一般来说，波长较长的电磁波（如微波、无线电波）波动性较为突出，而波长较短的电磁波更多地表现出粒子性。

电磁波有四个要素，即频率（或波长）、传播方向、振幅、偏振面。这四个要素与相应的电磁波所具有的信息相对应（图 2.3）。频率（或波长）对应于可见光领域中目标物体的颜色，包含了与目标物体有关的丰富信息。在微波领域也可以通过目标和飞行平台的相对运动，利用频率上表现出的多普勒效应得到地表物体的信息；从电磁波的传播方向上，可以了解物体的空间配置和形状的信息；振幅表示电磁场的强度，被定义为振动物理量偏离平衡位置的最大位移，即每个波峰的高度。从振幅中也可以得到物体的空间配置和形状信息；偏振面是

包含电场方向的平面。当电磁波反射或散射时，偏振的状态往往发生变化，此时电磁波与反射面及散射体的几何形状发生关系。偏振面对于微波雷达非常重要，这是因为从水平偏振和垂直偏振中得到的图像是不同的。

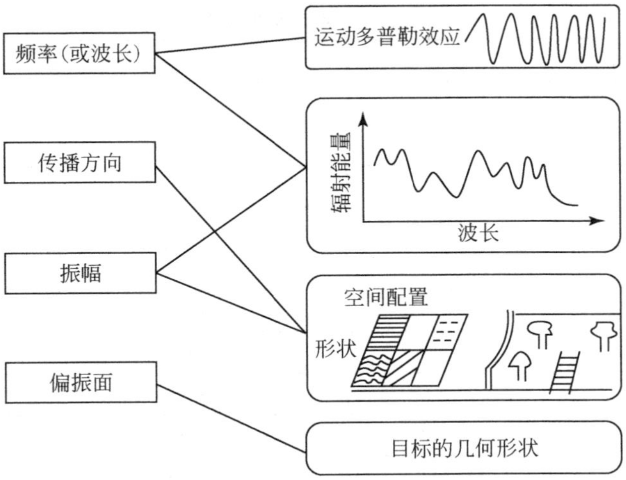

图 2.3　电磁波四要素与遥感信息的对应关系（日本遥感研究会，2011）

二、电磁波谱

为了更好地认识和描述电磁波，将各种电磁波按波长的大小（或频率的高低）依次排列并制成图表，这个图表就是电磁波谱（electromagnetic spectrum）。电磁波谱的形式多种多样，图 2.4 是其中一种。

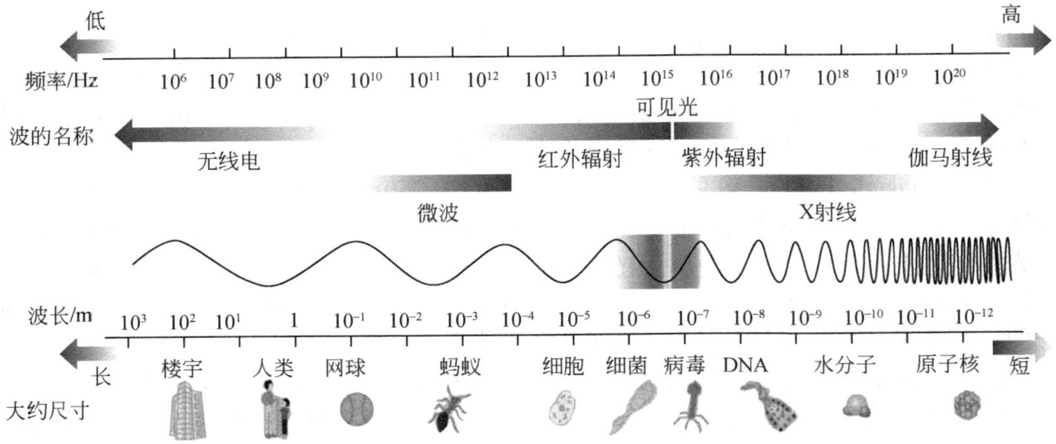

图 2.4　电磁波谱示意图

在电磁波谱中，各种电磁波的频率（或波长）之所以不同，是由于产生电磁波的波源不同。例如，无线电波是由电磁振荡发射的；紫外线、X 射线是由内层电子的跃迁和原子核内状态的变化产生的；可见光是由原子、分子中的外层电子跃迁时产生的。在电磁波谱中，各种类型的电磁波由于频率（或波长）不同，其性质必然也有很大的差别（传播的方向性、穿透性、可见性、颜色等），从而使其在遥感应用中也有很大的不同。表 2.1 表示了遥感中通常使用的电磁波的各个波段的名称、波长和频率。

表 2.1　电磁波的分类

名称			波长	频率
紫外线			0.01～0.4μm	750～3000THz
可见光			0.4～0.76μm	430～750THz
红外线	反射红外	近红外	0.76～1.3μm	230～430THz
		短波红外	1.3～3μm	100～230THz
	热红外	中红外	3～8μm	38～100THz
		长波红外	8～14μm	22～38THz
		远红外	14～1000μm	0.3～22THz
电波	亚毫米波		0.1～1mm	0.3～3THz
	微波	毫米波（EHF）	1～10mm	30～300GHz
		厘米波（SHF）	1～10cm	3～30GHz
		分米波（UHF）	0.1～1m	0.3～3GHz
	超短波（VHF）		1～10m	30～300MHz
	短波（HF）		10～100m	3～30MHz
	中波（MF）		0.1～1km	0.3～3MHz
	长波（LF）		1～10km	30～300kHz
	超长波（VLF）		10～100km	3～30kHz

目前遥感应用的主要波段包括紫外线、可见光、红外线、微波等。

紫外线（ultraviolet）：紫外线波长范围为 0.01～0.4μm，主要来源于太阳辐射。太阳辐射通过大气层时，波长小于 0.3μm 的紫外线几乎被全部吸收，只有 0.3～0.4μm 波长的紫外线能部分地穿过大气层，且受到严重的散射作用，能量很少。

可见光（visible light）：可见光波长范围为 0.4～0.76μm。虽然可见光在电磁波谱中只占一个狭窄的区间，但它却是太阳辐射能量高度集中的波谱区间，同时因为人眼能够直接感觉可见光的全色光以及不同波长的单色光，并能区分出红、橙、黄、绿、青、蓝、紫七色光，所以可见光是鉴别物质特征的最佳波段，也是遥感最常用的波段。在遥感技术中，地物对可见光的反射特征可采用光学摄影和扫描两种方式接收和记录。

红外线（infrared）：红外线波长范围为 0.76～1000μm，按波长不同可分为近红外、短波红外、中红外、长波红外和远红外。近红外和短波红外主要来自地球反射太阳的红外辐射，故称反射红外（reflected infrared）；中红外至远红外主要来自地球自身的热辐射，所以称为热红外（thermal infrared）。在这个波段，只能通过扫描方式获取数据。红外线波段很宽，地物间不同的反射特性和发射特性在此波段都能较好地表现出来，因此该波段在遥感成像中具有重要意义。

微波（microwave）：微波波长在 0.001～1m，分为毫米波、厘米波和分米波。微波辐射和红外辐射两者都具有热辐射性质。因为微波波长比可见光、红外线要长，能穿透云、雾而不受天气的影响，所以能全天候全天时进行遥感探测。微波遥感可以采用主动或被动方式成像。此外，微波对某些物质具有一定的穿透能力，能直接透过植被、冰雪、土壤等表层覆盖物。因此，微波是一个很有发展潜力的遥感波段，是未来空间遥感发展的核心内容之一。

三、电磁辐射源

凡是能够产生电磁辐射的物体都是辐射源。自然界的一切物体在一定的温度下都具有发射、辐射电磁波的特性。电磁辐射源可分为自然辐射源和人工辐射源两大类。被动遥感方式接收的是自然辐射源的电磁辐射，主动遥感接收的是人工辐射源发出的电磁辐射的回波。

（一）自然辐射源

1. 太阳辐射

太阳辐射既是地球上生物、大气运动的能源，也是遥感最重要的辐射源。太阳中心温度约为 1.5×10^7K，表面温度约 6000K。太阳辐射覆盖了很宽的波长范围，形成一个从 X 射线一直延伸到无线电波的综合波谱，但太阳辐射能量在各个光谱段的分配却极不平衡。从表 2.2 可以看出，太阳辐射 97.5%的能量集中在近紫外—中红外（0.31～5.6μm）的波谱区间内，其中可见光占 43.50%、近红外占 36.80%。因此，太阳辐射属于短波辐射，是可见光及近红外遥感的主要辐射源。

表 2.2　太阳辐射能量中各波段所占比例

波长/μm	波段	能量占比/%
＜0.01	X、γ射线	0.02
0.01～0.20	远紫外	
0.20～0.31	中紫外	1.95
0.31～0.40	近紫外线	5.32
0.40～0.76	可见光	43.50
0.76～1.50	近红外	36.80
1.50～5.60	中红外	12.00
5.60～1000	远红外	0.41
＞1000	微波	

当地球处于日地平均距离时，单位时间内投射到位于地球大气上界，且垂直于太阳光射线的单位面积上的太阳辐射能为 $1.36\times10^3\mathrm{W/m^2}$，此数值称为太阳常数。地球表面所接收到的太阳辐射强度可以通过太阳常数来衡量，但是太阳辐射必须先通过大气圈，然后才到达地面。太阳辐射在与大气的相互作用过程中，由于大气吸收、散射和反射的综合影响，导致最终到达地球表面上的太阳辐射强度出现明显衰减。图 2.5 是太阳辐射经过大气层前后光谱辐射照度的对比情况。曲线①是 5900K 的理想黑体的辐射光谱，在遥感理论计算中通常就用它模拟太阳辐射光谱；曲线②是在假定没有大气分子吸收影响的海平面上太阳光谱辐射照度曲线，显然这是一条理想的曲线；曲线③是海平面上实际的太阳光谱辐射照度曲线。图中曲线②、③之间的差值代表由吸收引起的太阳辐射能的衰减。曲线①、③之间的差值，表示了由大气散射和吸收共同作用下引起的太阳辐射能的衰减。总之，由于大气层的影响，到达地面的太阳光谱结构变得异常复杂，并对遥感技术过程产生了深刻影响。

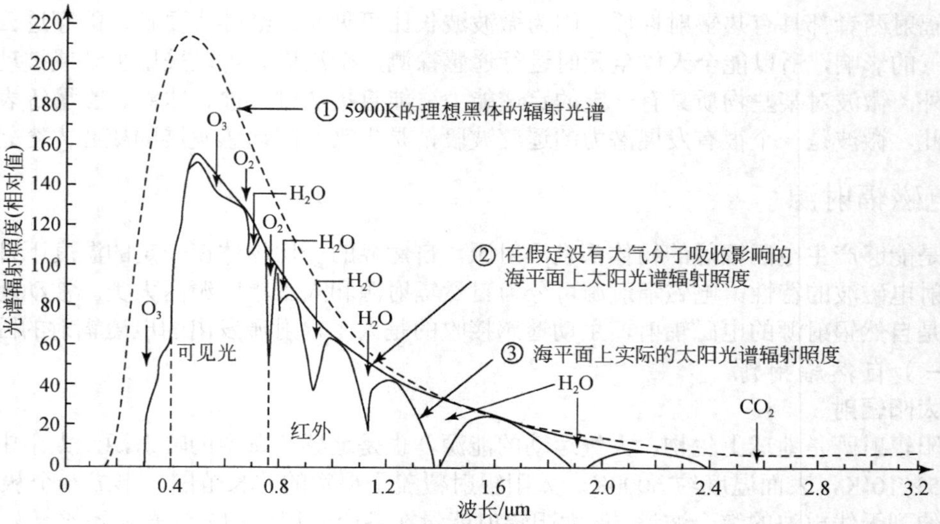

图 2.5　太阳辐射经过大气层前后光谱辐射照度的对比

2. 地球辐射

地球表面上的各种地物不仅具有反射太阳辐射的能力，同时还具有向外辐射电磁波的能力。地球辐射接近温度为 300K 的黑体辐射，根据维恩位移定律，可推算出地球辐射的峰值波长为 9.66μm，因此地球是红外遥感的主要辐射源。

地球辐射在不同波段呈现出不同的特点：在 0.3～2.5μm 的波段，地球辐射主要是反射太阳辐射，而地球自身的热辐射能量极弱，可以忽略不计；大于 6μm 的红外波段，地球辐射全部来自其自身发出的热辐射能量；在 2.5～6μm 的红外波段，地球辐射同时包括对太阳辐射的反射和地球自身的热辐射，这两种辐射能量交织在一起对遥感探测产生一定的影响。红外遥感探测多选择清晨进行，其目的就是为了避免太阳辐射的影响。

地球辐射在传输过程中，同样受到大气中的水、二氧化碳、臭氧等物质吸收作用的影响，并造成辐射能量的衰减，从而对遥感技术过程产生一定影响。图 2.6 对比了从卫星上测出的地球辐射与相应黑体辐射之间的关系。从图中可以看出，地球辐射曲线整体上接近于 300K 的黑体辐射曲线，只是受大气吸收作用的影响，实际的辐射曲线变得曲折而又不平滑。

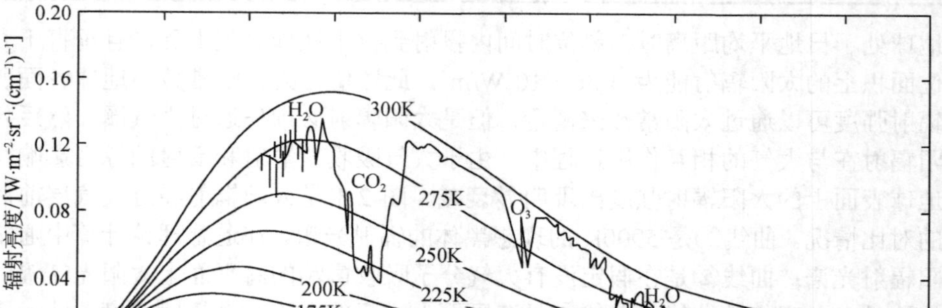

图 2.6　卫星上测出的地球辐射波谱

（二）人工辐射源

人工辐射源是指人为发射的具有一定波长，或一定频率的波束。传感器工作时接收地物散射该光束返回的后向反射信号，从而探知地物或测距，称为雷达探测。雷达又可分为微波雷达和激光雷达。在微波遥感中，目前常用的主要是侧视雷达。

1. 微波辐射源

在微波遥感中，常用的波段为 0.8～30cm。因为微波波长比可见光、红外线波长要长，所以，在技术上微波遥感应用的主要是光电技术，而可见光、红外遥感应用则偏重于光学技术。微波遥感的特点将在第五章详细论述。

2. 激光辐射源

激光器的类型很多。按照物质类型可分为气体激光器、液体激光器、固体激光器、半导体激光器和化学激光器等；按照激光输出方式可分为连续输出激光器和脉冲输出激光器。激光器发射光谱的波长范围较宽，短波波长可至 0.24μm 以下，长波波长可至 1000μm。

激光在遥感技术中逐渐得到应用，其中应用最广的是激光雷达。激光雷达使用脉冲激光器，可精确测定卫星的位置、高度、速度等，也可测量地形、绘制地图，记录海面波浪情况，还可以利用物体的散射性及荧光、吸收等性能进行环境污染监测和资源调查。

四、电磁辐射的度量

任何物体都是辐射源，都以电磁波的形式向外传输能量。不同辐射源可以向外辐射不同强度和不同波长的辐射能量。遥感探测实际上是对物体辐射能量的测定与分析，为此需要了解一些基本的概念和术语。

辐射能量（radiant energy）：辐射能量指以电磁波形式向外传送的能量，常用 Q 表示，单位为焦耳（J）。

辐射通量（radiant flux）：辐射通量也称辐射功率，指单位时间内通过某一表面的辐射能量，单位为瓦（W），表达式为 $\Phi=\mathrm{d}Q/\mathrm{d}t$。

辐射出射度（radiant emittance）：辐射出射度也称辐射通量密度，指面辐射源在单位时间内从单位面积上辐射出的辐射能量，即物体单位面积上发出的辐射通量，表达式为 $M_\lambda=\mathrm{d}\Phi/\mathrm{d}A$［图 2.7（a）］。

辐射照度（irradiance）：辐射照度简称辐照度，指在单位时间内从单位面积上接收的辐射能量，即照射到物体单位面积上的辐射通量，表达式为 $E_\lambda=\mathrm{d}\Phi/\mathrm{d}A$［图 2.7（b）］。

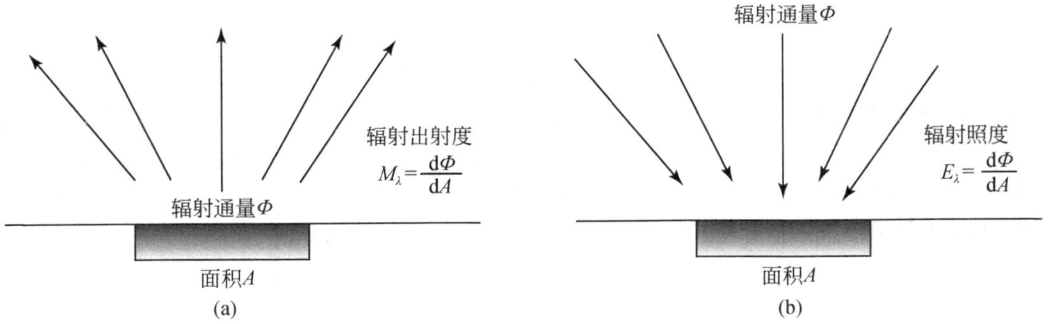

图 2.7　辐射出射度和辐射照度示意图

辐射强度（radiant intensity）：辐射强度指点辐射源在单位立体角、单位时间内，向某一方向发出的辐射能量，即点辐射源在单位立体角内发出的辐射通量，表达式为 $I_\lambda=\mathrm{d}\Phi/\mathrm{d}\Omega$（图 2.8）。

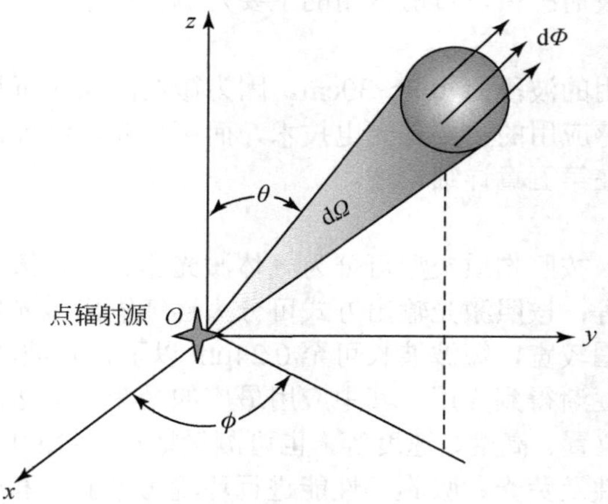

图 2.8　点源的辐射强度示意图

辐射亮度（radiance）：辐射亮度简称辐亮度，指面辐射源在单位立体角、单位时间内从地表的单位面积上辐射出的能量，即辐射源在单位投影面积、单位立体角、单位波长的辐射通量，表达式为 $L_\lambda=\mathrm{d}\Phi/(\mathrm{d}A\cdot\mathrm{d}\Omega\cdot\cos\theta)$（图 2.9）。辐射亮度是遥感中使用最多的术语，这是因为用传感器采集的数据与辐射亮度具有对应关系。

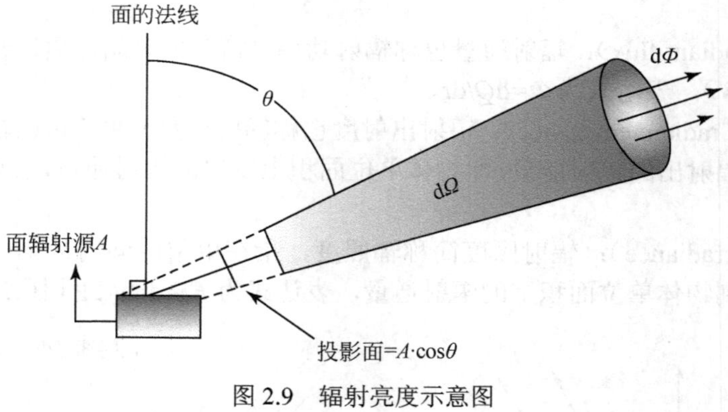

图 2.9　辐射亮度示意图

在上述概念中，辐射照度是面上接收电磁波时的术语，而辐射出射度是从面上辐射电磁波时的术语。辐射强度是关于点辐射源的术语，而辐射亮度是同一概念上关于面辐射源的术语。如果在辐射测量的各个量中，加上“光谱”这一术语时，则是指单位波长宽度的量。例如，光谱辐射通量（spectral radiant flux）、光谱辐射亮度（spectral radiance）等。

第二节　物体的电磁波发射特性

当电磁辐射能量入射到地表，与地表物质发生相互作用时，一部分入射能量被地物反射，一部分入射能量被地物吸收，成为地物本身内能或部分再发射出来，还有一部分入射能量被

地物透射（图 2.10）。根据能量守恒定律可得

$$P_0=P_\rho+P_\alpha+P_\tau \tag{2.5}$$

式中，P_0 为入射的总能量；P_ρ为地物的反射能量；P_α为地物的吸收能量；P_τ为地物的透射能量。

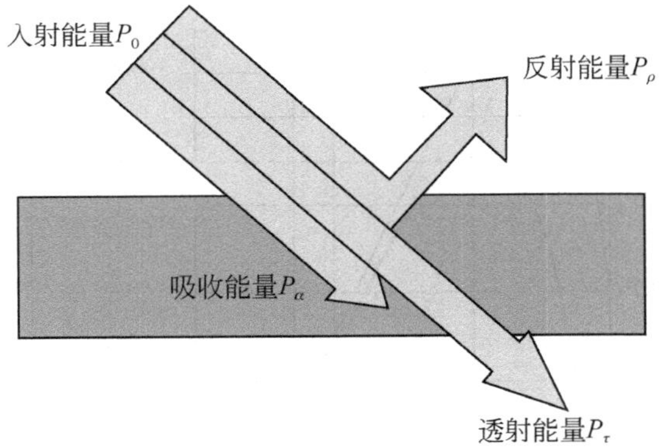

图 2.10　电磁辐射与地表相互作用

式（2.5）经过整理可得

$$\frac{P_\rho}{P_0}+\frac{P_\alpha}{P_0}+\frac{P_\tau}{P_0}=\rho+\alpha+\tau=1 \tag{2.6}$$

式中，ρ为地物的反射率；α为吸收率；τ为透射率。

自然界中任何地物都具有其自身的电磁辐射规律，如具有反射、吸收外来紫外线、可见光、红外线和微波的某些波段的特性，还具有发射红外线、微波的特性，少数地物还具有透射电磁辐射的特性，这些特性就是地物的光谱特性。本节主要讨论和分析地物的电磁波发射特性。

一、黑体辐射

自然界中温度大于绝对 0K（−273.15℃）的任何物体都具有发射电磁波的能力。地球上所有物体的温度都大于 0K，其电磁波的发射能力与其温度密切相关。1860 年，基尔霍夫研究并提出了一个定律，即好的吸收体同样是一个好的辐射体。这说明凡是吸收热辐射能力强的物体，其热发射能力也强；凡是吸收热辐射能力弱的物体，其热发射能力也弱。

黑体（blackbody）是个假设的理想辐射体，是指能全部吸收而毫无反射和透射能力的理想物体。黑体的热辐射称为黑体辐射。因为黑体既是完全的吸收体，又是完全的辐射体，所以，通常把黑体辐射作为度量其他地物发射电磁波能力的基准，通过对黑体热辐射规律的研究，进而研究实际地物的热辐射规律。

1900 年普朗克用量子物理的新概念，推导出了黑体的热辐射定律，即

$$W_\lambda=\frac{2\pi hc^2}{\lambda^5}\cdot\frac{1}{e^{ch/\lambda kT}-1} \tag{2.7}$$

式中，W_λ为光谱辐射通量密度，单位为 $W\cdot m^{-2}\cdot \mu m^{-1}$；$\lambda$为波长，单位为μm；$h$ 为普朗克常数；$k=1.38\times10^{-23}J\cdot K^{-1}$，为玻尔兹曼常数；$c$ 为光速；T 为黑体的绝对温度，单位为 K。

该定律表示了黑体辐射通量密度与温度的关系以及按波长分布和变化的情况。图 2.11 是依据普朗克公式绘制的几种不同温度下黑体的辐射光谱曲线，从图中可以直观地看出黑体辐射的三个特性。

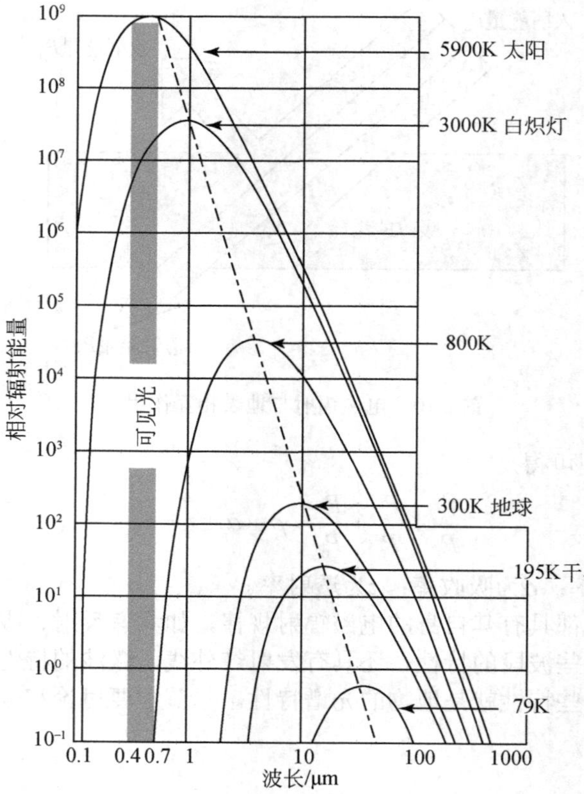

图 2.11　不同温度的黑体辐射波谱曲线（Jensen，2007）

（1）辐射通量密度随波长连续变化，与曲线下的面积成正比的总辐射通量 W 随温度 T 的增加而迅速增加。特定温度下黑体的总辐射通量 W 可以在从零到无穷大的全部辐射波长范围内通过积分运算求得，即

$$W=\int_0^{\infty}\frac{2\pi hc^2}{\lambda^5}\cdot\frac{1}{e^{ch/\lambda kT}-1}\,d\lambda \tag{2.8}$$

把式（2.8）转换成 $1m^2$ 面积内黑体辐射到半球空间里的总辐射通量的表达式，即

$$W=\frac{2\pi^5\cdot k^4}{15c^2h^2}\cdot T^4=\sigma T^4 \tag{2.9}$$

式中，$\sigma=5.67\times10^{-8}W\cdot m^{-2}\cdot K^{-4}$，为斯特藩-玻尔兹曼常数。

式（2.9）被称为斯特藩-玻尔兹曼定律。该定律表明，黑体的总辐射通量与其绝对温度的四次方成正比，即温度的微小变化就会引起辐射通量密度很大的变化。热红外遥感通过探测物体的辐射通量推算物体的绝对温度，并能根据地物辐射量的差异识别地物。

（2）光谱辐射通量的峰值波长 λ_m 随温度的增加向短波方向移动。对普朗克公式微分并求

极值可得

$$\lambda_m \cdot T = 2897.8\mu\text{m} \cdot \text{K} \tag{2.10}$$

式（2.10）也称维恩位移定律，它表明黑体的辐射峰值波长λ_m与黑体的温度成反比，即黑体的温度增高时，λ_m向短波方向移动。若知道了物体的温度，就可以推算出它的峰值波长λ_m。由图 2.11 可以看出，不同温度下的黑体，其辐射通量密度差异最明显的地方就位于λ_m附近，所以通过记录物体在λ_m处的辐射特性来识别它最为理想。由此可见，维恩位移定律为识别特定地物而设计遥感器的响应波段提供了理论依据。

（3）每根曲线彼此不相交，故温度越高，所有波长上的光谱辐射通量密度也越大。该特性表明，不同温度的黑体在任何波段处的辐射通量密度 W_λ是不同的。因为不同温度的黑体间的 W_λ不同，所以在分波段记录的遥感图像上它们是可以区分的。

在长波区，黑体辐射通量密度 W_λ已经很小，将普朗克公式中的波长用频率变量代替可得

$$W_\lambda = \frac{2\pi h\nu^3}{c^2} \cdot \frac{1}{e^{h\nu/kT} - 1} \tag{2.11}$$

如果是朗伯体，则辐射亮度 L_λ可表示为

$$L_\lambda = \frac{2h\nu^3}{c^2} \cdot \frac{1}{e^{h\nu/kT} - 1} \tag{2.12}$$

在波长大于 1mm 的微波波段上，$h\nu \ll kT$，则

$$L_\lambda = \frac{2kT}{\lambda^2} \tag{2.13}$$

式（2.13）表示黑体的微波亮度与温度 T 和波长λ之间的关系。若在微波波段从λ_1 到λ_2积分，则黑体总的微波辐射亮度 L 可表示为

$$L = \int_{\lambda_1}^{\lambda_2} \frac{2kT}{\lambda^2} \cdot \mathrm{d}\lambda = -\frac{2kT}{\lambda}(\lambda_2 - \lambda_1) \tag{2.14}$$

由此可见，黑体的微波辐射亮度与温度的一次方成正比。

二、地物的发射特性

地表地物吸收太阳辐射后又向外发射电磁辐射，但其辐射能力总是要比同温度下的黑体辐射能力低。地物发射能力的大小，通常用发射率来表示。

（一）地物的发射率

地物的发射率ε也称比辐射率或发射系数，是指地物发射的辐射通量 W'与同温度下黑体辐射通量 W 之比，即

$$\varepsilon = \frac{W'}{W} \tag{2.15}$$

地物的发射率与地物的性质、表面状况（如粗糙度、颜色等）有关，且是温度和波长的函数。一般情况下，不同地物的发射率是不同的，同一地物在不同波段的光谱发射率ε_λ也不相同。地物间光谱发射率的差异，反映了地物发射电磁辐射能力的不同，发射率大的地物其发射电磁波的能力强。表 2.3 列出了常温下部分地物的光谱发射率，表 2.4 列出了石英岩和花岗岩在不同温度下光谱发射率的变化情况。

表 2.3　常温下部分地物的光谱发射率

地物名称	ε_λ	地物名称	ε_λ
大理石	0.95	黑土	0.87
玄武岩	0.69	黄黏土	0.85
花岗岩	0.44	灌木	0.98
石英	0.89	麦田	0.93
柏油路	0.93	稻田	0.89
土路	0.83	草地	0.84
干沙	0.95	石油	0.27

表 2.4　不同温度下石英岩和花岗岩光谱发射率

岩石 \ ε_λ \ 温度/℃	−20	0	20	40
石英岩	0.694	0.682	0.621	0.664
花岗岩	0.787	0.783	0.780	0.777

地物发射率的差异是遥感探测的基础和出发点。以地物在不同波段的光谱发射率ε_λ为纵坐标，以波长λ为横坐标，将ε_λ和λ的对应关系在平面直角坐标系中绘制成曲线，该曲线称为地物的光谱发射特征曲线（图 2.12）。通常根据发射率和波长的关系，把实际地物的光谱发射分为两种类型：一种是灰体，$\varepsilon_\lambda=\varepsilon$，但 $0<\varepsilon<1$，即灰体的发射率始终小于 1，且不随波长发生变化；一种是选择性辐射体，$\varepsilon_\lambda=f(\lambda)$，即发射率随波长的变化而变化。

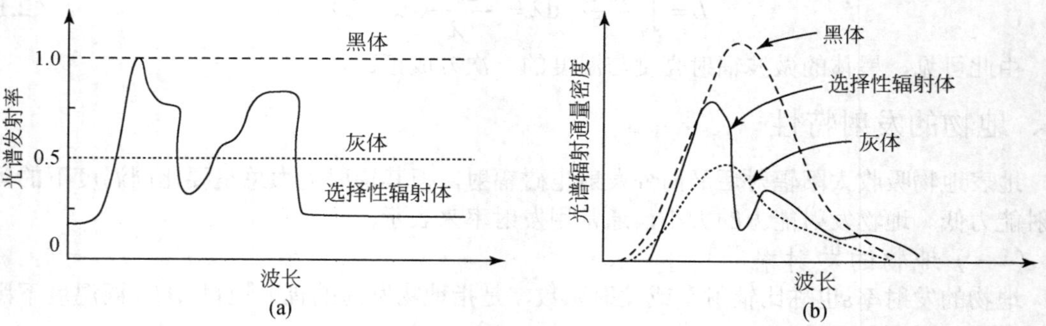

图 2.12　地物的光谱发射特征曲线

（二）基尔霍夫定律

基尔霍夫在研究辐射传输过程中发现：在任一给定温度下，地物单位面积上的辐射通量密度和吸收率之比，对于任何地物都是一个常数，并等于该温度下同面积黑体辐射通量密度。这就是基尔霍夫定律，用公式表示为

$$\frac{W'}{\alpha}=W \tag{2.16}$$

基尔霍夫定律不但对所有波长的全辐射是正确的，而且对波长为λ的任何单色波长的辐射也是正确的。这时基尔霍夫定律可写成

$$\frac{W'_{\lambda}}{\alpha_{\lambda}} = W_{\lambda} \quad (2.17)$$

该定律反映在一定温度下的物体，如它对某一波长的辐射有强吸收，则发射这一波长辐射的能力也强；若为弱吸收，则发射也弱。如不吸收某种波长的辐射，则也不发射这种波长的辐射。

根据基尔霍夫定律，由式（2.16）可知，$\alpha=W'/W$，再根据发射率$\varepsilon=W'/W$，可以得出

$$\varepsilon=\alpha \quad (2.18)$$

式（2.18）表明，在给定的温度下，任何地物的发射率在数据上等于同温度、同波长下的吸收率。该式还表明地物的吸收率越大，发射率也越大。对于不透明地物来说，式（2.18）可写成

$$\varepsilon=1-\rho \quad (2.19)$$

根据发射率定义，以及斯特藩-玻尔兹曼定律，可以得到

$$W'=\alpha W=\varepsilon W=\varepsilon\sigma T^4 \quad (2.20)$$

由式（2.20）可知，只要已知地物的温度和吸收率，就可确定地物的热辐射强度。该式表明地物的热辐射强度与温度的四次方成正比，所以，地物微小的温度差异就会引起红外辐射能量较明显的变化。这种特征构成红外遥感的理论依据。

第三节　物体的电磁波反射特性

一、物体反射电磁波的三种形式

（一）镜面反射

镜面反射（specular reflection）是指电磁波有确定的反射方向，即反射角（反射波的方向与该反射平面法线的夹角）与入射角（入射波的方向与该反射平面法线的夹角）相等，且入射波、反射波及平面法线同处于一个平面内，反射能量集中在反射线方向上［图 2.13（a）］。对不透明地物，其反射的能量等于入射总能量减去地物吸收的能量。因为镜面反射光线很强，在像片上将形成一片白色亮点，影响地物本身在像片上的显现，所以摄影时应避免镜面反射光线进入摄影机镜头。

（二）漫反射

电磁波入射到粗糙面上后向各个方向反射能量，这种反射称为漫反射（diffuse reflection），也称朗伯反射或各向同性反射［图 2.13（b）］。对全漫射体，在单位面积、单位立体角内的反射功率和测量方向与表面法线的夹角的余弦成正比，这种表面称为朗伯面。研究表明，从任何方向观测到的朗伯面的亮度都是一样的，即

$$L=\frac{\mathrm{d}I}{\mathrm{d}A\cdot\cos\theta}=\frac{\mathrm{d}\varphi}{\mathrm{d}A\cdot\mathrm{d}\omega\cdot\cos\theta}=\text{常数} \quad (2.21)$$

式中，L 为辐射亮度；$\mathrm{d}\varphi$为朗伯面的辐射通量（单位时间内的辐射能量）；$\mathrm{d}A$ 为朗伯面的面积；$\mathrm{d}I$ 为朗伯面的辐射强度；$\mathrm{d}\omega$为辐射立体角；θ为测量方向与表面法线的夹角。

（三）方向反射

自然界大多数地表既不完全是粗糙的朗伯面，也不完全是光滑的“镜面”，而是介于两者之间的非朗伯面，其反射在某些方向上最强烈，具有明显的方向性，这种反射称为方向反射，如图 2.13（c）所示。发生方向反射时，在不同的观测方向上看到的地物的亮度是不

一样的，传感器所接收到的反射能量自然也不一样。朗伯反射光和方向反射光都是部分偏振光。

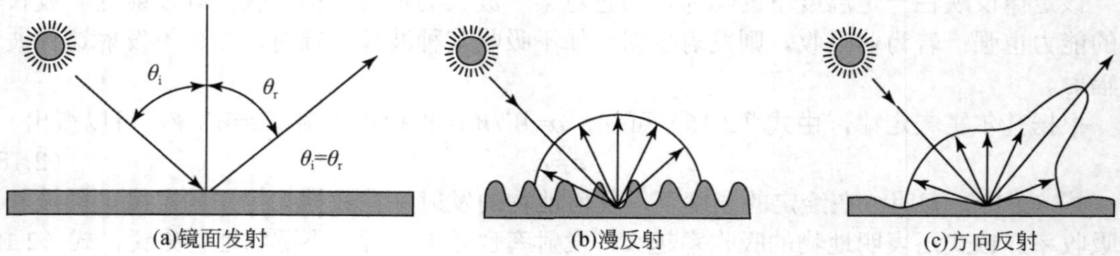

图 2.13　地物的三种反射形式

二、地物的反射光谱特性

（一）光谱反射率

反射率是指地物的反射辐射通量 E_ρ 与入射辐射通量 E 之比，即 $\rho=E_\rho/E$。这个反射率是在理想的漫反射的情况下，地物在整个电磁波波长范围内的平均反射率。实际上由于地物固有的结构特点以及受环境因素的影响，其对不同波长的电磁波会产生选择性反射。因此，地物的反射率通常指的是光谱反射率 ρ_λ，即地物在某波段的反射通量 $E_{\rho\lambda}$ 与该波段的入射通量 E_λ 之比。光谱反射率用公式可表示为

$$\rho_\lambda=\frac{E_{\rho\lambda}}{E_\lambda} \tag{2.22}$$

（二）地物的反射光谱特性

地物的反射率随波长变化而变化的规律称为地物反射光谱特性。在直角坐标系中表示地物的光谱反射率随波长变化规律的曲线就是地物的反射光谱特性曲线（图 2.14）。

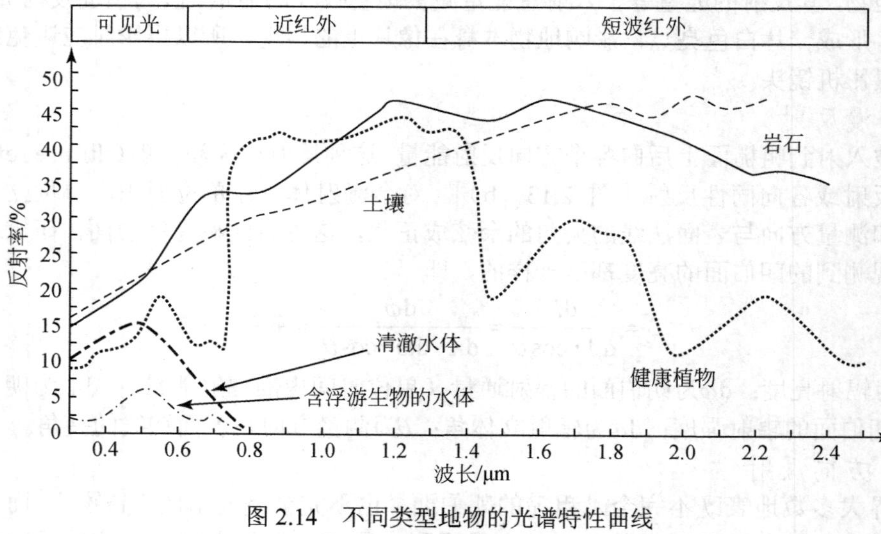

图 2.14　不同类型地物的光谱特性曲线

不同类型的地物，由于表面性状以及内部结构和成分的不同，其反射光谱特性也不同，

表现在反射光谱特性曲线上也存在明显的差异。从图 2.14 可以看出，健康植物的反射光谱变化曲折，在可见光、近红外和短波红外三个波段区间有明显不同的特点；土壤的光谱反射曲线相对平滑，随波长的增大反射率逐渐提高；水体的反射率总体较低，在可见光波段有一定的反射，而在近红外波段几乎成了全吸收体。

严格地说，地物的反射光谱曲线不应是一条线而应是呈带状，这是因为在某一特定类型中，光谱反射率也是有变化的。图 2.14 中的曲线是通过测量大量样品综合而成的，它仅代表平均反射率曲线，每种类型均具有区别于其他类型的代表性曲线。这些曲线的形状，特别是几个具有重要意义的光谱响应区域，是它们各自类型和状态的指标。正是不同地物间光谱反射特性的不同，构成了遥感识别地物的基础。下面以植物为例分析典型地物的光谱特征及其影响因素。

图 2.15 表示了绿色植物的主要光谱响应特性。健康植物的光谱特征主要取决于它的叶片。在可见光波段，植物的光谱特性主要受叶片中各种色素的支配，其中叶绿素起着最重要的作用。由于色素的强烈吸收，叶片的反射和透射很低。在以 0.45μm 为中心的蓝光波段及以 0.67μm 为中心的红光波段，叶绿素强烈吸收入射能量而呈吸收谷。在这两个吸收谷之间吸收较少，形成绿色反射峰，因此植物呈绿色。入秋后，植物叶片中的叶绿素逐渐消失，叶黄素和叶红素在叶片的光谱响应中起主导作用，因而秋天树叶变黄，枫叶变红。

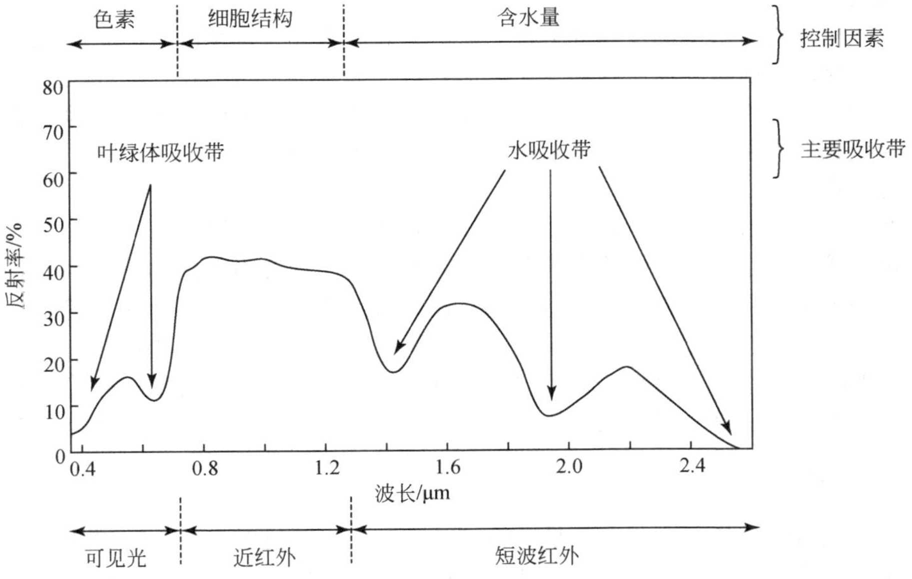

图 2.15　绿色植物的光谱响应特性

在近红外波段，植物的光谱特征取决于叶片内部的细胞结构。叶片的反射能与透射能相近（各占入射能的 45%～50%），而吸收能量很低（小于 5%）。在 0.74μm 附近，反射率急剧增加。在 0.74～1.3μm 的近红外波段内形成高反射，这是由于叶片的细胞壁和细胞空隙间折射率不同产生多重反射而引起的。因为不同类型植物叶片内部结构变化大，导致植物在近红外的反射差异比在可见光区域要大得多，所以可以通过近红外波段内反射率的测量来区分不同的植物类别。

在短波红外波段 1.3～3μm，入射能绝大部分被叶片吸收或反射，透射极少。植物的光谱特性受叶片总含水量的控制，在 1.4μm、1.9μm 和 2.7μm 处形成 3 个水吸收带，并呈现出一种逐渐跌落的衰减曲线。同一种植物不同时期含水量的变化，会引起植物光谱曲线的变化。含水量降低，反射率普遍增高。

通过以上分析可知，绿色植物在不同波段呈现出完全不同的光谱响应特征，这种特征是在叶片色素、细胞结构、水分含量等主导因素的综合作用下形成的。不同类型的植物由于叶片色素含量、细胞结构、含水量均有不同，光谱响应曲线必然存在一定差异。即使同一种植物，受季节变化、环境污染、病虫害等因素的影响，其反射率在整个谱段或个别谱段内也可能发生变化，这种变化和差异是鉴别和监测植物的重要依据。

（三）影响地物反射率的因素

受多种因素的综合影响，地物的光谱反射率并不是一成不变的。概括起来，影响地物反射率的主要因素有以下三个方面。

1. 地物的结构与组分变化

地物本身的结构和组分的变化，是引起反射率变化的内在因素，如土壤的含水量直接影响土壤的光谱反射率。土壤含水量越高，反射率越低，特别是在红外区尤为明显。水体中泥沙含量和浮游生物等也会影响水体的反射率。此外，植物季相节律和植物出现病虫害后所引起的生理和生态变化，必然导致反射率的明显变化。

2. 太阳位置

太阳位置主要指太阳的高度角和方位角。太阳高度角和方位角的不同必然引起地面物体入射照度的变化，从而导致反射率的变化。遥感技术通过卫星轨道设计，使卫星能在同一地方时通过当地上空，就是为了减小太阳高度角和方位角对反射率的影响。但因季节变化和地理位置差异造成的太阳高度角和方位角的变化则是不可避免的。

3. 环境因素

地物所处的环境背景不同，对地物的光谱反射率也有一定的影响。以植物为例，其环境背景主要指土壤。土壤湿度、土壤有机质含量等的变化，均会引起土壤反射率的明显变化，也必然影响到土壤上生长的植物的光谱特性。在地形起伏的山区，同一种类别的植物反射率还受坡度、坡向的影响。此外，海拔高度、大气透明度等因素也会造成反射率的变化。

总之，地物反射率的变化是一种重要的遥感信息，分析地物反射率变化的原因和规律，为遥感监测地物的变化过程提供主要依据，对遥感图像的解译和信息提取具有重要意义。

三、地物反射光谱的测量

地物反射光谱测量是通过仪器测量地物在各种波长下的反射率，并在此基础上绘制出地物的反射光谱曲线。地物反射光谱测量是遥感技术中的一项基础性工作，其目的主要有三个方面：①在飞行前或卫星发射前，系统地测量地面各种地物的光谱特性，为选择遥感器的最佳波段提供依据；②为遥感数据大气校正提供参考标准，因此地面测量最好与空中遥感同步进行；③建立地物的标准光谱数据库，为计算机图像自动分类和识别提供光谱数据，为遥感图像的解译提供依据。

（一）反射光谱测量的理论

1. 二向性反射率分布函数

自然界大多数地表的反射属于方向反射，即在不同观测方向上看到的地物的亮度是不一样的。方向反射率是指对入射和反射方向严格定义的反射率，即特定反射能量与其面上的特定入射能量之比。入射和反射方向的确定方法有微小立体角、任意立体角、半球全方向三种。当入射、反射均为微小立体角时称为二向性反射。二向性反射是自然界中物体表面反射的规律，它表明反射不仅具有方向性，而且这种方向还依赖于入射的方向，即随着太阳入射角及观测角度的变化，物体表面的反射有明显的差异。

为了描述地物表面反射特性的空间分布，通常引入二向性反射率分布函数（bidirectional reflectance distribution function，BRDF）。BRDF 被定义为

$$\mathrm{BRDF}(\theta_i,\ \varphi_i,\ \theta_r,\ \varphi_r)=\frac{\mathrm{d}L(\Omega_r)}{\mathrm{d}E(\Omega_i)}=\frac{\mathrm{d}L(\varphi_r,\ \theta_r)}{\mathrm{d}E(\varphi_i,\ \theta_i)} \tag{2.23}$$

式中，θ_i 为入射辐射天顶角；φ_i 为入射辐射方位角；θ_r 为反射辐射天顶角；φ_r 为反射辐射方位角；Ω_i 和 Ω_r 分别为在入射和反射方向上的两个微小立体角；$\mathrm{d}E$（Ω_i）为在一个微小面积单元上特定入射光的辐照度；$\mathrm{d}L$（Ω_r）为在一个微小面积单元上特定反射光的辐射亮度。图 2.16 显示了二向性反射现象的图解以及各参量的含义。

2. 二向反射比因子

BRDF 虽然能很好地描述地物表面的反射特性，但很难测量。因此，实际测量地物反射光谱时，往往采用二向反射比因子（bidirectional reflectance factor，BRF）代替 BRDF。BRF 被定义为：在给定的立体角方向上，在一定的辐照和观测条件下，目标的反射辐射通量与处于同一辐照和观测条件下的标准参考面（理想朗伯反射面）的反射辐射通量之比。BRF 容易被测量，且在一定的假设条件下还可以与 BRDF 相联系，这就为测定目标的 BRDF 值提供了一条现实可行的途径。

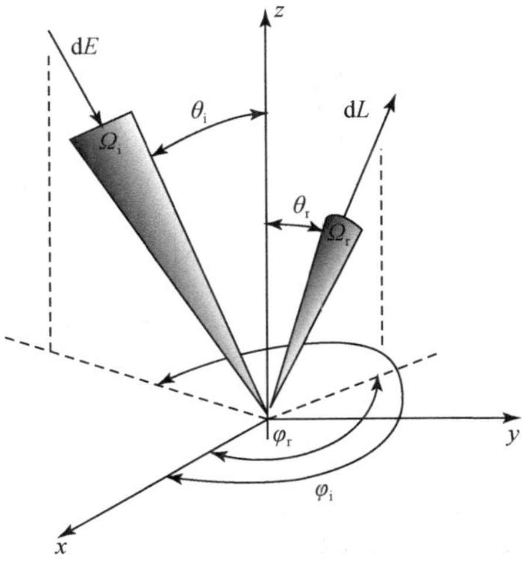

图 2.16 二向性反射示意图

（二）地物光谱的测量方法

地物反射光谱特性测量分为实验室测量和野外测量两类。实验室测量是在限定的条件下完成的，精度较高，但因为是一种非自然状态下的测量，所以测量数据一般仅供参考使用；野外测量是在自然条件下实测的，因此能反映出测量瞬间实际地物的反射特性。野外测量通常采用比较法，有垂直测量和非垂直测量两种类型。

1. 垂直测量

为了保证观测数据能和航空、航天传感器所获得的数据进行比较，并保证与多数传感器采集数据的方向一致，一般情况下均采用观测仪器垂直向下测量的方法。因为实际情况比较复杂，测量时常常忽略周围环境因素的影响，所以认为实际目标与标准板的测量值之比就是反射率之比。基于这种假设，地物的反射率计算公式可表示为

$$\rho(\lambda)=\frac{V(\lambda)}{V_S(\lambda)}\cdot\rho_S(\lambda) \tag{2.24}$$

式中，ρ（λ）为被测物体的反射率；ρ_S（λ）为标准板的反射率；V（λ）和 V_S（λ）分别为被测物体和标准板的仪器测量值。标准板通常用硫酸钡或氧化镁制成，且经过计量部门的标定，其反射率是已知的。值得注意的是，这种测量没有考虑入射角度变化对反射辐射值的影

响，也就是说把实际物体视为朗伯体，因此其测量值有一定的适用范围。

2. 非垂直测量

在野外，更精确的测量是实测不同角度下的方向反射比因子。因为辐射到地物上的光线由来自太阳的直射光（近似定向入射）和天空散射光（近似半球入射）组成，所以方向反射比因子取两者的加权和，其计算公式为

$$
\begin{aligned}
&R(\varphi_i,\ \theta_i,\ \varphi_r,\ \theta_r)=K_1R_s(\varphi_i,\ \theta_i,\ \varphi_r,\ \theta_r)+K_2R_d(\varphi_r,\ \theta_r)\\
&K_1=I_s(\varphi_i,\ \theta_i)/I(\varphi_i,\ \theta_i)\\
&K_2=I_d/I(\varphi_i,\ \theta_i)
\end{aligned}
\tag{2.25}
$$

式中，φ_i、θ_i 分别为太阳的方位角和天顶角；φ_r、θ_r 分别为观测仪器的方位角和天顶角；I_d 为天空漫入射光照射地物的照度；$I_s(\varphi_i,\ \theta_i)$ 为太阳直射光在地面上的照度；$I(\varphi_i,\ \theta_i)$ 为太阳直射光和漫入射光的总辐射度；$R_d(\varphi_r,\ \theta_r)$ 为漫入射的半球-定向反射比因子；$R_s(\varphi_i,\ \theta_i,\ \varphi_r,\ \theta_r)$ 为太阳直射光照射下的 BRF；$R(\varphi_i,\ \theta_i,\ \varphi_r,\ \theta_r)$ 为野外测量出的方向反射比因子。

野外测量方向反射比因子的方法如图 2.17 所示。具体的测量方法和步骤如下。

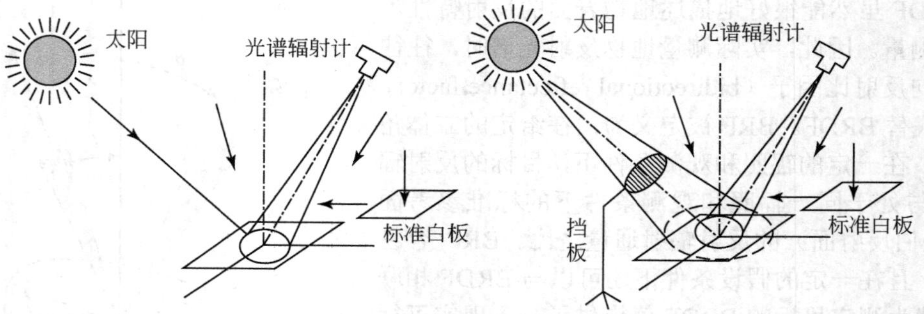

图 2.17　野外测量方法示意图（梅安新等，2001）

第一步：测 K_1 和 K_2。首先在地面上放置标准板，用光谱辐射计在自然光照射条件下进行一次垂直测量，得到 I 值；然后用挡板遮住太阳光，使阴影盖过标准板，再测一次得到 I_d 值，在此基础上求出 K_1 和 K_2。

第二步：在自然条件下测反射比因子 $R(\varphi_i,\ \theta_i,\ \varphi_r,\ \theta_r)$。选择太阳方向（$\varphi_i$，$\theta_i$）和观测角（$\varphi_r$，$\theta_r$），在地面同一位置分别迅速测量标准板的辐射值和地物的辐射值，并计算其比值得到 R。

第三步：用挡板遮住太阳直射光，在只有天空漫射入射光时分别迅速测量标准板和地物的辐射值，并计算比值得到半球-定向反射比因子 $R_d(\varphi_r,\ \theta_r)$。由式（2.25）计算出 $R_s(\varphi_i,\ \theta_i,\ \varphi_r,\ \theta_r)$。

第四节　大气对电磁波传输过程的影响

所有用于遥感的电磁辐射都要通过大气层，经过大气传输才能被传感器接收。电磁辐射在传输过程中与大气中的气体和微粒相互作用造成辐射能量的衰减，进而对遥感成像质量和遥感图像解译产生影响。这种相互作用主要表现在大气的散射、吸收和透射等方面。

一、大气的组成与结构

（一）大气成分

地球上的大气是由多种气体组成的混合体，并含有水汽和部分杂质。大气的主要成分是氮、氧、氩等。在 80km 以下的低层大气中，气体成分可分为两部分：一部分为“不可变气体成分”，主要指氮、氧、氩三种气体。这几种气体成分之间维持固定的比例，基本上不随时间、空间而变化。另一部分为“易变气体成分”，以水汽、二氧化碳和臭氧为主，其中变化最大的是水汽。总之，大气这种含有各种物质成分的混合物，可以大致分为干洁空气、水汽、微粒杂质和新的污染物。

（二）大气层的结构

地球大气层没有一个确切的界限，一般认为其厚度约为 1000km，相当于地球直径的 1/12。大气的密度和压力随着高度上升几乎按指数下降，高度每增加 16km，大气密度和压力都下降近 10%。32km 以上的大气层，质量仅占全部大气层质量的 1%，对遥感的影响可以忽略不计。因此，有效大气层实际上只是紧贴地球表面的薄薄一层。根据大气层垂直方向上温度梯度变化的特征，一般把大气层划分为对流层、平流层、中间层、热层和散逸层五个层次（图 2.18）。

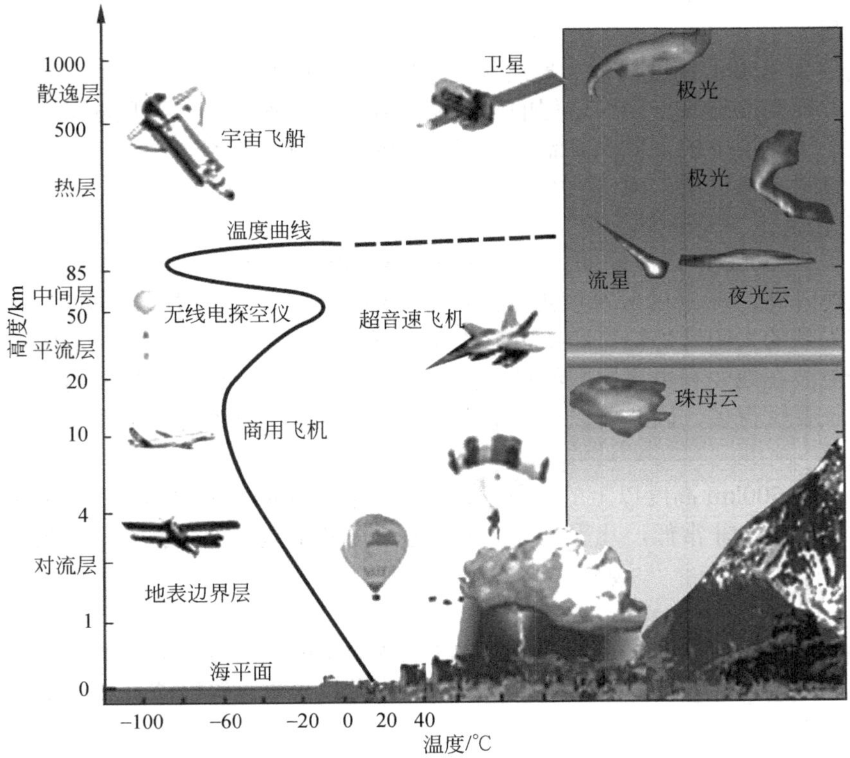

图 2.18　地球大气层垂直结构示意图

1. 对流层

对流层是大气的最底层，上界往往随纬度、季节等因素而变化，平均厚度约 12km。尽管对流层是各层中最薄的一层，但它却集中了大气质量的 3/4 和几乎整个大气中的水汽和杂质。大气对流运动强烈，主要的大气现象几乎都集中于此。对流层的温度随高度升高而递减，平均每上升 100m，温度下降约 0.65℃，对流层顶气温大约下降到−60℃。

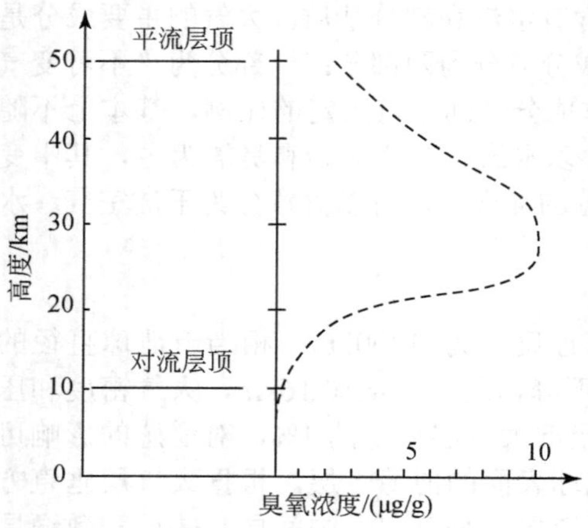

图 2.19　大气层中臭氧浓度的变化

2. 平流层

平流层是指对流层顶到 50km 高度间的大气层（12～50km）。平流层大气温度随高度的增加呈现递增规律，但这种递增在平流层底部很不明显，只有在 20km 高度以上的上部平流层中，温度的递增规律才真正凸显出来，到 50km 处温度已回升到 0℃左右。温度递增的主要原因是大气中的臭氧对太阳辐射，尤其是对紫外辐射能量的吸收造成的。因为大气温度垂直分布的递增现象，限制了大气对流运动的发展，所以，平流层气流运动平稳、能见度好，是良好的飞行空间。值得注意的是，在大约 30km 的高度上，臭氧的浓度达到最大（图 2.19），从而在这个高度形成了对地球生命具有重要保护作用的臭氧层，这是平流层重要的特征之一。

3. 中间层

平流层顶到 85km 高度间的大气层称为中间层（50～85km）。这一层大气吸收的辐射能明显减小，并随高度递减，因而这层的气温随高度升高迅速下降，到顶部降到−100℃以下，几乎成为整个大气层中的最低温。温度垂直分布的这种特点有利于大气垂直运动的发展，因而中间层也称“上对流层”或“高空对流层”。

4. 热层

中间层顶到 500km 高度间的大气层称为热层（85～500km）。该层深厚但空气稀薄，气温随高度迅速升高，在 300km 高度上气温已达 1000℃以上，故称热层。热层中的 N_2、O_2 等气体成分在强烈的太阳紫外辐射和宇宙射线作用下，处于高度电离状态，形成电离层。电离层能使无线电波在地面和电离层间经过多次反射传播到远方。遥感所使用的电磁波波长比无线电波的波长要短得多，因此可以穿过电离层，而且辐射强度不受任何影响。

5. 散逸层

散逸层是指 500km 高度以上的大气层，是大气层向星际空间的过渡层（500～1000km）。散逸层中大气的压力非常低，几乎处于真空状态，遥感卫星大部分就运行在散逸层中。

二、大气散射

太阳辐射在传播过程中受到大气中微粒（大气分子或气溶胶等）的影响而改变原来传播方向的现象称为散射。大气散射强度与微粒大小、微粒含量、辐射波长和能量传播所穿过的大气层厚度有关。

根据大气中微粒的直径大小与电磁波波长的对比关系，通常把大气散射分为瑞利散射、米氏散射和非选择性散射三种主要类型。

（一）瑞利散射

当大气粒子的直径远小于入射电磁波波长时，出现瑞利散射。大气中的气体分子对可见光的散射就属于这种类型。瑞利散射的强度与波长的四次方成反比，波长越短散射越强（图2.20）。可见光中，紫光的波长最短，散射能力最大。太阳光线射入大气后，最初散射最强的是紫光，因此紫光在没有到达地面之前就已经散射掉了，到达地面的蓝光最多，所以在地面看天空是蓝色的，而在高空则逐渐变成紫色。日出、日落时天空呈现橙红色，也可以用瑞利散射来解释。

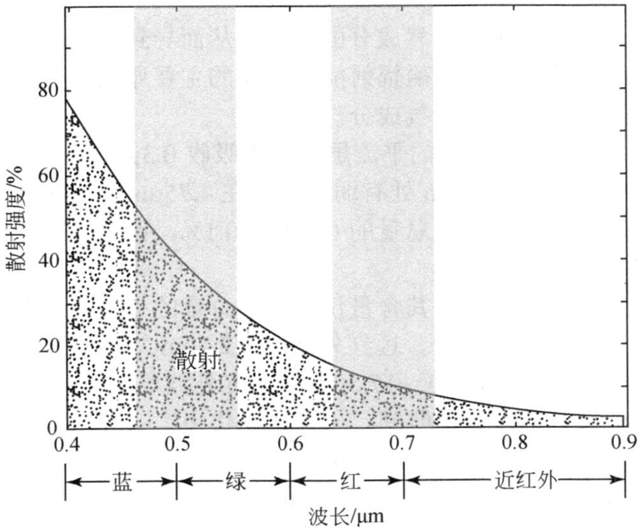

图 2.20　瑞利散射强度与波长的关系

瑞利散射降低了图像的“清晰度”或“对比度”，是造成遥感图像辐射畸变、图像模糊的主要原因。瑞利散射还对高空摄影图像的质量有一定影响，能使彩色图像略带蓝灰色。因此，摄影相机等遥感仪器多利用特制的滤光片，阻止蓝紫光透过以消除或减少图像模糊，提高图像的灵敏度和清晰度。

（二）米氏散射

当大气粒子的直径约等于入射波长时，出现米氏散射。米氏散射是由大气中的尘埃、花粉、烟雾、水汽等气溶胶引起的，和瑞利散射相比，这种散射通常会影响到比可见光更长的红外波段。

米氏散射与大气中微粒的结构、数量有关，其强度受气候影响较大。尽管在一般大气条件下，瑞利散射起主导作用，但米氏散射能叠加于瑞利散射之上，使天空变得阴暗。而在多云天气条件下，米氏散射更多地发生在低层大气空间，这里微粒更大、数量更多，散射强度也最大。

（三）非选择性散射

当大气粒子的直径远大于入射波长时，出现无选择性散射。大气中的水滴、大的尘埃粒子所引起的散射多属无选择性散射。这种散射对波长没有选择性，对所有波长的反射是均等的。我们之所以能看到云和雾呈现白色或灰白色，就是因为在可见光范围内云、雾对蓝、绿、红光等量散射的结果。

以上三种大气散射作用改变了太阳辐射的方向，降低了太阳光直射的强度，是太阳辐射能量衰减的主要因素之一。同时，大气散射产生了漫反射的天空散射光，增强了大气层本身的“亮度”，使地面阴影呈现暗色而不是黑色，使人们有可能在阴影处得到物体的部分信息。此外，散射使暗色物体表现得比它自身亮度要亮，使亮物体表现得比它自身亮度要暗，其结果必然降低遥感图像的反差，进而影响图像的质量以及图像上空间信息的表达能力。

三、大气吸收

太阳辐射穿过大气时受到多种大气成分的吸收，从而导致辐射能量的衰减。在紫外、红外以及微波波段，大气吸收是引起电磁辐射能量衰减的主要原因。臭氧、二氧化碳和水汽是三种最重要的吸收太阳辐射能量的大气成分。

臭氧集中分布在20～30km高度的平流层，主要吸收0.3μm以下的紫外线，并在此形成一个强吸收带。此外，臭氧在0.96μm处有弱吸收，在4.75μm和14μm附近的吸收更弱。虽然臭氧在大气中含量很低，只占大气总量的0.01%～0.1%，但它对地球能量的平衡却有着重要作用。

二氧化碳主要分布于低层大气，其含量仅占大气总量的0.03%左右。人类活动有使二氧化碳含量增加的趋势。二氧化碳在中、远红外波段（2.7μm、4.3μm、14.5μm 附近）均有强吸收带，其中最强的吸收带出现在13～17.5μm的远红外波段。

水汽一般出现在低空，其含量随时间、地点的变化很大（0.1%～3%）。水汽的吸收辐射是所有其他大气组分吸收辐射的好几倍，从可见光、红外直至微波波段，到处都有水汽的吸收带。重要的吸收带有：0.7～1.95μm、2.5～3.0μm、4.9～8.7μm 和 15μm ～1mm。水汽在0.94mm、1.63mm及1.35cm的微波波段有三个吸收带。

此外，氧气对微波中0.25cm和0.5cm波长的电磁波也有吸收能力。甲烷、一氧化二氮，工业集中区附近的高浓度一氧化碳、氨气、硫化氢、氧化硫等都具有吸收电磁波的作用，但吸收率很低，可忽略不计。至于大气中其他成分的气体，因为都是对称分子，无极性，所以对电磁波不存在吸收作用。图2.21表示了大气中主要成分在0.1～30μm的紫外、可见光和红外区的吸收情况。

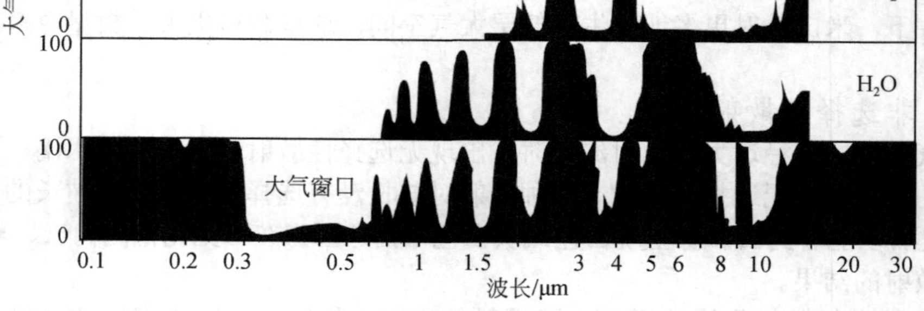

图 2.21　大气主要成分的吸收（Jensen，2007）

四、大气窗口

臭氧、二氧化碳、水汽等大气成分在一些特殊的波段位置上吸收电磁辐射能量，形成了若干或强或弱、或宽或窄的大气吸收带，并造成了电磁辐射能量在这些特殊波段上的严重衰减。因为电磁辐射只有透过大气层才能与地表对象相互作用，地表信息才能被传感器探测并记录下来，所以，那些受大气吸收作用影响相对较小、大气透过率较高的电磁波段就成为遥感探测可以利用的有效电磁辐射波段，称为大气窗口。图 2.22 为大气窗口示意图。

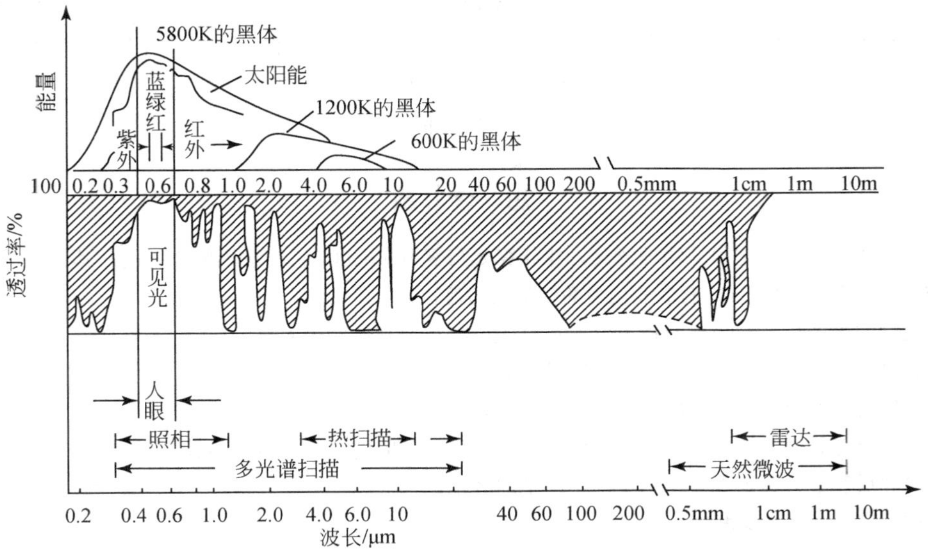

图 2.22 大气窗口示意图

主要的大气窗口包含以下八个。

（1）0.3～1.15μm：包括全部可见光波段、部分紫外波段和部分近红外波段，是遥感技术应用最主要的大气窗口之一。其中，0.3～0.4μm 为近紫外窗口，透过率为 70%；0.4～0.7μm 为可见光窗口，透过率大于 95%；0.7～1.1μm 为近红外窗口，透过率约为 80%。

（2）1.4～1.9μm：中红外窗口，透过率在 60%～95%，其中 1.55～1.75μm 透过率较高。

（3）2.0～2.5μm：中红外窗口，透过率为 85%。

（4）3.5～5.0μm：热红外窗口，透过率在 60%～70%。

（5）8～14μm：热红外窗口，透过率为 80%。

（6）1.0～1.8mm：微波窗口，透过率在 30%～40%。

（7）2.0～5.0mm：微波窗口，透过率在 50%～70%。

（8）8.0～1000mm：微波窗口，透过率为 100%。

遥感传感器的探测波段只有设置在大气窗口以内，才能最大限度地接收地表信息，实现遥感探测。图 2.23 表示了 Landsat 的 ETM+以及 Terra 的 ASTER 两种传感器的波段设置与大气窗口之间的关系。

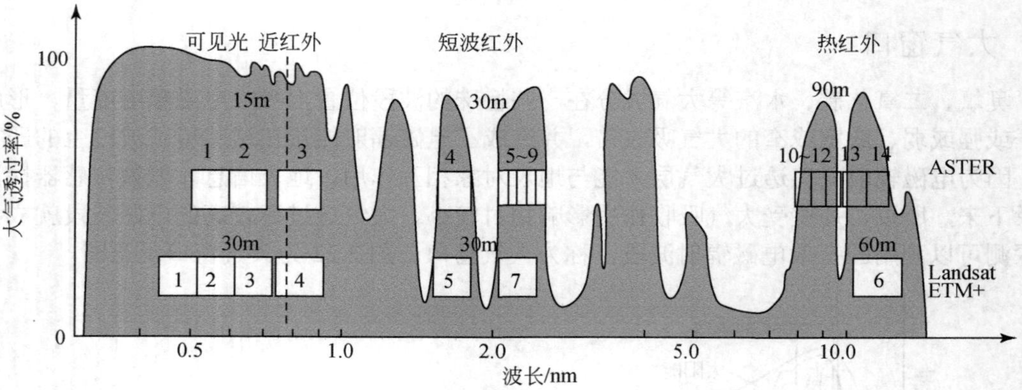

图 2.23　大气窗口与传感器波段设置

思　考　题

1. 简要回答黑体辐射三大定律的物理意义，并计算太阳辐射（6000K）的总辐射出射度及其在红（0.62μm）、绿（0.5μm）、蓝（0.43μm）三个波长上的辐射出射度。
2. 什么是地物的光谱特征？简要分析植物的反射光谱特征及其影响因素。
3. 太阳辐射穿过大气层造成能量衰减的原因是什么？
4. 什么是大气窗口？遥感中常用的大气窗口有哪些？
5. 你认为最适合可见光遥感的大气条件是什么？一天中最佳的遥感探测时间是什么时候？
6. 简述二向性反射率分布函数和二向反射比因子的区别。
7. 试述地物光谱测量的意义和方法。

第二章测试题上　　**第二章测试题下**

第三章　传感器及其成像方式

数据获取是遥感技术的核心，而传感器则是遥感数据获取的关键设备。无论是主动遥感还是被动遥感，也无论是航空遥感还是航天遥感，从成像方式上，主要有三种成像系统，即摄影成像系统、扫描成像系统和微波成像系统。本章在介绍传感器基本知识的基础上，重点介绍摄影和扫描两种遥感成像系统。微波成像系统不同于摄影成像系统和扫描成像系统，是未来遥感技术发展的重要方向，将在第五章中作详细介绍。

第一节　传感器概述

传感器（sensor），也称敏感器或探测器，是收集、探测并记录地物电磁波辐射信息的仪器。它的性能制约着遥感技术的能力，即传感器探测电磁波波段的响应能力、传感器的空间分辨率和图像的几何特性、传感器获取地物电磁波信息量的大小和可靠程度等。

一、传感器的分类

传感器的种类繁多，分类方法也多种多样。常见的分类方式有以下三种。

（1）按电磁波辐射来源的不同，将传感器分为主动式传感器（active sensor）和被动式传感器（passive sensor）。主动式传感器向目标发射电磁波，然后收集从目标反射回来的电磁波信息，如合成孔径雷达等；被动式传感器收集的是地面目标反射来自太阳光的能量或目标自身辐射的电磁波能量，如摄影相机和多光谱扫描仪等。

（2）按成像原理和所获取图像性质的不同，将传感器分为摄影机、扫描仪和雷达三种类型。摄影机按所获取图像的特性又可细分为框幅式、缝隙式、全景式三种；扫描类型的传感器按扫描成像方式又可分为光-机扫描仪和推扫式扫描仪；雷达按其天线形式分为真实孔径雷达和合成孔径雷达。

（3）按记录电磁波信息方式的不同，将传感器分为成像方式（imaging method）的传感器和非成像方式（non-imaging method）的传感器。成像方式的传感器输出结果是目标的图像，而非成像方式的传感器输出结果是研究对象的特征数据，如微波高度计记录的是目标距平台的高度数据。

图 3.1 是结合上述三种分类方式得到的传感器综合分类图。

二、传感器的组成

从结构上看，所有类型的传感器基本上都由收集器、探测器、处理器、输出器四部分组成（图 3.2）。

（一）收集器

收集器用于接收目标物发射或反射的电磁辐射能，并把它们进行聚焦，然后送往探测系统。传感器的类型不同，收集器的设备元件也不同。摄影机的收集元件是凸透镜；扫描仪用各种形式的反射镜以扫描方式收集电磁波，雷达的收集元件是天线，两者都采用抛物面聚光。如果进行多波段遥感，那么收集系统中还包含按波段分波束的元件，如滤色镜、棱镜、光栅、

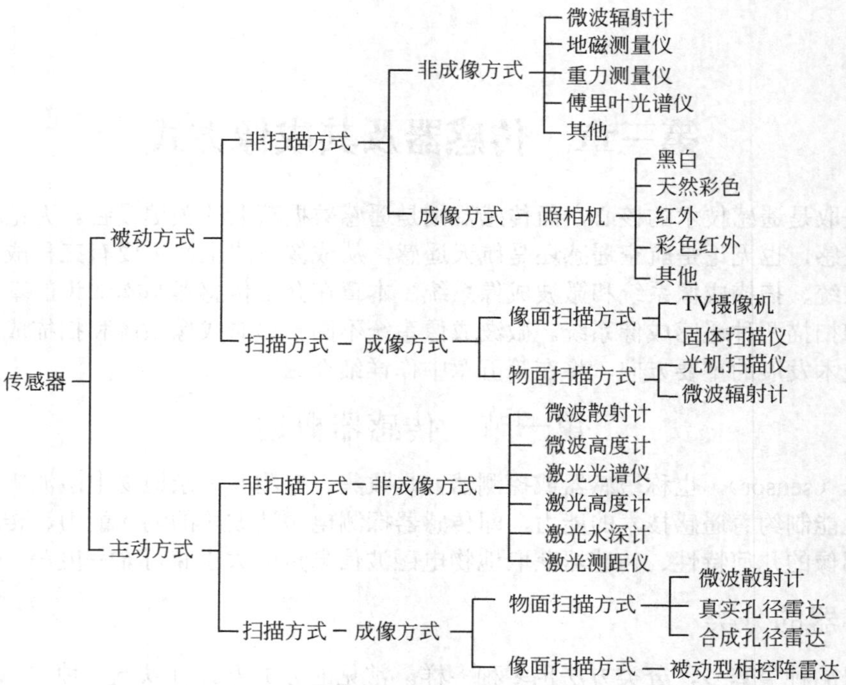

图 3.1　传感器的分类（日本遥感研究会，2011）

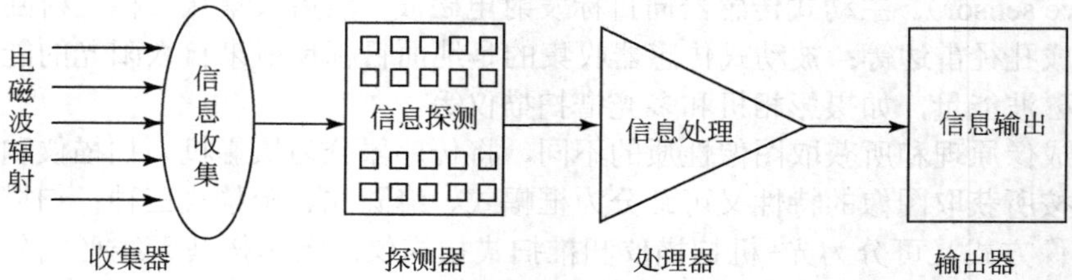

图 3.2　传感器的一般构成

分光镜、滤光片等。

（二）探测器

探测器是接收地物电磁辐射的物理元件，是传感器中最重要的部分，其功能是实现能量转换，测量和记录接收到的电磁辐射能。常用的探测元件有感光胶片、光电敏感元件、固体敏感元件和波导。不同探测元件有不同的最佳使用波段和不同的响应特性曲线波段。探测元件之所以能探测到电磁波的强弱，是因为探测器在电磁波作用下发生了某些物理或化学变化，这些变化被记录下来并经过一系列处理，便成为人眼能看到的像片。

感光胶片通过光化学作用探测近紫外至近红外波段的电磁辐射，其响应波段大约在0.3～1.4μm，这一波段的电磁辐射能使感光胶片上的卤化银颗粒分解，析出银粒的多少反映了光照的强弱并构成地面物像的潜影，胶片经过显影、定影处理，就能得到稳定的可见图像。

光电敏感元件是利用某些特殊材料的光电效应把电磁波信息转换为电信号来探测电磁辐射的，其工作波段涵盖了紫外至红外波段。光电敏感元件按其探测电磁辐射机理的不同，又分为光电子发射器件、光电导器件和光伏器件等。

热探测器是利用辐射的热效应工作的。探测器吸收辐射能量后，温度升高，从而引起其电阻值或体积发生变化。测定这些物理量的变化便可获得辐射的强度，但热探测器的灵敏度和响应速度较低，仅在热红外波段应用较多。

雷达在技术上属于无线电技术。它的探测元件称作波导，是一个制成一定尺寸的金属钢管，靠微波在波导腔中的反射来传播。雷达天线接收到的微波波束聚焦后由波导接收和传递，不同尺寸的波导接收不同波长的微波信息。

（三）处理器

处理器的主要功能是对探测器探测到的化学能或电能信息进行加工处理，即进行信号的放大、增强或调制。在传感器中，除摄影使用的感光胶片无须进行信号转换外，其他的传感器都有信号转换问题。光电敏感元件、固体敏感元件和波导输出的都是电信号，从电信号转换到光信号必须有一个信号转换系统，即光电转换器。光电转换使输入的电信号输出时或经光机扫描时序输出光点，或经电子扫描在荧光屏上输出整幅图像。

（四）输出器

传感器的最终目的，是把接收到的各种电磁波信息用适当的方式输出。遥感图像信息的输出一般有直接和间接两种方式。直接方式有摄影分幅胶片、扫描航带胶片、合成孔径雷达的波带片，还有一种是在显像管荧光屏上显示，但荧光屏上的图像仍需用摄影方式把它拍成胶片。间接方式有模拟磁带和数字磁带。输出器的类型有扫描晒像仪、阴极射线管、电视显像管、磁带记录仪、彩色喷墨记录仪等。

三、传感器的性能

衡量传感器性能的指标很多，其中最重要的就是传感器的分辨率。分辨率是遥感技术中经常使用的概念，是反映遥感数据质量的重要指标，包括空间分辨率、光谱分辨率、辐射分辨率和时间分辨率。

（一）空间分辨率

对于任何遥感系统来说，地面目标和遥感平台之间的距离决定了传感器获取信息的详细程度和总的成像面积，这一点和人的视觉规律很相似，即“站得高，看得远；距离近，看得清”。相比较而言，航天遥感距离地面目标的距离远，能观测到的范围很大，但却不能提供详细的目标信息。而航空遥感距离地面近，虽然观测范围小，但却能获得地表更细节的信息。

传感器的空间分辨率（spatial resolution），是指传感器所能识别的最小地面目标的大小，是反映遥感图像分辨地面目标细节能力的重要指标。被动遥感空间分辨率的高低主要取决于传感器的瞬时视场角。瞬时视场角（instantaneous field of view，IFOV），指传感器内单个探测元件的受光角度或观测视野，它决定了在给定高度上瞬间观测的地表面积，这个面积就是传感器所能分辨的最小单元，它的大小由 IFOV 和传感器距离地面的高度决定（图 3.3）。IFOV 越小，传感器所能分辨的地面单元就越小，空间分辨率就越大。一般情况下，一个空间对象只有当它的面积等于或超过传感器的最小分辨单元时，才有可能在图像上被识别出来。如果地物的尺寸小于最小分辨单元，由于采集的信息是该单元内所有地物的平均亮度，地物的识别就很困难。当然，有时候一些比最小分辨率单元小的地物，如果其亮度在其中占主导地位，也可以在像元水平上或者通过像元分解技术被准确识别出来。

像元是遥感成像的基本采样点，是构成遥感图像的最小单元。正常情况下，像元对应于传感器的最小分辨单元，呈正方形，并在图像上占据一定的面积。像元的大小是遥感图像分

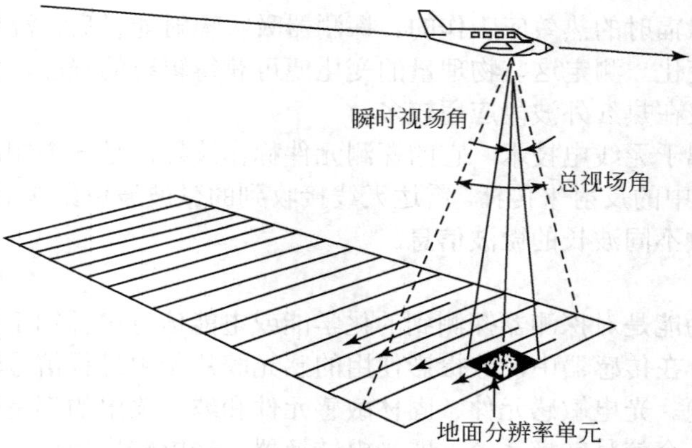

图 3.3　瞬时视场示意图

辨能力的最重要的指标，像元越小，图像的分辨能力越高；像元越大，图像的分辨能力越低。传感器的空间分辨率高，就能获取高分辨率的遥感图像；传感器的空间分辨率低，只能获取低分辨率的遥感图像。因此，我们可以这样理解，像元的大小反映的是遥感图像的识别能力，遥感图像的空间分辨率和传感器的空间分辨率都可以用像元的大小来表示。图 3.4 为几种不同空间分辨率图像的显示效果对比。

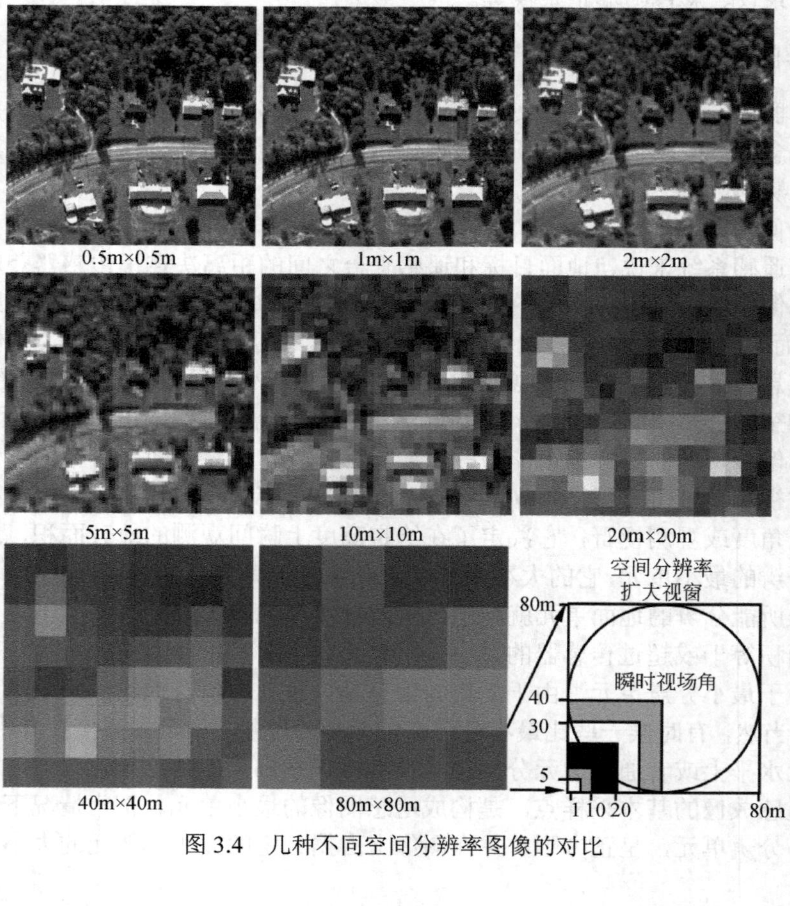

图 3.4　几种不同空间分辨率图像的对比

（二）光谱分辨率

光谱分辨率（spectral resolution），指传感器所使用的波段数、波长及波段宽度，也就是选择的通道数、每个通道的波长和带宽，这三个要素共同决定了光谱分辨率。传感器的波段数量越多、带宽越窄，其光谱分辨率就越高。

地物光谱曲线在特定波长上的差异，是准确区分地物类型的基础。传感器通过增加探测波段数量，缩短带宽，从而提高其光谱分辨率，这就使那些可能在可见光范围内无法区分的地物类型通过多光谱数据的综合分析得以准确识别。由此可见，传感器的波段越多、带宽越窄，所包含的信息量就越大，针对性也就越强。利用多光谱数据进行专题信息提取，可以大大提高遥感应用分析的效果。

根据成像过程中所使用的波段数，可以将光学遥感系统分为以下四种类型。

（1）全色成像系统（panchromatic imaging system）：全色成像系统用一个连续的单一通道，在较宽的光谱区间进行遥感探测，得到的只有地面目标的亮度信息，而没有光谱信息。例如，IKONOS 的 PAN 图像、SPOT/HRV 的 PAN 图像。

（2）多光谱成像系统（multispectral imaging system）：多光谱成像系统通过多个通道，在相对较窄的光谱区间进行遥感探测，得到的多光谱图像同时记录了地面目标的光谱信息和亮度信息。例如，Landsat 的 MSS、TM 图像等。

（3）超光谱成像系统（superspectral imaging system）：和多光谱成像系统相比，超光谱成像系统有 10 个以上的更窄光谱区间的探测通道，能获取地面目标更为细微的光谱特征。例如，Terra/MODIS 以 36 个光谱通道实现对地球的探测。

（4）高光谱成像系统（hyperspectral imaging system）：高光谱成像系统以 100 个以上彼此相连的光谱通道，获取地面目标更为准确的光谱信息，在精准农业、海洋管理等领域应用前景广阔。例如，Earth Observing-1 的 Hyperion 传感器，以 220 个连续的光谱通道获取地表高分辨率图像。

值得注意的是，对于特定目标的识别，并不是选择的传感器波段越多、光谱分辨率越高，目标识别的效果就一定越好。在某些情况下，波段太多、分辨率太高、接收到的信息量太大，形成的海量数据反而会“掩盖”地物的辐射特性，不利于快速探测和识别地物。所以要根据目标的光谱特性和必需的地面分辨率综合考虑，恰当地利用光谱分辨率。

（三）辐射分辨率

遥感图像的空间结构表现为像元阵列，而像元是遥感成像的基本单元，每个像元记录了地面相应范围内各种地物的综合辐射特征，这种辐射特征中潜藏着地物的实际信息。辐射分辨率（radiometric resolution）是指传感器区分地物辐射能量细微变化的能力，即传感器的灵敏度。传感器的辐射分辨率越高，其对地物反射或发射辐射能量的微小变化的探测能力越强，所获取图像的层次就越丰富。

辐射分辨率一般用灰度的分级数来表示，即最暗—最亮灰度值（亮度值）间分级的数目（量化级数），因此也称为灰度分辨率。灰度一般按 2^n 来分级，如 Landsat/MSS 灰度级是 2^6（0～63），Landsat-4、5/TM 灰度级是 2^8（0～255），显然 TM 比 MSS 的辐射分辨率提高了，图像的可检测能力明显增强了。图 3.5 为 4 种不同辐射分辨率图像的对比。

对可见光、近红外遥感来说，传感器的辐射分辨率越高，获取的图像对目标地物的识别能力就越高。对热红外遥感而言，灰度变化反映了地物亮度温度的变化，灰度分辨率（也称温度分辨率）越高，对地物亮度温度的区分就越细，识别效果就越好。

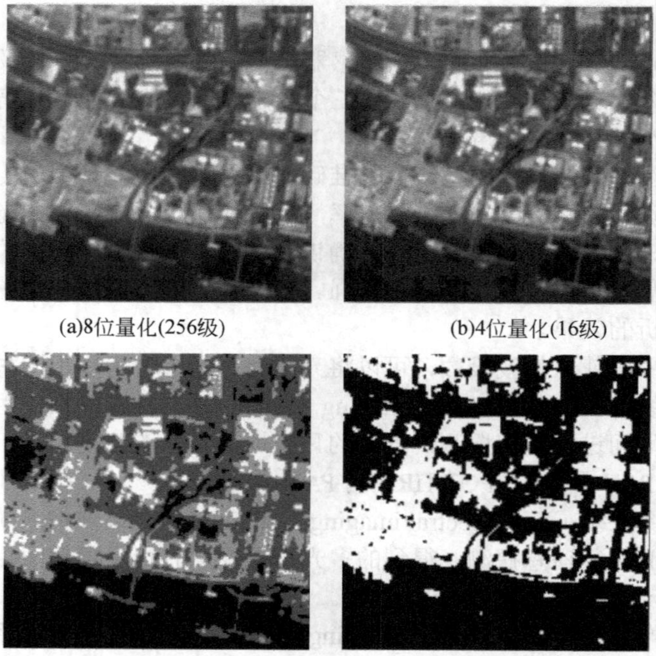

(a)8位量化(256级)　(b)4位量化(16级)

(c)2位量化(4级)　(d)1位量化(2级)

图 3.5　几种不同辐射分辨率图像的比较

通常，空间分辨率和辐射分辨率是一对矛盾体。要提高地面分辨率，就要缩小瞬时地面视场，探测器接收的辐射能将随之减少，辐射分辨率就会降低。因此，有时为了提高空间分辨率而牺牲辐射分辨率，有时则为了提高辐射分辨率而牺牲空间分辨率。只有探测器的灵敏度提高，两者才能同时得到提高。

（四）时间分辨率

时间分辨率（temporal resolution）指卫星对同一地点重复成像的时间间隔，即采样的时间频率。显然，时间分辨率主要是针对遥感卫星系统来说的，是衡量卫星系统成像能力和成像特点的一个重要指标。

时间分辨率和卫星的回归周期（重访周期），是既有联系又有区别的两个概念。一般来说，时间分辨率的大小是由卫星的回归周期决定的。卫星回归周期越短，时间分辨率越高。对大多数卫星系统来说，时间分辨率就是卫星的回归周期。例如，Landsat-7 的回归周期和时间分辨率都是 16 天。然而，卫星系统的时间分辨率还与传感器的个性化设计密切相关。例如，SPOT 卫星携带的 HRV 传感器具有倾斜观测能力，可以从不同轨道上以不同的角度观测地面上的同一点，因此其对地表特定地区的重复观测的时间间隔将大大缩短。在一个回归周期（26 天）内，赤道地区可观测约 7 次，中纬度地区可观测约 12 次，南北纬 70° 处可观测约 28 次。这样，SPOT 卫星的时间分辨率便可认为是 1～4 天。此外，多颗卫星组成的卫星系统也可以提高遥感系统的时间分辨率。极轨 NOAA 卫星的回归周期为 0.5 天，但采用双星系统后，同一地区每天有 4 次过境资料，时间分辨率有了明显提高。

遥感卫星以一定的时间分辨率，在不同时间获取的同一地区的一组遥感图像称为多时相图像。多时相遥感图像对地表事物和现象的动态监测具有重要意义。

第二节　摄影成像系统

摄影成像是利用光学镜头和放置在焦平面上的感光胶片等组成的成像系统记录地物影像的一种技术，是遥感最基础的成像方式之一，也是航空遥感最重要的成像方式。

摄影成像采用的感光胶片的光谱响应范围在紫外至近红外（0.3～0.9μm），其主要特点是空间分辨率高，几何完整性好，视场角大，便于进行较精确的测量与分析，具有高度的灵活性和实用性，因而仍被广泛应用。

一、摄影类型的传感器

摄影类型的传感器主要包括框幅式摄影机、缝隙摄影机、全景摄影机以及多光谱摄影机等。其共同特点都是由物镜收集电磁波，并聚焦到感光胶片上，通过感光材料的探测与记录，在感光胶片上留下目标的潜像，然后经过摄影处理得到可见的图像。

（一）单镜头框幅式摄影机

航空、航天摄影测量的相机一般采用单镜头框幅式摄影机（frame camera）。这类相机的成像原理与普通照相机相同，即在空间摄影的瞬间，地面视场范围内的目标辐射信息一次性通过镜头中心后在焦平面上成像，获得一张完整的分幅像片（18cm×18cm 或 23cm×23cm）。图 3.6 为单镜头框幅式摄影机的结构示意图。

航空摄影测量对摄影机的要求非常严格，如镜头畸变要小，解像力要高，光轴与胶片平面必须正交，可以精密测量出光轴与像面的位置关系，胶片应具备严格的平面性，等等。用于航空摄影的摄影机有瑞士徕卡公司的RC系列摄影机（如RC30），德国蔡司公司的LMK系列摄影机（如 LMK2000）以及国产的 HS2323 摄影仪。目前较新型的航摄仪都带有 GPS 自动导航和 GPS 控制的摄影系统。

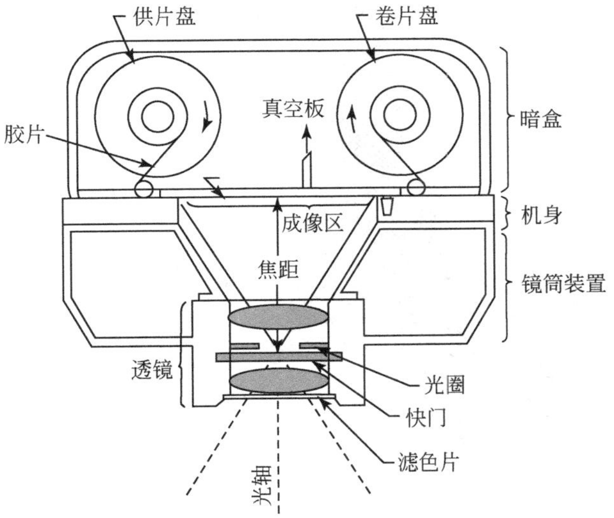

图 3.6　单镜头框幅式摄影机的结构

在太空工作的摄影机，设计上需要根据太空环境的特点，增加一些特殊装置或做一些特殊处理，以解决各种可能出现的问题。例如，针对摄影地区的地理纬度相差很大，各地的太阳高度角和相同地物的反射能力不尽相同的特点，需装备自动曝光控制装置，使摄影机能得到合适的曝光量；摄影机在空间工作时的环境温度会直接影响光学系统的性质，改变焦平面位置和胶片灵敏度，因此必须控制窗口内的温度、压力和湿度，尽量减少这些因素对空间摄影机光学系统的影响。用于航天遥感的相机也很多，如已在美国航天飞机及空间实验室工作过的 RMK-A30/23 摄影机，焦距为 305.128mm，像幅为 23cm×23cm，标称卫星高度为 250km，像片比例尺为 1∶820000。

（二）缝隙式摄影机

缝隙式摄影机（strip camera）也称航带式或推扫式摄影机。摄影瞬间所获取的图像是与航向垂直且与缝隙等宽的一条地面图像带（图 3.7）。当飞机或卫星向前飞行时，在相机焦平面上与飞行方向垂直的狭隙中，出现连续变化的地面图像。若相机内的胶片不断卷绕，且卷绕速度与地面图像在缝隙中的移动速度相同，就能得到连续的条带状摄影像片。

缝隙式摄影机不是一幅一幅地曝光，而是连续曝光。尽管它仍是多中心投影（每个缝隙的图像有同一投影中心），但是条缝间的图像会出现重叠和不连续。因为在实际摄影中难以保持合适的速高比，相机姿态变化不易控制，所以这种摄影机已较少使用，但缝隙式摄影机的设计思想是目前较流行的线阵 CCD 传感器的基础。

（三）全景式摄影机

全景式摄影机（panoramic camera）也称扫描摄影机或摇头摄影机。其成像原理是：利用焦平面上一条平行于飞行方向的狭缝来限制瞬时视场，在摄影瞬间获得地面上平行于航迹线的一条很窄的图像。当物镜沿垂直航线方向摆动时，就得到一幅全景像片（图 3.8）。

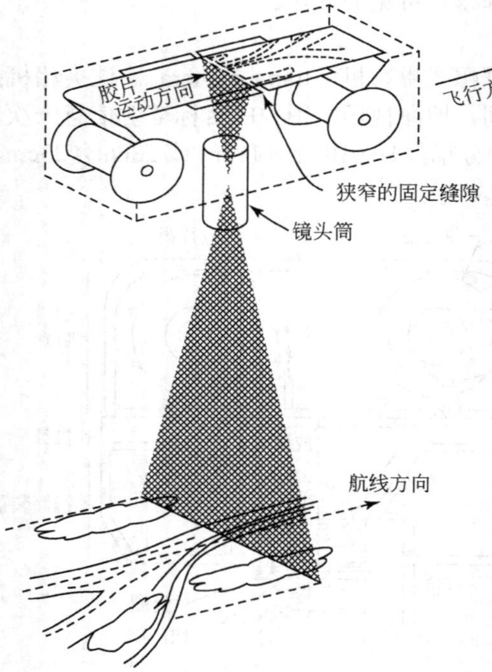

图 3.7　缝隙式摄影机成像过程

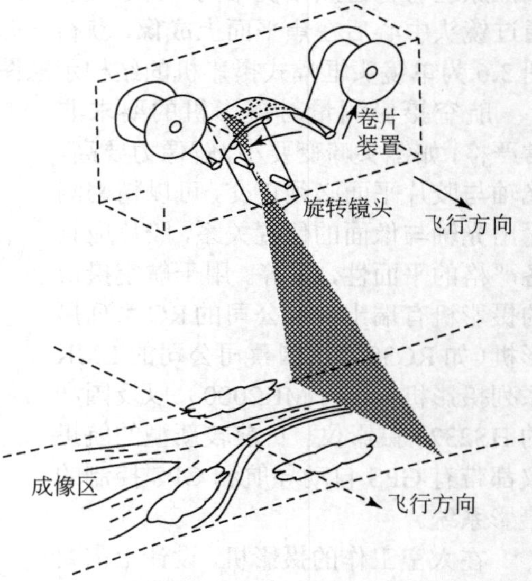

图 3.8　全景式摄影机成像原理示意图

全景式摄影机的特点是焦距长，有的长达 600mm 以上，可在长约 23cm、宽达 128cm 的胶片上成像。这种相机的摄影视场很大，有时能达到 180°，可摄取航迹到两边地平线之间的广大地区。因为每个瞬间的图像都在物镜中心一个很窄的视场内构像，所以像片上每一部分的图像都很清晰，像幅两边的图像分辨率明显提高。但因为全景相机在成像过程中焦距保持不变，而物距随扫描角的增大而增大，所以在图像上会出现两边比例尺逐渐缩小的现象。

（四）多光谱摄影机

对同一地区同一瞬间摄取多个波段图像的摄影机称为多光谱摄影机（multispectral camera）。因为同一地物在不同光谱段具有不同的辐射特征，所以多光谱摄影增加了目标地物的信息量，通过对比分析或图像处理技术，可以有效地提高图像的判读和识别能力。常见的多光谱摄影机有单镜头型多光谱摄影机和多镜头型多光谱摄影机两种。

1. 单镜头型多光谱摄影机

单镜头型多光谱摄影机的成像原理是：在物镜后面，利用分光装置将收集的光束分离成不同的光谱成分，然后使它们分别在不同的胶片上进行曝光，形成地物不同波段的图像。这种摄影机的分光原理通常是利用半透明的平面镜的反射和透射现象，将收集的光束分解成所要求的几个光束，然后使它们分别通过不同的滤光片，从而达到分光的目的。

2. 多镜头型多光谱摄影机

多镜头型多光谱摄影机的成像原理是：利用多个物镜获取地物在不同波段的反射信息（采用在不同镜头前加不同滤光片的形式），并同时在不同胶片上曝光而得到地物的多光谱像片。相机物镜镜头的数量决定了其获取多光谱像片的波段数量，如九镜头多光谱摄影机可同时获取 9 个波段的多光谱像片（图 3.9）。

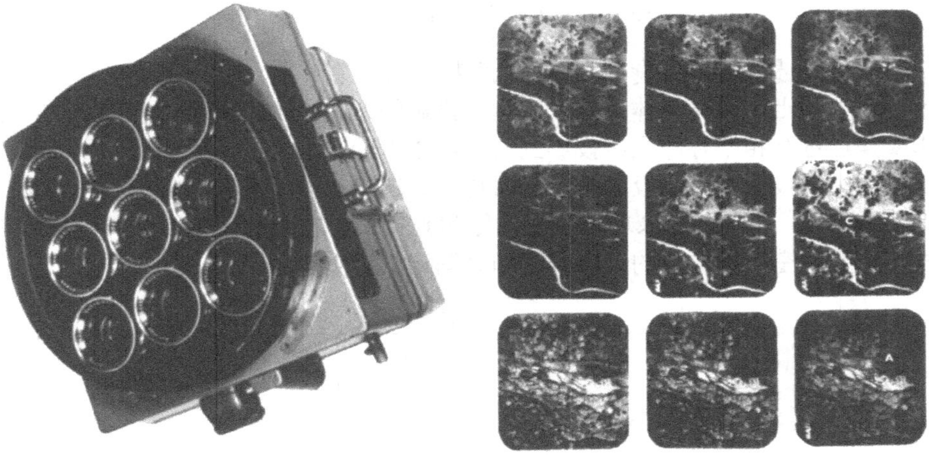

(a)摄影机的外观　　(b)多光谱图像

图 3.9　九镜头多光谱摄影机及其图像

二、航空摄影像片的几何特性

（一）航空摄影的类型

航空摄影总是力求摄影机垂直地面摄影成像，即摄影机的主光轴与地面垂直，感光胶片与地面平行，这样的摄影方式称为垂直摄影［图 3.10（a）］。实际上，由于受多种因素的影响，摄影时很难保证主光轴与地面完全垂直，只要摄影机主光轴与通过透镜中心的地面铅垂线（主垂线）间的夹角在 3°以内，都被近似地看成垂直摄影。由垂直摄影获得的像片称为水平像片。水平像片上地物的图像一般与地面物体顶部的形状基本相似，像片各部分的比例尺大致相同。水平像片是各种测图工作的最基本资料，也是应用最广泛的遥感资料，航空摄影测量与制图大多使用这类像片。

摄影机主光轴与主垂线之间的夹角大于 3°，意味着摄影时的倾斜角度很大，这种摄影方式称为倾斜摄影［图 3.10（b）］。倾斜摄影从另外一个视角观测地表，能获取更大范围的图像，还能获取地表地形的起伏特征，但像片上不同区域的比例尺不可能保持一致。倾斜摄影有其特殊的用途，所获取的像片可单独使用，也可与水平像片配合使用。

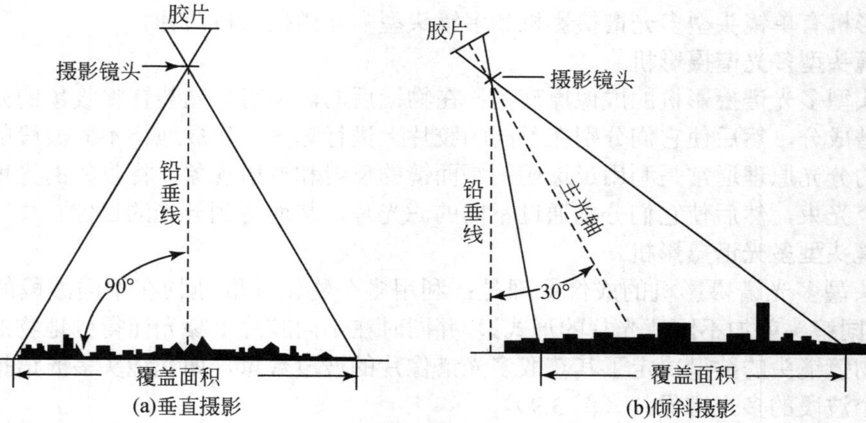

图 3.10　垂直摄影和倾斜摄影示意图

（二）航空摄影像片的投影及其构像特点

大比例尺地图上，地表物体都是按照垂直投影的方式被表示到平面地图上的。垂直投影的物体影像是通过互相平行的光线投影到与光线垂直的平面上的［图 3.11（a）］。航空摄影像片多为地面的中心投影。中心投影是指地面物体通过摄影机镜头中心投射到承影面上，形成透视图像［图 3.11（b）］。深入理解中心投影和垂直投影之间的区别，尤其是掌握中心投影的成像规律，对航空摄影像片的分析判读和制图均具有重要意义。

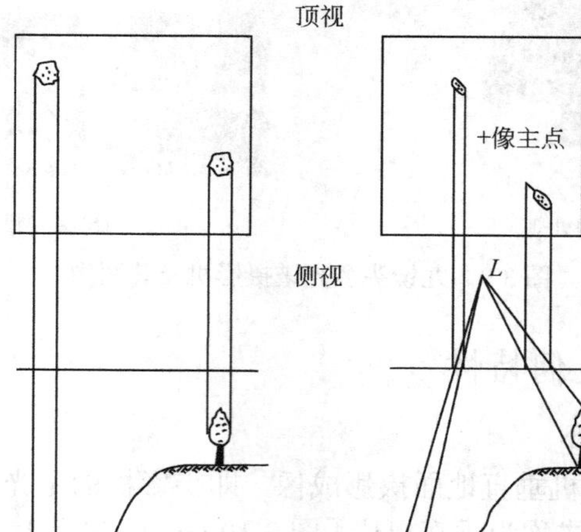

图 3.11　垂直投影与中心投影示意图（赵英时等，2013）

1. 中心投影的成像特点

航空摄影的中心投影和大比例尺地图的垂直投影有着本质区别，这种不同主要表现在：投影距离、投影面倾斜以及地面起伏变化等对垂直投影没有任何影响，但对中心投影的影响则非常明显。

当投影距离发生变化时，即航空摄影高度变化时，摄影像片的比例尺会随之发生变化。

航高越大，像片比例尺越小，对地物的分辨能力越弱；航高越小，像片比例尺越大，对地物的分辨能力越强。

当投影面倾斜时（倾斜摄影），像片中不同区域的比例尺明显不一致，各点的相对位置和形状不再保持原来的样子，因此无法直接确定距离、面积和海拔高度等信息，像片只有经过专门的正射纠正后才能用于平面制图与分析。

当地表地形有起伏时，地面点在中心投影的像片上会产生像点位移，即投影误差。地面起伏越大，投影点水平位置的位移量就越大。垂直投影时，随地面起伏变化，投影点之间的距离与地面实际水平距离成比例缩小，相对位置不变。

2. 中心投影的构像规律

在中心投影的像片上，地物的形状及其在像片上的位置会形成完全不同的变形规律。掌握这些规律，对图像解译与分析十分重要。

地面上的点目标，在中心投影上仍然是一个点。如果有几个点同在一条投影线上，其影像便重叠成一个点。

与像面平行的直线，在中心投影上仍然是直线，与地面目标的形状基本一致。例如，地面上有两条道路以某种角度相交，反映在中心投影像片上也仍然以相应的角度相交。如果直线垂直于地面（如电线杆），其中心投影有两种情况：其一，当直线与像片垂直并通过投影中心（主光轴）时，该直线在像片上是一个点；其二，直线的延长线不通过投影中心，这时直线的投影仍然是直线，但该垂直线状目标的长度和变形情况则取决于目标在像片中的位置。近像片中心部分，直线的长度被缩短；像片边缘部分，直线的长度被夸大。平面上的曲线，在中心投影的像片上仍为曲线。

面状物体的中心投影相当于各种线的投影的组合。水平面的投影仍为一平面。垂直面的投影依其所处的位置而变化，当位于投影中心时，投影所反映的是其顶部的形状，呈一直线；在其他位置时，除其顶部投影为一直线外，其侧面投影成不规则的梯形。

（三）航空摄影像片的像点位移

在中心投影的像片上，地形的起伏除引起像片不同部位的比例尺变化外，还会引起地物的点位在平面位置上的移动，这种现象称为像点位移。其位移量就是中心投影与垂直投影在同一水平面上的“投影误差”。

如图 3.12 所示，地面上的 A 点在像片上的投影为 a，它在水平面 T_0 上的位置为 A_0；A_0 在像片上的投影点为 a_0；B 点在像片上的投影点为 b，水平面 T_0 上 B_0 点在像片上的投影为 b_0。如果地面为一水平面，A、O、B 三点处于同一平面上时，即 A_0、O、B_0。此时像片上的投影点为 a_0、o、b_0。但是由于 A 点高出水平面，而 B 点低于水平面，于是 A 点在像片上的投影 a_0 移到 a；B 点在像片上的位置从 b_0 移到 b，a_0a 或 b_0b 即为位移量 δ，也称投影误差。投影误差用公式可表示为

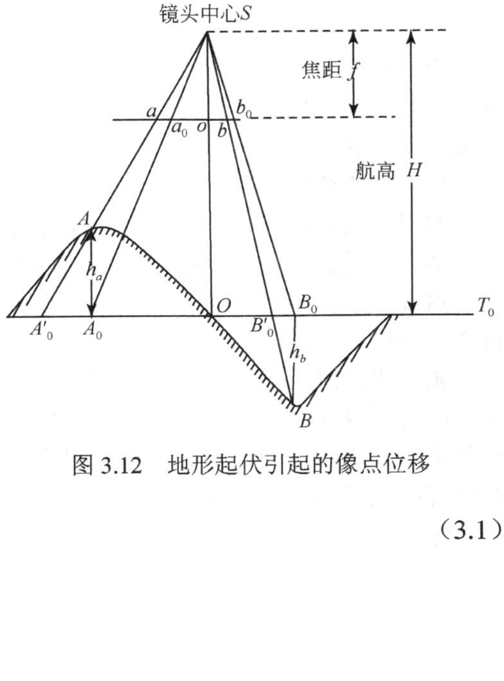

图 3.12　地形起伏引起的像点位移

$$\delta = \frac{hr}{H} \tag{3.1}$$

式中，δ为位移量；h为地面高差；r为像点到像主点的距离；H为摄影高度。

由式（3.1）可以得出像点位移的基本规律是：①位移量与地面高差h成正比，即高差越大，引起的像点位移量也越大。当地面高差为正时，δ为正值，像点位移背离像主点方向移动；高差为负时，δ为负值，像点朝向像主点方向移动。②位移量与像点到像主点的距离r成正比，即距主点越远的像点位移量越大，像片中心部分位移量较小。像主点处$r=0$，无像点位移。③位移量与航高成反比，即航高越大，像点位移量越小。

（四）航空摄影像片的立体观测

航空摄影时，飞机沿预设的飞行轨迹，在指定的高度上按照一定的时间间隔对地面进行瞬间摄影成像，获得若干彼此有一定重叠的航空摄影像片。像片重叠是指相邻像片相同影像的重叠。其中同一航线上两相邻像片的重叠称为航向重叠，相邻航线之间两相邻像片的重叠称为旁向重叠（图 3.13）。

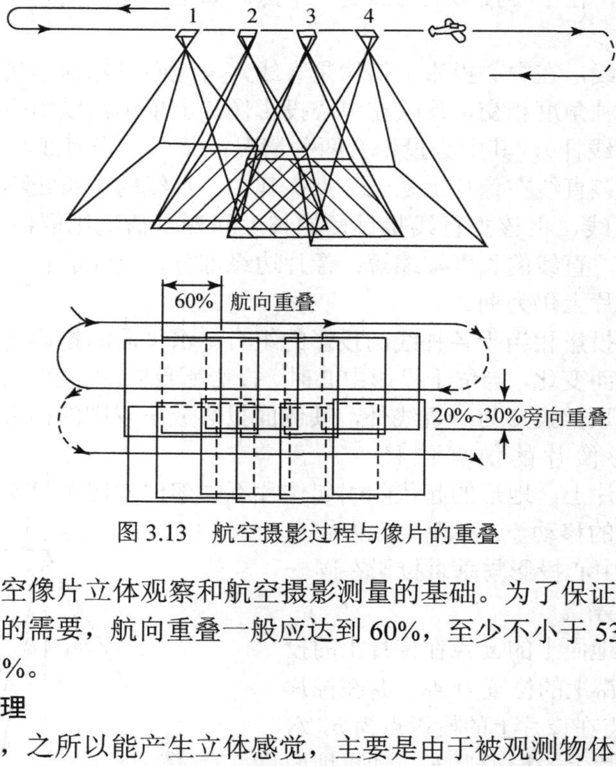

图 3.13　航空摄影过程与像片的重叠

像片的重叠是航空像片立体观察和航空摄影测量的基础。为了保证像片的连续性，满足立体观测和制图精度的需要，航向重叠一般应达到 60%，至少不小于 53%；旁向重叠应达到 30%，至少不小于 15%。

1. 立体观察的原理

双眼观察物体时，之所以能产生立体感觉，主要是由于被观测物体在两眼的视网膜上产生了生理视差。不同远近的物体在视网膜上的生理视差是不相等的，这种不相等的生理视差一经由视神经传导到大脑皮层的视觉中心，便会产生物体远近的感觉。因此，生理视差是双眼产生立体感觉的根本原因。

航空摄影时，摄影机在不同的空间位置上（摄站）获得的具有一定重叠影像的一对像片称为像对，或立体像对。像对是具有相同地物的一对影像，这一对影像有着类似生理视差的一种视差，称为左右视差。当用双眼去观察这一对像片时，像片影像的不同左右视差反映到双眼就构成了不等的生理视差，由此便产生了与观察实物一样的立体感觉，这就是航摄像片利用像对进行立体观察的基本原理。由此可见，航摄像片的立体观察是通过模仿人眼观察立体的条件来实现的。

2. 立体观察的条件

利用航片进行立体观察，必须满足四个条件：①两张像片必须是在两个不同位置对同一景物摄取的立体像对。②两眼分视，左眼看左像，右眼看右像。③像片安放时，相应点的连线必须与眼基线平行，且两像片间的距离要适中。④两张像片的比例尺尽可能一致，最大差值不宜超过16%。

3. 立体观察方法和效应

在满足航空像片立体观察的条件下，肉眼直接观察就能构建地面立体。但因为人眼的交会与调节总是相协调的，一般很难获得满意的效果，且损伤眼睛，所以通常要借助一定的仪器设备进行立体观察（图3.14）。目前使用的仪器有立体镜、互补色镜和偏振镜，最常用的是立体镜。

图3.14　航空像片的立体观察

根据立体观察原理，在航片立体观察时如果像片放置的位置或方向不同，就会改变像点的左右视差，从而产生不同的立体效应。立体效应有如下三种类型。

（1）正立体效应。立体观察时，将像对影像重叠部分向内，即左方摄影站摄得的像片放在左边，右方摄影站摄得的像片放在右边，并用左眼看左片，右眼看右片，则获得与实物相似的立体模型，即正立体效应。

（2）负立体效应。立体观察时，将像对影像重叠的部分向外，即把左右像片对调，或左右像片各自旋转180°，然后用左眼看左片，右眼看右片，则获得与实物远近左右相反的立体模型，即负立体效应。

（3）零立体效应。立体观察时，将像对向同一方向旋转，并使两片上的相应方位线平行且与眼基线成90°，则获得一平面图形，即零立体效应。

三、航空摄影像片的类型和特点

根据胶片的结构，可将航空摄影像片分为以下几种类型。

（一）黑白全色片与黑白红外片

黑白全色片对可见光波段（0.4～0.76μm）内的各种色光都能感光，是目前应用广，又易收集到的航空遥感资料之一，如我国为测制国家基本地形图摄制的航空像片即属此类。黑白航空像片多用于高分辨率摄影测量中，侧重于几何方面的分析。

黑白红外片能对可见光、近红外波段（0.4～1.3μm）感光，尤其对水体、植被反应灵敏，所摄像片具有较高的反差和分辨率。图3.15是同一地区同期黑白全色片与黑白红外片的对比。

（二）天然彩色片与彩色红外片

天然彩色胶片的感光膜由三层乳胶层组成，片基以上依次为感红层、感绿层、感蓝层（图3.16）。胶片对整个可见光波段的光线敏感，所得的彩色图像接近于人眼的视觉效果。

彩色红外胶片的三层感光乳胶层中，以感红外光层替代了天然彩色胶片的感蓝光层，因此，片基以上依次为感红层、感绿层、感红外层。当目标反射0.5～0.9μm波长范围内的电磁

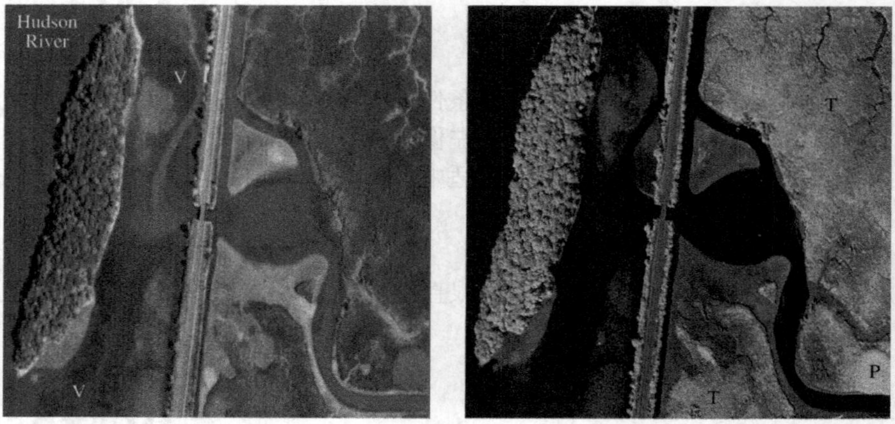

(a)黑白全色片　　(b)黑白红外片

图 3.15　黑白全色片与黑白红外片的比较

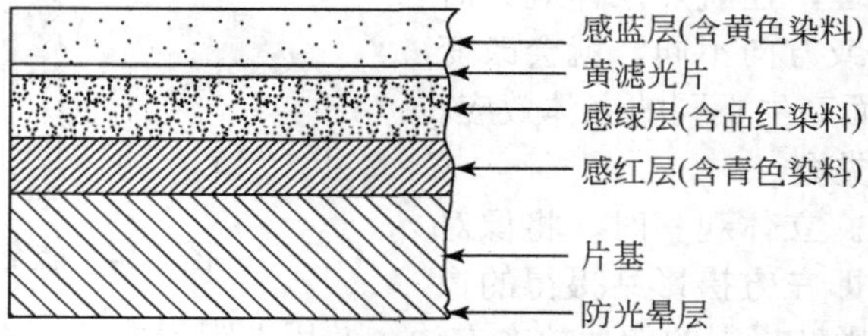

(a)胶片的结构

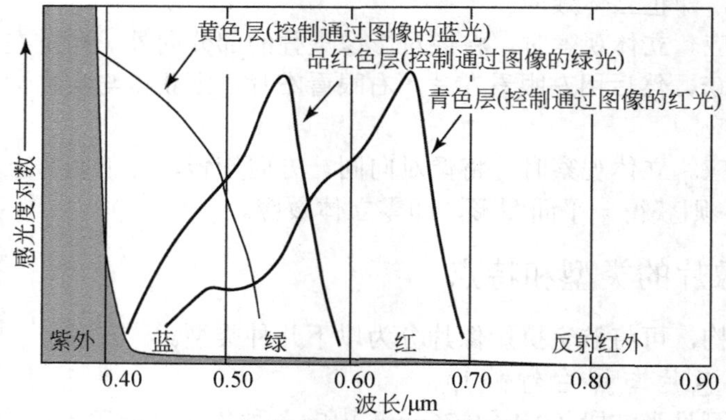

(b)负片的感光度曲线

图 3.16　天然彩色胶片的结构与感光度曲线

波能量入射到胶片上时，其中的红外分量、绿光分量、红光分量分别在相应的乳胶层感光，经显影、定影处理后，在胶片（负片）上分别呈青、黄、品红影像，而在像片（正片）上分别呈现红、蓝、绿（负片色彩的互补色）的彩色影像。绿色植物对近红外光有较强的反射，而彩色红外像片将近红外光区域的反射信息以红色色调呈现出来，所以绿色植被在彩色红外像片上一般会显示为红色，且植被越健康、生长越茂盛，红色就越鲜艳。这样的成像特性有助于在遥感图像中突出植被信息，方便对植被分布、生长状况等进行监测和分析。图 3.17 为彩色红外胶片的结构与感光度曲线示意图。

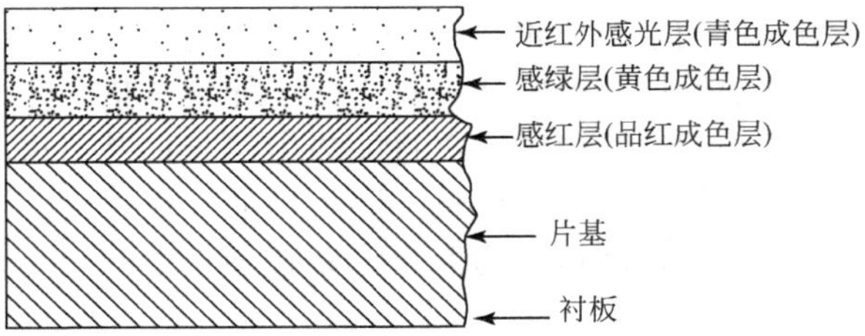

(a)胶片的结构

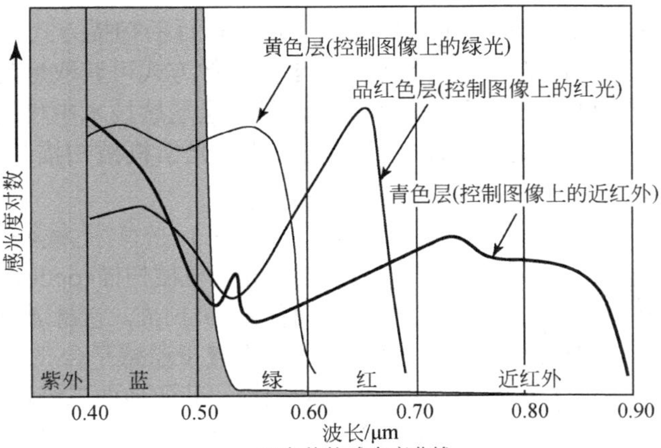

(b)负片的感光度曲线

图 3.17　彩色红外胶片的结构与感光度曲线

彩红外胶片的突出特点是，能获得比一般彩色像片色彩更鲜艳、层次更丰富、地物对比更明显的图像。由于彩红外胶片上三个感光层对蓝光均有反应，而蓝光为强散射波段，它所产生的大气散射光和天空漫射光并不含地面信息，只能增加图像灰度、模糊感，降低图像反差，从而降低图像的空间分辨率。为了有效过滤或消除蓝光散射作用的影响，达到改善图像反差的效果，摄影机上通常都安装一个吸收蓝光的黄色滤光片，以改善图像反差。因此，彩红外像片较一般彩色像片图像更清晰，有较强的透雾能力，更有利于图像的解译。

彩红外像片另外一个突出特点是信息量丰富。它把感光范围从可见光扩展到近红外波段（0.7～0.9μm），增加了地物在近红外波段的信息特征，使植被、土壤、岩石、水体等最主要的几种覆盖类型的反射光谱特性均在近红外波段表现出较大的差异。由此可见，彩红外像片比一般彩色像片不仅信息更丰富，而且识别地物的能力更强。

（三）多光谱摄影像片

多光谱摄影像片是利用不同的滤色镜-感光胶片组合，以多光谱摄影方式获取的一组黑白像片。因感光胶片感色性能的限制，波段划分不能过细，通常采用 4～6 个。由于地物在各个波段光谱特性的差异，同一地物在不同波段像片上的影像密度不同，即可根据地物光谱特征及其测量数据来识别地物。还可以选择 3 个波段的黑白像片，通过各种彩色合成技术获得假彩色像片，以提高图像解译效率和精度。多光谱摄影像片要求各个波段像片之间有很高的几何配准精度，否则将降低彩色合成影像的清晰度。

第三节　扫描成像系统

受胶片感光范围的限制，摄影像片一般只能记录波长在 0.4～1.3μm 的电磁波辐射能量，且航天遥感时采用摄影型相机的卫星所携带的胶片有限，因此，摄影成像的应用范围受到了很大限制。而扫描方式传感器的探测范围从可见光区延伸到了整个红外区，并且它采用专门的光敏或热敏探测器把收集到的地物电磁波能量变成电信号记录下来，然后通过无线电频道向地面发送，从而实现了遥感信息的实时传输。因为扫描方式的传感器既扩大了探测的波段范围，又便于数据的存储与传输，所以成为航天遥感普遍采用的一类传感器。

一、多光谱扫描成像

多光谱扫描（multispectral scanning）成像是以逐点逐行的扫描方式，分波段获取地表电磁辐射能量，形成二维地面图像的一种成像方式。这种成像方式可获取地物在不同波段的信息，为分析与识别地物类别提供了十分重要的数据源，是卫星遥感技术中使用最多的传感器类型。

根据成像方式的不同，多光谱扫描成像系统可分为光学机械扫描和推扫式扫描两种主要类型。

（一）光学机械扫描

光学机械扫描（optical-mechanical scanning），简称光-机扫描。它是通过传感器的旋转扫描镜沿着垂直于遥感平台飞行方向的逐点逐行的横向扫描，获取地面二维遥感图像的（图 3.18）。光-机扫描也称挥扫式扫描，或物面扫描。美国 Landsat 系列卫星上装载的 MSS、TM、ETM 以及 NOAA 卫星上装载的 AVHRR 等传感器均为光-机扫描系统。

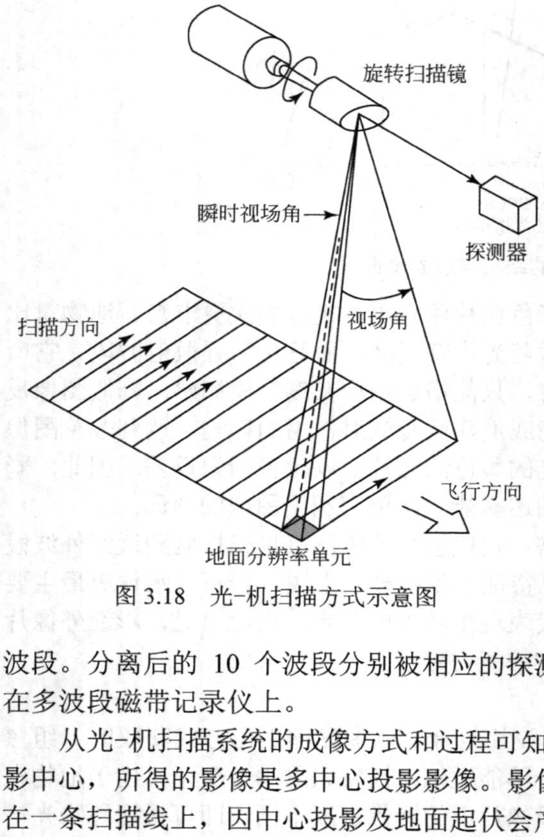

图 3.18　光-机扫描方式示意图

光-机扫描系统由机械扫描系统、聚焦系统、分光系统、检测系统、记录系统等组成。机械扫描装置和分光装置是多光谱机械扫描系统的核心部分。图 3.19 表示了一个 10 通道光-机扫描仪的成像过程。入射光束通过一个二色镜被分离成可见光、近红外与热红外两部分能量。可见光、近红外部分再通过棱镜进一步分离为 8 个子波段，热红外部分分为 2 个子波段。分离后的 10 个波段分别被相应的探测器感应，产生不同的电信号，并被放大和记录在多波段磁带记录仪上。

从光-机扫描系统的成像方式和过程可知，光-机扫描是行扫描，每条扫描线均有一个投影中心，所得的影像是多中心投影影像。影像在飞行方向和扫描方向的比例尺是不一致的。在一条扫描线上，因中心投影及地面起伏会产生像点位移，且离投影中心越远，像点位移量越大。这就是光-机扫描影像最基本的几何特性。

（二）推扫式扫描

推扫式扫描（push-broom scanning），也称像面扫描，是利用由半导体材料制成的电荷耦合器件（charge coupled device，CCD），组成线阵列或面阵列传感器，采用广角光学系统，在整个视场内借助遥感平台自身的移动，像刷子扫地一样扫出一条带状轨迹，获取沿飞行方向的地面二维图像。

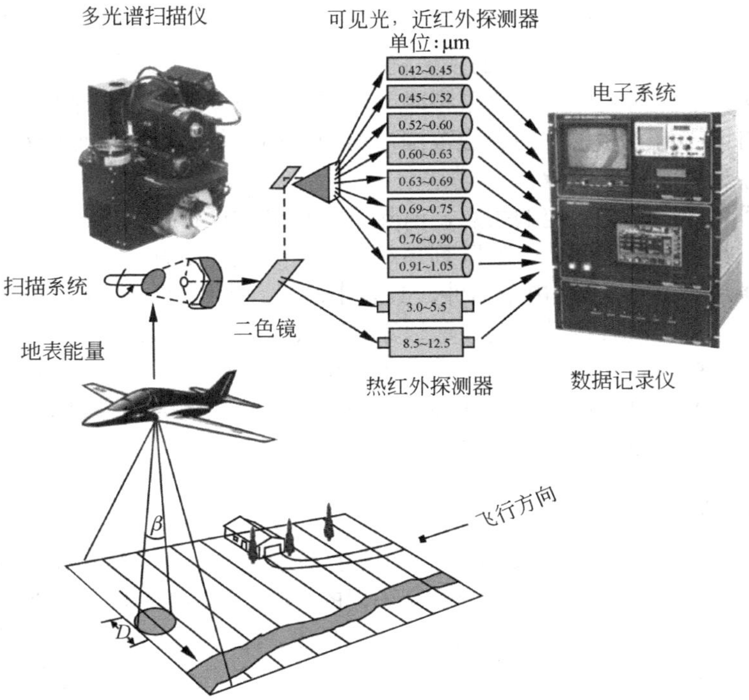

图 3.19　机载多光谱扫描仪的成像过程（Jensen，2007）

推扫式扫描系统与光-机扫描系统在数据记录方式上有明显不同。光-机扫描系统利用旋转扫描镜，沿扫描线逐点扫描成像；而推扫式扫描系统不用扫描镜，探测器按扫描方向（垂直于飞行方向）阵列式排列来感应地面响应，以替代机械的真扫描。若探测器按线阵列排列，则可以同时得到整行数据；若探测器按面阵列排列，则同时得到的是整幅图像。图 3.20 为线阵列推扫式扫描示意图。

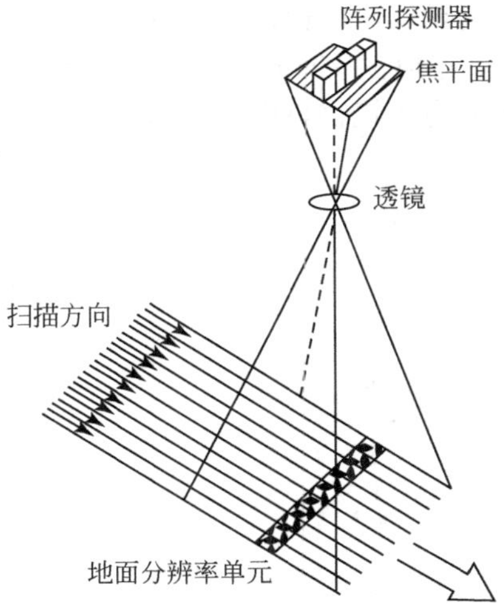

图 3.20　线阵列推扫式扫描方式示意图

通常，线阵列由许多 CCD 电荷耦合器件组成。每个探测器元件感应相应“扫描”行上唯一的地面分辨率单元的能量。图像上的每行数据是由线阵列的每个探测器元件采样得到的。探测器的大小决定了地面分辨率单元的大小。因此，CCD 被设计得很小，一个线阵列可以包含上千、上万个分离的探测器。每个光谱波段或通道均有自己的线阵列。阵列位于传感器的焦平面上，以确保所有阵列同时观测所有的“扫描”线。

目前，越来越多的卫星系统采用线阵列或面阵列推扫式扫描成像，以代替光-机扫描系统。SPOT 卫星使用的 HRV 传感器就是一种 CCD 线阵列传感器，其多光谱 HRV 的每个波段的线阵列探测器组由 3000 个 CCD 元件组成，每个元件形成的像元相对地面上为 20m×20m。因此，一行 CCD 探测器形成的影像线相对地面上为 20m×60km。全色 HRV 用 6000 个 CCD

元器件组成一行，地面上总的宽度仍为 60km，因此每个像元对应地面的大小为 10m×10m。

与光-机扫描相比，推扫式扫描的主要优点表现在以下四个方面。

（1）探测器有了相对较长的信息采集时间，可以更充分地测量每个地面分辨率单元的能量，获取更强的记录信号和更大的感应范围，增加了相对信噪比，从而能得到具有更高空间分辨率和辐射分辨率的遥感图像。

（2）探测器元件之间有固定的关系，消除了因扫描过程中扫描镜速度变化所引起的几何误差，具有更大的稳定性。因此，线阵列系统的几何完整性更好、几何精度更高。

（3）探测器是 CCD 固态微电子器件，具有小而轻、能耗低、稳定性好等优点。

（4）因为成像系统没有机械运动，所以系统的使用寿命更长。

推扫式扫描系统也有它固有的问题，如大量探测器之间灵敏度的差异，往往会产生带状噪声，需要进行校准；目前擅长于近红外波段的 CCD 探测器的光谱灵敏度尚受到限制；推扫式扫描仪的总视场一般不如光-机扫描仪。

二、热扫描成像

许多多光谱扫描系统能够像收集可见光、近红外反射信息一样采集热红外辐射，但地球表面的热红外辐射与可见光、近红外的反射是完全不同的。热量传感器直接检测来自地面的热量，探测器每次采集信息都需要把自身的温度控制在绝对零度，即控制自身不辐射热量。因此，热量传感器本质上是采集地物的表面温度和热量特性的。图 3.21 为热传感器采集信息的基本原理。

热红外图像上的色调深浅与地物的温度、发射能力密切相关。地物发射电磁波的功率与地物的发射率成正比，与地物温度的四次方成正比，因此图像上的色调也与这两个因素成相应关系。可以说，热传感器对温度比对发射本领的敏感性更高，因为它与温度的四次方成正比，温度的变化能产生较高的色调差别。图 3.22 为热传感器夜间获取的图像，其中亮度高的部分为建筑物集中的地区，与暗色调的水体形成了明显的对比。

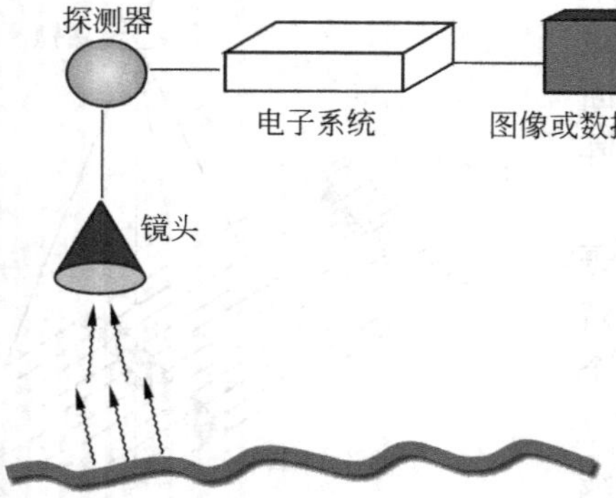

图 3.21　热传感器采集信息原理

图 3.22　热传感器夜间获取的图像

热成像系统是典型的垂直航向扫描系统，只检测来自地面辐射中的热辐射部分，采用一个或多个温度范围对应地采集地面的绝对辐射，数据记录在胶片或磁带上。目前热成像装置的温度测量精度可达 0.1℃，测量的信息转化为以灰度水平表达的相对辐射温度图像，温度高的地方更亮，而温度低的地方更暗。热力学温度测量需要非常精密的初始化，根据地物类型、地形、辐射特性确定其温度分布的范围。热成像装置采集相对温度，准确地反映图像内地物温度的差异，但对热力学温度的标定并不准确。

与可见光的波长范围相比，热红外区间的波长范围要大得多，大气散射却很小。然而大气中的气体对 3～5μm 和 8～14μm 两个区间的热传感器有一定的限制。因为随着波长的增加，电磁辐射的能量会越来越小，需要更大的瞬时视场角才能保证足够大的能量以供检测，所以，相对于可见光、近红外传感器，热成像装置的空间分辨率较低，如 Landsat 的热红外波段的空间分辨率只有可见光波段的 1/2 或 1/4。但热成像装置可以在夜间成像，因此在军事侦察、火灾监测、热泄漏等方面具有十分重要的应用价值。

三、成像光谱技术

（一）成像光谱技术概述

多光谱遥感和摄影遥感相比，在波段上已经具备明显的优势，但它们十分有限的波段（TM 波段最多，也仅有 7 个）、较宽的波段间隔（60～200nm）有时仍难以真实地反映地表物质的光谱反射辐射特性的细微差异，更无法用光谱维的空间信息来直接识别地物的类别，特别是地物的组成与成分。随着微电子探测技术、精密光学仪器、计算机技术的发展，成像光谱技术便应运而生了。

在一定的波长范围内，传感器的探测波段分割越多，即光谱采样点越多，所获取数据的连续性就越强，从而使传感器在获取目标地物图像的同时，也能获取反映地物特点的连续、光滑的光谱曲线。这种既能成像又能获取目标光谱曲线的“图-谱合一”技术，称为成像光谱技术（图 3.23）。按照这种技术原理制成的扫描仪称为成像光谱仪。

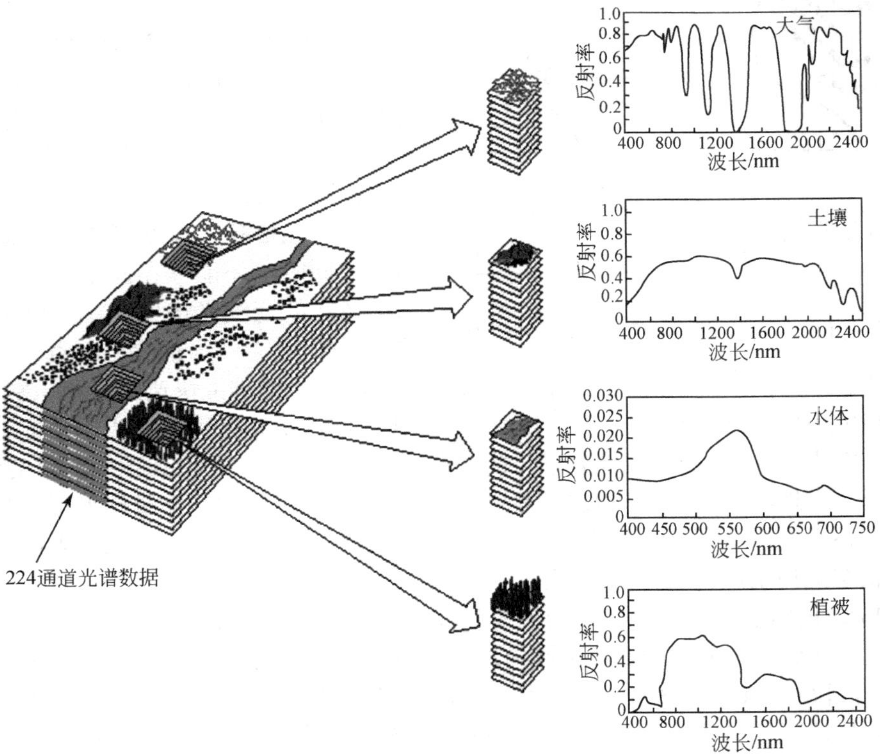

图 3.23　成像光谱的概念

1983 年美国研制出第一台共 128 个波段的试验型航空成像光谱仪 AIS-1，光谱范围 1.2～2.4μm，波段间隔 9.3nm，在找矿、水体、生态、大气等定量研究中显示了巨大潜力。之后，美国又推出 AIS-2、AVIRIS（航空可见红外成像光谱仪，224 个波段，波段间隔 9.6nm）等多种成像光谱仪。与此同时，加拿大、德国等也相继研制出了航空成像光谱仪。

在航天成像光谱仪方面，美国 LEWIS 小卫星携带的成像光谱仪 HIS，波段多达 384 个。美国 Terra 和 Aqua 卫星携带的 MODIS（中分辨率成像光谱仪）共 36 个波段，波段范围 0.4～14.3μm，波段间隔 10～500nm。欧洲空间局第一个极轨平台 ENVISAT 的 MERIS（中分辨率成像光谱仪），0.39～1.05μm 波段范围内共 15 个波段，波段间隔 5～10nm。美国 EO-1 卫星携带的 Hyperion（高光谱成像光谱仪），共 242 个波段，波段范围 0.4～2.5μm，波段间隔 10nm。我国成像光谱仪的发展几乎与国际同步，成像光谱技术已跻身于国际遥感前沿。

（二）成像光谱技术的特点

1. 高光谱分辨率

成像光谱仪能获得多达几十甚至数百个波段的图像数据，光谱波段覆盖了可见光、近红外、中红外和热红外区域的全部光谱带。因为能够以更多的波段、更窄的带宽获取地表连续的光谱数据，所以成像光谱技术比多光谱成像技术具有更高的光谱分辨能力。

高光谱成像光谱仪是遥感技术中光谱分辨率最高的成像光谱技术，是新一代的遥感成像技术，也是未来遥感技术发展的重要趋势之一，其获取的图像由多达数百个波段的非常窄的连续的光谱段组成，使图像中的每个像元均能得到连续而光滑的反射率曲线，波段之间已经不存在间隔。图 3.24 是多光谱技术与成像光谱技术的光谱分辨率对比示意图。

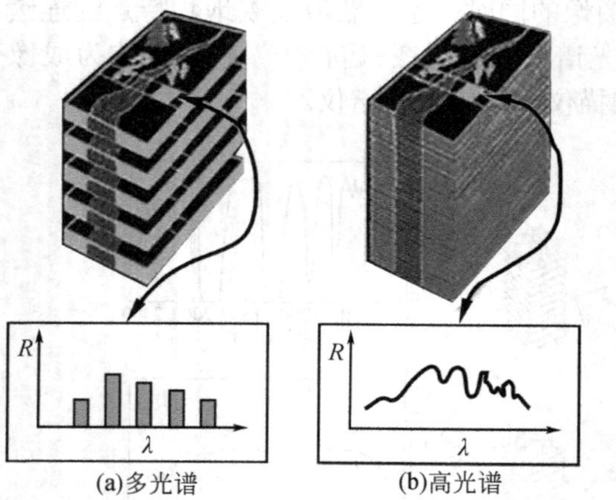

(a)多光谱　(b)高光谱

图 3.24　多光谱技术与高光谱成像光谱技术的比较

2. 图-谱合一

成像光谱技术在获得数十、数百个光谱图像的同时，还能够在此基础上获取图像中每个像元的连续光谱曲线，这就是成像光谱技术“图-谱合一”的突出特点。

“图-谱合一”的特点，使成像光谱技术能够在空间和光谱维上快速区分和识别地面目标。地物光谱研究表明，地表物质在 0.4～2.45μm 光谱区间内均存在可以作为识别标志的光谱吸收带，其带宽为 20～40nm。成像光谱仪的高分辨率所提供的单个像元或像元组的连续光谱，较客观地反映了地物光谱特征以及光谱特征的微小变化，可以进行光谱波形形态分析，并与实验室、野外及光谱数据库中的光谱匹配，从而检测出具有诊断意义的地物光谱特征，使利用光谱信息准确识别地物属性成为可能。

图 3.25 是根据实验室测量数据绘制的几种常见矿物的反射光谱曲线。该曲线直观、清晰地显示了几种矿物在 2.0～2.5μm 范围内的诊断性光谱吸收特征。从图中可以看出，Landsat TM 的第 7 波段在 2.08～2.35μm 的波段宽度内，只能得到一个 270nm 波段间隔内的综合光谱数据点，显然无法检测这些具有诊断性吸收光谱的差异，而只能用以识别矿物、岩石类型间的一般差异。而成像光谱仪 AVIRIS 在同样的光谱范围内可以用 10nm 的波段间隔得到 50 多个数据点，这种高分辨率数据足以直接判断矿物类型以及它们的含量。

（三）成像光谱数据的处理

成像光谱数据具有极高的光谱分辨率，但由于数据量巨大，给数据的存储、检索和分析带来了一定的难度。为解决这一问题，必须对数据进行压缩处理，而且不能沿用常规少量波段遥感图像的二维结构表达方法。图像立方体就是适应成像光谱数据的表达而发展起来的一种新型的数据格式，它是类似扑克牌式的各光谱段图像的叠合。图像立方体是由空间维与光谱维组成的三维数据集，可以看作由多个单波段数据层构成的数据立方体。对光谱图像立方体作多维切面,可得到不同类型的光谱特征,如任意像元点处的光谱特征、任意空间剖面线上某一光谱区间的光谱变化、光谱维上任意波段的空间图像等,从而使人们既可以在空间切面依据图像特征对地物做图像分析和鉴别,又可以在光谱维上根据光谱特征对地物做光谱特征分析,直接识别地物的种类、组分和含量。

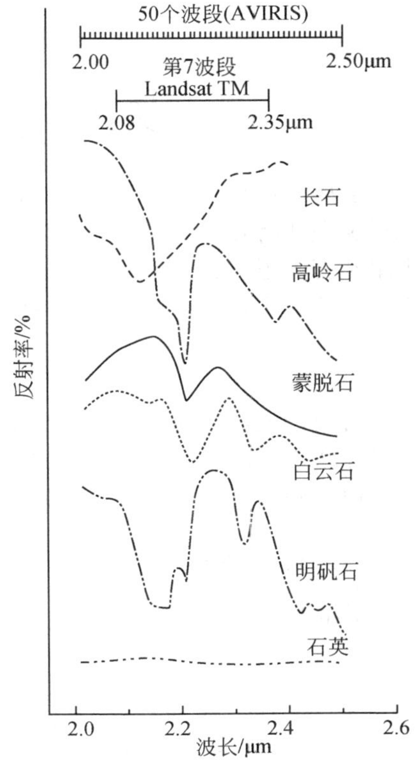

图 3.25　部分蚀变矿物的反射光谱曲线

从几何意义上来说，成像光谱仪的成像方式与多光谱扫描仪相同，或与 CCD 线阵列传感器相似。因此，在几何处理时，可采用与多光谱扫描仪和 CCD 线阵列传感器数据类似的方法。但目前成像光谱仪只注重提高光谱分辨率，其空间分辨率却较低（几十甚至几百米）。正是因为成像光谱仪可以得到波段宽度很窄的多波段图像数据，所以它多用于地物的光谱分析与识别。目前成像光谱仪的工作波段为可见光、近红外和短波红外，因此对于特殊的矿产探测及海色调查是非常有效的，尤其是矿化蚀变岩在短波段具有诊断性光谱特征。与其他遥感数据一样，成像光谱数据也受大气、遥感平台姿态、地形等因素的影响，会产生横向、纵向、扭曲等几何畸变及边缘辐射效应，因此在数据分析之前必须进行预处理。预处理的内容主要包括平台姿态的校正、沿飞行方向和扫描方向的几何校正以及图像边缘辐射校正。

思　考　题

1. 传感器是遥感成像的关键设备，如何全面评价一种传感器的性能？
2. 摄影类型传感器与扫描类型传感器的成像原理有何不同？
3. 试述航空摄影像片的几何特性以及像点位移的基本规律。
4. 和光学机械扫描相比，推扫式扫描的主要特点有哪些？
5. 成像光谱技术的主要特点和意义是什么？

第三章测试题

第四章　遥感卫星及其运行特点

遥感卫星也称地球观测卫星，是航天遥感平台的一种主要类型。本章介绍了遥感卫星的轨道类型和特点，分析了遥感成像对卫星轨道的特殊要求。在此基础上，分陆地卫星、气象卫星和海洋卫星三个系列，重点介绍了10多种在全球对地观测中发挥重要作用的遥感卫星。学习本章要重点掌握Landsat、SPOT等主要陆地卫星的成像特点和图像特征。

第一节　遥感卫星的轨道

目前，人们所使用的遥感数据绝大多数是遥感卫星提供的。了解遥感卫星的轨道参数、卫星在轨道上的姿态、卫星轨道的类型等基础知识，对用户全面掌握各种遥感卫星的特征，并在遥感应用过程中进行数据处理、信息提取等具有重要意义。

一、卫星的轨道参数

卫星的飞行轨迹称为卫星轨道。卫星按照一定的规律在包含地球在内并通过地球中心的平面内运行，这个平面就是轨道面。卫星正下方的地面点称为星下点，星下点的集合称为星下点轨迹。

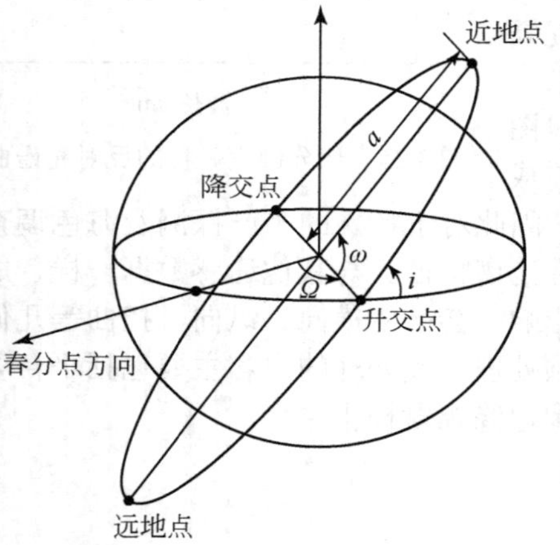

图4.1　卫星的空间轨道

卫星运行的规律符合开普勒三大定律：卫星运行的轨道是一椭圆，地球位于该椭圆的一个焦点上；卫星在椭圆轨道上运行时，卫星与地球的连线在相等的时间内扫过的面积相等；卫星绕地球运转周期的平方与其轨道平均半径的立方成正比。

卫星轨道的形状和卫星在绕地球的椭圆轨道上的空间位置可以用轨道长半径、轨道偏心率等6个轨道参数来描述（图4.1）。

1. 轨道长半径

卫星轨道远地点到椭圆中心的距离为轨道长半径（a），它确定了卫星距地面的高度。按照高度的不同又可将卫星分为低轨卫星（150～300km）、中轨卫星（约1000km）和高轨卫星（36000km）。

2. 轨道偏心率

卫星轨道的偏心率（e）可以表示为

$$e=\frac{\sqrt{a^2-b^2}}{a} \tag{4.1}$$

式中，e为卫星轨道的偏心率；a为轨道长半径；b为轨道短半径。

对于大部分对地观测卫星来说，其轨道偏心率接近于零，即为近圆形轨道。在近圆形轨道上，卫星近似匀速运行，并且距地面的高度变化不大，这有利于成像曝光时间的控制和在全球范围内获取比例尺基本一致的图像。

3. 轨道面倾角

轨道面倾角（i）是指卫星轨道面与地球赤道面之间的夹角，它决定了轨道面与赤道面或与地轴之间的关系。当 i=0°时，轨道面与赤道面重合，这种卫星称为赤轨卫星；当 0°<i<90°时，卫星运行方向与地球自转方向一致，这种卫星称为顺轨卫星；当 i=90°时轨道面与地轴重合，这种卫星称为极轨卫星；当 90°<i<180°时，卫星运行方向与地球自转方向相反，这种卫星称为逆轨卫星。轨道面倾角决定了卫星对地观测的范围。例如，当 i<90°时，卫星对地观测的范围在北纬 i 至南纬 i 的地区。由此可见，只有极轨卫星才能达到对全球观测的要求。图 4.2 显示了轨道倾角与轨道类型之间的关系。

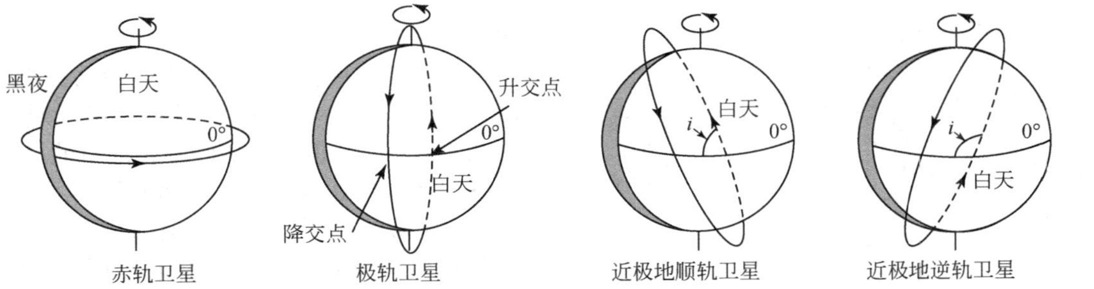

图 4.2　轨道倾角与轨道类型

4. 升交点赤经

卫星由南向北运行时，其轨道面与地球赤道面的交点称为升交点，而卫星由北向南运行时，其轨道面与赤道面的交点称为降交点。升交点赤经（Ω）是指卫星轨道的升交点向径与春分点向径之间的夹角。

升交点赤经决定了轨道面与太阳光线之间的夹角，即星下点在成像时刻的太阳高度角。为了在成像时保持相应地面的光照度基本不变，即太阳光照角不变，则必须对卫星轨道加以修正，平均每天对升交点赤经的修正量为 0.98565°。若卫星每天运行 n 圈，则每圈的修正量 $\Delta\Omega$=0.98565°/n，这样就实现了卫星轨道与太阳同步，即卫星轨道面与太阳地球连线之间的夹角不随地球绕太阳公转而变化。

5. 近地点角距

升交点向径与近地点向径之间的夹角称为近地点角距（ω）。因为卫星入轨后，其升交点和近地点是相对稳定的，所以近地点角距通常是不变的，它可以决定轨道在赤道平面内的方位。

6. 卫星过近地点时刻和运行周期

卫星过近地点的时间称为过近地点时刻（t）。当卫星轨道形状和空间位置确定以后，在某一时间 τ，卫星所在位置与过近地点时刻 t 满足开普勒方程，即

$$E-e\cdot\sin E=\omega_0(\tau-t) \tag{4.2}$$

式中，E 为卫星所在位置的偏近点角；e 为轨道偏心率；ω_0 为卫星运转的平均角速度。卫星从升交点（或降交点）通过时刻到下一个升交点（或降交点）通过时刻之间的平均时间称为卫星运行周期（T）。

在上述 6 个轨道参数中，a、e 确定轨道的形状和大小，i、Ω 确定轨道面的方向，ω确定

轨道面中长轴的方向，T 确定任一时刻卫星在轨道中的位置。

卫星的位置数据在遥感图像几何校正等处理中是非常有用的，因此卫星位置的测量是航天遥感中的一项重要内容。卫星位置的测量方法主要有两种：一是通过测量卫星到测站的距离和距离的变化率确定卫星的位置；二是利用来自全球导航卫星的信号确定卫星的位置。

二、卫星的姿态

遥感卫星的姿态一般可从三轴倾斜和振动两个方面来描述。

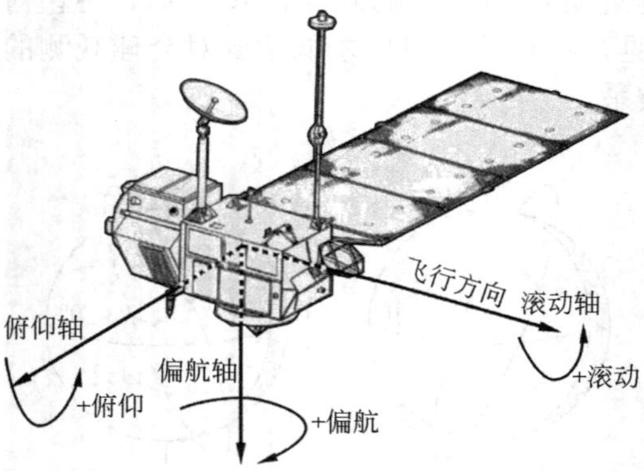

图 4.3　卫星的姿态

三轴倾斜是指卫星在飞行过程中发生的滚动（rolling）、俯仰（pitching）和偏航（yawing）现象（图 4.3）。滚动是一种横向摇摆，俯仰是一种纵向摇摆，而偏航是指卫星在飞行过程中偏移了运行的轨道。

振动是指卫星在运行过程中除滚动、俯仰和偏航之外的非系统性的不稳定抖动。振动对卫星的姿态影响很大，但这种影响却是随机的，很难在遥感图像定位处理时被准确地消除。

卫星的姿态对遥感图像的应用有较大影响，为了修正这些影响，必须在获取数据的同时测量、记录卫星的姿态参数。确定卫星姿态的方法通常有两种：一是利用姿态测量传感器进行测量；二是利用星相机测定姿态角。用于空间姿态测量的仪器有红外姿态测量仪、星相仪、陀螺姿态仪等。例如，美国的 Landsat 卫星使用的姿态测量传感器（attitude measurement sensor，AMS）就属于红外姿态测量仪。红外姿态测量仪的基本原理是利用地球与太空温差达 287K 这一特点，以一定的角频率、周期对太空和地球作圆锥扫描，根据热辐射能的相应变化测定姿态角。一台这样的仪器只能测定一个姿态角，对于俯仰和滚动两个姿态角必须用两台仪器测定，偏航姿态角可用陀螺姿态仪测定。AMS 测定姿态角的精度为±0.07°。

使用星相机测定姿态角的方法是将星相机与地相机组装在一起，两者的光轴交角在 90°～150°，在对地照相的同时，星相机对恒星摄影，并精确记录卫星运行时刻，再根据星历表、相机标准光轴指向等数据解算姿态角。要求星相机每次要摄取 3～5 颗恒星。

三、遥感卫星的轨道类型

遥感卫星通常是指从宇宙空间观测地球的人造卫星，也称地球观测卫星。遥感卫星的轨道有地球同步轨道（geosynchronous orbit）和太阳同步轨道（sun synchronous orbit）两种主要类型。

（一）地球同步轨道

地球同步轨道也称 24h 轨道，即卫星的轨道周期等于地球在惯性空间中的自转周期，且方向也与之一致。

按照轨道倾角的不同，地球同步轨道可分为极地轨道、倾斜轨道和静止轨道。当轨道面的倾角为 0°，即卫星在地球赤道上空运行时，运行方向与地球自转方向相同，运行周期又与地球同步，卫星仿佛静止在了赤道上空一样，因此把零倾角的同步轨道称为静止轨道

（图 4.4）。若不考虑轨道摄动，在地球同步轨道上运行的卫星每天在相同时间经过相同地点的上空，其星下点轨迹是一条“8”字形的封闭曲线，而地球同步静止卫星的星下点轨迹则是一个点。

在静止轨道上运行的卫星称为静止卫星。地球静止轨道卫星的高度大约为 36000km，因此可以对地球上特定区域进行不间断的重复观测，并且观测的范围很大，被广泛应用于气象和通信领域。

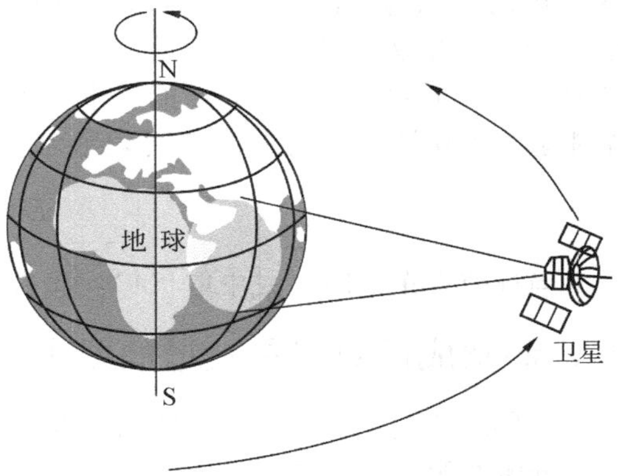

图 4.4　地球同步静止轨道示意图

（二）太阳同步轨道

太阳同步轨道是指卫星的轨道面绕地球的自转轴旋转，旋转方向与地球的公转方向相同，并且旋转的角速度等于地球公转的平均角速度，即卫星的轨道面始终与当时的“地心—日心连线”保持恒定的角度（图 4.5）。

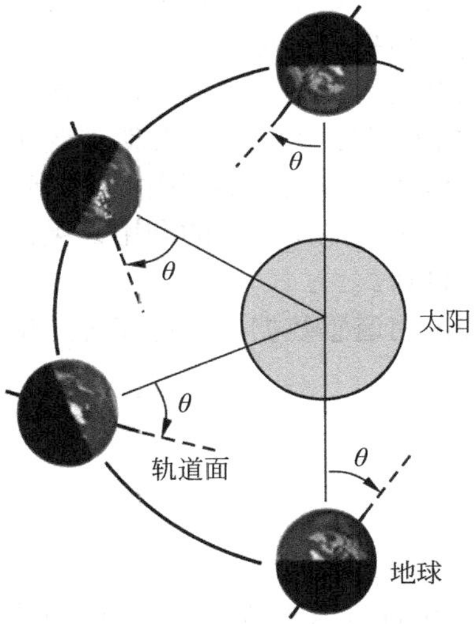

图 4.5　太阳同步轨道示意图

太阳同步轨道是通过“轨道的进动”实现的。地球是一个赤道部分微凸的椭球体，这个突出部分对绕地球运行的卫星轨道产生了一个引力力矩。当轨道倾角小于 90°时，轨道面逆地球自转方向进动（自东向西），而当轨道倾角大于 90°时，轨道面就顺着地球自转方向进动（自西向东）。因此，卫星轨道设计时，只要选择大于 90°的合适的倾角，以保持轨道平面每天自西向东作大约 0.98565°的转动，就能实现卫星轨道与太阳同步的特性了。

太阳同步轨道可分为回归轨道和准回归轨道两种类型，遥感卫星通常采用太阳同步准回归轨道。

1. 回归轨道

设地球自转的角速度为 ω，若 ω=360°/0.997269（恒星日），则卫星在一天内相对地球运行的圈数为 $360°/[(\omega-\Omega')\cdot T]$，式中，$\Omega'$为轨道面的进动角速度；$T$ 为卫星运行周期。若 $360°/[(\omega-\Omega')\cdot T]$ 等于整数 N，卫星的星下点每天以整数圈 N 经过同一地面点，则称这类轨道为回归轨道。当 N=1 时的回归轨道就是地球同步轨道。回归轨道星下点轨迹以等间隔经过赤道，赤道上相邻轨道之间平均间隔为

$$D=\frac{2\pi R}{N} \tag{4.3}$$

2. 准回归轨道

因为地球大气的影响，卫星高度一般不能低于 160km，所以卫星运行周期不能小于 88min，从而使回归数 N 不能大于 17，通常取 N 为 13，14，15，则在赤道上相邻轨迹之间平均间隔分别为 3078km、2859km 和 2668km。这个距离对大多数的成像传感器来说地面覆盖范围太大了。所以，为了能够在相邻轨迹间达到图像覆盖，一般选取准回归轨道，即满足 $360°/[(\omega-\Omega')\cdot T]=N+K/M$，式中，$K$，$M$ 为整数，且 $M>2$，M 称为回归周期。准回归轨道的

条件式也可以写成$(N \cdot M \pm K) \cdot (\omega - \Omega') \cdot T = 360° \cdot M$，该式表明：卫星运行$M$天的圈数$(N \cdot M \pm K)$乘以卫星运行周期 T 和地球相对于卫星轨道面的相对角速度，正好等于地球自转量$360° \cdot M$，即卫星运行M天后的星下轨迹与原来的星下轨迹重合。对于准回归轨道，赤道上相邻星下点轨迹之间的距离D可表示为

$$D = \frac{2\pi R}{N \cdot M \pm K} \tag{4.4}$$

当升交点东进时，式中取“+”；当升交点西退时，式中取“–”。

四、遥感成像对卫星轨道的要求

卫星的轨道类型及其相应的轨道参数对遥感探测的范围、成像条件以及遥感图像的比例尺、分辨率等都有重要影响。

采用倾角大于 90°的近极地轨道和准回归轨道，可以保证卫星获取包括南北极在内的具有全球覆盖的遥感数据。

采用圆形轨道或近圆形轨道，能使卫星在不同地区所获取的图像比例变化不大，或图像的地面分辨率不受卫星高度的影响。近圆形轨道还使得卫星的速度近于匀速，便于传感器用固定的扫描频率对地面扫描成像，避免造成扫描行之间出现不衔接的现象。

采用太阳同步轨道，能使卫星大约在同一地方时飞过成像地区上空，确保每次成像都处于基本相同的光照条件，有利于同一地区不同时相遥感数据的对比分析和地表动态变化监测。另外，采用太阳同步轨道对卫星工程设计及遥感仪器工作非常有利，如利用太阳同步条件，可以取得较准确的日照条件，简化太阳帆板的设计和提高星上能源系统的利用效果；卫星的日照面和背阳面基本保持不变，有利于温度控制系统的设计。

综上所述，为了有效地实施对地观测，获取具有全球覆盖的遥感数据，资源遥感卫星通常多采用近极地、近圆形、太阳同步准回归轨道。

第二节　气 象 卫 星

一、气象卫星概述

气象卫星（meteorological satellite）是对地球及其大气层进行气象观测的人造地球卫星，是太空中的高级自动化气象站，它能连续、快速、大面积地探测全球大气变化情况。从 1960 年美国发射第一颗实验性气象卫星（TIROS-1）以来，全球已经有 100 多颗实验性或业务性气象卫星进入不同的轨道。

气象卫星的发展经历了三个阶段：20 世纪 60 年代发展了第一代气象卫星，以美国的泰诺斯（TIROS）、艾萨（ESSA）、雨云（Nimus）和艾托斯（ATS）等气象卫星为主要代表；1970~1977 年发展了第二代气象卫星，代表卫星有美国的 ITOS、苏联的 Meteor-2、日本的 GMS 和欧洲空间局的 Meteosat 等。1978 年以后气象卫星进入了第三个发展阶段，主要以美国的 NOAA 系列卫星为代表。

气象卫星按轨道的不同分为极地轨道气象卫星和静止轨道气象卫星。静止轨道气象卫星对灾害性天气系统，包括台风、暴雨和植被生态动态突变的实时连续观测具有突出能力。中期数值天气预报、气候演变预测和全球生态环境变化，包括大气成分的变化和军事上所需的资料等，则主要从极地轨道气象卫星获得。极地轨道和静止轨道气象卫星的观测功能各有千

秋，相互补充。联合国世界气象组织（World Meteorological Organization，WMO）的全球气象监测网（World Weather Watch，WWW）计划建立了由多颗静止气象卫星和极地轨道气象卫星组成的全球观测网（图 4.6），可得到完整的全球气象资料。我国是继美国、俄罗斯之后第三个同时拥有极地轨道气象卫星和静止轨道气象卫星的国家。截至 2024 年 12 月，我国已成功发射了 21 颗气象卫星，形成了风云一号（FY-1）、风云三号（FY-3）极轨气象卫星和风云二号（FY-2）、风云四号（FY-4）静止轨道气象卫星两大系列。同时，中国风云系列气象卫星被世界气象组织列入国际气象业务卫星序列，成为全球综合地球观测系统的重要成员，也是国际灾害宪章机制的值班卫星。

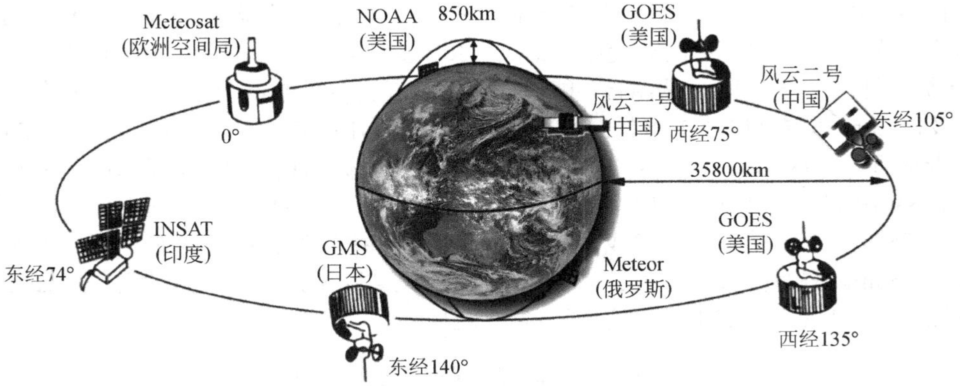

图 4.6　全球气象卫星监测网

二、极地轨道气象卫星

极地轨道气象卫星为低航高、近极地太阳同步轨道，轨道高度为 800～1600km，南北向绕地球运转，能对东西宽约 2800km 的带状地域进行观测。

极地轨道气象卫星可获得全球资料，提供中长期数值天气预报所需的数据资料。由于其轨道高度低，可实现的观测项目比同步气象卫星丰富得多，探测精度和空间分辨率也高于同步卫星。此外，它能装载的有效载荷较多，可进行全球性军事侦察、海洋观察和农作物估产观测等。每天对全球表面巡视两遍，对某一地区每天进行两次气象观测，观测间隔在 12 小时左右，具有中等重复周期。因为对同一地区不能连续观测，所以观测不到风速和变化快而生存时间短的灾害性小尺度天气现象。

目前，世界上主要的极地轨道气象卫星有美国的 NOAA 卫星、欧洲空间局的 METOP 卫星、俄罗斯的 Meteor 卫星以及我国的风云气象卫星等。

（一）NOAA 系列卫星

NOAA（National Oceanic and Atmospheric Administration）卫星是美国第三代气象卫星，是 TIROS 卫星的持续改进与发展。自 1970 年 1 月 23 日发射第一颗 NOAA 卫星以来，已有 20 多颗 NOAA 卫星相继发射。

第五代 NOAA 卫星包括 NOAA-15、16、17、18、19，卫星携带的探测仪器主要有先进甚高分辨率辐射仪/3（advanced very high resolution radiometer/3，AVHRR/3）、高分辨率红外探测仪/3（high resolution infrared sounder/3，HRS/3）和先进微波探测装置（advanced microwave sounding unit，AMSU）。

美国联合极地卫星系统（joint polar satellite system，JPSS）是最新一代气象卫星星座计划，包括 Suomi NPP 以及 JPSS-1、2、3、4 共五颗卫星。JPSS-1 入轨后更名为 NOAA-20（2017年），JPSS-2 入轨后更名为 NOAA-21（2022 年）。JPSS 星座卫星主要收集全球大气、陆地和海洋的测量数据，包括海洋和陆地表面温度、植被、云、降雨、冰雪覆盖、火灾位置和烟羽、大气温度、水蒸气和臭氧。

JPSS 星座卫星装载有先进微波探测器（ATMS）、交叉跟踪红外探测器（CrIS）、可见光红外成像辐射仪组件（VIIRS）、臭氧层制图与分析测绘组件（OMPS）以及云层和地球辐射能量系统（CERES）共 5 种最先进的探测仪器，其中，ATMS 是一种多通道、偏振敏感的微波传感仪器，可以接收地球的自然微波发射，从中可以检索大气温度和湿度分布，其任务是收集温度和水分剖面、综合水汽含量、云液态水含量、降水率、积雪和海冰浓度。ATMS 覆盖 22 个微波通道，与 CrIS 仪器结合，能够构建出对流层中每 1km 气层精度达 1K 的大气温度廓线以及每 2km 气层精度达 15%的湿度廓线。VIIRS 采用挥扫式扫描，扫描视场为 55.8°，地面扫描带宽可达 3040km。VIIRS 以 MODIS 和 AVHRR 数据集为基础，有 10 个 VIS/NIR 波段、8 个 SWIR 波段、4 个 LWIR 波段，合计 22 个波段，其中 16 个中等分辨率波段的空间分辨率为 750m；5 个精细分辨率成像波段的空间分辨率为 375m；1 个低光昼夜波段的空间分辨率为 750m。昼夜波段覆盖 0.5～0.9μm 的全色光谱区域，使用反射的月光感知云、雾和地表特征。表 4.1 是 VIIRS 的波段设置与主要应用。

表 4.1　VIIRS 的波段设置与主要应用

光谱特征		波段编号	波长区间/μm	空间分辨率/m	应用
反射红外	可见光及近红外	M1	0.402～0.422	750	海洋水色，气溶胶
		M2	0.436～0.454	750	海洋水色，气溶胶
		M3	0.478～0.498	750	海洋水色，气溶胶
		M4	0.545～0.565	750	海洋水色，气溶胶
		I1	0.600～0.680	375	环境数据成像
		M5	0.662～0.682	750	海洋水色，气溶胶
		M6	0.739～0.754	750	海洋水色，气溶胶
		I2	0.846～0.885	375	NDVI
		M7	0.846～0.885	750	海洋水色，气溶胶
		DNB	0.500～0.900	750	昼夜成像
	短波及中波红外	M8	1.230～1.250	750	云粒子
		M9	1.371～1.386	750	卷云/云覆盖
		I3	1.580～1.640	375	二进制积雪图
		M10	1.580～1.640	750	雪分数
		M11	2.225～2.275	750	云层
发射红外		I4	3.550～3.930	375	云成像
		M12	3.660～3.840	750	海表温度（SST）
		M13	3.973～4.128	750	海表温度（SST）
	长波红外	M14	8.400～8.700	750	云顶特征
		M15	10.263～11.263	750	海表温度（SST）
		I5	10.550～12.400	375	云成像
		M16	11.538～12.488	750	海表温度（SST）

注：M1～M16：中分辨率波段；I1～I5：精细分辨率成像波段；DNB：昼夜波段

（二）FY-1、FY-3 系列卫星

FY-1 属于近极地太阳同步气象卫星，是中国第一代极轨气象卫星，也是我国最先研制和发射的对地遥感应用卫星，基本功能是向世界各地实时广播卫星观测的局地可见光、红外高分辨率卫星云图，获取全球的可见光、红外卫星云图、地表图像和海温等气象与环境资料，为天气预报、减灾防灾、科学研究和政府决策服务。从 1988 年开始，我国已经发射了 4 颗 FY-1 卫星，其中 FY-1A/1B 为试验卫星，FY-1C/1D 为业务卫星。FY-1C 星因其在轨运行的稳定性和获取数据的准确性，被世界气象组织正式列入世界业务极轨气象卫星序列，成为中国第一颗被列入世界气象业务的卫星。目前 4 颗卫星已全部停止运行。

FY-3 是在 FY-1 基础上发展起来的我国第二代极地轨道气象卫星，和 FY-1 相比，FY-3 在功能和技术上发生了质的变化，大幅度提高了全球资料的获取能力，进一步提高了云区和地表特征的监测能力，从而能够获取全球、全天候、三维、定量、多光谱的大气、地表和海表特性参数。截至 2024 年 12 月，我国已经成功发射了 FY-3A/B/C/D/E/G/F 共 7 颗卫星。目前在轨运行的是 FY-3D/E/G/F 4 颗卫星，其中 FY-3D 是中国低轨道下午观测的主业务卫星，FY-3E 是全球首颗民用晨昏轨道气象卫星，FY-3G 是中国首颗低倾角轨道降水测量卫星（非太阳同步轨道卫星）。FY-3F（上午星）与 FY-3D（下午星）、FY-3E（黎明星）、FY-3G（降水星）组网观测，使我国成为全球唯一同时业务运行晨昏、上午、下午、倾斜四条近地轨道民用气象卫星的国家。

FY-3 系列卫星是国内搭载遥感探测仪器最多的对地遥感卫星。它的遥感仪器观测谱段从真空紫外线、紫外线、可见光、红外线一直到微波频段样样齐全，既有光学遥感，又有微波遥感，与欧美新一代气象卫星处于同一发展水平。表 4.2 简要列出了 FY-3F 上 10 台传感器的主要性能指标。

表 4.2　FY-3F 卫星传感器的主要性能指标

传感器	通道数	光谱范围	幅宽/km	主要用途
中分辨率光谱成像仪（MERSI-Ⅲ）	25	0.412~12μm	2800	250m 分辨率图像监测
红外高光谱大气垂直探测仪（HIRAS-Ⅱ）	3041	650~2550cm^{-1}	2000	大气温湿度廓线
微波成像仪（MWRI-Ⅱ）	22	10～118GHz	2400	微波图像
微波温度计（MWTS-Ⅲ）	17	23～57GHz	2813	大气温度垂直分布
微波湿度计（MWHS-Ⅱ）	15	89~190GHz	2600	大气湿度和温度垂直分布
全球导航卫星掩星探测仪（GNOS-Ⅱ）	40	无	无	电子密度廓线
紫外高光谱臭氧探测仪-临边（OMS-L）	1000	290~500nm	100	大气臭氧等痕量气体探测
紫外高光谱臭氧探测仪-天底（OMS-N）	2048	250~497nm	2900	大气臭氧等痕量气体探测
地球辐射探测仪（ERM-Ⅱ）	3	0.2~100μm	2479	地气系统辐射收支
太阳辐射监测仪（SIM-Ⅱ）	3	0.2~20μm	无	太阳辐照度

三、静止轨道气象卫星

静止轨道气象卫星也称高轨地球同步轨道气象卫星，定点于赤道上空约 36000km 的高度上，可连续、重复不断地对其覆盖的地球表面进行实时观测，每隔 1 小时或 0.5 小时获得一幅各个通道的地球全景圆盘图。获取的图像经过准确定位处理后，就能得到我们从天气预报节目中看到的 24 小时云和水汽的连续动画图像。

静止轨道气象卫星的主要特点是：①覆盖范围大，能观测地球表面约 1/3 的面积，有利于获得宏观同步信息，从而保证了所获取的数据具有内在的均一性和良好的代表性。多颗静止气象卫星联合组网运行，可以实现对全球更大范围大气变化的连续观测。②时间分辨率高，有利于对短周期灾害性天气的动态监测。对某一固定地区每隔 20～30 分钟可获得一次观测资料，部分地区由于轨道重叠甚至可以 5 分钟观测一次，这种短周期重复观测能力有利于捕捉地面快速变化的动态信息。③轨道高度高，空间分辨率低，边缘几何畸变严重，定位与配准精度不高。对高纬度地区的观测能力较差，观测图像几何失真过大，效果差。

目前主要的静止轨道气象卫星有美国的 GOES 卫星、欧洲空间局的 Meteosat 卫星、日本的 GMS/MITSAT 卫星、俄罗斯的 GOMS 卫星、印度的 INSAT 卫星以及我国的 FY-2 卫星等。

（一）SMS/GOES 系列卫星

SMS（synchronous meteorological satellite）是美国最早的地球同步轨道气象卫星。在 SMS-1、2 之后，卫星更名为 GOES（geostationary operational environmental satellite）。

首颗 SMS 卫星于 1974 年 5 月发射，截至 2024 年 12 月，SMS/GOES 系列卫星已经发射了 21 颗。卫星采用双星运行模式，即 GOES-East、GOES-West 两颗卫星分别定点在西经 75°和西经 135°的赤道上空，对西经 20°～东经 165°近 2/3 地球表面积的西半球上空进行每天 24 小时连续观测。

第一代卫星包括 SMS-1、2/GOES-1、2、3（A、B、C）。星上装载了可见光/红外自旋扫描辐射计（VISSR）和空间环境探测器（SEM）；第二代卫星包括 GOES-4、5、6、7（D、E、F、H）。除装载了改进型 VISSR 和 SEM 外，卫星还增加了可见光/红外大气探测器（VAS），进行大气垂直温度和湿度的探测；第三代卫星包括 GOES-8、9、10、11、12（I、J、K、L、M）。与前两代静止气象卫星相比，其最大特点是由自旋稳定卫星改为三轴稳定卫星，且星上垂直探测器和新一代可见光/红外成像仪可同时独立进行探测，这不仅使观测精度大大提高，且探测区域可在东西、南北两个方向灵活控制，观测频次大为增加，对中小尺度天气系统的监视具有重要意义。第四代卫星由 GOES-13、14、15（N、O、P）3 颗星组成。星载五通道多光谱成像仪对地表、海洋、云量等成像，多光谱探测仪、空间环境探测器等多种传感器的性能指标也都较前几代卫星有了新的改进。

GOES-16、17、18、19（R、S、T、U）是最新一代的地球同步静止轨道卫星，在性能得到增强的同时，还增加了关于闪电、烟雾、火山和火山灰等新变量的信息，数据通道数量是 GOES-15 的三倍，图像分辨率是 GOES-15 的四倍。

（二）FY-2、FY-4 系列卫星

FY-2 是我国自行研制的第一代静止业务气象卫星，与极地轨道气象卫星相辅相成，构成了我国气象卫星应用体系。我国第一颗地球静止轨道气象卫星 FY-2A 于 1997 年 6 月 10 日发射成功，由此开始了我国地球静止轨道气象卫星在轨运行的时代。之后，又发射了 FY-2B/C/D/E/F/G/H 等多颗卫星，目前在轨运行的是 FY-2G 和 FY-2H。FY-2 卫星主要用于获取白天可见光云图、昼夜红外云图和水汽分布图，进行天气图传真广播，收集气象、水文和海洋等数据收集平台的气象监测数据。

FY-2 卫星的传感器主要包括扫描辐射计（VISSR）和空间环境监测器（SEP）。扫描辐射计包括 1 个可见光和 4 个红外通道，可以实现非汛期每小时，汛期每半小时获取覆盖地球表面约 1/3 的全圆盘图像。此外，FY-2F 还具备更加灵活的、高时间分辨率的特定区域扫描能力，能够针对台风、强对流等灾害性天气进行重点观测，在我国气象灾害监测预警、防灾减

灾工作中发挥着重要作用。空间环境监测器实现对太阳 X 射线、高能质子、高能电子和高能重粒子流的多能段监测，用于开展空间天气监测、预报和预警业务。

FY-4 是我国第二代静止轨道气象卫星，也是我国首颗地球同步轨道三轴稳定定量遥感卫星，将接替 FY-2。FY-4 实现了我国静止轨道气象卫星的升级换代和技术跨越，将对我国及周边地区的大气、云层和空间环境进行高时间分辨率、高空间分辨率、高光谱分辨率的观测，大幅提高天气预报和气候预测能力。FY-4 系列卫星的首颗星 FY-4A 为科学试验卫星，于 2016 年 12 月 11 日发射。FY-4B 是 FY-4 系列卫星的首颗业务卫星，于 2021 年 6 月 3 日发射。

FY-4 装载了多通道扫描成像辐射计（AGRI）、干涉式大气垂直探测仪（GIIRS）、闪电成像仪（LMI）和空间环境监测仪器包（SEP）等多个有效载荷。多通道扫描成像辐射计的成像通道从 FY-2 的 5 个增加到了 14 个，全面提高了对地球表面和大气物理参数的多光谱、高频次、定量探测能力（表 4.3）；干涉式大气垂直探测仪是国际上首次在气象卫星上装载，探测通道达 1700 个，可在垂直方向上对大气结构实现高精度定量探测，气象观测能力大幅提升；闪电成像仪利用光学成像技术实现对覆盖区域内的总闪电进行实时、连续、不间断观测，一秒钟可拍摄 500 张闪电图，实现了对灾害性雷电天气的实时监测和预警。

表 4.3 FY-4 与 FY-2 主要传感器技术指标对比

通道	FY-2F/G/H VISSR		FY-4A AGRI		
	波段/μm	空间分辨率/km	波段/μm	空间分辨率/km	主要用途
可见光与近红外			0.45～0.49	1	气溶胶
	0.55～0.75	1.25	0.55～0.75	0.5～1	雾、云
			0.75～0.90	1	植被
短波红外			1.36～1.39	2	卷云
			1.58～1.64	2	云、雪
			2.1～2.35	2～4	卷云、气溶胶
中波红外			3.5～4.0(high)	2	火点
	3.5～4.0	5	3.5～4.0(low)	4	地表
水汽			5.8～6.7	4	云导风(WV)
	6.3～7.6	5	6.9～7.3	4	云导风(WV)
长波红外			8.0～9.0	4	云导风(WV)、云
	10.3～11.3	5	10.3～11.3	4	海表温度(SST)
	11.5～12.5	5	11.5～12.5	4	海表温度(SST)
			13.2～13.8	4	云顶高度(CTH)

第三节 陆 地 卫 星

一、Landsat 系列卫星

1967 年 NASA 制订了地球资源技术卫星计划，即 ERTS 计划，以获取全球资源环境数据。1972 年 7 月第 1 颗地球资源技术卫星 ERTS-1 成功发射，之后 NASA 将 ERTS 计划更名为陆地卫星计划。到目前为止，NASA 已先后发射了 9 颗 Landsat 卫星（表 4.4），记录了地球表面的大量数据，扩大了人类的视野，已成为环境与资源调查、评价与监测的重要信息源。其中，Landsat-8 是陆地卫星系列的第 8 个计划，也称 LDCM（Landsat Data Continuity Mission）计划，由 NASA 和美国地质调查局联合运行，旨在长期对地球进行观测。

表 4.4　Landsat 系列卫星简况

卫星名称	发射日期	终止日期	卫星平均高度/km	传感器	回归周期/d
Landsat-1	1972-07-23	1978-01-06	915	RBV/MSS	18
Landsat-2	1975-01-22	1982-02-25	915	RBV/MSS	18
Landsat-3	1978-03-05	1983-03-31	915	RBV/MSS	18
Landsat-4	1982-07-16	2001-06-15	705	MSS/TM	16
Landsat-5	1984-03-01	2013-06-05	705	MSS/TM	16
Landsat-6	1993-10-05	发射失败	—	ETM	16
Landsat-7	1999-04-15	运行中	705	ETM+	16
Landsat-8	2013-02-11	运行中	705	OLI/TIRS	16
Landsat-9	2021-09-28	运行中	705	OLI-2/TIRS-2	16

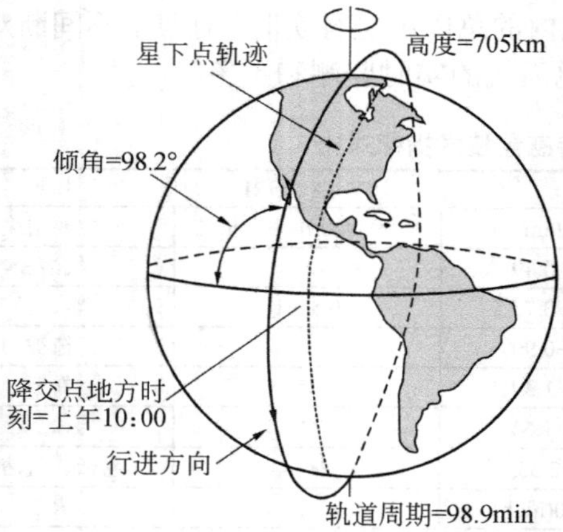

图 4.7　Landsat-7 的轨道示意图

（一）卫星的轨道特征

Landsat 卫星在 700～920km 的高度上运行，属于中等高度卫星。所有的 Landsat 卫星均采用近极地、太阳同步准回归轨道，轨道倾角在 98.3°～99.1°。除 Landsat-8 为圆形轨道外，其余均为近圆形轨道。Landsat-4、5 在赤道上空的降交点时刻为 9:30～10:00；Landsat-7 在赤道上空的降交点时刻为 10:00，与上午 10: 30 通过赤道南下的 Terra 卫星在同一轨道飞行，这样的设计能保证其 30m 分辨率数据与 MODIS 的 250m、500m、1000m 分辨率数据几乎在同一时间获取；Landsat-8 在赤道上空的降交点时刻为上午 10: 00。图 4.7 为 Landsat-7 的轨道示意图。

（二）卫星的传感器

Landsat 系列卫星搭载的传感器有反束光导摄像机（RBV）、多光谱扫描仪（MSS）、专题制图仪（TM）、增强型专题制图仪（ETM+）、运营性陆地成像仪（OLI）和热红外传感器（TIRS）。

1. 多光谱扫描仪

多光谱扫描仪（multispectral scanner，MSS）是陆地卫星 Landsat 上装载的一种多光谱光-机扫描仪，它以 4 个波段探测地球，每个波段的空间分辨率约为 80m，辐射分辨率为 6bit。当卫星在向阳面从北向南飞行时，MSS 以星下点为中心，自西向东在地面上扫描 185km，此时为有效扫描，可得到地面 185km×474m 的一个窄条的信息。接着 MSS 进行自东向西的回扫，此时为

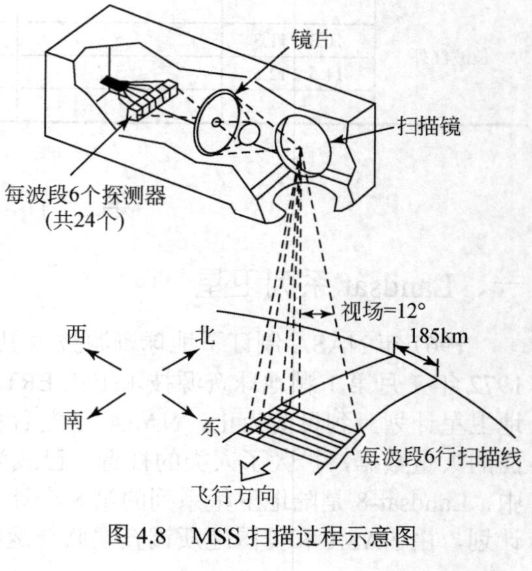

图 4.8　MSS 扫描过程示意图

无效扫描，不获取信息。这样，卫星在向阳面自北向南飞行时，共获得以星下点轨迹为中轴，东西宽 185km、南北长约 20000km 的一个地面长带的信息（图 4.8）。表 4.5 表示了 MSS 的波段设置与波长范围。

表 4.5 MSS 的波段设置与波长范围

Landsat-1、2、3	Landsat-4、5	波长/μm
MSS 4	MSS 1	0.5～0.6（绿）
MSS 5	MSS 2	0.6～0.7（红）
MSS 6	MSS 3	0.7～0.8（近红外）
MSS 7	MSS 4	0.8～1.1（近红外）

2. 专题制图仪

专题制图仪（thematic mapper，TM）是在 MSS 基础上改进发展而成的第二代多光谱光-机扫描仪。与 MSS 相比，TM 具有更高的空间分辨率和辐射分辨率，除热红外波段空间分辨率为 120m 外，其余波段均达到 30m；辐射分辨率为 8bit；光谱分辨率明显提高，增加到 7 个波段；每次同步扫描的行数增加，达到 16 行（热红外波段除外），即每个波段 16 个探测器；扫描方式上，TM 采取双向扫描，正扫和回扫都有效，提高了扫描效率，缩短了停顿时间，提高了检测器的接收灵敏度。表 4.6 是 Landsat TM 的波段设置以及主要应用。

表 4.6 Landsat TM 的波段设置以及主要应用

波段	波长/μm	主要应用
TM1	0.45～0.52（蓝）	位于水体衰减系数最小、散射最弱的部位，对水的穿透力最大，用于判别水深、浅海水下地形等；对叶绿素浓度反应敏感，用于叶绿素含量监测、植被类型的识别与制图、土壤与植被的区分
TM2	0.52～0.60（绿）	位于健康绿色植物的绿色反射峰附近，对植物的绿反射敏感。可用于识别植物类别和评价植物生产力；对水体有一定穿透力，可反映水下特征，并对水体污染的研究效果好
TM3	0.63～0.69（红）	位于叶绿素的主要吸收区内，可根据对不同植物叶绿素的吸收来区分植物类型、覆盖度，判断植物生长状况、健康状况等；对水中悬浮泥沙反应敏感，用于研究泥沙流范围及迁移规律
TM4	0.76～0.90（近红外）	位于植物的高反射区，光谱特征受植物细胞结构控制，反映大量植物信息，故对植物的类别、密度、生长力、病虫害等的变化最敏感。用于植物识别分类、生物量调查及作物长势测定，为植物通用波段
TM5	1.55～1.75（短波红外）	位于水的两个吸收带（1.4μm 和 1.9μm）之间，对植物和土壤水分含量敏感，有利于植物水分状况研究和作物长势分析等；对岩性及土壤类型的判定也有一定作用；易于区分雪和云
TM6	10.4～12.5（热红外）	探测地物的热辐射差异，能根据辐射响应的差异，进行植物胁迫分析、土壤湿度研究，能识别水体、岩石等地表特征，监测与人类活动有关的热特征，进行热测定与热制图
TM7	2.08～2.35（短波红外）	对岩石、特定矿物反应敏感，用于区分主要岩石类型、岩石的水热蚀变、探测与交代蚀变岩有关的黏土矿物等，为地质学家追加的波段，以增加地质探矿方面的应用

3. 增强型专题制图仪

Landsat-7 搭载了增强型专题制图仪（enhanced thematic mapper plus，ETM+）。和 TM 相比，ETM+是一台 8 波段的多光谱扫描辐射计，增加了分辨率为 15m 的全色波段（PAN）；热红外波段的探测器阵列从过去的 4 个增加到 8 个，对应地面的分辨率从 120m 提高到 60m；ETM+数据绝对辐射精度为 5%，波段间配准精度为 0.3 个像元。在不使用地面控制点的情况下，地理定位精度为 250m。

4. 运营性陆地成像仪

Landsat-8、9，是最新一代的 Landsat 系列卫星。多光谱、中等分辨率的运营性陆地成像仪（operational land imager，OLI）是该卫星的核心传感器，与 Landsat-7 的 ETM+有着相似的光谱波段，只是 OLI 对波段进行了重新调整。比较大的调整是：OLI 的波段 5（0.845～0.885μm）排除了 0.825μm 处的水汽吸收特征；OLI 全色波段波谱范围较窄（0.500～0.680μm），其图像能更好地区分植被和无植被特征；虽不含热红外波段，但增加了海岸气溶胶（443nm，波段 1）和卷云探测（1375nm，波段 9）两个新波段。表 4.7 和图 4.9 以不同的方式对 OLI 和 ETM+的光谱参数和波段设置进行了对比。

表 4.7　ETM+和 OLI 的光谱参数对比

ETM+（Landsat-7）			OLI（Landsat-8、9）		
波段号	波长/μm	空间分辨率/m	波段号	波长/μm	空间分辨率/m
8（PAN）	0.520～0.900	15	8（PAN）	0.500～0.680	15
			1	0.433～0.453	30
1	0.450～0.515	30	2	0.450～0.515	30
2	0.525～0.605	30	3	0.525～0.600	30
3	0.630～0.690	30	4	0.630～0.680	30
4	0.775～0.900	30			
			5	0.845～0.885	30
			9	1.360～1.390	30
5	1.550～1.750	30	6	1.560～1.660	30
7	2.090～2.350	30	7	2.100～2.300	30
6（TIR）	10.400～12.500	60	不包含热成像能力		

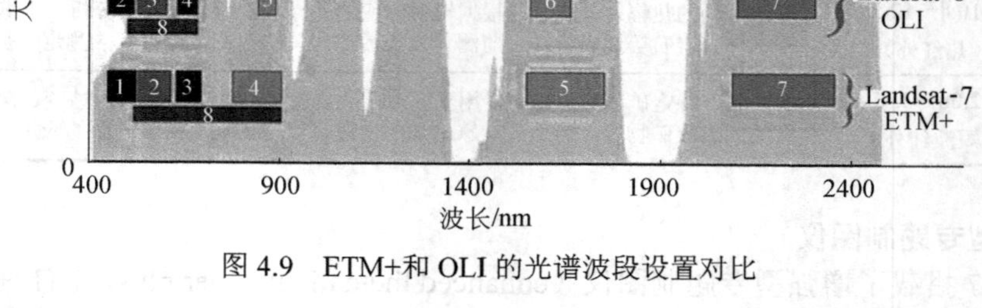

图 4.9　ETM+和 OLI 的光谱波段设置对比

5. 热红外传感器

虽然 OLI 不含热红外波段，但 Landsat-8、9 却新增了一个热红外传感器（thermal infrared sensor，TIRS）。TIRS 有 10.3～11.3μm 和 11.5～12.5μm 两个探测波段，空间分辨率为 100m。

OLI 和 TIRS 共同组成的传感器系统取代了 Landsat-7 上的 ETM+。与 ETM+不同，OLI 和 TIRS 的扫描方式为推扫式扫描，Landsat-8 的辐射分辨率为 12bit，而 Landsat-9 的辐射分辨率为 14bit。

（三）卫星的数据参数

卫星数据通常采用分段管理的方式，即分景管理。MSS、TM 数据均是以景为单元构成的，一景约相当于地面 185km×170km 的面积。分景必须以某一种全球参考系统为依据，目前国际上具有代表意义的全球参考系统就是 Landsat 卫星采用的 WRS（worldwide reference system）参考系，它是依据卫星地面轨迹的重复特性，结合星下点成像特性而形成的固定地面参考网格。WRS 网格的二维坐标采用 PATH 和 ROW 对每景图像数据进行标识，其中，PATH 代表卫星的轨道编号，ROW 代表由中心纬度确定的行号（图 4.10）。中国全境可用 PATH 113～151、ROW 23～57 的约 530 景 TM 影像覆盖。

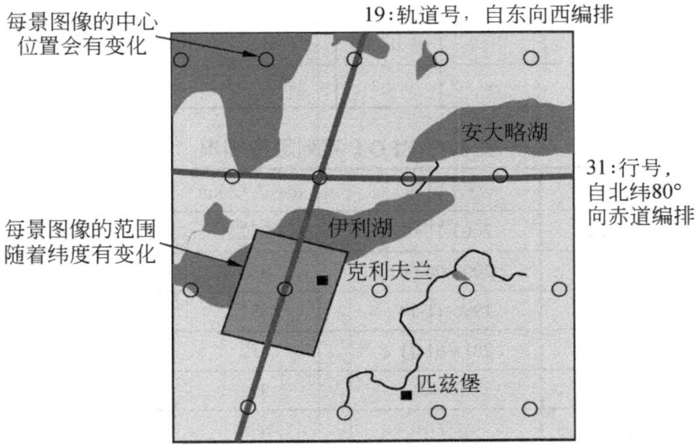

图 4.10　WRS 全球参考系统示意图

TM、ETM 数据通常用 8mm 磁带或 CD-ROM 提供给用户，每个数据单元是将与传感器的分辨率几乎相同的地面面积上的反射亮度强度记录到每个波段上，各波段强度用 8bit 的数值表示。表 4.8 表示出了 TM、ETM+各波段的最大辐射亮度值。如果各个波段的数据是经过系统校正过的数据，那么由表 4.8 提供的数据，并根据式（4.5）即可把各个波段的数据统计值，即 DN 值换算成绝对辐射亮度 L。式（4.5）中，L_{max} 和 L_{min} 分别为某一波段的最大辐射亮度和最小辐射亮度。

$$L=\left(\frac{L_{max}-L_{min}}{DN_{max}-DN_{min}}\right)\cdot(DN-DN_{min})+L_{min} \tag{4.5}$$

二、SPOT 系列卫星

SPOT 对地观测卫星系统是由法国空间研究中心联合比利时和瑞典等一些欧洲共同体国家设计、研制和发展起来的。为了确保服务的连续性，从 1986 年 2 月第一颗卫星 SPOT-1 发射以来，SPOT 系统每隔几年便发射 1 颗卫星，迄今为止已发射了 7 颗卫星（表 4.9）。20 多年来，SPOT 系统已经接收、存档了上千万幅全球的卫星数据，为广大客户提供了准确、丰富、可靠、动态的地理信息源，广泛应用于制图、陆地表面的资源与环境监测、构建 DTM

和城市规划等研究领域。

表 4.8　TM、ETM+各波段的辐射亮度　（单位：$W \cdot m^{-2} \cdot sr^{-1} \cdot \mu m^{-1}$）

波段	TM				ETM+					
					低增益		高增益		DN_{max}	DN_{min}
	L_{min}	L_{max}	DN_{max}	DN_{min}	L_{min}	L_{max}	L_{min}	L_{max}		
1	−1.52	193.0	255	1	−6.2	293.7	−6.2	191.6	255	1
2	−2.48	365.0	255	1	−6.4	300.9	−6.4	196.5	255	1
3	−1.17	264.0	255	1	−5.0	234.4	−5.0	152.9	255	1
4	−1.51	221.0	255	1	−5.1	241.1	−5.1	157.4	255	1
5	−0.37	30.2	255	1	−1.0	47.57	−1.0	31.06	255	1
6	1.2378	15.303	255	1	0.0	17.04	3.2	12.65	255	1
7	−0.15	16.5	255	1	−0.35	16.54	−0.35	10.80	255	1
8	—	—	—	—	−4.7	243.1	−4.7	158.3	255	1

表 4.9　SPOT 系列卫星简况

卫星名称	发射日期	终止日期	卫星高度/km	轨道倾角/（°）	回归周期/d
SPOT-1	1986-02-22	2003-11-01	832	98.7	26
SPOT-2	1990-01-22	2009-06-30	832	98.7	26
SPOT-3	1993-09-26	1996-11-14	832	98.7	26
SPOT-4	1998-03-24	2013-01-11	832	98.8	26
SPOT-5	2002-05-04	2015-03	832	98.7	26
SPOT-6	2012-09-09	运行中	695	98.2	26
SPOT-7	2014-06-30	2023-03-17	695	98.2	26

（一）卫星的轨道特征

SPOT 系列卫星的轨道特征与 Landsat 系列卫星相同，也属于中等高度、准圆形、近极地、太阳同步准回归轨道。除 SPOT-6、7 的高度为 695km 外，其余卫星的高度均为 832km，轨道倾角在 98.2°～98.8°，卫星经过赤道上空的时刻为地方时上午 10∶30。卫星的回归周期为 26 天，但由于卫星采用了倾斜观测，事实上可以用 4～5 天的间隔对同一地区进行观测。

（二）卫星的传感器

SPOT-1、2、3 的主要成像传感器为高分辨率可见光扫描仪（high resolution visible，HRV）。SPOT-2 除载有两台 HRV 外，还有一台固体测高仪（DORIS），即卫星集成的多普勒成像与无线电定位仪。SPOT-3 除两台改进型 HRV 和一台 DORIS 外，还有一台极地臭氧和气溶胶测量仪（POAM-Ⅱ）。

相比 SPOT-1、2、3 而言，SPOT-4 和 SPOT-5 作了更进一步的改进。SPOT-4 用 HRVIR（high resolution visible and infrared）代替了 HRV。和 HRV 相比，HRVIR 在短波红外区加了一个 1.58～1.75μm 的新波段，原来的全色波段（0.50~0.73μm）被现在的能同时以 10m 和 20m 分辨率方式工作的 B2 波段（0.61~0.68μm）替代。SPOT-4 加载了“植被”成像装置，这是一个宽角的地球成像装置（2250km 视场），有着较高的辐射分辨率和 1km 的空间分辨率。

SPOT-5 装载了两个能够获取 60km 视场的四种分辨率图像的高分辨率几何（high resolution geometric，HRG）装置，还有一种几乎能够在同一时间和同一辐射条件下获取立体像对的高分辨率立体（high resolution stereoscopic，HRS）成像装置，从而保证获取高精度的数字高程模型（DEM）。SPOT-5 上的“植被”成像装置与 SPOT-4 基本相同。

SPOT-6 是最新一代的高分辨率卫星，与之前发射的 Pleiades-1A 处于同一轨道，并最终在 2014 年与 Pleiades-1B 和 SPOT-7 一起构成一个由 4 颗卫星组成的完整的光学卫星星座。相对于之前的 SPOT 计划，新卫星无论是空间部分还是地面系统都经过了优化设计，特别是在从卫星编程到产品提交的反应能力和数据获取能力方面尤为突出。SPOT-6 和 SPOT-7 星座能够以每天 600 万 km^2 的覆盖能力提供地球上任何地方的每日重访。SPOT-6 装载了两台 NAOMI，其全色波段分辨率可达 1.5m，多光谱波段分辨率可达 6m。表 4.10 是 SPOT 系列卫星主要参数对比。

表 4.10　SPOT 系列卫星主要参数对比

卫星名称	SPOT-6、7	SPOT-5	SPOT-4	SPOT-1、2、3
传感器	2×NAOMI	2×HRG	2×HRVIR	2×HRV
波段及波长/μm	P：0.45～0.75 B1：0.45～0.52 B2：0.53～0.60 B3：0.62～0.69 B4：0.76～0.89	P：0.48～0.71 B1：0.50～0.59 B2：0.61～0.68 B3：0.78～0.89 B4：1.58～1.75	M：0.61～0.68 B1：0.50～0.59 B2：0.61～0.68 B3：0.78～0.89 B4：1.58～1.75	P：0.51～0.73 B1：0.50～0.59 B2：0.61～0.68 B3：0.78～0.89
空间分辨率	全色 1.5m 多光谱 6m	全色 5m 或 2.5m 多光谱 10m 短波红外 20m	全色 10m 多光谱 20m 短波红外 20m	全色 10m 多光谱 20m
辐射分辨率/bit	12	8	8	8
附加载荷	无	HRS， VEGETATION，DORIS	VEGETATION，DORIS	DORIS（除 SPOT-1）
卫星重量/kg	712	3000	2755	1907
设计寿命/年	10	5～7	5	3

（三）卫星的观测模式

SPOT 系列卫星由两台 HRV（SPOT-4 是 HRVIR，SPOT-5 是 HRG）共同组成统一的对地观测系统，这个系统有垂直观测和倾斜观测两种主要模式，图 4.11 直观地显示了这两种观测模式的工作原理。

以 SPOT-5 为例，在垂直观测模式中，两台 HRG 的瞄准轴放在正中一档方向上，与铅垂线的夹角约为 2°。每台 HRG 的瞬时地面视场舷向宽 60km，两台 HRG 的瞬时地面视场左右相接，中间在天底点及其附近重叠 3km，故两台 HRG 的瞬时地面视场合成出一个舷向宽 117km、航向仅为 20m（或 10m）宽的细长条带。随着卫星的前进，此细长条带也不断沿航向前进，如同一把扫帚在地面上沿航向扫描，经过一段时间后，就在地面上扫过一个舷向宽 117km、航向长数万千米的地面探测条带（图 4.12）。

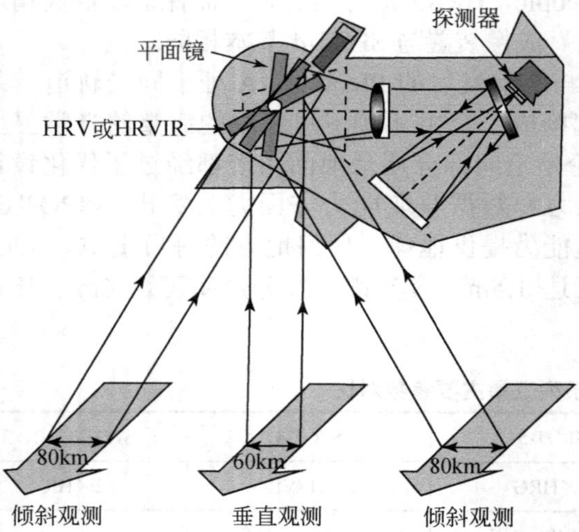

图 4.11　SPOT 卫星的观测模式示意图

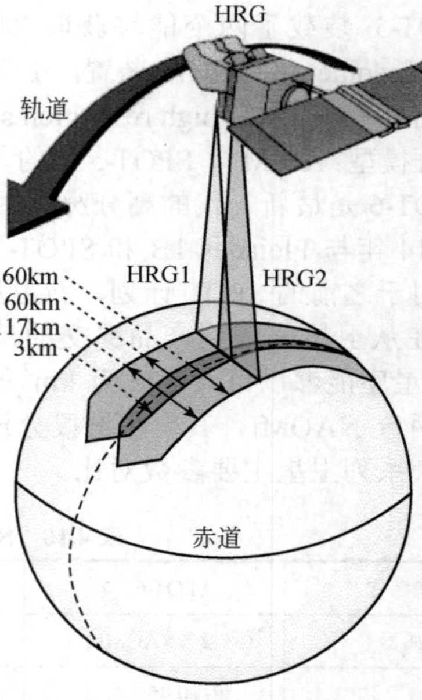

图 4.12　SPOT 的垂直观测示意图

在倾斜观测模式中，两台 HRG 的瞄准轴都调整至偏离正中档的位置，对地面实施倾斜观测，瞬时视场也离开天底点。当瞄准轴选择最边缘的档位时，每台 HRG 的地面探测条带的舷向宽度为 80km。如果将每台 HRG 的瞄准轴在±27°内的 91 个档位上逐一停留进行观测，可能观测到的地面舷向宽度将达到 950km 左右。

垂直模式和倾斜模式结合使用，使 SPOT 卫星能在两条或多条卫星轨道上从不同角度观测同一指定地区，从而增加对地面上特定地区的观测次数，大大缩短了卫星观测的间隔，提高了卫星重复观测的能力；使系统重复观测的能力从单星的 26 天提高到 1～5 天，为更迅速地掌握地面的动态变化提供了便利（图 4.13）。

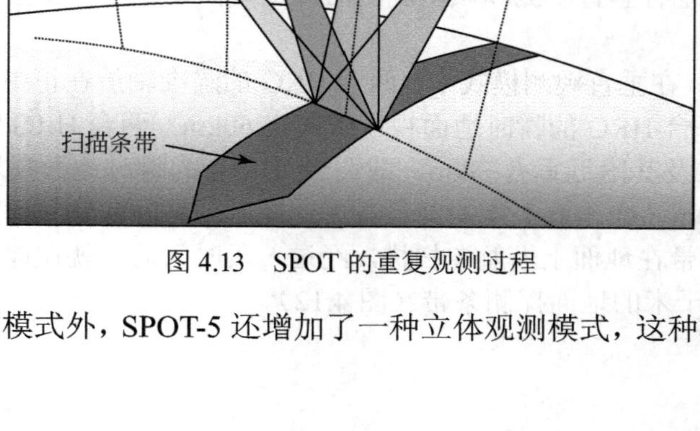

图 4.13　SPOT 的重复观测过程

除上述两种观测模式外，SPOT-5 还增加了一种立体观测模式，这种模式是由立体成像装置 HRS 完成的。HRS 以全色光谱模式，几乎在同一时刻对同一个地区从向前或向后的不同方向上获取多幅图像，组成一个或多个立体像对，这对于构建三维地形模型具有重要意义。图 4.14 综合表示了 SPOT 卫星的多种观测模式。

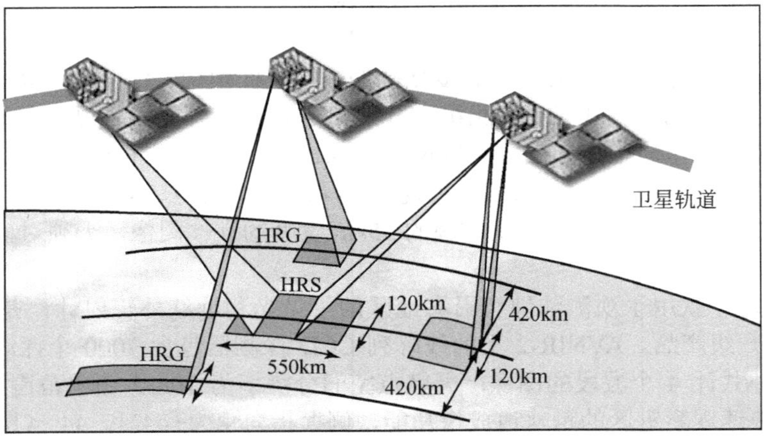

图 4.14　SPOT 卫星多种观测模式综合示意图

（四）数据应用

SPOT 数据的应用目的与 Landsat 数据一样，以陆地为主，但因为其空间分辨率明显高于 Landsat，所以也用于地图制图。通过立体观测和高程测量，可制作比例尺为 1∶5 万的地形图，也可通过图像判读制作土地利用图等。通过全色波段与多种数据的合成，制作高分辨率卫星像片，并用于代替航空像片。

三、ALOS 系列卫星

先进陆地观测卫星（advanced land observing satellite，ALOS），是日本宇宙航空研究开发机构（JAXA）在 JERS-1（1992.2）和 ADEOS-Ⅰ（1996.8）、ADEOS-Ⅱ（2002.12）基础上开发的新一代地球观测卫星，主要用于制图、区域观测、灾害监测和资源调查领域。ALOS 系列卫星的特点是既具有高空间分辨率，又具有宽观测范围，并具有连续成像能力。其中，雷达卫星配备了 L 波段合成孔径雷达 PALSAR 系列，与使用 X 波段或 C 波段的其他雷达卫星相比，该雷达可以有效穿透植被，观测地表和地壳运动。表 4.11 是 ALOS 系列卫星的基本信息。

表 4.11　ALOS 系列卫星基本信息

卫星	ALOS-1	ALOS-2	ALOS-3	ALOS-4
发射日期	2006-01-24	2014-05-24	2023-03-07（发射失败）	2024-07-01
轨道特征	太阳同步回归轨道 高度：691.65km 倾角：98.16° 回归周期：46d	太阳同步回归轨道 高度 628km 倾角：97.9° 回归周期：14d	太阳同步回归轨道 高度：669km 倾角：98.1° 回归周期：35d	同 ALOS-2
传感器	PRISM；AVNIR-2； PALSAR	PALSAR-2	wide-swath and high-resolution optical imager	PALSAR-3

1. ALOS-1

ALOS-1 卫星搭载三种传感器，即用于数字高程测绘的全色立体测绘遥感仪器（PRISM）、用于精确土地覆盖观测的高级可见光和近红外辐射计（AVNIR-2）以及用于昼夜、全天候陆地观测的相控阵 L 型波段合成孔径雷达（PALSAR）。

PRISM 是一款全色辐射计，光谱范围为 0.52～0.77μm，辐射分辨率为 8bit，最低点空间分辨率为 2.5m，其提取的数据将提供高度准确的数字表面模型（DSM）。PRISM 的一个重要特点是具有三个独立的推扫式 CCD 相机，分别用于天底、前视和后视三个不同方向的观察成像，从而生成沿卫星轨道方向的立体图像（图 4.15）。天底观测相机覆盖宽度可达 70km，而前视、后视相机各覆盖 35km。前视和后视相机从最低点倾斜+24°和−24°，以实现 1.0 的底高比。PRISM 的宽视场提供三个完全重叠的 35km 宽度的立体图像，无须对卫星进行机械扫描或偏航转向。

AVNIR-2 是一款用于观测陆地和沿海地区的可见光和近红外辐射计，是 ADEOS-Ⅰ上 AVNIR 的后续升级产品。AVNIR-2 上的线阵列 CCD 探测器包含 7000 个探测元件，可提供可见光、近红外共计 4 个波段的图像，天底点空间分辨率为 10m，覆盖范围为 70km，同时还提供了用于快速观察灾区的跨轨道成像功能，侧摆指向角为+44°和−44°（图 4.16）。

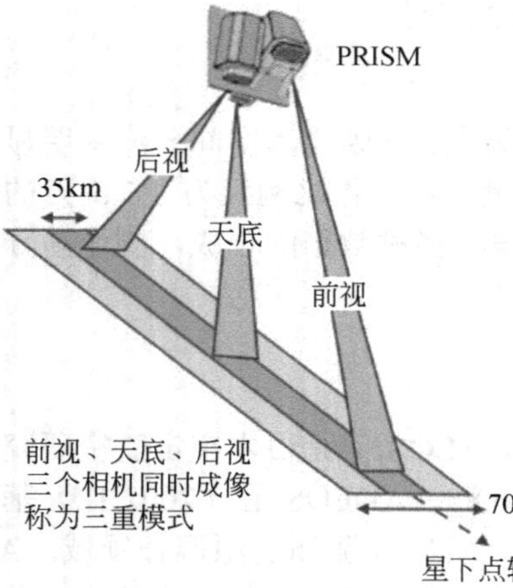

图 4.15　PRISM 传感器的观察模式

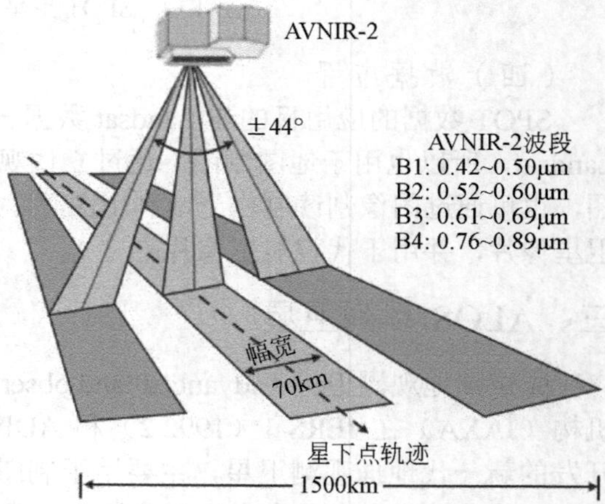

图 4.16　AVNIR-2 传感器的观测能力

PALSAR 是一种利用 L 波段频率实现无云、昼夜陆地观测的有源微波传感器，比 JERS-1 的合成孔径雷达（SAR）性能更高。PALSAR 具有 Fine resolution mode、ScanSAR mode、Polarimetric mode 三种观测模式，其中，Fine resolution mode 在常规操作中最常用，最大地面分辨率为 7m。ScanSAR mode 以牺牲空间分辨率为代价获取 250～350km 宽度的 SAR 图像（取决于扫描次数），获取图像的宽度是传统 SAR 图像的 3～5 倍（图 4.17）。PALSAR 是一款全偏振仪器，具有单极化（HH，VV，HV 或 VH），双极化（HH+HV 或 VV+VH）和全极化（HH+VV+HV+VH）等多种极化选项。

2. ALOS-2

ALOS-2 搭载的传感器是 PALSAR-2，这是一款先进的 L 波段合成孔径雷达系统。日本的 L 波段合成孔径雷达（SAR）于 1992 年首次搭载于 JERS-1/SAR 上，PALSAR-2 是 JERS-1/SAR、ALOS-1/PALSAR 的后继者。通过扩大发射功率和带宽，并采用双波束接收器、复杂线性调频调制和高效数据压缩等新技术，PALSAR-2 的性能得到了极大的增强。

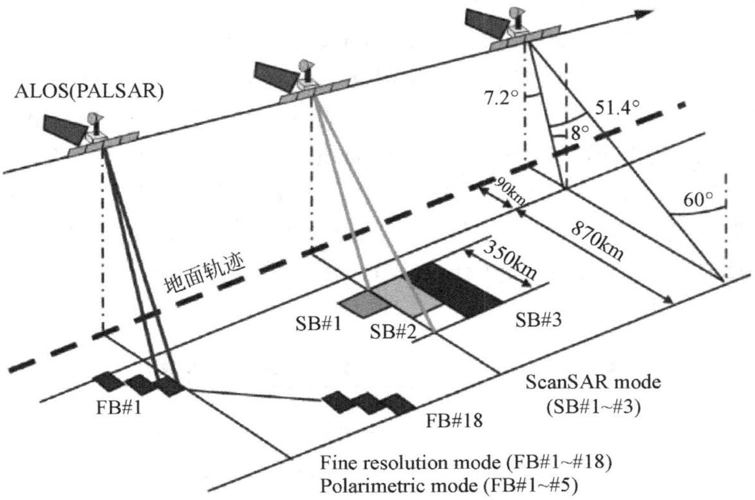

图 4.17　PALSAR 雷达系统的观测模式

PALSAR-2 有 Stripmap、ScanSAR、Spotlight 三种基本观测模式，其中新增的 Spotlight 模式的空间分辨率提高到了 1m×3m，为用户提供了更详细的数据以实现对灾害的全面监测。为了实现对灾害事件的快速响应能力，ALOS-2 把 SAR 天线升级为面向天底方向，从而赋予了卫星左右视功能，卫星的可观测范围从 870km 扩大到 2320km，重访周期也从 ALOS-1 的 46 天缩减为 14 天，重复观测频率大大提高。从极化模式来看，ALOS-2 具有单极化（SP）、双极化（DP）、全极化（FP）和紧凑偏振（CP），多种偏振模式与不同波束模式的组合，使 PALSAR-2 的性能得到了全面提升。

3. ALOS-3

ALOS-3 是 ALOS-1 的后续卫星，2023 年 3 月 7 日发射失败。ALOS-3 的传感器是宽幅高分辨率光学成像仪，以接替 ALOS-1 上的 PRISM 和 AVNIR-2，同时又是对 ALOS-2 的 SAR 服务的重要补充。

4. ALOS-4

ALOS-4 搭载的传感器是 PALSAR-3。和 PALSAR-2 相比，PALSAR-3 同样具有 Stripmap、ScanSAR、Spotlight 三种基本观测模式，但其观测性能得到了进一步提高。Stripmap 的观测范围从 50km 大幅增加到 200km，同时保持了高分辨率；ScanSAR 的覆盖范围提升到了 700km；Spotlight 的覆盖范围增加到 35km。

四、中国的资源卫星系列

中国的资源卫星包括 ZY-1、ZY-2 和 ZY-3 三个系列。其中 ZY-1 由中国和巴西两国共同投资和联合研制，也称 CBERS 系列卫星，目前已成功发射了 CBERS-01、CBERS-02、CBERS-02B 和 CBERS-04 共 4 颗卫星；ZY-2 共有 3 颗卫星，已纳入中国的“遥感卫星”系列。

ZY-1 01 星（CBERS-01）于 1999 年 10 月 14 日成功发射，该卫星结束了我国长期以来只能依靠外国资源卫星的历史，标志着我国的航天遥感应用进入了一个崭新的阶段。2003 年 10 月 21 日，ZY-1 02 星（CBERS-02）成功发射。ZY-1 01/02 卫星的基本载荷相同，主要的传感器包括：高分辨率 CCD 相机（high resolution CCD camera，HRCC）、红外多光谱扫描仪（infrared multispectral scanner，IRMSS）以及宽视成像仪（wide-field imager，WFI）。从表 4.12 中可以看出，ZY-1 01/02 卫星所携带的 CCD 相机的 B1、B2、B3、B4 与 Landsat 的 TM、ETM 相应波段的设置基本相同，但空间分辨率优于 Landsat；B5 与 SPOT 全色波段相同，与 Landsat 的 ETM 全色波段相近，但空间分辨率略低；红外多光谱扫描仪的 B7、B8、B9 与 Landsat TM、ETM 的 5、6、7 波段相同，但各个波段的空间分辨率都低于 TM、ETM 的相关波段。由此可见，ZY-1 01/02 在许多方面和 Landsat、SPOT 卫星有相似之处，有些方面的性能指标甚至优于 Landsat 和 SPOT 卫星。

表 4.12　ZY-1 01/02 星主要传感器的技术参数

传感器	HRCC	IRMSS	WFI
波段/μm	B1：0.45～0.52 B2：0.52～0.59 B3：0.63～0.69 B4：0.77～0.89 B5：0.51～0.73	B6：0.50～1.10（PAN） B7：1.55～1.75（SWIR） B8：2.08～2.35（SWIR） B9：10.4～12.5（TIR）	B10：0.63～0.69 B11：0.76～0.90
扫描带宽/km	113	120	890
空间分辨率/m	20	80；160	260
时间分辨率/d	26	26	3～5
视场角/(º)	8.32	8.78	60
侧视功能	±32º	无	无

ZY-1 02B 星（CBERS-02B）于 2007 年 9 月 19 日成功发射，是具有高、中、低三种空间分辨率的对地观测卫星，搭载的 2.36m 分辨率的全色高分辨率相机（high-resolution panchromatic camera，HRC)，改变了国外高分辨率卫星数据长期垄断国内市场的局面。

ZY-1 02C 星于 2011 年 12 月 22 日成功发射，搭载有全色多光谱相机(panchromatic/ multispectral，PMS)和全色高分辨率相机（HRC）。ZY-1 02C 星具有两个显著特点：一是配置的 PMS 多光谱相机，能提供全色 5m、多光谱 10m 分辨率的图像，是当时我国民用遥感卫星中分辨率最高的全色多光谱相机；二是配置的两台 2.36m 分辨率 HRC 相机使数据的幅宽达到 54km，从而使数据覆盖能力大幅增加，使重访周期大大缩短。

ZY-1 04 星（CBERS-04）于 2014 年 12 月 7 日成功发射。CBERS-04 卫星共搭载 4 台相机，其中 5m/10m 空间分辨率的全色多光谱相机（PANMUX）和 40m/80m 空间分辨率的红外多光谱扫描仪（IRMSS）由中方研制；20m 空间分辨率的多光谱相机（MUXCam）和 73m 空间分辨率的宽视场成像仪（WFI）由巴方研制。多样的载荷配置使其可在国土、水利、林业资源调查、农作物估产、城市规划、环境保护及灾害监测等领域发挥重要作用。ZY-1 04 星成像传感器概况见表 4.13。

表 4.13　CBERS-04 成像传感器概况

参数	MUXCam	PANMUX	IRMSS	WFI
波段/μm	0.45～0.52（blue） 0.52～0.59（green） 0.63～0.69（red） 0.77～0.89（NIR）	0.51～0.73（PAN） 0.52～0.59（green） 0.63～0.69（red） 0.77～0.89（NIR）	0.77～0.89（NIR） 1.55～1.75（SWIR） 2.08～2.35（SWIR） 10.4～12.5（TIR）	0.45～0.52（blue） 0.52～0.59（green） 0.63～0.69（red） 0.77～0.89（NIR）
空间分辨率/m	20	5（PAN），10（MS）	40/80（TIR）	64（nadir）
扫描宽度/km	120	60	120	866
时间分辨率/d	26	52	26	5

ZY-3 卫星是我国高分辨率立体测图卫星，是我国第一颗民用高分辨率光学传输型测绘卫星，主要目的是获取三线阵立体影像和多光谱影像，实现 1∶5 万测绘产品生产能力以及 1∶2.5 万和更大比例尺地图的修测和更新能力。ZY-3 01 星搭载了正视全色相机（nadir camera）、前视全色相机（forward camera）、后视全色相机（backward camera）和正视多光谱相机（multispectral camera，MSC）共 4 台光学相机。ZY-3 02 星与 ZY-3 01 星的技术参数及主要载荷基本相同，只是 ZY-3 02 星前后视立体影像分辨率由 01 星的 3.5m 提升到 2.5m，实现了 2m 分辨率级别的三线阵立体影像高精度获取能力。ZY-3 02 星与在轨的 ZY-3 01 星可形成有效互补，并实现双星组网运行。

ZY-3 卫星的数据有以下特点：①立体观测与资源调查两种观测模式。ZY-3 重访周期为 5 天，具备立体测绘和资源调查两种观测模式。ZY-3 搭载的前正后视全色相机，推扫成像形成三线阵立体像对；ZY-3 搭载的正视全色和多光谱相机，推扫成像形成平面影像。②定位精度高。ZY-3 影像控制定位精度优于 1 个像素。前后视立体像对幅宽 52km，基线高度比 0.85～0.95，可满足 1∶5 万比例尺立体测图需求；正视影像 2.1m，可满足 1∶2.5 万比例尺地形图更新需求。③影像信息量丰富。ZY-3 提供的影像数据的量化值为 10bit，增加了影像的信息量，有利于提高影像的目视判读、自动分类和影像匹配精度。表 4.14 是 ZY-3 01/02 星主要成像传感器的技术参数。

表 4.14　ZY-3 01/02 星主要成像传感器的技术参数

传感器	三线阵列相机（TAC）	多光谱相机（MSC）
波段	500～800nm	B1: 450～520nm B2: 520～590nm B3: 630～690nm B4: 770～890nm
扫描宽度	nadir camera: 51km forward/backward cameras: 52km	51km
空间分辨率	nadir camera: 2.1m forward/backward cameras: 3.5m	5.8m
辐射分辨率	10bit	10bit
设计寿命	5 年	5 年

五、高分辨率陆地卫星

1994 年，美国政府允许私营企业经营图像分辨率不高于 1m 的高分辨率遥感卫星系统，并有条件地向国外提供卫星系统和销售图像。随着 1m 分辨率卫星的成功发射和运营，2000 年，美国 Space Imaging 公司和 DigitalGlobe 公司又获准经营 0.5m 分辨率的商业成像卫星系统。新一代高分辨卫星图像更适合于城市公用设施网和电信网的精确绘制、道路设计、设施管理、国家安全，以及需要高度详细、精确的视觉和位置信息的其他应用。当前最主要的高分辨率卫星有 IKONOS、QuickBird、WorldView、OrbView、GeoEye 等。

1. IKONOS 卫星

IKONOS 卫星于 1999 年 9 月 24 日由美国 Space Imaging 公司发射，是世界上第一颗提供高分辨率卫星影像的商业遥感卫星［图 4.18（a)］。IKONOS 卫星的成功发射，不仅创立了崭新的商业化卫星影像标准，同时通过提供 1m 分辨率的高清晰度卫星影像，开拓了一种更快捷、更经济的获取最新基础地理信息的途径。IKONOS 卫星的光学传感器具有全色模式 0.82m、多光谱模式 3.3m 的星下点分辨率。图 4.19（a）为 IKONOS 卫星获取的美国五角大楼图像。

2. QuickBird/WorldView 卫星

QuickBird 卫星于 2001 年 10 月由美国 DigitalGlobe 公司发射，是世界上最早提供亚米级分辨率的商业卫星［图 4.18（b)］。具有引领行业的地理定位精度和海量星上存储，单景影像比同期其他的商业高分辨率卫星高出 2～10 倍。QuickBird 卫星的光学传感器具有全色模式 0.61m、多光谱模式 2.44m 的高分辨率。

WorldView 系列卫星是 QuickBird 的后继卫星，自 2007 年 9 月 18 日 WorldView-1 发射以来，Digital Globe 公司已先后发射了 4 颗 WorldView 系列卫星。其中，2014 年 8 月 13 日发射的 WorldView-3 和 2016 年 11 月 11 日发射的 WorldView-4 都能获取全色分辨率 0.3m 和多光谱分辨率 1.24m 的卫星影像，是目前世界上分辨率最高的商业卫星，只是 WorldView-4 比 WorldView-3 可以更快地从一个目标移动到另一个目标，并且能够存储更多数据。表 4.15 是 WorldView-3 的主要技术参数。

表 4.15 WorldView-3 的主要技术参数

全色波段（1）	450～800 nm	
多光谱（8）（VNIR）	coastal blue：400～450nm	red：630～690nm
	blue：450～510nm	red edge：705～745nm
	green：510～580nm	near-IR1：770～895nm
	yellow：585～625nm	near-IR2：860～1040nm
多光谱（8）（SWIR）	SWIR-1：1195～1225nm	SWIR-5：2145～2185nm
	SWIR-2：1550～1590nm	SWIR-6：2185～2225nm
	SWIR-3：1640～1680nm	SWIR-7：2235～2285nm
	SWIR-4：1710～1750nm	SWIR-8：2295～2365nm
CAVIS（12）CAVIS（clouds，aerosols，vapors，ice，snow）	desert clouds：405～420nm	water-3：930～965nm
	aerosol-1：459～509nm	NDVI-SWIR：1220～1252nm
	green：525～585nm	cirrus：1350～1410nm
	aerosol-2：620～670nm	snow：1620～1680nm
	water-1：845～885nm	aerosol-3：2105～2245nm
	water-2：897～927nm	aerosol-3 P：2105～2245nm
空间分辨率	0.31m（PAN）；1.41m（VNIR）；3.70m（SWIR）；30m（CAVIS）	
辐射分辨率	11 bit（PAN、VNIR）；14 bit（SWIR）	
幅宽	13.1km	

3. OrbView/GeoEye 卫星

OrbView 卫星是美国 OrbImage 公司研制发射的高分辨率系列商业卫星。自 1995 年以来，OrbView 卫星总计已发射了 5 颗，其中，OrbView-3 提供 1m 分辨率的全色影像和 4m 分辨率的多光谱影像。2006 年，OrbImage 公司与 Space Imaging 公司合并成立了 GeoEye 公司，这是世界上规模最大的商业卫星遥感公司。2008 年 9 月发射的 OrbView-5 也因此更名为 GeoEye-1［图 4.18（c）］。GeoEye-1 可获得全色 0.41m 和多光谱 1.64m 的高分辨率图像。2013 年，DigitalGlobe 公司又合并了 GeoEye 公司，GeoEye 系列卫星也因此改名 WorldView，WorldView-4 的前身就是 GeoEye-2。图 4.19（c）为 GeoEye-1 获取的美国 Kutztown 大学校园图像。

(a)IKONOS卫星　　(b)QuickBird 卫星　　(c)GeoEye-1卫星

图 4.18　几种高分辨率商业卫星

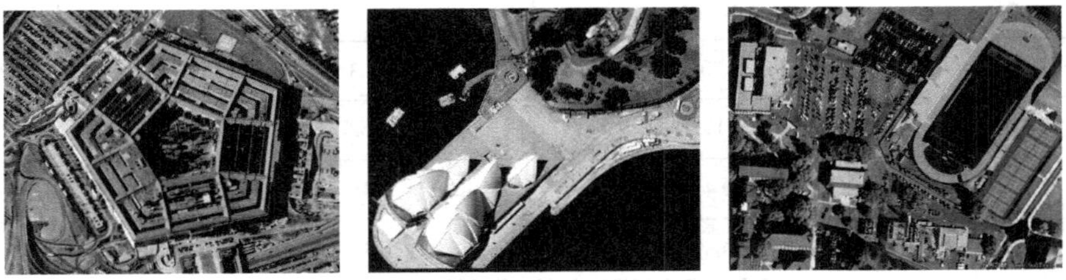

(a)IKONOS：五角大楼　　(b)WorldView-2：悉尼歌剧院　　(c)GeoEye-1：Kutztown大学

图 4.19　几种高分辨率商业卫星图像

4.“高分”系列卫星

我国 2010 年启动实施了高分辨率对地观测系统重大专项（简称“高分专项”），到目前“高分”系列卫星已发射了 6 颗，覆盖了从全色、多光谱到高光谱，从光学到雷达，从太阳同步轨道到地球同步轨道等多种类型，构成了一个具有高空间分辨率、高时间分辨率和高光谱分辨率的对地观测系统。

“高分一号”2013 年 4 月 26 日成功发射，是我国高分辨率对地观测系统的首颗星，配置了 2 台全色分辨率 2m、多光谱分辨率 8m 的高分辨率相机，同时还装载有 4 台 16m 分辨率的多光谱宽幅相机；“高分二号”2014 年 8 月 19 日成功发射，是我国自主研制的首颗空间分辨率优于 1m 的民用光学遥感卫星，全色分辨率 0.81m，多光谱分辨率 3.24m，标志着我国遥感卫星进入了亚米级“高分时代”；“高分三号”2016 年 8 月 10 日成功发射，是我国首颗分辨率达到 1m 的 C 频段多极化 SAR 卫星，也是世界上成像模式最多的星载合成孔径雷达之一。该雷达具有全极化电磁波收发功能，并涵盖了条带、聚束、扫描等 12 种成像模式；“高分四号”2015 年 12 月 29 日成功发射，是目前世界上空间分辨率最高、幅宽最大的地球同步轨道遥感卫星，可实现全色多光谱相机分辨率优于 50m、单景成像幅宽优于 400km 的遥感数据获取；“高分五号”2018 年 5 月 9 日成功发射，是世界首颗实现对大气和陆地综合观测的全谱段高光谱卫星，其光谱成像技术可探测物质的具体成分，实现从紫外至长波红外谱段的全谱段观测，探测工作模式多达 26 种；“高分六号”2018 年 6 月 2 日成功发射，装载了 2 m 全色、8m 多光谱高分辨率相机以及 16m 多光谱中分辨率宽幅相机，实现了 8 谱段 CMOS 探测器的国产化研制，并增加了能够有效反映作物特有光谱特性的“红边”波段。“高分七号”2019 年 11 月 3 日成功发射，是我国首颗民用亚米级高分辨率光学传输型立体测绘卫星，不仅能观测到高清晰度的地表影像，同时还能够精确定位每一个像素点的坐标位置，实现了我国民用 1∶10000 比例尺卫星立体测图，可以为我国乃至全球地形地貌绘制出误差在 1m 以内的立体地图。

表 4.16 是几种高分辨率卫星的技术参数对比。

表 4.16　几种高分辨率卫星的技术参数对比

卫星名称	IKONOS-2	QuickBird-2	GeoEye-1
发射时间	1999-09-24	2001-10-19	2008-09-06
卫星重量/kg	817	600	1955
轨道高度/km	680	450	660
轨道类型	太阳同步	太阳同步	太阳同步
重访周期/d	3	1～3.5	2～3
观测宽度/km	11.3	16.5	15.2
波段及波长/μm	B1：0.45～0.53	B1：0.45～0.52	B1：0.45～0.51
	B2：0.52～0.61	B2：0.52～0.60	B2：0.51～0.58
	B3：0.64～0.72	B3：0.63～0.69	B3：0.655～0.690
	B4：0.77～0.88	B4：0.76～0.90	B4：0.78～0.92
	PAN：0.45～0.90	PAN：0.45～0.90	PAN：0.45～0.90
空间分辨率/m	0.82（PAN）	0.61（PAN）	0.41（PAN）
	3.3（MS）	2.44（MS）	1.64（MS）

第四节　海 洋 卫 星

海洋卫星是地球观测卫星中的一个重要分支，是在气象卫星和陆地资源卫星的基础上发展起来的专门探测全球海洋表面状况与监测海洋动态的高档次地球观测卫星。自美国 1978 年 6 月 22 日发射世界上第一颗海洋卫星 Seasat-1 以来，加拿大、日本、法国、欧洲空间局、中国等相继发射了一系列大型海洋卫星，并在海洋水色探测、海洋资源开发利用、海洋环境监测以及海洋科学研究等领域发挥了不可替代的作用。

一、海洋卫星的特点

海洋卫星是海洋环境监测的重要手段，和陆地卫星、气象卫星相比，具有以下特点。

（1）具备大面积、连续、同步或准同步探测的能力。

（2）可见光传感器要求波段多而窄，灵敏度和信噪比高（高出陆地卫星一个数量级）。

（3）为与海洋环境要素变化周期相匹配，海洋卫星的地面覆盖周期要求 2～3 天，空间分辨率为 250～1000m。

（4）由于水体的辐射强度微弱，而要使辐射强度均匀且具有可对比性，则要求水色卫星的降交点地方时选择在正午前后。

（5）某些海洋要素的测量，如海面粗糙度的测量、海面风场的测量，除海洋卫星探测技术外，尚无其他办法。

二、海洋卫星的类型

海洋卫星按用途可分为海洋水色卫星、海洋动力环境卫星和海洋综合探测卫星。

水色指海洋水体在可见光—近红外波段的光谱特性，正如人眼看到的不同水体具有不同的颜色一样。水色卫星是指专门为进行海洋光学遥感而发射的卫星，如美国在 1997 年发射的世界上第一颗专用海洋水色卫星 SeaStar 就是仅载有“宽视场水色扫描仪”的水色卫星。2002 年 5 月和 2007 年 4 月，中国海洋水色卫星海洋一号 A 和海洋一号 B 分别成功发射。

海洋动力环境卫星是 20 世纪 60 年代提出的一种以获取海洋基本动力要素（包括海面风场、大地水准面、海洋重力场、极地海冰的面积、边界线、海况、风速、海面温度和水汽等）为主要目的的海洋卫星，如美国的 GEOSAT 系列卫星，欧洲空间局发射的 ERS-1 卫星等。2011 年 8 月 16 日，中国成功发射了第一颗海洋动力环境监测卫星“海洋二号”，可直接为灾害性海况预报、预警和国民经济建设服务，并为海洋科学研究、海洋环境预报和全球气候变化研究提供卫星遥感信息。

海洋综合探测卫星方面，1992 年美国和法国联合发射了 TOPEX/Poseidon 卫星。星上载有一台美国 NASA 的 TOPEX 双频高度计和一台法国 CNES 的 Poseidon 高度计，用于探测大洋环流、海况、极地海冰，并研究这些因素对全球气候变化的影响。TOPEX/Poseidon 高度计的运行结果表明其测高精度可达到 2cm。JASON-1 星是 TOPEX/Poseidon 的一颗后继卫星，主要任务是精确测量世界海洋地形图。该星装有高精度雷达高度计、微波辐射计、DORIS 接收机、激光反射器、GPS 接收机等，其中雷达高度计测量误差约 2.5cm。

三、主要的海洋卫星

（一）RADARSAT 系列卫星

RADARSAT 系列卫星由加拿大航天局（CSA）研制与管理，包括 RADARSAT-1、RADARSAT-2 以及 RADARSAT constellation mission（RCM）。RADARSAT 系列卫星虽然没有光学传感器，但其携带的 SAR 系统是一个强大的微波传感器。SAR 系统与一般可见光和近红外传感器的不同之处在于其可以全天候、全天时工作，这使得无论白天还是夜晚，在任何大气条件下都可以获取地球图像，尤其是在监测经常有多云和多雾天气的海洋和沿海地区特别有效。RADARSAT 系列卫星主要用于向商业和科研用户提供卫星雷达遥感数据，在海冰监测、海事监测、救灾减灾和农林资源监测及生态环境保护等方面发挥着重要作用。表 4.17 是 RADARSAT 系列卫星的基本信息。

表 4.17　加拿大 RADARSAT 系列卫星基本信息

卫星	RADARSAT-1	RADARSAT-2	RCM
发射时间	1995-11-04	2007-12-14	2019-06-12
卫星高度	798km	798km	600km
卫星重量	2750kg	2200kg	1400kg
轨道倾角	98.6°	98.6°	97.74°
降交点时刻	6:00	6:00	6:00：+/−15min
升交点时刻	18:00	18:00	18:00：+/−15min
回归周期	24d	24d	4d（12d/1 颗）
最大分辨率	8m×8m	1m×3m	1m×3m
观测方向	只能右视	兼备左视和右视，可灵活切换	只能右视，但三颗卫星组合能缩短重访周期
有源天线	C 波段	C 波段	C 波段
极化模式	HH	HH，VV，HV，VH	HH，VV，HV，VH，compact polarimetry

RADARSAT-1 是世界上第一个商业化的 SAR 运行系统，于 1995 年 11 月 4 日成功发射。其装载的 SAR 传感器使用 C 波段进行对地观测，具有七种成像模式（精细模式、标准模式、宽模式、宽幅扫描、窄幅扫描、超高入射角、超低入射角），这些不同的成像模式具有不同的入射角，因而具有多种分辨率和多种幅宽。

RADARSAT-2 于 2007 年 12 月 14 日成功发射。与 RADARSAT-1 相比，RADARSAT-2 具有更为强大的成像功能，是世界上最先进的 SAR 商业卫星之一：①RADARSAT-2 可根据指令在右视和左视之间切换，所有波束都可以右视或左视，这一特点缩短了重访时间、增加了获取立体图像的能力。②RADARSAT-2 保留了 RADARSAT-1 的所有成像模式，并增加了 Spotlight 模式、超精细模式、四极化（精细、标准）模式、多视精细模式，使得用户在成像模式选择方面更为灵活。③RADARSAT-2 改变了 RADARSAT-1 单一的极化方式。RADARSAT-1 卫星只提供 HH 极化方式，而 RADARSAT-2 卫星可以提供 VV、HH、HV、VH 等多种极化方式。图 4.20 是 RADARSAT-2 的工作模式示意图，表 4.18 列举了 RADARSAT-2 的主要工作性能。

RCM 是加拿大第三代地球观测卫星，其目标是确保先前 RADARSAT 任务的数据连续性。RCM 由三颗相同的合成孔径雷达（C 波段）地球观测卫星组成，大小约为其前身的一半。三颗卫星的配置提供 4 天的精确重访，可以平均每天重访加拿大广阔的领土和海上通道，并且可以每天访问世界 90%区域的任何地点。RCM 的功能分布在多颗小型卫星而不是单个大型卫星上，因此拥有强大、灵活的系统，发射和运行成本更低。RCM 星座拥有多种成像模式，从适合小区域成像的高分辨率聚光模式到适用于大范围海上和陆地监测的宽幅成像模式（幅宽可达 500km）。与 RADARSAT-2 不同，RCM 配备了可以独立使用或与雷达结合使用的船舶自动识别系统（AIS），从而改进对感兴趣船只的检测和跟踪。除了所有 RADARSAT-2 偏振模式外，RCM 还具有涉及传输圆偏振的新型紧凑偏振模式。此外，RCM 还提供了干涉合成孔径雷达（InSAR）观测技术，为地震、火山、山体滑坡和永久冻土条件监测等一系列应用带来好处。

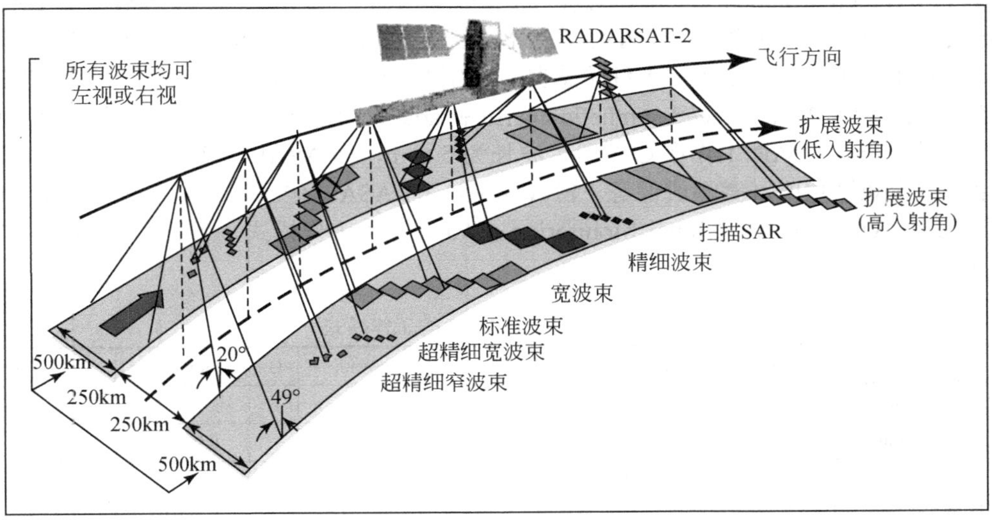

图 4.20　RADARSAT-2 的工作模式

表 4.18　RADARSAT-2 的主要工作性能

波束模式	入射角	空间分辨率	幅宽/km	极化方式
超精细*	30°～40°	3m×3m	20	可选单极化（HH、VV、HV、VH）
多视精细*	30°～50°	11m×9m	50	可选单极化（HH、VV、HV、VH）
四极化精细*	20°～41°	11m×9m	25	四极化（HH&VV&HV&VH）
四极化标准*	20°～41°	25m×28m	25	四极化（HH&VV&HV&VH）
精细	37°～49°	10m×9m	50	可选单极化或双极化（HH&HV、VV&VH）
标准	20°～49°	25m×28m	100	可选单极化或双极化（HH&HV、VV&VH）
宽	20°～45°	25m×28m	150	可选单极化或双极化（HH&HV、VV&VH）
扫描 SAR（窄）	20°～46°	50m×50m	300	可选单极化或双极化（HH&HV、VV&VH）
扫描 SAR（宽）	20°～49°	100m×100m	500	可选单极化或双极化（HH&HV、VV&VH）
扩展（高入射角）	50°～60°	20m×28m	70	单极化（HH）
扩展（低入射角）	10°～23°	40m×28m	170	单极化（HH）

*代表 RADARSAT-2 新增的观测模式

（二）ERS 系列卫星

ERS 系列卫星包括 ERS-1、ERS-2，是欧洲空间局分别于 1991 年和 1995 年发射的。该卫星采用先进的微波遥感技术获取全球全天候与全天时的图像，主要用于海洋学、冰川学、海冰制图、海洋污染监测、船舶定位、导航、水准面测量、海洋岩石圈的地球物理及地球固体潮和土地利用制图等领域。

ERS 系列卫星采用椭圆形太阳同步轨道，轨道高度 780km，轨道倾角 98.52°，幅宽 100km。

卫星携带的传感器主要有：有源微波仪（AMI）、雷达高度计（RA）、沿迹扫描辐射计/微波探测器（ATSR/M）、激光测距设备（LRR）、精确测距测速设备（PRARE）等。

ENVISAT（environment satellite）是欧洲空间局 ERS 的后继星。ENVISAT-1 于 2002 年 3 月 1 日发射升空，卫星上载有 MIPAS、GOMOS、SCIAMACHY、MERIS、AATSR、ASAR、RA-2、MWR、DORIS、LRR 等多种传感器，分别对陆地、海洋、大气进行观测，其中最主要的就是名为 ASAR（advanced synthetic aperture radar）的合成孔径雷达传感器。与 ERS 的 SAR 传感器一样，ASAR 工作在 C 波段，波长为 5.6cm，但 ASAR 具有许多独特的性质，如多极化、可变观测角度、宽幅成像等。ENVISAT-1 的 ASAR 传感器共有 Image、Alternating Polarisation、Wide Swath、Global Monitoring、Wave 五种工作模式，各种工作模式的特性见表 4.19。

表 4.19　ENVISAT-1 的工作模式

模式	Image	Alternating Polarisation	Wide Swath	Global Monitoring	Wave
成像宽度/km	最大 100	最大 100	约 400	约 400	5
下行数据率/（Mbit/s）	100	100	100	0.9	0.9
极化方式	VV 或 HH	VV / HH 或 VV / VH 或 HH/HV	VV 或 HH	VV 或 HH	VV 或 HH
空间分辨率/m	30	30	150	1000	10

（三）Sentinel 系列中的海洋卫星

为了解地球环境信息及其变化，欧洲联盟和欧洲空间局发起了“哥白尼计划”（Copernicus programme）。该计划由 Sentinel-1～6 共 6 个系列组成，每个系列又由 2 颗卫星组成星座。其中，Sentinel-1 是 ERS-1/2、ENVISAT 卫星的后继星。Sentinel-6，也称 Jason-CS，它既是 Sentinel 家族的重要成员，也是 TOPEX/Poseidon 和 Jason 系列的后继卫星。以下重点介绍 Sentinel-3 和 Sentinel-6 两个典型的海洋观测卫星。

Sentinel-3 包括 Sentinel-3A（2016 年 2 月 16 日发射）、Sentinel-3B（2018 年 4 月 25 日发射）两颗卫星，由 ESA 和 EUMETSAT 联合运营。Sentinel-3 的主要目标是高精度地测量海面地形、海陆表面温度以及海洋和陆地颜色，以支持海洋预报系统、环境监测和气候监测。Sentinel-3 的轨道与 ERS/ENVISAT 卫星轨道特征基本相同，也属于近极地太阳同步轨道，轨道参考高度为 814.5km、倾角为 98.65°、回归周期为 27 天，这种设计的目的是实现 ERS/ENVISAT 时间序列的延续。

Sentinel-3 携带 4 种协同工作的仪器，主要仪器配置如图 4.21 所示。海洋和陆地颜色仪（OLCI）通过 5 个相机在可见光和近红外光谱的 21 个窄光谱带（400～1020nm）进行观测，分辨率为 300m，条带宽度为 1270km；海陆表面温度辐射计（SLSTR）覆盖 9 个光谱带（550～12000nm），双视图扫描，条带宽度为 1420km（天底）和 750km（向后），可见光、近红外、短波红外波段空间分辨率为 500m，热红外波段空间分辨率为 1km；SAR 高度计（SRAL）包括 Ku 和 C 波段，空间分辨率约为 300m，是第一个在 SAR 模式下提供 100%覆盖地球表面的卫星高度计，主要用于测量海面高度、海浪和海洋表面风速；微波辐射计（MWR）是一个双通道无源微波系统，可记录 23.8GHz 和 36.5GHz 的亮温，提供有关大气水蒸气和液态水含量信息。

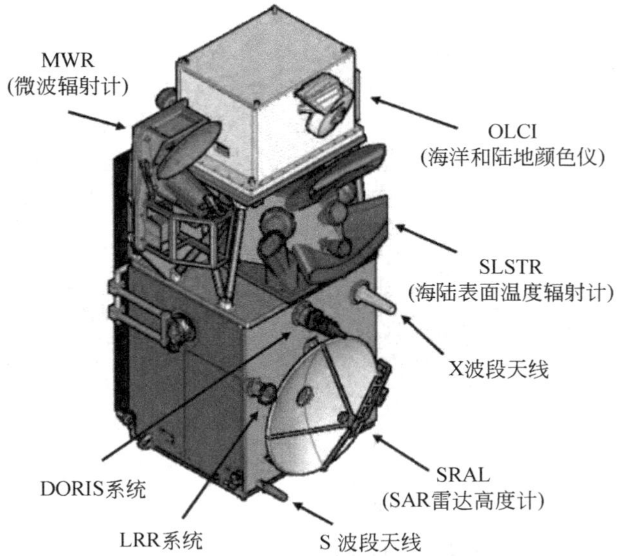

图 4.21　Sentinel-3 有效载荷配置图

Sentinel-6 是新一代海洋测高卫星，旨在保持从 1992 年开始的平均海平面测量任务的连续性，而这项任务原来是由美国/欧洲海洋测高卫星系列 TOPEX/Poseidon、Jason-1、Jason-2 和 Jason-3 卫星接力完成的，并一直保持着非常稳定的数据连续性。Sentinel-6 包括 Sentinel-6A（2020 年 11 月 21 日发射）、Sentinel-6B（计划中）两颗卫星，每颗 Sentinel-6 卫星都带有一个高度计，该高度计通过测量雷达脉冲传播到地球表面并再次返回卫星所需的时间，并结合精确的卫星位置数据获取海平面的高度。自 20 世纪 90 年代初以来，卫星高度计彻底改变了人类对海平面变化的理解。跟踪海面高度变化的卫星数据显示，自 1993 年以来，全球平均海平面平均每年上升约 3.2mm。

Sentinel-6 卫星的轨道平均高度为 1336km，倾角 66°，重复周期为 10 天，轨道类型属于非太阳同步轨道，与 Jason 系列卫星的轨道是重叠的。该轨道允许每 10 天绘制一次地球上 95%的无冰海洋地图，这种设计的目的是确保在该轨道上获取的长期高度计数据记录持续到 2030 年。

Sentinel-6 卫星携带的核心载荷包括雷达高度计（Poseidon-4）和高级微波辐射计（AMR-C），图 4.22 是卫星主要传感器的配置图。Poseidon-4 雷达高度计是一种指向天底的双频 SAR 高度计，旨在提供高精度的测量数据，包括通过雷达测距得出的海面高度（SSH）、有效波高（Hs）以及根据归一化雷达截面推算出的风速。Poseidon-4 高度计用于表面高度测量的主要频率是 Ku 波段（中心频率 13.575GHz，总带宽 320MHz），次要 C 波段频率（中心频率 5.41GHz，总带宽 320MHz）用于电离层校正、雨区测量和表面粗糙度估计。高级微波辐射计（AMR-C）在 18.7GHz、23.8GHz 和 34GHz 三个频率上通过测量线性偏振亮度温度（TB），提供对大气中水蒸气造成的“过度”延迟的估计，确保雷达高度计测量海面高度的准确性。辐射计还提供由雨、云和水蒸气引起的高度计表面反向散射的大气衰减校正。此外，Sentinel-6 卫星上还配备了 DORIS 接收器、激光后向反射器阵列（LRA）、辐射环境监测器（REM）等辅助测高设备。

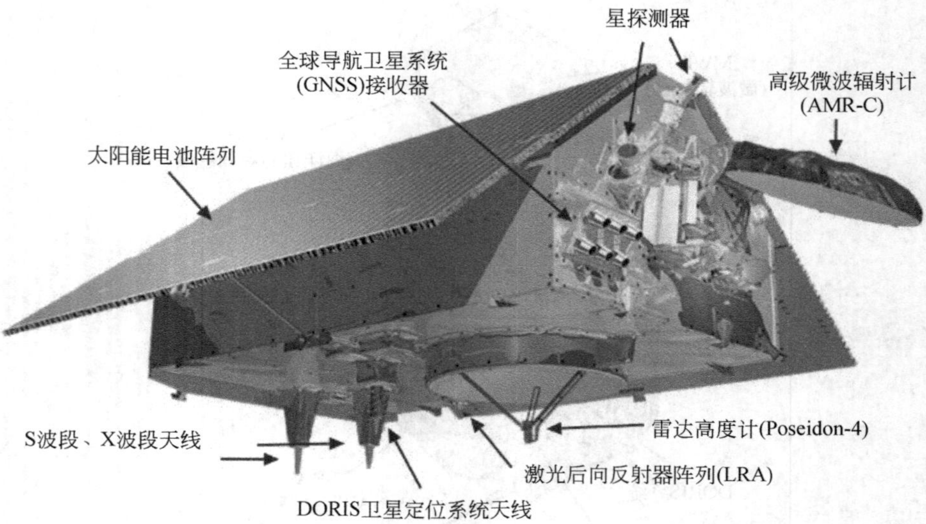

图 4.22　Sentinel-6 主要传感器配置图

（四）中国海洋系列卫星

中国的海洋卫星是按海洋水色环境卫星（海洋一号，HY-1)、海洋动力环境卫星（海洋二号，HY-2)、海洋雷达卫星（海洋三号，HY-3）三个系列逐步发展的，迄今已成功发射了 10 余颗海洋卫星，初步建立起了种类齐全、优势互补的海洋遥感卫星观测体系。

HY-1 卫星由 HY-1A 和 HY-1B 两颗卫星组成，主要用于海洋水色的探测，可观测的要素包括海水光学特性、叶绿素浓度、海表温度、悬浮泥沙含量、可溶有机物、污染物等，也可观测海冰冰情、浅海地形、海流特征、海面上大气气溶胶等要素。

HY-1A 卫星是中国第一颗用于海洋水色探测的试验型业务卫星。星上装载两台遥感器，一台是 10 波段的海洋水色扫描仪（COCTS)，另一台是 4 波段的海岸带成像仪（CZI)。HY-1B 是 HY-1A 的后续星，主要传感器与 HY-1A 相同。该卫星是在 HY-1A 的基础上研制的，其观测能力和探测精度有了进一步增强和提高。HY-1C 卫星于 2018 年 9 月 7 日成功发射，是“海洋一号”系列的第三颗卫星，也是中国民用空间基础设施“十二五”任务中四颗海洋业务卫星的首发星。它开启了中国自然资源卫星陆海统筹发展的新时代。表 4.20 为 HY-1B 上主要传感器的光谱参数。

表 4.20　HY-1B 上主要传感器的光谱参数

<table>
<tr><th colspan="2">海洋水色扫描仪（COCTS）波段设置与观测目标</th><th rowspan="2">备注</th></tr>
<tr><th>波长/μm</th><th>主要用途</th></tr>
<tr><td>0.402～0.422</td><td>水体污染</td><td rowspan="6">星下点分辨率 1.1km
扫描宽度 1600km
量化等级 10bit</td></tr>
<tr><td>0.433～0.453</td><td>叶绿素吸收</td></tr>
<tr><td>0.480～0.500</td><td>叶绿素、海冰、污染、浅海地形</td></tr>
<tr><td>0.510～0.530</td><td>叶绿素、水深、低浓度沉积物</td></tr>
<tr><td>0.555～0.575</td><td>叶绿素、低浓度沉积物</td></tr>
<tr><td>0.660～0.680</td><td>高浓度沉积物、大气校正、污染、气溶胶</td></tr>
</table>

续表

<table>
<tr><td colspan="2">海洋水色扫描仪（COCTS）波段设置与观测目标</td><td>备注</td></tr>
<tr><td>0.740～0.760</td><td>高浓度沉积物、大气校正</td><td rowspan="4">星下点分辨率 1.1km
扫描宽度 1600km
量化等级 10bit</td></tr>
<tr><td>0.845～0.885</td><td>大气校正、水汽</td></tr>
<tr><td>10.30～11.40</td><td>海表温度、海冰、云顶温度</td></tr>
<tr><td>11.40～12.50</td><td>海表温度、海冰、云顶温度</td></tr>
<tr><td colspan="2">海岸带成像仪（CZI）波段设置与观测目标</td><td>备注</td></tr>
<tr><td>波长/μm</td><td>主要用途</td><td rowspan="5">星下点分辨率 250m
扫描宽度 500km
量化等级 12bit</td></tr>
<tr><td>0.42～0.50</td><td>污染、植被、海洋水色、海冰</td></tr>
<tr><td>0.52～0.60</td><td>沉积物、污染、植被、海冰、湿地</td></tr>
<tr><td>0.61～0.69</td><td>沉积物、土壤、水汽</td></tr>
<tr><td>0.76～0.89</td><td>土壤、大气校正、水汽</td></tr>
</table>

HY-2A 卫星是我国第一颗海洋动力环境卫星，是继 HY-1A 和 HY-1B 之后的第三颗海洋卫星。该卫星集主动和被动微波遥感器于一体，具有高精度测轨、定轨能力与全天候、全天时、全球探测能力。其主要使命是监测和调查海洋环境，获得包括海面风场、浪高、海流、海面温度等多种海洋动力环境参数，直接为灾害性海况预警预报提供实测数据，为海洋防灾减灾、海洋权益维护、海洋资源开发、海洋环境保护、海洋科学研究以及国防建设等提供支撑服务。

HY-2A 卫星的主要载荷有：雷达高度计、微波散射计、扫描微波辐射计、校正微波辐射计以及 DORIS、双频 GPS 和激光测距仪。雷达高度计用于测量海面高度、有效波高及风速等海洋基本要素；微波散射计主要用于全球海面风场观测；扫描微波辐射计主要用于获取全球海面温度、海面风场、大气水蒸气含量、云中水含量、海冰和降雨量等；校正微波辐射计主要用于为高度计提供大气水汽校正服务。

HY-2B 卫星于 2018 年 10 月 25 日发射，是中国海洋动力环境卫星全球组网的首发星，其成功发射标志着我国自主研制的海洋动力环境监测卫星正式进入业务运行阶段。继 HY-2B 卫星之后，我国又先后发射了 HY-2C 和 HY-2D 卫星，并希望通过三星组网观测实现中尺度和亚中尺度海洋动力环境信息的获取，数据时效也将从原来的 24 小时全球覆盖提高到 6 小时全球覆盖。

CFOSAT 卫星于 2018 年 10 月 29 日发射，是中法两国合作研制的首颗卫星，在国际上首次实现了海浪和海面风场的同步观测，弥补了我国 HY-1、HY-2、HY-3 系列卫星的不足，有助于进一步科学认识海洋动力环境的变化规律，成为我国海洋系列卫星的重要补充。该卫星装载的海浪波谱仪（SWIM）、扇形波束旋转扫描辐射计（SCAT），可获取全球大洋海面风场、海浪波谱、有效波高、波陡信息，能分辨出涌浪和风浪，为海上船舶航行提供实况信息，指导船舶安全航行和优化航线。其数据与同期在轨的 HY-2 卫星数据可形成时间观测序列，有望提高海洋预报时效和精度。

HY-3A 于 2023 年 11 月 16 日发射，是我国新一代海洋水色观测卫星。HY-3A 上搭载的主要遥感载荷是合成孔径雷达（SAR），卫星配置了海洋水色水温扫描仪（COCTS）、中分辨率可编程成像光谱仪、海岸带成像仪（CZI）和 AIS 等载荷。与在轨组网运行的 HY-1C、HY-1D

相比，HY-3A 在海洋水色产品种类、产品质量、探测能力等方面实现了跨越式提升，达到了国际水色遥感卫星的先进水平。

2024 年 11 月 14 日，我国发射了首颗用于海洋盐度信息获取的遥感卫星，填补了我国在星载海洋盐度探测技术方面的空白，具有里程碑意义。海洋盐度探测卫星采用新型综合孔径微波辐射测量体制，综合孔径辐射计和主被动探测仪两个主要有效载荷联合工作，全天候、全天时、同步获取对海洋盐度变化较为敏感的 L 波段辐射亮温、海面温度和粗糙度信息，反演获得全球高精度海洋盐度参数，同时也可获取陆表土壤湿度信息。该卫星将与前期组网运行的 HY-2 系列卫星和 CFOSAT 卫星，构建一体化的海洋动力环境卫星体系，为我国海洋强国建设提供有力的技术支撑。

思 考 题

1. 遥感卫星的轨道参数有哪些？简要分析这些参数对遥感成像可能产生的影响。
2. 什么是太阳同步轨道？为什么遥感卫星常采用近极地、近圆形、太阳同步准回归轨道？
3. 试分析极地轨道气象卫星和静止轨道气象卫星的不同特点及其对地观测的意义。
4. Landsat 系列卫星的传感器都有哪些？试分析 TM 的波段设置以及应用特征。
5. 和 Landsat 卫星相比，SPOT 卫星观测模式有什么变化？这种变化的意义是什么？
6. SPOT 卫星采用把数据记录在卫星上再间接传送到接收站的方式，请问为什么 SPOT 卫星要在高纬度设立接收站？
7. 海洋卫星的主要特点有哪些？列举几种有代表性的海洋卫星并简要分析其特点和用途。

第四章测试题上　　第四章测试题下

第五章　微 波 遥 感

雷达成像是遥感重要的成像方式之一，本章在介绍微波遥感及其特点的基础上，重点讨论雷达成像的原理和雷达图像的几何特征。雷达成像方式不同于可见光和红外遥感，正是这种特殊的成像方式，形成了雷达图像特殊的几何特点和信息特征。了解雷达成像的原理，进一步掌握雷达图像的各种特征，是雷达图像处理和信息提取的基础和关键，也是本章学习的重点。

第一节　概　　述

微波（microwave）是指频率为 300MHz~300GHz 的电磁波，是无线电波中一个有限频带的简称，即波长在 1mm~1m 的电磁波，是分米波、厘米波、毫米波和亚毫米波的统称。微波频率比一般的无线电波频率高，通常也称为“超高频电磁波”。

微波的波长比可见光—红外（0.38～18μm）波长要大得多，最长的微波波长可以是最短的光学波长的 250 万倍。表 5.1 表示了常用微波波段的划分。

表 5.1　常用微波波段的划分

波段代号	波长/cm	频率/MHz
Ka	0.75～1.11	40000～26500
K	1.11～1.67	26500～18000
Ku	1.67～2.4	18000～12500
X	2.4～3.75	12500～8000
C	3.75～7.5	8000～4000
S	7.5～15	4000～2000
L	15～30	2000～1000
P	30～100	1000～300

微波遥感是指在微波电磁波段内，通过接收地面目标物辐射的微波能量，或接收传感器本身发射出的电磁波束的回波信号，判别目标物的性质、特征和状态的遥感技术。微波遥感使用无线电技术，通过微波响应使人们从一个完全不同于光和热的视角去观察世界，而可见光、红外遥感使用光学技术，通过摄影或扫描来获取信息。由此可见，微波遥感与可见光、红外遥感在技术上有很大差别。

一、微波遥感的类型

微波遥感可分为主动微波遥感（active microwave remote sensing）和被动微波遥感（passive microwave remote sensing）两大类型，主要的微波传感器见表 5.2。

表 5.2　微波传感器的分类

遥感方式	传感器	观测对象
主动微波遥感	微波散射计	土壤水分、地面粗糙度；海冰分布、积雪分布；植被密度；海浪、海面、风向、风速
	微波高度计	海面形状、大地水准面；海流、中规模漩涡、潮汐；风速
	成像雷达	地表的图像；高程、地形变化；海浪、海风；地形、地质；海冰、雪冰的监测
被动微波遥感	微波辐射计	海面状态、海面温度、海风、海水盐分浓度、水蒸气垂直分布、云层含水量、降雨强度、大气温度垂直分布、臭氧等大气成分

（一）主动微波遥感

主动微波遥感的传感器上，装备着能主动发射并探测目标地物的微波辐射源。通常，主动微波传感器有成像和非成像两种类型。

最常见的主动式成像微波传感器是雷达。“radar”（雷达）一词，是“radio detection and ranging”的缩写，意为无线电探测与定位。这种传感器的工作原理是向目标发射一种微波信号，然后接收反射回来的一部分信号。反射回来的微波强度可以区分不同的目标，发射和接收信号的时间差可以用来测定目标之间的距离。雷达遥感通常采用侧视雷达系统实现对地面的探测。

主动式非成像微波传感器包括微波高度计和微波散射计。与成像传感器获取二维表达方式不同，这类传感器主要在一维垂直断面上进行测量。微波高度计（microwave altimeter）根据发射波和接收波之间的时间差，测量目标物与遥感平台的距离，从而准确获取地表高度的变化、海浪的高度等参数。微波散射计（microwave scatterometer）主要用来测量地物的散射或反射特性。它通过变换发射雷达波束的入射角、极化特征和波长，研究不同条件下地物的散射特性。

（二）被动微波遥感

所有的物体都向外发射微波辐射能量，只是发射出的能量一般都比较小。被动微波遥感通过微波辐射计（microwave radiometer），在一定的视角范围内被动接收地表物体的微波辐射能量，从而探测与这种发射能量大小有关的地表物体信息。因为微波波长较长，和可见光相比，其发射出的能量要小得多。所以，被动微波传感器的探测视角比较大，从而保证了能接收到足够的微波辐射能量，这也是大部分被动传感器空间分辨率都比较低的主要原因。

被动微波遥感在气象、水文、海洋等学科领域有着广泛的应用。气象学家能够利用被动微波遥感测量大气的剖面图以及大气中水汽、臭氧的含量。因为地表物体发射微波的能力受水分含量和湿度大小的影响，所以水文学家常用被动微波遥感测量土壤中的水分。在海洋方面，被动微波遥感主要用于海冰制图以及海流、海面风、海面溢油污染的监测等。

二、微波遥感的特点

微波遥感比可见光、红外遥感的起步都要晚，但其发展却异常迅速。当前微波遥感已经成为遥感技术发展的重要方向，成为对地观测中十分重要的前沿领域和研究热点，并在地质、海洋、水文以及军事等方面显示出越来越广阔的应用前景。微波遥感之所以发展如此之快，是与其独特的技术优势分不开的。

（一）具有全天候、全天时工作的能力

和可见光、红外线相比，微波的波长很长，受大气和云雾、雨雪等特殊天气状况的影响

要小得多。从图 5.1 和图 5.2 可以看出：冰云对微波的传播毫无影响；当波长大于 3cm 时，水云和雨的影响也已经足够小。由此可见，微波在传播过程中能穿云透雾，不受天气状况的影响，因此微波遥感具有全天候工作的能力。

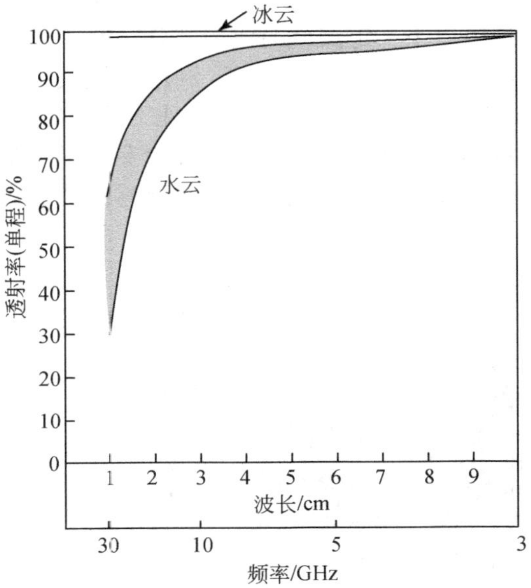

图 5.1　微波对云层的透过率随波长的变化

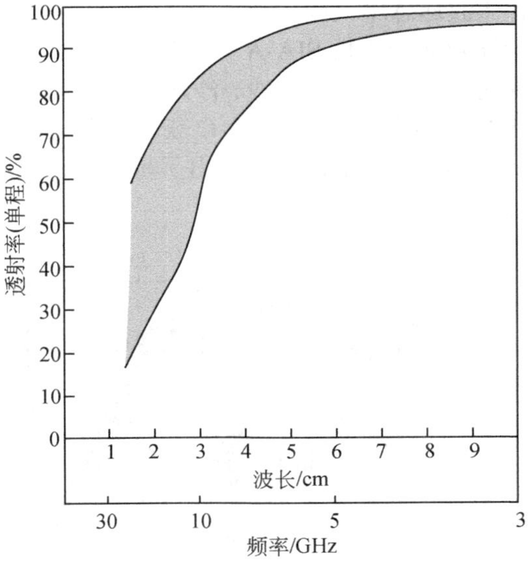

图 5.2　微波对雨的透过率随波长的变化

如图 5.3 所示，Landsat 图像上因为天气原因出现的大片云层覆盖是难以避免的，然而在对应的雷达图像上，云层覆盖完全消失了，原因就是微波能穿透云层。

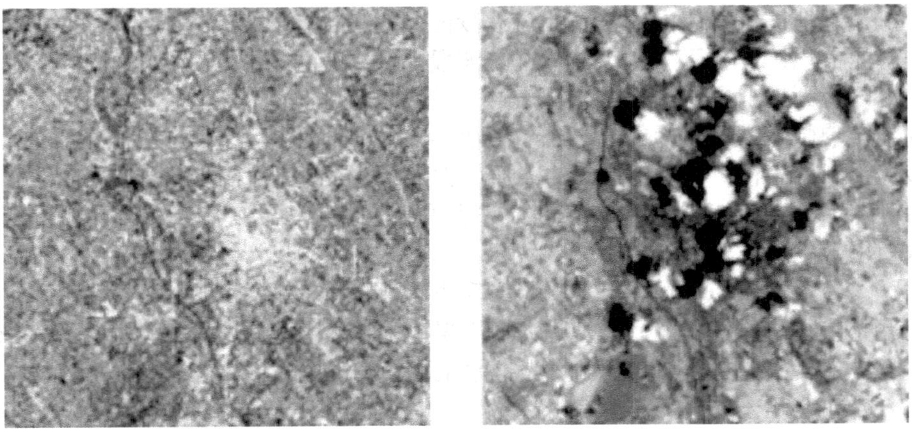

(a)雷达图像　　(b)Landsat图像

图 5.3　同一地区同期雷达图像与光学图像的比较

此外，无论是被动方式还是主动方式的微波遥感，都不受昼夜变化的影响，也就是说微波遥感具备全天时工作的能力。虽然红外遥感也可以在夜间工作，但它受到大气衰减和云雨的影响十分强烈，而微波遥感则不然，受大气衰减的影响很小。因此，微波遥感具备真正意义上的全天时工作能力。正是由于这种全天时工作能力，使微波遥感在高纬度地区，尤其是在极地探测中发挥了重要作用。

（二）对地物有一定的穿透能力

微波除能穿云透雾以外，对岩石、土壤、植被、冰层等，也有一定程度的穿透能力。因此，微波遥感不仅能反映地表信息，还可以反映地表以下一定深度的地物信息。1981 年美国哥伦比亚航天飞机 SIA-A 在非洲撒哈拉大沙漠至阿拉伯沙漠的干旱地区，利用 L 波段雷达信号穿透沙漠的沙层、流沙、沙丘，发现了埋深 5m 左右的地下古河道及残存地下的辫状水系。图 5.4 为美国航天飞机 SIR-C 获取的亚马孙河流域的 L 波段雷达图像，该图像穿透了热带雨林稠密的植被覆盖层，反映出了植被层以下的地貌特征。以上实例都是微波遥感穿透能力的最好例证。

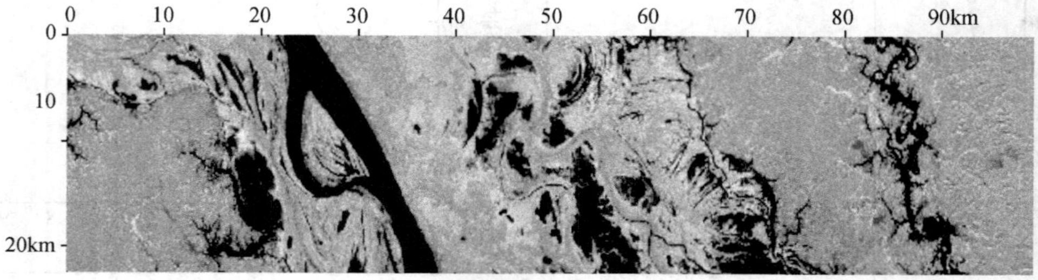

图 5.4　SIR-C 获取的亚马孙河流域 L 波段 SAR 图像

波长是影响微波穿透能力的主要因素之一。一般来说，波长越长，穿透能力越强（图 5.5），如波长为 20cm 的 L 波段信号比波长为 2cm 的 Ku 波段信号的穿透深度大 10 倍。当地表面被 2m 厚的纯雪覆盖时，频率高于 10GHz（X 波段）的雷达信号就只能探测到表面，但对于频率 1.2GHz（L 波段）的雷达信号来说，则基本是透明的。再以地表植被为例，经验证明：K 波段信号仅记录植被第一层面的信息；P 波段能穿透植被，既记录植被信息，又记录植被以下的土壤表面信息；而介于 K、P 之间的 L 波段能反映植被类型的差异。由此可见，改变雷达波长，可以得到植被上层、下层甚至表层土壤的信息。

湿度是影响微波穿透能力的另一个主要因素。同一种土壤，湿度越小，穿透越深。微波可以穿透几十米的干沙、100m 左右的冰层，但对潮湿的土壤仅能穿透几厘米到几米。尽管如此，相对于可见光和红外，微波仍可以获得更多的土壤表层以下的信息，对土壤湿度以及温度的探知也会更具代表性。

（三）能获得可见光和红外遥感所不能提供的某些信息

和可见光、红外遥感相比，微波遥感具有某些独特的探测能力。微波高度计和合成孔径雷达具有测量距离的能力，可用于测定大地水准面，甚至可获取重力波的波高和波长。此外，微波可区分冰冻地和未冻地，区分各种冰的特性，测量冰雪的范围和厚度。再如，微波对海水很敏感，可以通过海洋表面的微波散射效应，估计海面风场，提取海面的动态信息。

（四）微波波段可以覆盖更多的倍频程

微波波段的最长工作波长与最短工作波长之比（倍频程）大于实际使用的最长红外波长与最短可见光波长之比，这意味着微波传感器能获取更多的信息，使地面目标更易识别。例如，当有薄云覆盖时，可见光、红外图像都看不清楚地面目标，这时就可用微波的“色调”来代替可见光、红外的“色调”，作为地表性质差异的判断依据。

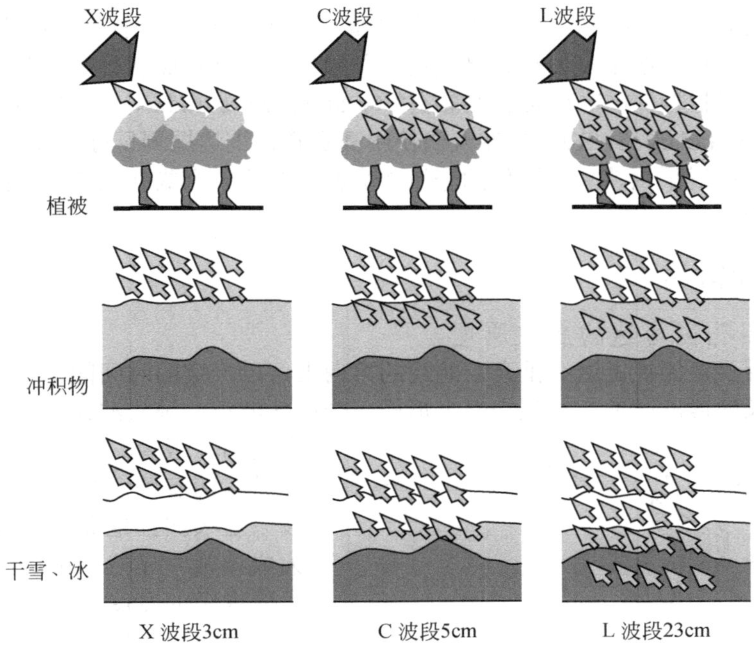

图 5.5　穿透深度与入射波长的关系示意图

以上是微波遥感的突出特点，当然，微波遥感也有不足之处，主要表现在：①除合成孔径雷达外，微波传感器的空间分辨率一般远比可见光和热红外传感器低；②由于微波特殊的成像方式，其数据的处理和解译较为困难；③微波所携带的电磁信息与人们习惯的颜色信息很难匹配，从而不能记录与颜色有关的现象；④微波数据与可见光、红外数据很难取得空间上的一致性。

三、微波遥感的发展

微波遥感的发展可追溯到 20 世纪 50 年代早期，由于军事侦察的需求，美国军方发展了侧视机载雷达（side-looking airborne radar，SLAR）。之后，侧视机载雷达逐步用于非军事领域，成为获取自然资源与环境数据的有力工具。1978 年美国发射的 Seasat 海洋卫星以及随后发射的航天飞机成像雷达（shuttle imaging radar，SIR）计划、苏联发射的 Cosmos-1870 等卫星，标志着航天雷达遥感的开始。20 世纪 90 年代以来，各国相继发射了一系列的星载雷达，如苏联的 Almaz-1、欧洲空间局的 ERS-1、日本的 JERS-1 以及加拿大的 RADARSAT-1 等，微波遥感得到了快速发展。

进入 21 世纪以来，一系列先进的卫星雷达发射计划，如美国干涉雷达的地形测图计划 STRM 和 Light SAR、日本的 ALOS-PALSAR（L 波段合成孔径雷达，2006 年）、加拿大的 RADARSAT-2（C 波段、HH 极化）、欧洲空间局的 ERS-2 和 ENVISAT-2 等，进一步推动了极化雷达和干涉雷达的发展，使微波遥感进入一个新时代。

第二节　雷达系统的成像原理

雷达是最常见的主动式成像微波传感器。航空、航天遥感中使用的雷达均属于侧视雷达

(side-looking radar，SLR)，这是一种视野方向和飞行器前进方向垂直，用来探测飞行器两侧地带的雷达系统，该系统由发射机、接收机、传感器、数据存储和处理装置等部分组成。侧视雷达按照成像机理可分为真实孔径雷达（real aperture radar，RAR）和合成孔径雷达(synthetic aperture radar，SAR)。早期人们使用真实孔径雷达探测目标，20 世纪 60 年代后，合成孔径技术的广泛采用使雷达图像的分辨率大幅度提高，合成孔径雷达也因此得到了快速发展和广泛应用。

一、真实孔径雷达

（一）真实孔径雷达的成像原理

如图 5.6 所示，侧视雷达在垂直于航线的方向上，以一定的时间间隔反复向其侧下方发射具有特定波长的微波脉冲，并在空间上形成一个扇状波束。扇状波束照射到地面，形成了在航向上很窄、距离方向上很宽的地面条带。随着遥感平台的前进，雷达扇状波束连续扫描地面所形成的带状区域称为成像带。显然，雷达波束的宽度决定了成像带的宽度，而波束的宽度则取决于雷达的波长和天线的孔径大小。

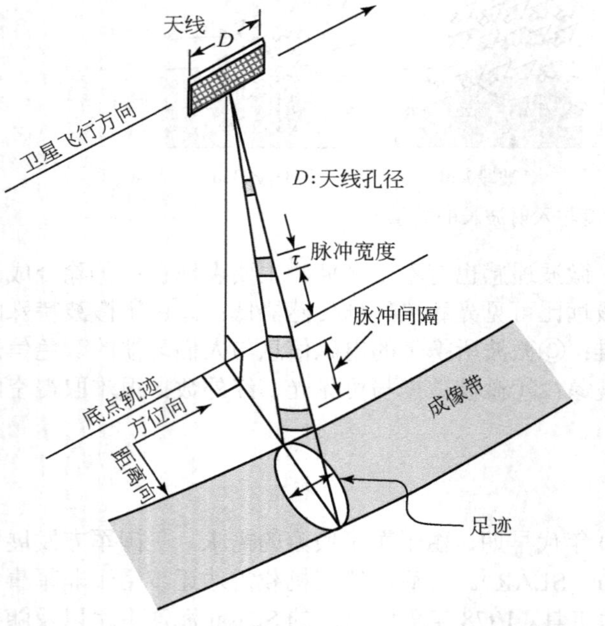

图 5.6 真实孔径雷达成像示意图

侧视雷达成像是通过连续的二维扫描，即距离方向扫描和航线方向扫描共同实现的。在距离方向上，因为地面目标到天线的距离不同，地物后向反射的回波信号被天线接收到的时间也不同，所以近距离目标先成像，远距离目标后成像。这样，雷达系统依据地面目标回波信号到达天线的时间顺序和回波信号的强度，实现了距离方向上的扫描成像(图 5.7)；在航线方向，随着遥感平台的前进，雷达扇状波束连续扫描地面实现了航向上的扫描成像。

雷达图像有斜距图像和地距图像两种不同的显示方式。图 5.8 表示了斜距和地距两种雷达图像的显示方式。斜距是指雷达天线到地面目标的距离。侧视雷达通过天线发射微波，然后接收、记录地面目标的回波信号而生成的原始图像，就是斜距图像。由此可见，侧视雷达是一种斜距测量。因为地距图像在距离方向上没有变形，所以，通常在雷达显示器的扫描电路中，加延时电路补偿或在光学处理器中加几何校正，以得到地距显示的图像。

（二）真实孔径雷达的分辨率

真实孔径雷达在距离方向和方位方向上的分辨率是不同的，因此，其分辨率就有距离分辨率和方位分辨率之分。

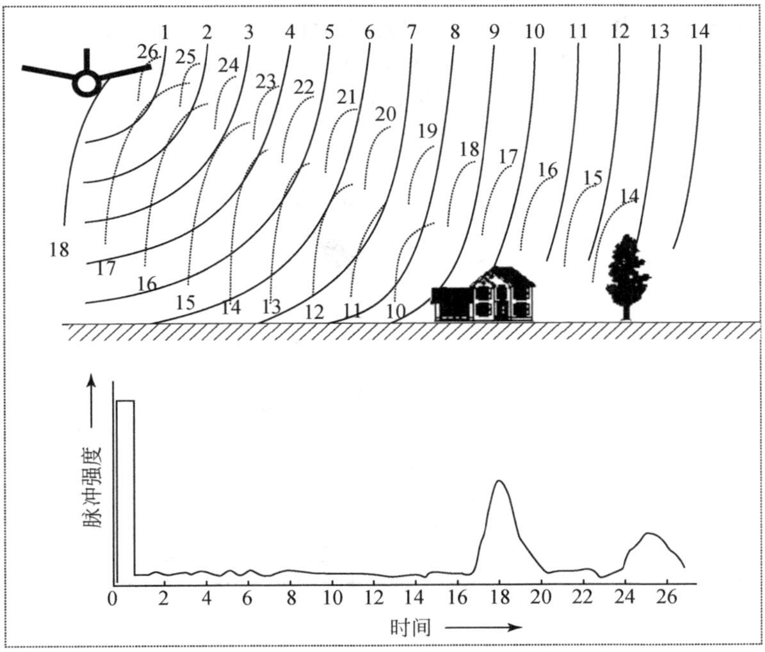

图 5.7 侧视雷达成像原理示意图

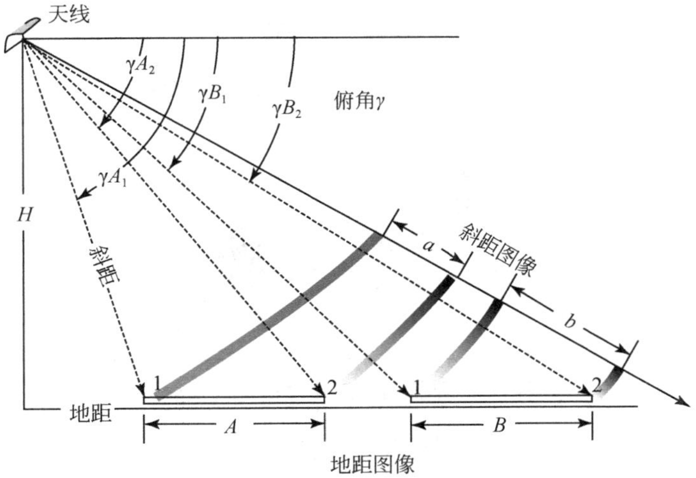

图 5.8 雷达图像的显示方式

1. 距离分辨率

距离分辨率是指在雷达脉冲发射的方向上，能分辨的两个目标之间的最小距离。目标在距离方向上的位置是由脉冲回波从目标至雷达天线间传播的时间决定的，要区分两个近距离目标，要求目标的回波信号必须在不同时间内到达天线。因此，距离分辨率取决于脉冲持续时间，或脉冲宽度（也称脉冲长度）。

脉冲宽度与雷达波长是两个完全不同的概念。雷达发射机以一定的时间间隔发射特定波长的雷达脉冲，如 X 波段的波长约 3cm，而脉冲长度则有几米，脉冲的不同部分被不同位置的目标反射。要区分两个相邻的目标，必须是这两个目标反射的脉冲在不同的时间到达天线，即要求反射脉冲没有重叠。如果两个目标靠得很近，或者脉冲比较长，那么其反射脉冲几乎会同时到达天线，从而出现重叠现象，并导致目标无法分辨（图 5.9）。

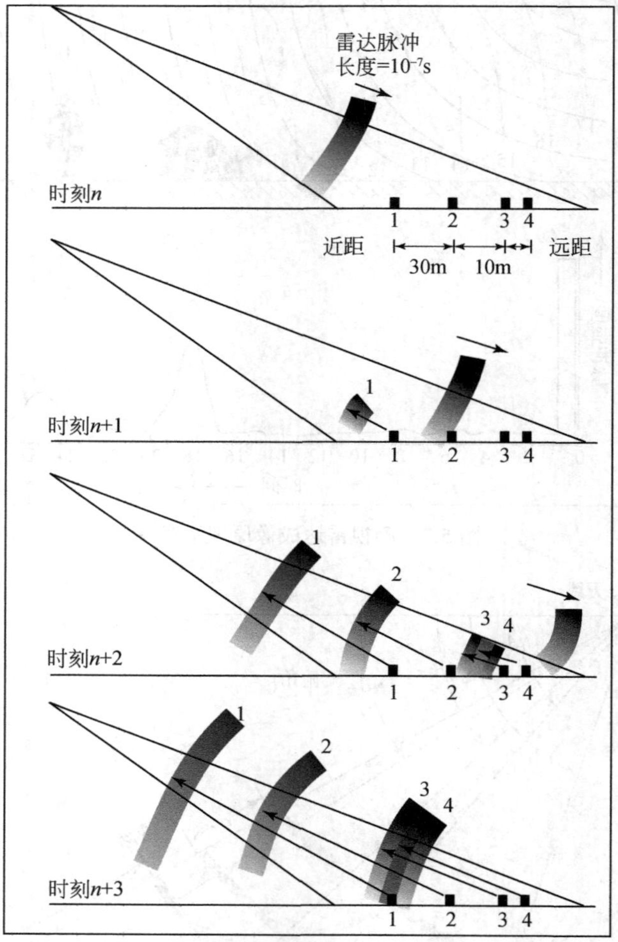

图 5.9　地面目标对雷达脉冲的反射

前面已经提到，雷达图像有斜距图像和地距图像两种不同的显示方式，因此，距离分辨率也就有斜距分辨率和地距分辨率之分（图 5.10）。理论上，斜距分辨率等于脉冲宽度的一半，可表示为

$$R_{sr}=\frac{\tau \cdot c}{2} \tag{5.1}$$

式中，R_{sr} 为斜距分辨率；τ为脉冲持续时间；c 为光速。

地距分辨率可根据斜距分辨率表示为

$$R_{gr}=\frac{\tau \cdot c}{2\cos\gamma} \tag{5.2}$$

式中，R_{gr} 为地距分辨率；γ 为雷达的俯角；τ 为脉冲持续时间；c 为光速。

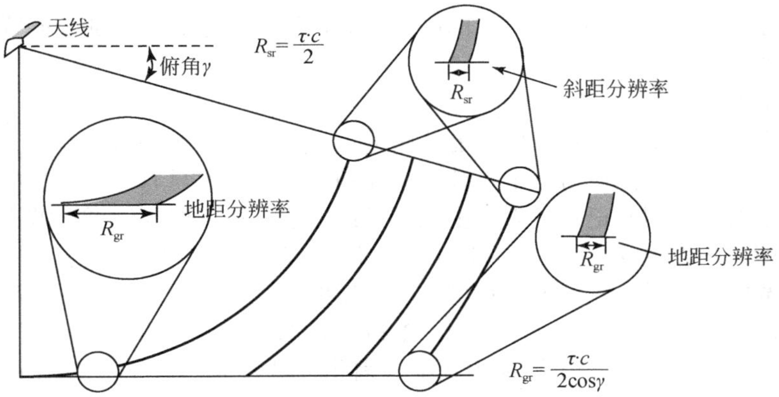

图 5.10 斜距分辨率与地距分辨率的关系

通过以上分析可以看出，侧视雷达的距离分辨率具有以下特点。

（1）脉冲宽度越短，距离分辨率越高，因此提高距离分辨率的一个重要途径就是缩短反射脉冲的宽度。但是，脉冲宽度过小，会导致发射功率下降，反射脉冲的信噪比降低。为了保证有足够能量的回波，目前常采用线性调频调制的“脉冲压缩”技术，提高距离分辨率和信噪比。

（2）距离分辨率的大小与雷达的俯角密切相关。俯角越小，分辨率越高；俯角越大，分辨率越低。因为距离方向上地面不同位置处雷达波束的俯角不同，所以，地距分辨率是变化的。近射程点分辨率低，远射程点分辨率高，这一点与航空摄影的情况正好相反，同时也说明了雷达成像必须侧视的原因。分析图 5.11，可以进一步加深对这一特点的理解。

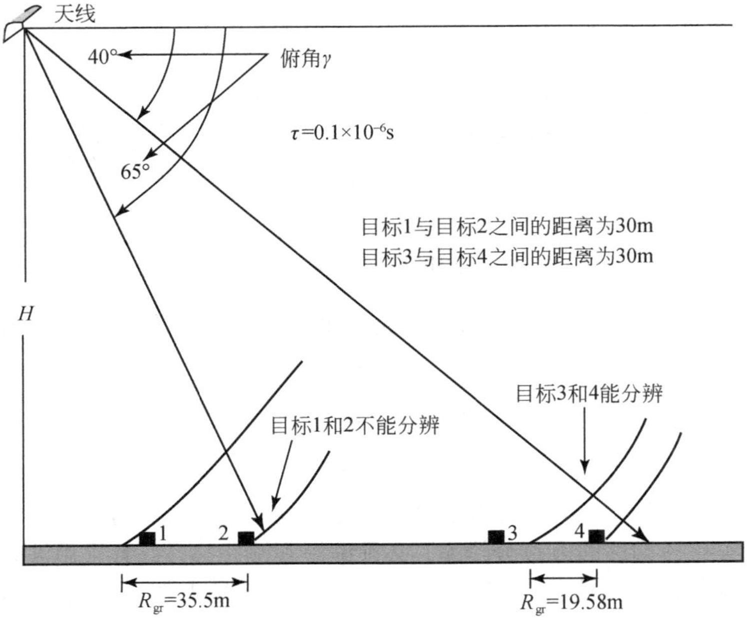

图 5.11 俯角对侧视雷达距离分辨率的影响

（3）距离分辨率的大小与遥感平台的高度无关，航天遥感和航空遥感同样可以获得高分辨率的雷达图像。

2. 方位分辨率

方位分辨率是指在雷达飞行方向上能分辨的两点之间的最小距离。方位方向上如果两个目标同在一个波束内，只能作为一个点被记录在图像上，因此只有当两个目标分别处在两个波束时，它们才能被识别并记录下来。由此可见：方位分辨率取决于雷达波束照射的地面条带的角宽度，即波束宽度β。波束宽度越窄，方位分辨率越高。因为雷达波束为扇状波束，近射点的波束宽度小于远射点的波束宽度，所以近射点比远射点的方位分辨率高，这与距离分辨率正好相反。图 5.12 中，地面目标 1、2 和目标 3、4 之间的距离都等于 200m，但目标 1、2 处在近射点，间距大于一个波束的宽度，因此可以分辨；而目标 3、4 处在远射点，间距小于一个波束的宽度，因此难以分辨。

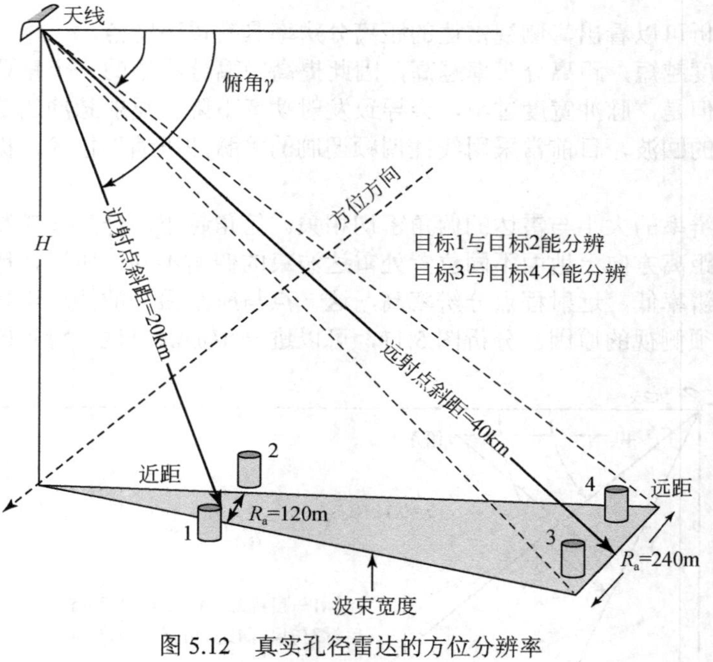

图 5.12　真实孔径雷达的方位分辨率

对真实孔径雷达而言，波束宽度与波长成正比，与天线孔径成反比。因此，方位分辨率可以表示为

$$R_a = \beta \cdot R_s = \frac{\lambda}{D} \cdot R_s \tag{5.3}$$

式中，R_a为方位分辨率；R_s为斜距；β为波束宽度；λ为波长；D为天线的孔径。

从式（5.3）可知，方位分辨率与斜距以及雷达的波长成正比，与天线孔径的大小成反比。因此，要提高真实孔径雷达的方位分辨率，必须缩短观测距离，或者采用波长较短的电磁波，或者加大天线的孔径。然而这些措施无论在飞机上还是卫星上都会受到限制，只有采用合成孔径雷达技术，才能从根本上提高侧视雷达的方位分辨率。

二、合成孔径雷达

（一）合成孔径雷达的成像原理

合成孔径雷达是指用一个小天线作为单个辐射单元，将此单元沿一直线不断移动，在不同位置上接收同一地物的回波信号并进行相关解调压缩处理的侧视雷达。这种雷达系统所接收到的来自移动的飞机或卫星上的雷达回波经计算机合成处理后，能得到相当于从大孔径天线所获取的信号。图 5.13 为合成孔径雷达的工作过程示意图。

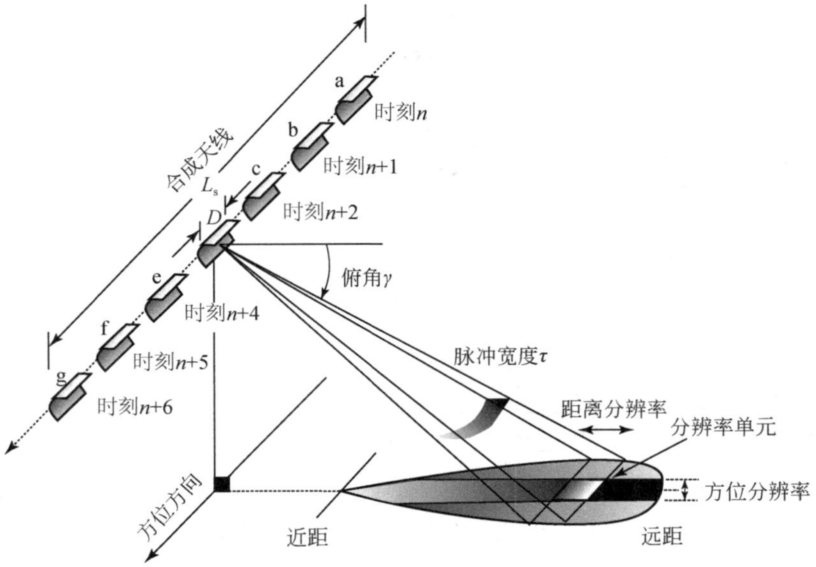

图 5.13 合成孔径雷达的工作过程

合成孔径天线是在不同位置上接收同一地物的回波信号，而真实孔径天线则是在同一个位置上接收目标的回波。如果把真实孔径天线划分成许多小单元，则每个单元接收回波信号的过程与合成孔径天线在不同位置接收回波的过程十分相似。真实孔径天线接收目标回波后，如同物镜那样成像，而合成孔径天线对同一目标的信号不是在同一时刻得到的，在每一个位置上都要记录一个回波信号。由于目标到飞机之间球面波的距离不同，每个回波信号的相位和强度也不同（图 5.14）。在合成孔径雷达的成像过程中，每个反射信号在数据胶片上被连续记录成间距变化的一条光栅状截面，从而形成一条一维相干图像，最终形成的整体图像属于相干图像，需要经过恢复处理后才能得到地面的实际图像，这一点和真实孔径雷达成像是不同的。

（二）合成孔径雷达的分辨率

合成孔径雷达的距离分辨率与真实孔径雷达相同，但因为使用了“合成天线”技术，相当于组成了一个比实际天线大得多的合成天线，所以可获得更高方位分辨率的雷达图像。

如图 5.13 所示，D 为合成孔径雷达采用的小天线在方位方向上的孔径，L_s 为合成后的天线孔径。如果用 β_s 表示合成孔径雷达的波束宽度，则合成孔径雷达的方位分辨率 R_a 可以表示为

$$R_a=\beta_s \cdot R_s \tag{5.4}$$

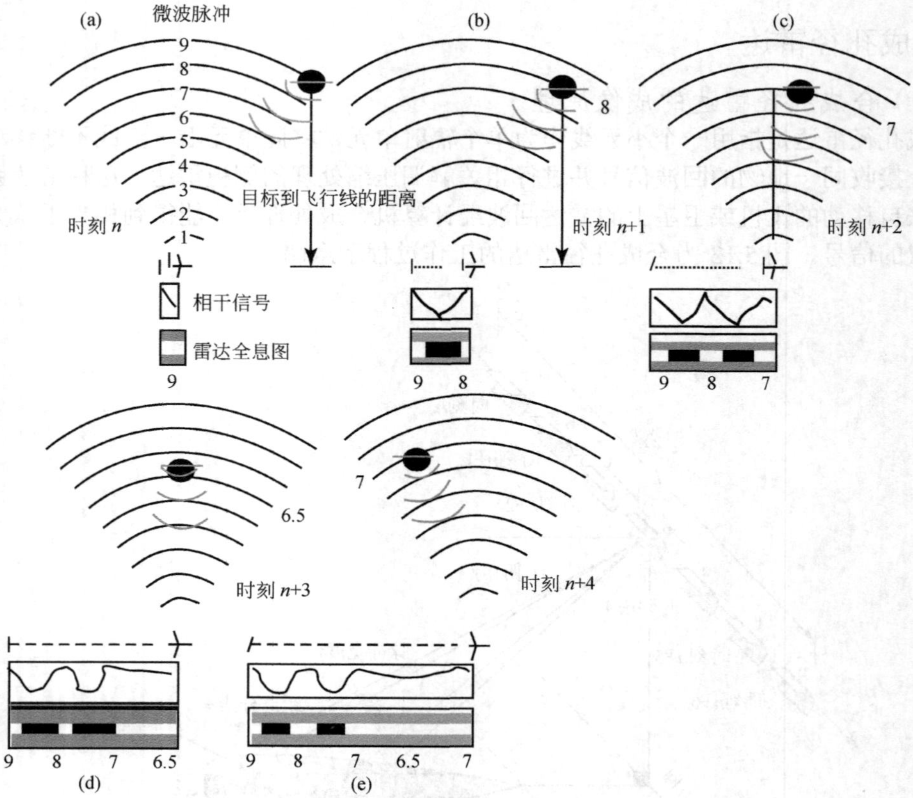

图 5.14　合成孔径雷达在不同位置上接收反射波

合成波束的宽度$\beta_s = \lambda/2L_s$，而 $L_s=\beta \cdot R_s=(\lambda/D)\cdot R_s$，因此式（5.4）可表示为

$$R_a = \frac{\lambda}{2(\lambda/D)R_s}\cdot R_s = \frac{D}{2} \tag{5.5}$$

式（5.5）表明：合成孔径雷达的方位分辨率与距离无关，只与天线的孔径有关。天线的孔径越小，方位分辨率越高，这一点与真实孔径雷达正好相反。例如，天线实际孔径 D=8m，波长λ=4cm，目标与遥感平台之间的距离为 400km 时，如果按照合成孔径雷达的实际天线成像，其方位分辨率为 2km，而采用合成孔径技术后，其方位分辨率可提高到 4m。

第三节　雷达图像的几何特征

雷达的成像原理决定了雷达图像的几何特征以及由此而引起的变形特点，与摄影成像和扫描成像有着本质的不同，了解并掌握这些几何特征和变形特点，对分析和解译雷达图像具有重要意义。

一、斜距图像的比例失真

比例尺是图像重要的几何特征。雷达图像的比例尺有方位向比例尺和距离向比例尺之分。方位向比例尺是指在平行于飞行航线方向（也称航迹向）上的图像比例尺。距离向比例尺是指在垂直于航线方向的距离向上的图像比例尺。一般来说，方位向比例尺是个常数，它取决于胶片记录地物目标的卷片速度与飞机或卫星的航速。而距离向的比例尺就要复杂多了，这是因为雷达图像有斜距图像和地距图像两种不同的显示方式。

图 5.15 表示了斜距和地距两种雷达图像的几何关系。从图中可以看出：等距离的地面点在斜距图像上彼此间的距离都被压缩了，而且离雷达天线越近，压缩的程度越大，这种现象称为斜距图像的近距离压缩或斜距图像的比例失真。近距离压缩现象造成了雷达图像在距离方向上比例尺的变化，从而导致了图像的几何失真。图 5.16 通过斜距图像和地距图像的对比，真实反映了斜距图像的近距离压缩现象。

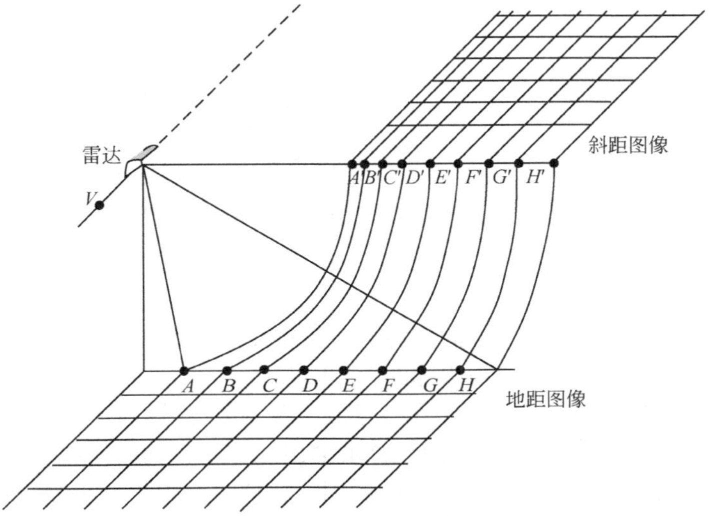

图 5.15 斜距图像和地距图像的几何关系

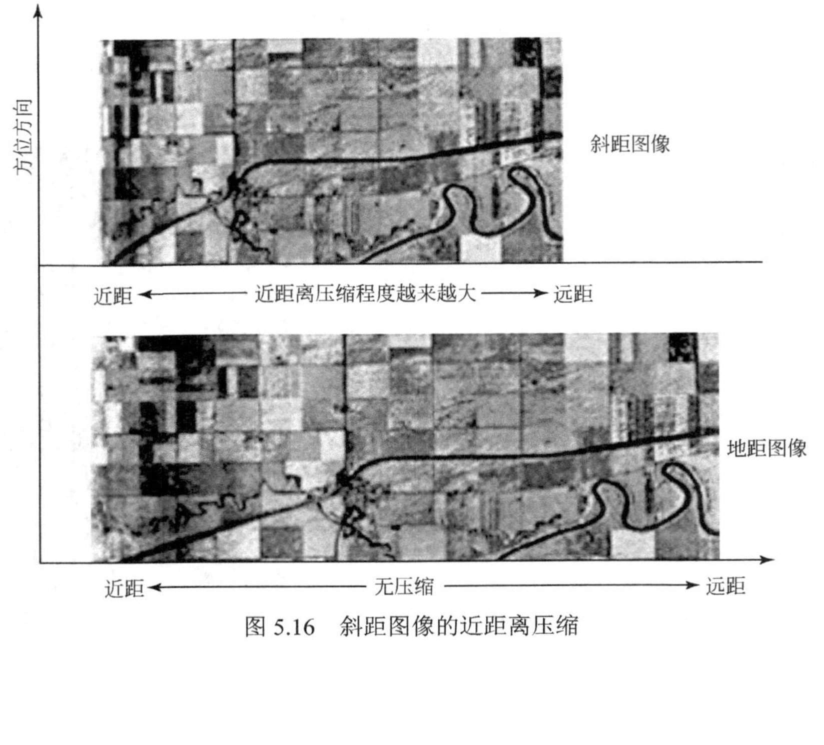

图 5.16 斜距图像的近距离压缩

值得注意的是，航空像片在地形起伏或倾斜摄影时，也出现几何变形和失真，但其失真方向与雷达图像正好相反（图 5.17）。

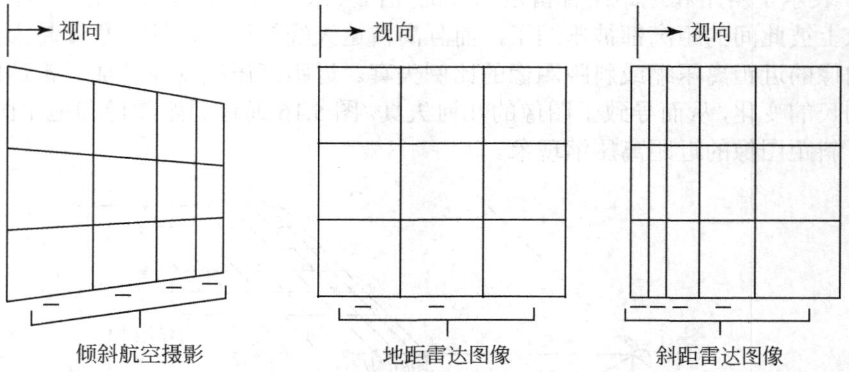

图 5.17　雷达图像与倾斜航空像片的几何特征比较

二、透视收缩现象

山区和丘陵地区的雷达图像上，面向雷达一侧的山坡长度与其实际长度相比，明显变小了，这种图像被压缩的现象称为透视收缩。

透视收缩是由雷达独特的成像方式所引起的。因为雷达是按时间序列记录回波信号的，所以，雷达波束入射角与地面坡角的不同组合就会出现程度不同的透视收缩现象。图 5.18 中，对坡面 AB 来说，雷达波束先到达坡底 A，最后到达坡顶 B，因此，成像后坡面的长度为 $A'B'$，显然，$A'B' < AB$，即出现了透视收缩现象。根据前面关于斜距图像的分析可知，坡面不同部位收缩的程度是不同的，坡底的收缩度肯定要比坡顶的收缩度大。同时还可以看出，地形坡度越大，收缩程度也就越大。对坡面 CD 来说，虽然坡度与坡面 AB 相同，但由于距离雷达航迹线近，雷达波束入射角的变化导致坡面的透视收缩达到了极点，C'、D'重合，坡面长度完全消失。

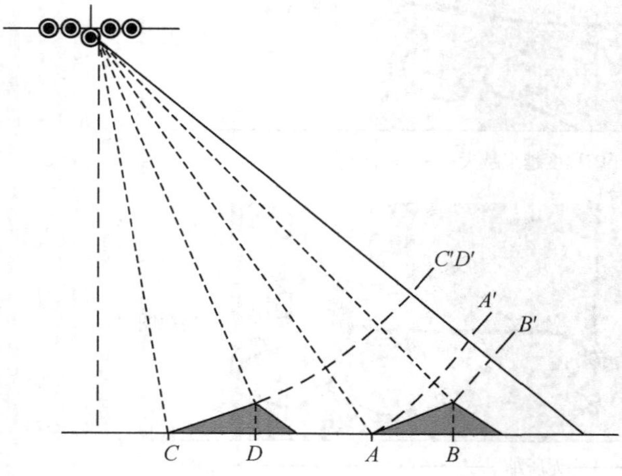

图 5.18　透视收缩示意图

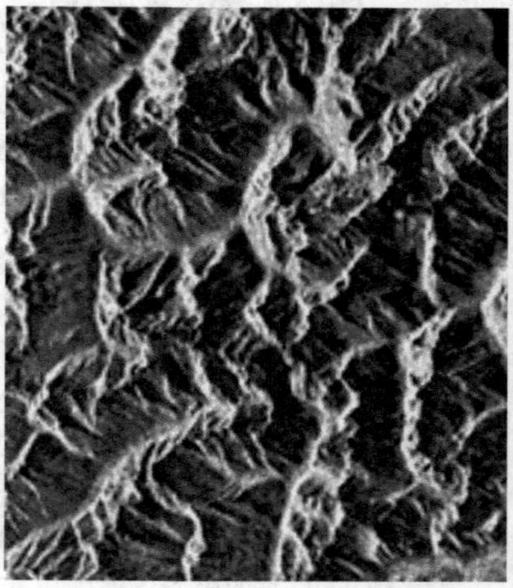

图 5.19　山地透视收缩雷达图像

在以上分析的基础上，进一步将坡面分为前坡和后坡。前坡是指面向雷达波束方向的坡面，后坡则是指背向雷达波束的坡面。对于同一方向的雷达波束来说，因为后坡的入射角与前坡不同，所以雷达图像上透视收缩的程度也就不同，前坡的透视收缩程度更大，造成后坡总是比前坡长。透视收缩意味着雷达回波能量的相对集中，意味着更强的回波信号的出现，甚至一个坡面的全部回波能量集中到一点。因此，雷达图像上坡面的亮度较大，而且前坡比后坡更亮（图 5.19），图像解译时要注意前后坡的长度畸变和亮度差异。

三、叠掩现象

如图 5.20 所示，对于地表高大的山体，雷达波束先到达其顶部 B，后到达其底部 A，导致山体顶部的回波信号将先于底部到达。表现在雷达图像上，山体顶部和底部的位置被颠倒，形成倒像（图 5.21），这就是叠掩现象。

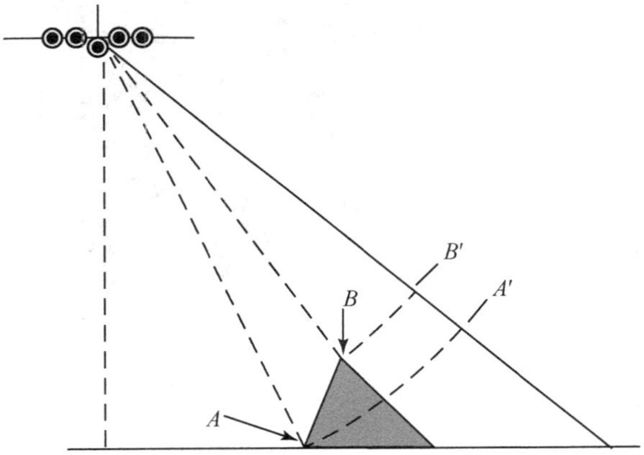

图 5.20　叠掩现象示意图

图 5.21　叠掩图像

叠掩现象的形成及其对雷达图像的影响与透视收缩十分相似，但并不是所有高出地面的目标地物都会产生叠掩，只有当雷达波束俯角与坡度角之和大于 90° 时才会出现叠掩。俯角越大，产生叠掩的可能性就越大，因此叠掩现象多在近距离点发生。叠掩给雷达图像的判读带来困难，无论是斜距显示还是地距显示都无法避免。

四、雷达阴影

雷达波束在山区除了会造成透视收缩和叠掩，还会在后坡形成雷达阴影（radar shadow）。雷达阴影是指后坡雷达波束不能到达的坡面上，因为没有回波信号，在图像上形成的亮度暗区（图 5.22 和图 5.23）。

雷达阴影的形成与俯角和坡面坡度有关。当后坡坡度小于俯角时，整个坡面都能接收到雷达波束，自然不会产生阴影；当后坡坡度等于俯角时，波束正好擦过坡面，如果坡面为平滑表面，则不可能接收到雷达波束，若坡面有起伏，则会在部分地段产生回波，形成间断阴影；而当后坡坡度大于俯角时，则必然产生阴影。

与叠掩的情况相反，坡面距离雷达天线越远，波束越倾斜，或者山坡后坡坡度越大，阴影也越长，阴影区面积也就越大。这一点与可见光照射时产生阴影的原理类似，但雷达是光束照射在不同位置上引起视角的变化，而可见光是近似平行光照射，视角不变。由此可见，雷达阴影的长短和阴影区面积的大小与雷达俯角、坡面坡度有密切关系。

在雷达图像判读和分析时，可以通过对阴影的定量统计并借助其他辅助标准对地形进行分类，因此阴影对了解地形、地貌十分有利。但是，当阴影太多时，就会导致坡面信息匮乏。为了弥补阴影区丢失的信息，通常采取多视向雷达技术，从其他的视角进行信息补偿。

以上所分析的雷达图像的几何特征均属原理性的几何失真。一方面，它可以用于进行地形、地物的测量和分析；另一方面，它严重影响了雷达图像与其他遥感图像的配准，并使雷达图像的几何纠正和数据分析比其他遥感图像更为复杂。图 5.24 反映了雷达图像透视收缩、叠掩、阴影等多种几何特征在距离方向上的综合表现。

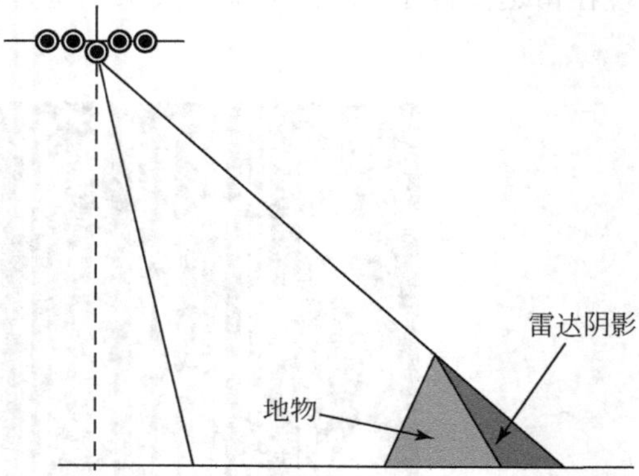

图 5.22　雷达阴影的形成

图 5.23　山地雷达阴影图像

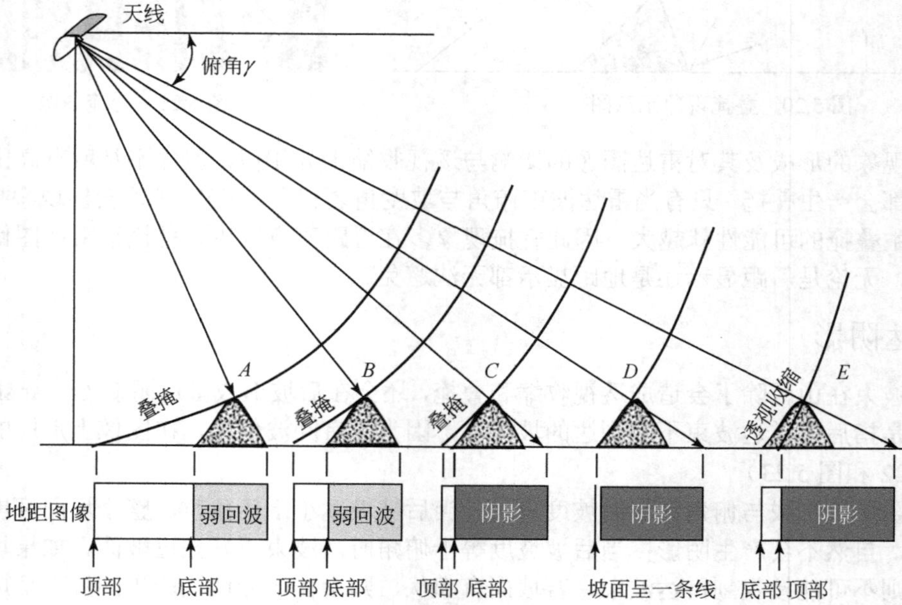

图 5.24　雷达图像几何特征的综合表现

第四节 雷达图像的信息特点

雷达图像记录的是地物对雷达波束的后向散射的强度信息。由于受雷达系统参数以及地物本身等诸多因素的综合影响，地物的后向散射强度也有所不同，在雷达图像上自然也就形成了不同的色调和纹理特征。雷达特殊的成像方式，使得通过图像色调和纹理等所表现出来的图像信息特点，与可见光、红外遥感通过摄影和扫描方式获得的图像信息特点有着明显的不同，了解这些不同，对雷达图像的识别和解译至关重要。

一、侧视雷达的图像参数

侧视雷达的图像参数，包括系统工作参数和图像质量参数。雷达系统的工作参数是成像的基本条件，而图像的质量参数直接影响到图像的信息特点和目标地物的可解译程度，因此，在图像分析和解译前，全面了解这些参数对图像的准确理解是非常必要的。

（一）侧视雷达系统的工作参数

雷达系统的工作参数包括波长、极化方式、俯角、照射带宽、距离显示形式，除此以外，也包括雷达系统运行平台的高度、姿态、成像时间和经纬度等飞行参数。

雷达波长是指成像采用的波段范围。由于雷达波段的不同，雷达图像所表现出来的信息特点也是完全不同的。

极化是电磁波偏振现象在微波遥感中的表现。极化有水平极化和垂直极化两种基本形式。雷达系统通过不同的极化方式发射或接收电磁波，可以获得具有不同信息特点的雷达图像。

雷达俯角是雷达波束与水平面之间的夹角，它与入射角成互补关系。雷达波束在距离方向上具有一定的宽度，因而形成一个俯视范围，在这个范围内雷达波束照射的地面宽度称为照射带宽度。

雷达成像有地距和斜距两种显示形式。在地距图像上，比例尺是个常数，而在斜距图像上，斜距成像过程中的近距离压缩造成了图像的几何失真，比例尺不再是常数了。

（二）侧视雷达系统的质量参数

雷达图像的质量参数主要包括图像的分辨率、几何精度，是影响图像信息提取能力的关键参数。质量参数从根本上取决于雷达系统的工作参数，在此重点介绍图像的分辨率。这里所说的雷达图像的分辨率主要是指空间分辨率和灰度分辨率。

空间分辨率是雷达图像上可区分的两个目标之间的最小距离，有距离分辨率和方位分辨率之分。在描述空间分辨率时，通常用距离分辨率和方位分辨率的乘积表示，并称为面分辨率。值得注意的是，距离分辨率在同一波束宽度内是变化的，因此导致面分辨率也会发生相应的变化。实践证明，不管距离分辨率和方位分辨率是否相同，但只要面分辨率相同，图像解译的效果就不会受到影响。

灰度是地面目标的回波信号在图像上的反映，而灰度分辨率则是指图像上可以分辨的雷达回波信号强度的最小差异。灰度分辨率决定了图像的对比度，也直接影响着图像所能表现出来的地表信息量的大小。灰度分辨率和空间分辨率都是影响图像解译能力的重要指标。

二、影响雷达图像色调的主要因素

雷达图像的色调是指图像上（多是单波段）灰度及灰度空间变化所构成的纹理特征，是雷达信息提取的主要依据。雷达接收到的后向散射的强度越大，图像的色调就越浅，反之色调就越深。影响雷达色调的因素很多，既有前面提到的波长、极化方式等雷达图像的系统参数，也有表面粗糙度、复介电常数等地表特性要素。

（一）表面粗糙度

表面粗糙度是指地面起伏的相对程度。根据表面粗糙度的不同，地表面一般可分为三种类型，即光滑表面、中等粗糙表面和粗糙表面。光滑表面呈现镜面反射特征，即反射全部入射能，且反射角等于入射角，此时雷达天线几乎接收不到回波，图像色调暗；粗糙表面呈现漫反射特征，即各个方向均匀反射，这就是所谓的同向散射，此时雷达天线能接收到较强的回波，图像色调浅；中等粗糙面的散射情况介于光滑表面和粗糙表面之间，雷达天线可以接收到部分回波，但相对较弱。

表面粗糙度不仅取决于地表的高度标准差 h，还与雷达波长λ和俯角γ有关，在具体划分时，也有不同的标准。瑞利准则把地表面分为光滑表面和粗糙表面两种类型，符合式（5.6）的条件，即为光滑表面，否则为粗糙表面。

$$h<\frac{\lambda}{8\sin\gamma} \tag{5.6}$$

因为瑞利准则对表面粗糙度的划分过于简单，所以美国人皮克和奥立弗对其做了修订，提出了一个更为严格的判别粗糙度的表达式，即

光滑表面：
$$h<\frac{\lambda}{25\sin\gamma} \tag{5.7}$$

粗糙表面：
$$h>\frac{\lambda}{4.4\sin\gamma} \tag{5.8}$$

中等粗糙表面：
$$\frac{\lambda}{25\sin\gamma}\leqslant h\leqslant\frac{\lambda}{4.4\sin\gamma} \tag{5.9}$$

图 5.25 是根据皮克和奥立弗提出的粗糙度判断准则绘制的三种表面类型及其对雷达波束后向散射的响应。从图中可以看出：当λ=3cm、γ=45° 时，如果地表高度标准差 h<0.17cm，则属于光滑表面，发生镜面反射；如果 0.17cm≤h≤0.96cm，则属于中等粗糙面，发生方向散射；如果 h>0.96cm，则属于粗糙表面，发生同向散射。这三种情况下地物后向散射的强度都不同，故雷达图像上的色调也明显不同。

基于以上分析不难发现，表面粗糙度直接影响雷达回波的强度，使雷达图像的色调表现出深浅不同的变化。一般来说，地表越粗糙，雷达回波越强，图像色调越浅；地表越光滑，雷达回波越弱，图像色调越深。然而，表面粗糙度受地表的高度标准差、雷达波长和俯角的综合影响，同一地表面在波长较长时显得光滑，在波长较短时则显得粗糙。与此同时，当俯角很小，即波束接近掠射时，地表面也常常被认为是光滑的。因此，表面粗糙度是一个相对概念。

（二）复介电常数

地物的性质对雷达回波强度的影响很大。复介电常数是地物本身的电学性质，是由地物的组成和温度决定的。通常，复介电常数由表示介电常数的实部和表示能量损耗因子的虚部组成。所谓损耗因子是指电磁波在传输过程中的能量衰减，与物质的电导率有关。一般来说，地物的复介电常数越大，雷达回波的强度就越大，图像色调就越浅。

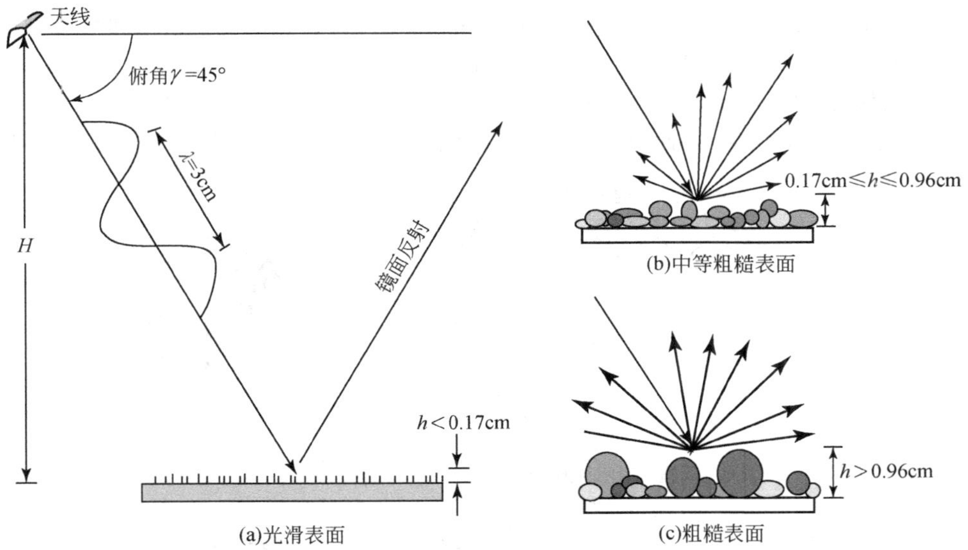

图 5.25　不同表面类型及其后向散射强度的比较

地表地物种类多样，不同地物有不同的复介电常数，反映在雷达图像上就会呈现出不同的色调。例如，基岩的介电常数大于沙丘的介电常数，因而雷达图像上基岩的色调比沙丘的色调浅；水的介电常数较大，图像上呈浅色，但若出现镜面反射则雷达天线接收不到回波而呈黑色；各类岩石的介电常数变化不大，但如果是矿化岩石，则介电常数明显高于围岩，有较强的雷达回波，有利于地质找矿中矿化带的识别。

水的复介电常数大，而且在整个微波波段内，其变化范围也比其他大多数地物要大得多。因此，水分含量成为影响地物复介电常数的重要因素，在雷达图像解译中也常常被称为复介电常数的代名词。地表物体含水量的不同，必然导致其复介电常数的变化，进而影响雷达回波强度和图像色调的变化，这一点在植物水分和土壤湿度分析中具有重要意义。

（三）波长或频率

雷达回波的强度与入射波的波长直接相关。一方面，波长的大小决定了地物表面粗糙度的大小，进而影响了雷达回波能量的大小。表面粗糙度是个相对概念，对同一地物而言，当波长为 1cm 时，其表面被认为是粗糙面，而当波长接近 1m 时，表面又可以看成光滑面。另一方面，波长的大小影响地物的复介电常数，进而影响地物的反射能力和对入射电磁波的穿透能力。当波长为 1cm 时，穿透能力可以忽略不计，而当波长为 1m 时，对潮湿土壤的穿透能力为 0.3m，而对干燥的土壤则为 1m 或 1m 以上。因此，雷达系统采用的波长不同，其图像上同一地物的影像特征也不同。

（四）极化方式

在第二章中已经提到，电磁波是由相互垂直的电场矢量和磁场强度矢量表征的，并且它们都与电磁波的传播方向垂直。如果电场矢量在一个固定的平面内沿一个固定的方向振动，则称该电磁波是偏振的，包含电场矢量 E 的平面称为偏振面。偏振在微波遥感中称为“极化”（polarization），是一种可以利用的重要信息。

雷达系统的极化有水平极化和垂直极化两种方式。当雷达波的电场矢量垂直于波束入射面时，称为水平极化，用 H 表示；当雷达波的电场矢量平行于波束入射面时，称为垂直极化，用 V 表示。雷达天线可以选择性地发射水平极化和垂直极化两种电磁波，同时也可以选择性地接收上述两种极化方式的雷达回波。如果雷达天线采用同一种极化方式发射并接收电磁波，称为同向极化（like-polarized），获取的图像就是同向极化图像，如 HH 和 VV（图 5.26）。否则称为交叉极化（cross-polarization），获取的图像就是异向极化图像，如 HV 和 VH。

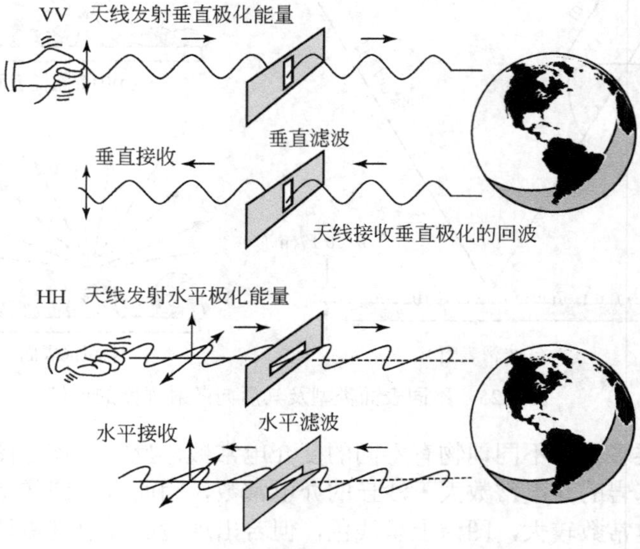

图 5.26　两种同向极化方式比较示意图

由同向极化到异向极化的转换过程称为去极化（depolarization）。极化方式是否改变，取决于被照射目标的物理和电特性。目标表面粗糙造成的多次散射、非均质物体引起的体散射等，都可能产生交叉极化的回波。

雷达系统的极化方式影响到回波强度和对不同方位信息的表现能力。极化方式不同，目标对电磁波的响应就不同，从而导致图像具有不同的信息特点和用途。因此，对比分析不同极化方式的图像，或者利用不同极化方式的图像进行彩色合成处理得到新的雷达图像，都可以更好地观测和确定目标的特性和结构，提高图像的识别能力和精度。图 5.27 为同一波段两种不同极化图像的比较。

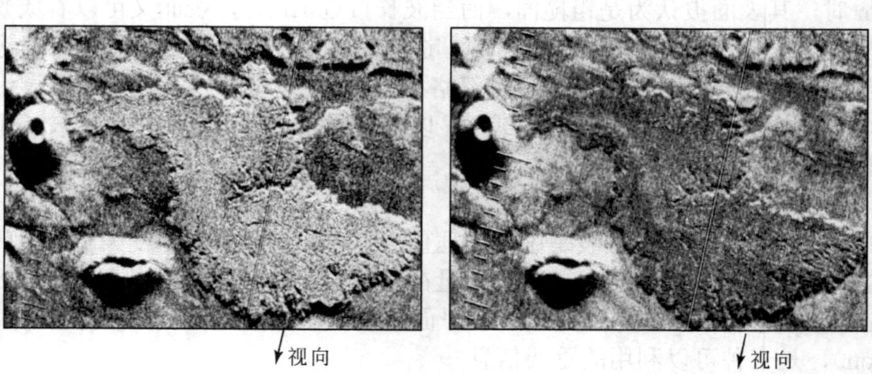

(a)Ka波段，HH极化　　(b)Ka波段，HV极化

图 5.27　不同极化方式图像的对比

（五）雷达的俯角与视向

雷达俯角是雷达波束与水平面之间的夹角，是雷达系统重要的工作参数之一。雷达俯角有一个变化区间，这个区间构成了雷达的俯视范围，而雷达的俯视范围是由雷达波束的宽度决定的。

雷达俯角对图像色调的影响主要表现在两个方面：一是俯角的大小直接影响了雷达回波的强度，从而影响图像色调的深浅变化。近距点目标对应的俯角大，回波强度大，图像色调浅，远距点目标对应的俯角小，回波强度小，图像色调就深。因此，当同一类型的目标处于雷达波束的不同俯角区间时，其在雷达图像上表现出来的色调就有可能不同。二是俯角的大小会影响到表面粗糙程度及其表面散射特征，从而间接地对图像色调产生影响。

雷达视向（radar look-directions）是雷达的观测方向，是垂直于遥感平台飞行方向的雷达脉冲发射的方向，也就是我们前面提到的距离方向。雷达的视向对地物的色调影响很大，视向不同，图像色调也不同（图 5.28）。一般来说，如果目标地物的走向与雷达视向垂直，图像信息会被突出显示；如果目标地物的走向与雷达视向平行，图像信息会被减弱。因此，对许多线性要素，如山川、断层、沟渠、道路等，通常采用多视向观测，以提高对目标的检测能力。

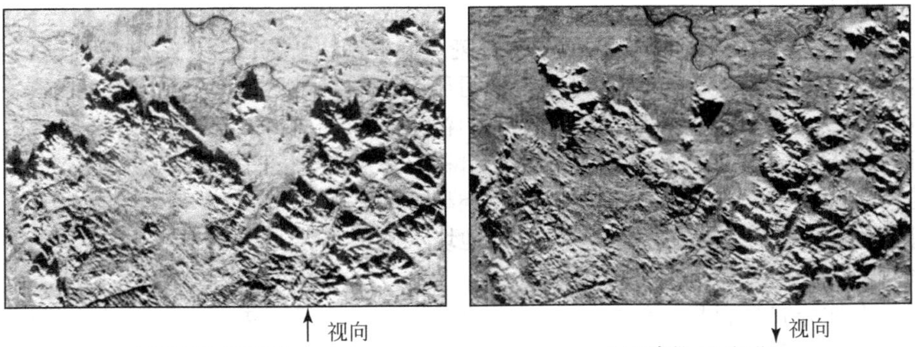

(a)X波段，HH极化　　(b)X波段，HH极化

图 5.28 雷达视向对图像的影响

三、雷达图像上的特殊现象

（一）角反射效应

当地物目标具有两个相互垂直的光滑表面或三个相互垂直的光滑表面时，就是所谓的角反射器。角反射器有二面角反射器和三面角反射器之分（图 5.29）。

当雷达波束遇到角反射器时，角反射器每个表面的镜面反射使波束最后反转 180°，向来波的方向传播，而且在反射回去的时候，这些方向、相位相同的回波间信号相互增强，造成极强的回波信号，这就是角反射效应。对二面角反射器而言，雷达图像上就出现相应于二面角两平面交线(轴线)的一条亮线，而对三面角反射器而言，在图像上则形成相应于三个面交点的一个亮点，亮点尺寸和亮线宽度均为一个分辨单元。

值得注意的是，如果强反射体附近存在光滑表面，也可能构成角反射器，从而导致图像上虚假目标的出现。例如，一座强反射的金属塔，其旁边有一大片水域。雷达成像时，雷达波束除被金属塔本身反射外，还会被附近光滑的水面反射到金属塔上，然后再被反射出去，于是图像上就会出现多重回波信号。当图像分辨率比较高时，金属塔就可能变成多个塔，这

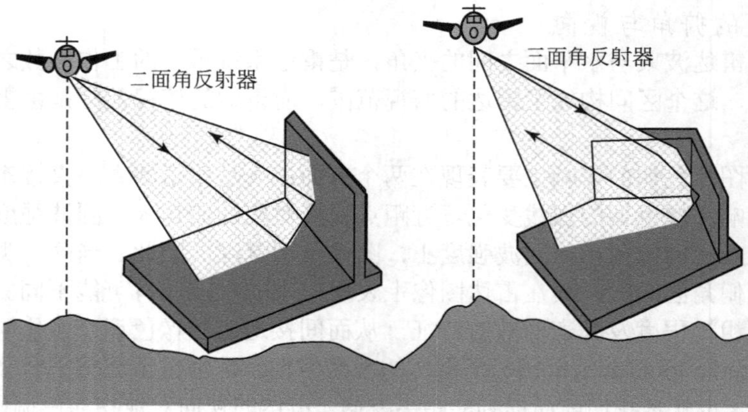

图 5.29　角反射器及其反射示意图

就是虚假目标。虚假目标的出现多与强反射目标有关，在图像分析时，遇到强反射目标，应注意区分附近可能存在的虚假目标。

（二）光斑效应

雷达图像上常常会出现许多不同亮度的斑点或光斑（speckle），给图像的解译带来一定影响。这些光斑的形成，是因为其回波信号明显比周围背景像元点的回波信号强的缘故。地表上的点目标、面目标及“硬”目标都能在图像上形成光斑。

点目标是指比分辨率单元小得多的地物目标，也就是在一个像元所对应的地块内比较小的独立地物目标，它与背景地物属于不同的类型，因此其散射回波与背景地物的回波也不一样。有时点目标的回波信号相当强，在整个地块的回波信号中占据主导地位，图像上被明显突出出来并形成光斑。

面目标也称分布型目标。例如，一大块草地，是由许多同类型的物质或点组成，这些组成物质或点的位置分布是随机的。因为位置的不同，它们接收到的雷达波相位就不同，产生的回波的初相位和振幅也不同，所以，雷达成像时，天线所接收的电磁波信号就会出现周期性的强弱变化，并在雷达图像上形成一系列亮点和暗点相间的图斑，这就是光斑效应（图 5.30）。图像的几何分辨率越高，光斑效应越明显。通常采用“多视”技术和低通滤波等方法降低几何分辨率，以减少光斑效应对图像解译的影响。

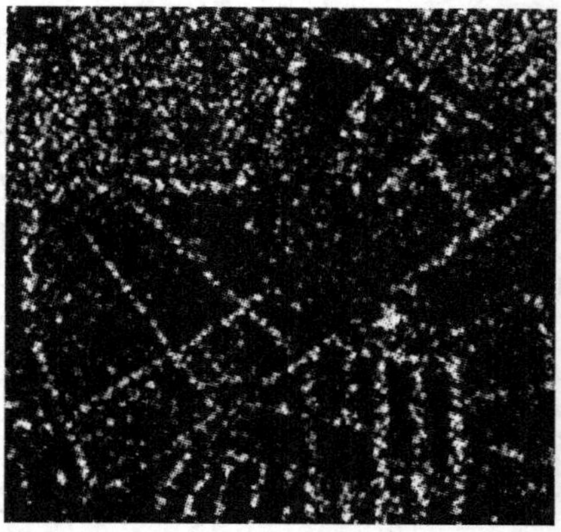

图 5.30　光斑效应

图 5.31　城市中的“硬”目标及其光斑效应

“硬”目标主要指那种面积不大，但又不局限在分辨率单元之内的地物，大多数的人工目标，如桥梁、输电线、房屋等都属于这类目标。“硬”目标能产生很强的回波信号，并在图像上表现为一系列的亮点和一定形状的亮线，其主要原因在于：有与雷达波束相垂直的平面，产生直接反射，或者与周围目标一起产生角反射效应，或者还有其他原因导致回波信号很强（图 5.31）。

思 考 题

1. 什么是微波遥感？其与可见光、红外遥感在技术上有什么本质区别？
2. 与可见光、近红外遥感相比，微波遥感的主要特点和不足各表现在哪些方面？
3. 对比分析真实孔径雷达与合成孔径雷达成像原理的异同。
4. 什么是雷达图像的距离分辨率？简要说明距离分辨率与雷达脉冲宽度以及俯角的关系。
5. 什么是雷达图像的方位分辨率？对比分析真实孔径雷达与合成孔径雷达方位分辨率的不同。
6. 雷达图像的几何畸变表现在哪些方面？试分析这些几何畸变在图像上的分布和变化特点。
7. 雷达系统的工作参数有哪些？从工作参数和地表特性两个方面分析影响雷达图像色调的主要因素。

第五章测试题

第六章　遥感图像处理

为了消除遥感图像的误差和变形，并进一步提高遥感图像的视觉效果，使分析者能更容易地识别图像内容，提高信息提取的精度，必须对遥感图像进行处理。本章在系统介绍光学图像和数字图像的概念及其特点的基础上，分别论述了两种类型图像的处理方法。其中，遥感数字图像处理是本章的重点内容。通过学习，重点掌握遥感数字图像的预处理、增强处理、数据融合等关键技术，对提高遥感技术的应用能力具有重要意义。

第一节　光学图像与数字图像

地物的光谱特性可以通过图像的形式记录下来。地面反射或发射的电磁波信息经过大气被传感器接收，传感器则以不同的亮度（灰度）将地物对电磁波的反射强度表示在遥感图像上。根据传感器记录电磁波方式的不同，可以将遥感图像分为光学图像和数字图像两大类。

一、光学图像及其表示

（一）光学图像

光学图像也称模拟图像，是指灰度和颜色连续变化的图像。通常，光学图像是采用光学摄影系统获取的以感光胶片为介质的图像。例如，航空遥感获取的可见光黑白全色像片、彩色像片、彩色红外像片、多波段摄影像片和热红外摄影像片，都属于光学图像。

图 6.1　黑白航空摄影图像

图 6.1 为一幅黑白航空摄影像片，仔细观察会发现，其灰度变化是逐渐过渡的，并没有阶梯状的间断变化，这是模拟图像区别于数字图像的重要特征之一。有时为了增强视觉分辨效果，人为地在图像下方设置一条灰标，制成不同等级的灰度值标尺，但这并不改变图像本身灰度连续变化的属性。

胶片是摄影系统探测和记录信息的载体，它以感光材料（AgBr、AgCl 等）作为探测元件，运用光敏胶片表面的化学反应探测并记录地物能量的变化。不同地物电磁辐射能量的差异在胶片上以影像的密度差（一种模拟量）来表示。银粒是光学图像最基本的采样点，构成影像的最小单元——像点，银粒越小，图像分辨率越高。一般来说，同一幅光学图像是地表在同一瞬间的摄影成像，多属中心投影，其空间分辨率高且几何完整性好。

（二）光学图像的表示

一幅光学图像由无数很小的像点组成，每个像点单元的灰度记录了成像瞬间对应物体的反射光强度。因此，光学遥感图像本质上是探测范围内电磁辐射能量的分布图。用数学方法表示光学图像时，通常是在图像平面上建立一个坐标系统，用（x，y）表示图像中任一像点的二维平面位置，而函数$f(x, y)$表示像点（x，y）对应地物的电磁辐射强度。显然，光学图像不便于计算机的存储和处理。

二、遥感数字图像及其表示

（一）遥感数字图像

遥感数字图像是指能被计算机存储、处理和使用的用数字表示的图像，是传感器记录电磁波能量的一种重要方式。

扫描成像时，传感器的瞬时视场角对应的地面面积是传感器所能分辨的最小地面单元，称为像元。探测器以像元为基本的采样点，将地物反射或发射的光能量转换为模拟的电压差或电位差（模拟电信号），再经过模数变换（A/D），将模拟量变换为数值（亮度值），存储于磁带、磁盘、光盘等介质上，从而形成了由若干行、若干列组成的二维数字图像。一般来说，各种扫描类型的传感器，如 Landsat/MSS、TM，NOAA/AVHRR，SPOT/HRV 等获取的二维数据都是数字图像。

像元是构成遥感数字图像的单元，是遥感成像过程中的采样点，其大小由传感器的空间分辨率决定。每一个像元对应一个 DN 值（digital number），记录和反映了像元内所有地物电磁辐射能量的相对强度。DN 值的大小取决于传感器的辐射分辨率。根据需要，DN 值还可以转换成绝对辐射亮度值。

遥感数字图像在计算机中可以显示为灰度图像。把数字图像中每一个像元的 DN 值，按照传感器辐射分辨率的不同，量化成对应的灰度级别，就形成了灰度图像（图 6.2）。由此可见，灰度图像仅仅是遥感数字图像的表现形式，而其本质则仍然是由若干行、若干列构成的栅格数字图像。

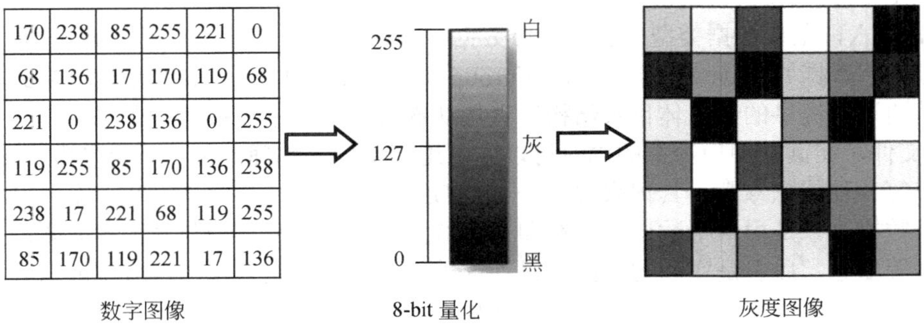

图 6.2　遥感数字图像及其显示

（二）遥感数字图像的表示

遥感数字图像是用二维数组（或二维矩阵）的形式记录和表示地面一定范围内地表环境要素的综合信息。数组中的每一个元素代表一个像元。像元的坐标位置是隐含的，由元素在数组中的行列位置决定。元素的值表示像元对应的地面面积上地物的电磁辐射强度。

遥感数字图像可以分为单波段图像和多波段图像。

单波段图像是指在某一波段范围内工作的传感器获取的遥感数字图像，如 SPOT 卫星提供的 10m 分辨率的全色波段遥感图像。一幅单波段遥感数字图像可以表示为

$$F=f(x_i,y_j)\quad (i=1,2,3,\cdots,m;\ j=1,2,3,\cdots,n)\tag{6.1}$$

式中，i 为行号；j 为列号；$f(x_i,\ y_j)$ 为像元在（x_i，y_j）位置上地物的电磁辐射强度。

多波段数字图像是传感器同时从多个光谱区间获取的遥感数字图像，如 Landsat 卫星提供的 TM 数据包含了 7 个波段，EOS-A 的 MODIS 数据包含了 36 个波段。

遥感数字图像在存储和分发时，通常采用 BSQ、BIL、BIP、HDF 等不同的数据格式。

1. BSQ（band sequential）格式

按波段顺序记录图像数据，每个波段作为独立文件被存放，每个波段文件则以像元的行、列序号排列。因为各个波段数据相对独立，所以当只需对一个波段数据进行处理时（如空间滤波、纹理分析等），这种格式最为方便。

2. BIL（band interleaved by line）格式

按扫描行顺序记录图像数据，即先依次记录各个波段的第一行，再记录各个波段的第二行，以此类推。显然，BIL 属于各波段数据间按行交叉记录的一种数据格式，只有当一幅图像的所有波段数据读取结束后，才能生成完整的图像。

3. BIP（band interleaved by pixel）格式

按像元顺序记录图像数据，即在一行中按每个像元的波段顺序排列数据，属于各波段数据间按像元交叉记录的一种数据格式。这种格式使各个波段同一位置上的像元灰度值集中排列在一起，调用方便，因此最适于提取典型地物光谱曲线；分析遥感图像光谱特征，还有助于依据光谱特征进行合成增强以及自动识别分类处理等。图 6.3 是 BSQ、BIL、BIP 三种数据格式的对比示意图。

4. HDF 格式

HDF 格式是一种不必转换格式就可以在不同平台间传递的新型数据格式，由美国国家高级计算应用中心（NCSA）研制，已被应用于 MODIS、MISR 等数据中。

HDF 有六种主要数据类型：栅格图像数据、调色板（图像色谱）、科学数据集、HDF 注释（信息说明数据）、Vdata（数据表）、Vgroup（相关数据组合）。HDF 采用分层式数据管理结构，并通过所提供的“总体目录结构”直接从嵌套的文件中获得各种信息。因此，打开一个 HDF 文件，在读取图像数据的同时可以方便地查询到其地理定位、轨道参数、图像属性、图像噪声等各种信息参数。具体来说，一个 HDF 文件包括一个头文件和一个或多个数据对象。一个数据对象是由一个数据描述符和一个数据元素组成。前者包含数据元素的类型、位置、尺度等信息，后者是实际的数据资料。这种数据组织方式可以实现数据的自我描述，用户可以通过应用界面来处理这些不同的数据集。

（三）遥感数字图像的特点

和光学图像相比，遥感数字图像主要有以下特点。

（1）便于存储与传输。遥感数字图像一般存储在计算机中，也可用磁带、磁盘、光盘存储，同时还可以通过网络进行数据传送。因此存储形式多样，保存、传输方便。

（2）便于计算机处理与分析。由于遥感数字图像是以二进制表示的，而计算机又是以二进制方式处理数据的，这就为遥感数字图像的处理和分析提供了便利。

（3）信息损失低。在获取、传输和分发过程中，图像不会因长期储存而损失信息，也不会因多次传输和复制而产生失真。

（4）抽象性强。尽管不同类别的遥感数字图像有不同的视觉效果，对应不同的物理背景，

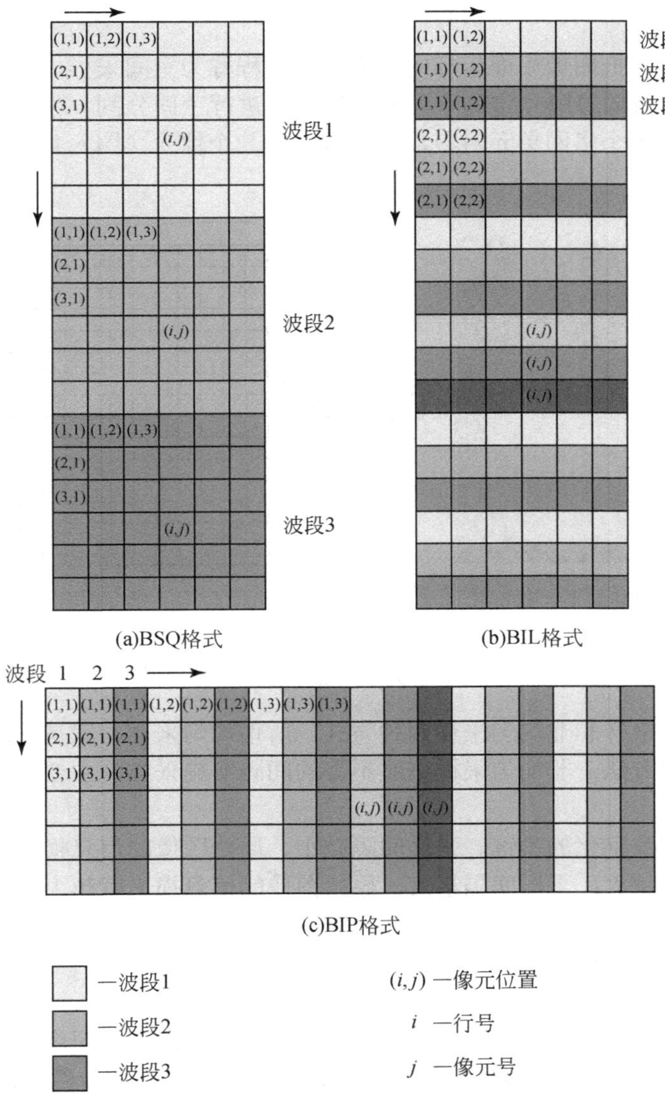

图 6.3　BSQ、BIL、BIP 三种数据格式的对比（3 波段时）（日本遥感研究会，2011）

但因为它们都采用了数字形式表示，所以便于建立分析模型、进行计算机解译和运用遥感图像专家处理系统。

三、光学图像的数字化

光学图像包括航空遥感获取的各种可见光黑白全色像片、彩色像片、彩色红外像片、多波段摄影像片等，和遥感卫星图像相比，具有空间分辨率高、几何完整性好等突出特点。为了更好地发挥航空遥感图像的作用，适应计算机图像存储、处理的要求，常常需要把灰度和颜色连续变化的光学图像转换成数字图像，这个过程就是光学图像的数字化。图像数字化包括空间采样和属性量化两个主要过程。

（一）空间采样

在数字化过程中，把图像平面坐标的离散取值过程称为空间采样。通常，空间采样是沿着图像的 x 方向和 y 方向每隔一定的平面间隔对图像进行空间分割，使之成为由多个格网单元构成的离散图像，每个格网单元对应数字图像中的一个像元（图 6.4）。

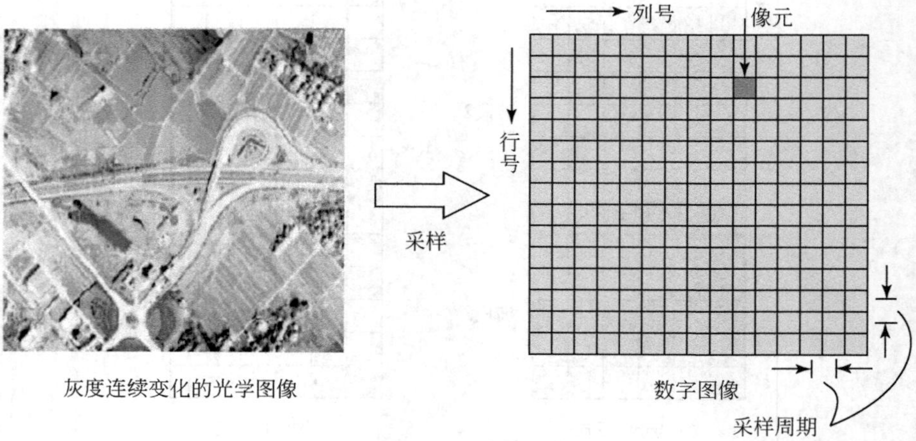

图 6.4　光学图像数字化过程中的空间采样

空间采样有均匀采样和非均匀采样两种方式。所谓均匀采样，就是对图像实施等间隔采样，是最常用的采样方法；非均匀采样按照不等的间隔实施采样，主要用于图像编码中，一般采样中很少使用。

采样间隔是图像数字化的关键。采样间隔越小，原始图像的信息损失就越小，但得到的数字图像的数据量就越大；采样间隔越大，原始图像的信息损失就越大，得到的数字图像将不能很好地代表原始图像的信息特点。因此，空间采样的间隔不能过大，也不能过小，要选择能保持原始图像信息的最恰当的采样间隔。

（二）属性量化

模拟图像经过空间采样后，得到了由多个格网单元构成的离散图像，但图像中每个像元的灰度值仍是连续的属性变量。我们把图像灰度值的离散化过程称为图像量化，或属性量化。图像量化需要解决两个问题：一是确定图像像元灰度值的量化等级数 G。为适应计算机处理的需要，图像灰度值常用二进制表示，一般使 G 为 2 的整数幂，即 $G=2^n$（n 为整数，常取 $n=6\sim8$）。二是确定每一灰度等级所对应的灰度范围。通常有两种方式：一种是在整个图像灰度范围内均匀地划分灰度等级，使相邻灰度级的数值范围为定值，这种方式称为均匀量化；另一种是使相邻灰度级的数值增值为一个变量，称为非均匀量化。图像非均匀量化通常依据图像灰度分布的概率进行，概率大的灰度区间分级细，概率小的灰度区间分级粗。非均匀量化的优点是图像灰度量化的均方差最小，但实现起来比较困难。因此，光学遥感图像的数字化常采用均匀量化。

通过以上两个过程，一幅灰度连续变化的二维光学图像就转换成了数字图像，并且可以用 $f(x, y)$ 函数离散取值的矩阵来表示。式（6.2）中，M、N 为数字化后图像的尺寸大小。矩阵的各个元素表示组成数字图像的离散像元，而代表像元的矩阵每一元素的取值是图像连续变化的灰度的离散整数取值。

$$f(x,y)=\begin{bmatrix} f(1,1) & f(1,2) & \cdots & f(1,N) \\ f(2,1) & f(2,2) & \cdots & f(2,N) \\ \vdots & \vdots & & \vdots \\ f(M,1) & f(M,2) & \cdots & f(M,N) \end{bmatrix} \tag{6.2}$$

第二节　光学图像处理

为适应计算机图像存储、处理的要求，光学图像可以转换成数字图像并作进一步的处理，这是一种发展趋势。然而传统的光学图像处理方法具有精度高、反映目标地物更真实、图像目视效果更好等优点，因此有时还在继续使用。本节以相关光学知识为基础，着重介绍光学图像处理的几种主要方法。

一、光和颜色

光是一种由光子微粒组成的人眼可以看见的电磁波，波长范围在 0.4～0.76μm。人眼所能感受到的颜色均对应着一定波长的电磁波，如 0.7μm 对应红色、0.51μm 对应绿色、0.47μm 对应蓝色等。虽然紫外线和红外线分别能使人眼产生疼痛感和灼热感，但它们在人的视觉中都不会产生诸如颜色、形状等方面的视觉信息。因此，严格地说只有能被人眼感觉并产生视觉现象的电磁辐射才是可见光，简称光。

颜色是视觉系统对可见光感知的结果。人的视网膜有对红、绿、蓝颜色敏感程度不同的三种锥体细胞，以及一种在光功率极低的条件下才起作用的杆状体细胞。因为红、绿和蓝三种锥体细胞对不同波长光的感知程度不同，对不同亮度的感知程度也有差异，所以不同组分的可见光就呈现出不同的颜色，从而在人的眼睛和大脑中形成了红、橙、黄、绿、青、蓝、紫等多彩的颜色世界。颜色分为光源色和物体色两种。光源色是指由各种光源发出的光，光波的长短、强弱、比例性质的不同形成不同的色光。物体色是指物体本身不发光，而呈现出对光源色的吸收、反射得来的色光。

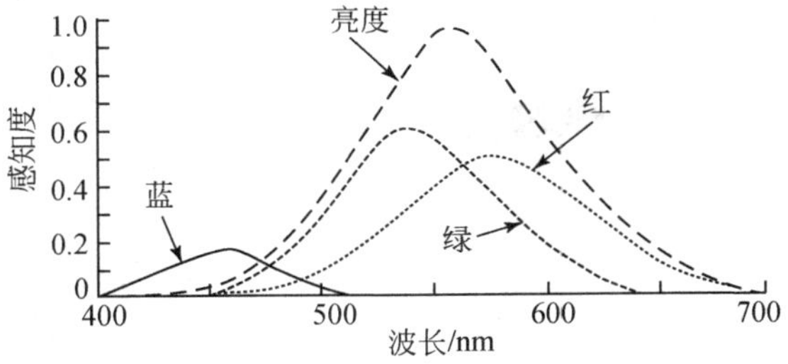

图 6.5　视觉系统对颜色和亮度的响应特性曲线

图 6.5 的颜色响应曲线表明，人的眼睛对蓝光的灵敏度远远低于对红光和绿光的灵敏度，对波长为 550nm 左右的黄绿色最为敏感。绝大部分可见光谱对眼睛的刺激效果都可以用红（700nm）、绿（546.1nm）、蓝（435.8nm）三色光按不同比例和强度的混合来等效表示。

二、颜色的性质与视觉对比

（一）颜色的性质

从人的主观感觉出发，颜色的性质通常用明度、色调和饱和度三要素描述。

明度（luminance），是人眼对光源或物体明亮程度的感觉。一般来说，物体反射率越高，明度就越高，所以白色一定比灰色明度高，黄色一定比红色明度高。对光源而言，亮度越大，明度越高，如白炽灯、日光灯等白色光源，亮度很高时呈现白色，亮度很低时则呈现暗灰色。对不发光的物体而言，当物体对可见光所有波长无选择性反射时，如果反射率都在 80%以上，物体呈现白色且显得很明亮；当反射率对所有波长都在 4%以下时，物体则接近黑色，显得很暗；而当反射率居中时，物体则呈现灰色，即介于白与黑之间。在分析黑白遥感图像时，人们也常把明度称为灰度，或量化后称为灰阶。

色调（hue），是颜色彼此间相互区分的特性，表示一种颜色在色谱中的位置。人眼受可见光不同波长的刺激产生了红、橙、黄、绿、青、蓝、紫等颜色的感觉，每种颜色对应一个波长值，这种颜色称为光谱色。多数情况下，刺激人眼的光波并不是单一的波长，而常常是多种波长的混合。混合光波也能构成颜色，但这种颜色找不到对应的波长值，称为非光谱色。对物体而言，其呈现出的颜色无论是光谱色还是非光谱色，其实都是对某种波长选择性反射而对其他波长选择性吸收的结果。

饱和度（saturation），是指彩色光所呈现颜色的深浅或纯洁程度，即颜色在光谱中对应的波长范围是否足够窄，频率是否单一。对于同一色调的彩色光而言，其饱和度越高，颜色就越深、越纯，而饱和度越小，颜色就越浅，纯度也越低。高饱和度的彩色光掺入白光后纯度降低，使颜色变浅。100%饱和度的色光代表了完全没有混入白光的纯色光，如激光以及各种光谱色。对物体而言，如果其反射具有极高的选择性并对应很窄的光谱波段，呈现出的颜色的饱和度就很高，而当物体的反射光中混入了其他波长的色光时，其颜色的饱和度就明显降低了。

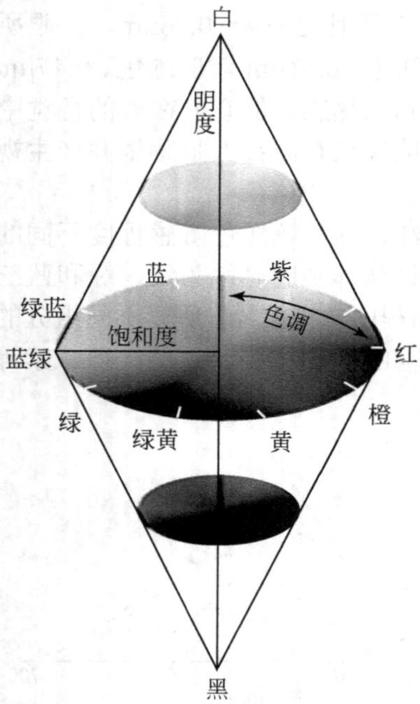

图 6.6　颜色立体模型示意图

为了形象地描述和理解颜色的特性，通常用一个空间三维纺锤体形的颜色立体模型表示色调、明度和饱和度之间的关系。在图 6.6 所示的颜色立体模型中，垂直轴代表白黑系列明度的变化，其顶端是白色，底端是黑色，中间是逐渐过渡的各种灰色。沿垂直轴的上下方向，越在上方明度就越大；圆周上的各点代表光谱上各种不同的色调（红、橙、黄、绿、蓝、紫）。图形的中心是中灰色。中灰色的明度和圆周上各种色调的明度相同；水平圆周面的半径代表颜色的饱和度，从圆心向外颜色的饱和度逐渐增加，在圆周上的各种颜色的饱和度最大。离开中央水平圆周向下或向上方向变化时，颜色的饱和度也会降低。

值得注意的是，上述颜色立体模型只是一个理想化的示意模型。在真实的颜色关系中，饱和度最大的黄色并不在中等明度的地方，而是在靠近白色的明度较高处；饱和度最大的蓝色则在靠近黑色的明度较低处。因此，颜色立体模型中部的色调图像平面应该是倾斜的，黄色部分较高，蓝色部分较低。因为色调平面圆周上的各种饱和色调离开垂直轴的距离也不同，某些颜色能达到较高的饱和度，所以这个圆形平面并不是真正的圆形。

（二）颜色的视觉对比

颜色的视觉对比是指人们在观察图像或屏幕时，目标对象的颜色与周围背景颜色之间的一种交互作用。这种交互作用能引起目标对象的颜色在色调和明度上的视觉变化，对遥感图像的分析、解译有一定的影响。

相邻区域的不同颜色的相互影响称为颜色对比。两种颜色相互作用的结果，使目标对象的颜色向其周围背景颜色的补色方向变化。例如，在一块红色背景中放一小块白纸或灰纸，用眼睛注视白纸中心几分钟，白纸会表现出绿色（红和绿是互补色）。如果背景是黄色，白纸会出现蓝色（黄和蓝是互补色）。在两种颜色的边界处，对比现象更为明显。

当一个颜色（包括灰色）的周围呈现高亮度或低亮度刺激时，这个颜色就向其周围明度的对立方向转化，这种现象称为明度对比。例如，白背景下的灰色地物呈浅黑色，而黑背景下的灰色地物则呈白色。明度对比与视觉中的颜色恒常性相联系，在人的视觉中有重要作用。一块煤在阳光下单位面积的反射光比一张白纸在黑暗处时高 1000 倍，但在视觉中白纸不管在什么样的照明条件下都是白的或灰的，而煤仍然是黑的。这就是说，尽管外界的条件发生了变化，人们仍然能根据物体固有的颜色来感知它们，这就是颜色恒常性的表现。我们周围物体在一天中所受的照度会有很大的变化，中午时的照度要比日出时和日落时高几百倍，但照明条件的变化并没有影响人的视觉对物体颜色的感知，于是人们对周围物体才会有正确的认识。

三、色彩混合的原理

色彩混合是指某一色彩中混入了另一种色彩。经验表明，两种不同的色彩经过混合可获得第三种色彩，自然界的各种颜色都是色彩混合的结果。色彩混合分为色光混合和色料混合两种类型。

原色是指通过其他颜色的混合无法得到的“基本色”。色彩混合时，原色以不同比例混合，理论上可以产生所有的颜色。因为人的肉眼有感知红、绿、蓝三种不同颜色的锥体细胞，所以色彩空间通常可以由三种基本色来表达，这三种颜色被称为“三原色”或“三基色”。一般来说，色光混合的三原色是红色（R）、绿色（G）、蓝色（B），而色料混合的三原色则是青色（C）、品红色（M）、黄色（Y）。

（一）色光加色法混合

两种或两种以上的色光同时反映于人眼，视觉上会产生另一种色光的效果，这种色光混合产生综合色觉的现象称为色光加色法或色光的加色混合。

色光混合的三原色是红色、绿色、蓝色。实验证明，色光三原色等量混合时，在红光和绿光重叠的部分产生黄光，在绿光和蓝光重叠的部分产生青色光，在蓝光和红光重叠的部分产生品红色光，而三原色共同重叠的部分呈现白光［图 6.7（a）］。调节三原色的强度和比例，还会出现其他各种颜色。

在色光混合中，两种原色相加产生的颜色称为间色，三原色等量混合得到白色，即

$$R+G=Y;\ G+B=C;\ R+B=M \quad R+G+B=W \tag{6.3}$$

式中，R、G、B 分别为红色、绿色和蓝色（三原色）；Y、M、C 分别为黄色、品红色和青色（间色）；W 为白色。

若两种颜色混合产生白色光，这两种颜色就称为互补色，如红和青、绿和品红、蓝和黄都是互补色。显然，两种原色相加混合得到的是另一个原色的补色光。即

$$R+C=W;\ G+M=W;\ B+Y=W \tag{6.4}$$

色光加色法混合属于色光的混合。因为混合色的总亮度等于组成混合色的各种色彩光亮

度的总和，所以色光越加越亮，也被称为加光混合。色光加色法原理被广泛应用于电视机、监视器等主动发光的产品中。

（二）色料减色法混合

在光的照射下，各种物体都具有不同的颜色。其中很多物体的颜色是通过色料的涂、染而获得的。凡是涂染后能够使无色物体呈现色彩、有色物体改变颜色的物质均称为色料。色料有染料和颜料之分。

从色料混合实验中人们发现，能透过（或反射）光谱较宽波长范围的青、品红、黄三种色料以不同的比例相混合，能匹配出更多的色彩，得到的色域范围也最大，而这三种色料本身却不能通过其他色料混合而成。因此，我们称青、品红、黄三色为色料的三原色。色料三原色正好能够吸收色光三原色，它们分别是色光三原色的补色。

色料三原色通过等量或非等量混合能调配出各种新色料。把黄色颜料和青色颜料混合起来，因为黄色颜料吸收蓝光，青色颜料吸收红光，所以只有绿色光反射出来，这就是黄色颜料加上青色颜料形成绿色的道理。色料三原色等量混合为黑色，这是因为等量混合过程中红、绿、蓝三种色光全部被吸收的缘故。式（6.5）为色料等量混合的基本规律，式中，BL 为黑色，其他符号表示的颜色与式（6.3）相同。图 6.7（b）更直观地表示了色料三原色混合的规律。

$$
\begin{aligned}
&M+Y=W-G-B=R\\
&C+Y=W-R-B=G\\
&C+M=W-R-G=B\\
&C+M+Y=W-R-G-B=BL
\end{aligned}
\tag{6.5}
$$

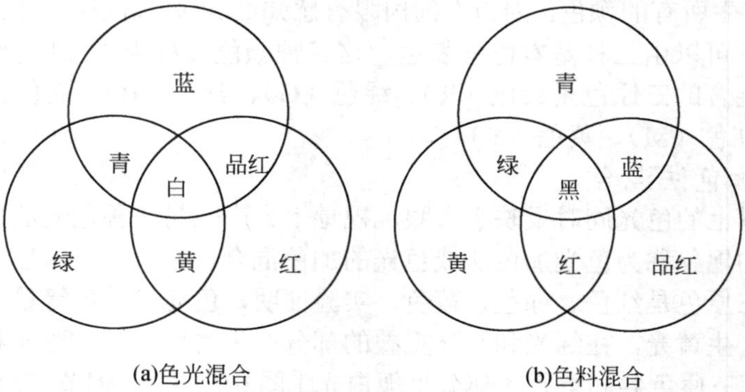

图 6.7　色彩混合方法示意图

在色料的等量混合中，如果两种色料混合得到黑色，我们就把这两种色料称为互补色料，如青与红、品红与绿、黄与蓝分别为一对互补色或互补色料。作为互补色，它们的混合属于色光加色混合，混合后得到白色；作为互补色料，它们的混合属于色料减色混合，混合后得到黑色。

色料本身不发光，但不同色料对外来色光中的红、绿、蓝三色光有不同的吸收和反射能力。色料混合之后形成的新色料，进一步增强了对外来色光的吸收能力，削弱了反射光的亮度。在光照不变的条件下，新色料的反光能力总是低于混合前色料的反光能力，而且明度和纯度都降低了。因此，色料混合也被称为减色混合或减光混合。所谓“减色”，是指加入一种原色色料就会减去入射光中的一种原色色光（补色光）。由此可见，色料减色法混合的本质是，色料对复色光中某一单色光的选择性吸收，并造成了入射光能量的减弱及混合色明度的降低。

色料混合广泛应用在印刷、照相、打印、绘画等领域。彩色印刷品是以黄、品红、青三种油墨加黑油墨印刷的；在彩色照片成像中的三层乳剂层分别是底层的黄色、中间层的品红色、最上层的青色；彩色喷墨打印机也是以黄、品红、青加黑墨盒打印彩色图片的。以上均为色料混合的典型例证。

四、光学图像的处理方法

光学图像的处理也称光学处理或模拟处理，是指利用光学、照相和电子学的方法，并借助一定的光学仪器或设备，改善图像显示效果，增强图像信息，提高图像识别能力的过程。对光学遥感图像来说，常用的处理方法主要有彩色合成、增强处理和光学信息处理等。

（一）光学图像的彩色合成

光学图像的彩色合成是指将多波段黑白航空摄影图像采用色光混合或色料混合的原理，转化为彩色图像的一种传统技术方法。

1. 色光加色法彩色合成技术

色光加色法合成是根据色光加色混合原理制成的各种合成仪器，通过选用不同波段的正片或负片组合进行彩色合成的一种图像处理技术。根据仪器类别可将图像处理方法分为合成仪法和分层曝光法两种。

合成仪法：合成仪法指将不同波段的黑白透明片分别放入有红、绿、蓝三色投影通道的合成仪中，通过精确配准与色光合成处理，生成彩色图像的方法（图 6.8）。这里所说的合成仪有两种：一种是单纯的光学合成系统；另一种是计算机控制式的屏幕合成系统。合成仪法简单易行，获取的图像色彩鲜艳、影像清晰、层次丰富，是遥感光学图像处理的一种常用方法。

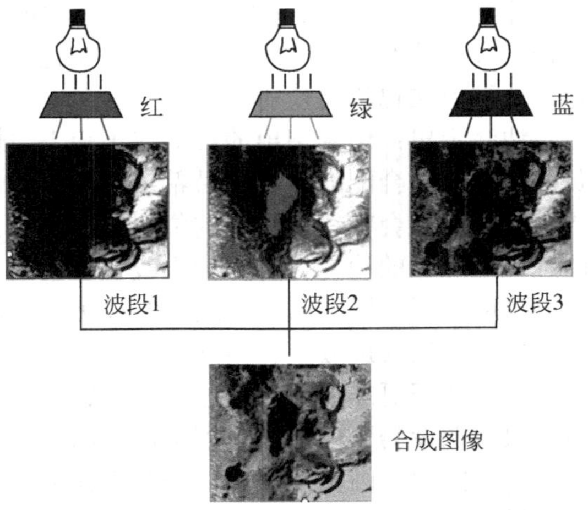

图 6.8　合成仪法示意图

分层曝光法：分层曝光法指在单通道投影仪或放大机中，每次放入一个波段的透明片，并依次使用红、绿、蓝滤光片，分三次或更多次对胶片或相纸曝光，使彩色胶片中的感红层、感绿层、感蓝层依次感光，最后冲洗成彩色片的方法。分层曝光法要求在多次曝光时多张黑白透明片的图像位置完全重合，只有这样才能获得高质量的合成图像。

2. 色料减色法彩色合成技术

色料减色法合成是根据色料减色混合的原理，采用染印、印刷等不同的技术工艺实现光学图像的彩色合成。色料减色法合成主要有染印法和印刷法。

染印法：染印法是一种借助传统印染工艺实现光学图像彩色合成的技术方法。其过程是：首先将几张多波段图像分别拷制成不同波段的正浮雕模片，浮雕模片的凹凸薄厚与原图像色调明暗程度相对应。然后把拷制成的浮雕模片浸泡在不同的染料中。浮雕模片各处厚薄不同，吸附染料的多少也不相同。最后按彩色合成原理，几张吸附不同染料的浮雕模片准确重叠染印到同一接收板纸上，经处理即可得到彩色图像。

印刷法：印刷法是通过彩色制版印刷工艺实现光学图像彩色合成的一种技术方法。该方法利用普通胶印设备，直接使用多波段遥感图像的底片和黄、品红、青三种油墨，经分色、加网、制版、套印等彩色印刷过程，得到彩色合成图像。

（二）光学图像的增强处理

图像增强是图像处理中重要内容之一。光学图像增强处理的目的主要是通过改善图像的视觉效果，提高图像的清晰度或突出图像中的某些专题要素，以便从图像中获取更多有用的信息。

相关掩模法是光学遥感图像处理中最重要的一种方法。对于几何位置完全配准的原片，利用感光条件和摄影处理的差别，制成不同密度、不同反差的正片或负片（称为模片），通过它们的各种不同叠加方案改变原有图像的显示效果，达到信息增强的目的，这就是相关掩模法。该方法可以重点突出某些专题要素或目标，达到增强主题的目的。具体的增强效果可概括为以下几个方面。

改变对比度：使用两张同波段同地区的负片（或正片）进行合成，一张反差适中，另一张反差较小，合成后可提高对比度。而一张反差较大的负片与一张反差较小的正片叠加合成，可降低对比度并消除黑色云影。

显示动态变化：不同时期同一地区的正、负片影像叠合掩模。当被叠合影像反差相同时，凡密度发生变化的部分就是动态变化的位置，由此即可获取该地区专题要素的动态变化信息，这种方法也称比值影像法。

边缘突出：边缘突出的目的在于突出线性特征。先将两张相同反差的同一波段的正片和负片叠合，叠合配准后，再沿希望突出的线性特征的垂直方向使两张片子错位，这样得到的透明片或相片会在线性目标的位置上产生黑白条的假阴影，并呈现出一定的立体效果，从而达到突出影像的边界轮廓、增强线状要素信息和提高目视解译质量的效果。

密度分层：用一张全色底片制成曝光量不足、曝光量中等和曝光量过度或更多级别曝光量的底片，然后选取上述不同的底片组合，用染印法或其他方法叠加合成，得到一幅色彩鲜艳、地物特征更加清晰的彩色图像。这种方法使一张全色底片在图像密度分级的基础上，实现了黑白图像的彩色化，达到了增强图像细节的效果。

专题抽取：图像处理前，仔细研究各类地物在不同波段图像上的光谱特征差异和影像密度差异，然后利用密度差异选择不同密度阈值并制作模片。在此基础上，通过不同波段的正负模片组合，相互叠掩，使一些地物目标的反差为零，在影像上看不到，从而有选择性地保留另外一些地物的信息，这就是专题抽取。这种方法可把经过多次抽取得到的不同类别，通过染印法套印得到一幅彩色专题图像，有助于编制专题类型图。

（三）光学信息处理

利用光学信息处理系统，即一系列光学透镜按一定规律构成的系统，可实现对输入数据并行的线性变换，适宜作二维图像的处理。在遥感光学处理中主要研究相干光学的处理过程，较多地应用干涉和衍射知识。例如，光栅滤波方法可实现图像的相加和相减，利用单色光通过介质时的位相变化实现图像的假彩色编码，可使单波段的图像彩色化。

第三节　数字图像的预处理

遥感数字图像处理涉及的内容很多，大致可分为图像的预处理、图像的增强与变换、图像的融合、图像的分类四种类型。其中，图像的分类处理属于广义上的图像处理范畴，与遥感图像的计算机解译密切相关，因此安排在第八章中讲述。

在遥感数据获取过程中，由于受传感器本身、遥感成像机理以及各种外部因素的综合影响，很难精确记录复杂多变的地表信息，导致遥感图像中不可避免地存在误差和变形。这些误差和变形降低了遥感数据的质量，从而影响了图像分析的精度。因此，在图像分析和信息提取之前，有必要对原始遥感图像进行处理，这种处理就是图像的预处理。

图像的预处理从广义上理解，也称图像纠正和重建，主要包括图像修复、辐射校正、几何校正和图像的镶嵌等。其中，几何校正和辐射校正是图像预处理的核心，其主要目的是纠正原始图像中的几何与辐射变形，即通过对图像获取过程中产生的变形、扭曲、模糊和噪声的纠正，以得到一个尽可能在几何上和辐射上都接近真实的图像。

一、噪声去除

图像噪声是指存在于图像数据中的不必要的或多余的干扰信息。噪声的存在严重影响了遥感图像的质量，因此在图像增强处理和分类处理之前，必须予以纠正。

原始遥感图像中的噪声主要来源于三个方面：①探测元件周期性的变化或故障；②传感器组件之间的干扰；③数据传输与记录过程中的错误。

常见图像噪声包括系统的条带和扫描线丢失。

（一）条带

图像条带是由传感器探测元件的不同响应以及在遥感数据记录、数据传输过程中出现的错误引起的，多出现在多光谱扫描成像过程中，在早期的Landsat/MSS数据中比较常见。具体来说，多光谱扫描仪通过多个探测元件同时扫描多条扫描线，每个波段的探测元件在卫星发射之前，都做了校准和匹配。但部分探测元件的辐射响应随着时间会出现漂移，从而导致相邻扫描行出现明显不同的灰度特征，一些扫描行亮度值高，而另一些则相对低，使图像在整体外观视觉上呈现条纹状效果（图 6.9）。在这些条带的旁边，有时还会出现随机的坏像元，即图像中个别出现错误灰度值的像元，也称散粒噪声。

图像条带可通过去条带处理完成。去条带处理的方法很多，其中的一种方法是编辑一组图像的直方图，每个波段的探测元件对应其中的一个直方图。假设每个波段使用 6 个探测元件进行扫描，那么对于一个给定的波段，第一个直方图对应 1，7，13，…扫描线，第二个直方图对应 2，8，14，…扫描线，以此类推。然后通过对这些直方图的均值、中值的对比分析，识别和判定有问题的探测元件。在此基础上，确定一个调整系数，并以此对存在问题的扫描线上的每个像元值进行改正。

（二）扫描线丢失

扫描线丢失是传感器扫描与采样设备故障以及在数据传输和记录过程中产生的错误，这种错误常常导致图像上部分扫描线数据的缺失。例如，2003 年 5 月 31 日 Landsat-7 ETM+机载扫描行校正器（SLC）出现故障，导致之后获取的图像出现了数据条带丢失，严重影响了该数据的正常使用（图 6.10）。

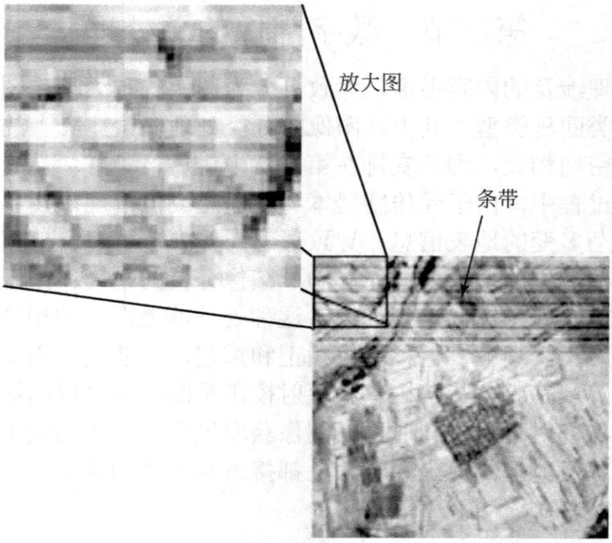

图 6.9　遥感图像中的条带

图 6.10　遥感图像中的扫描线丢失

图像上丢失的扫描线可通过一定的技术方法进行修复。常用的方法是用该扫描线上面的或下面的一条扫描线数据，或上下两条扫描线数据的平均值，填补丢失的扫描线数据（图 6.11）。

40	50	60	67	23	34	45
65	43	5	78	56	9	84
~~43~~	~~56~~	~~7~~	~~8~~	~~98~~	~~23~~	~~45~~
0	0	0	0	0	0	0
~~56~~	~~34~~	~~21~~	~~54~~	~~67~~	~~53~~	~~43~~
21	46	78	34	23	23	45
13	22	14	46	31	30	2
44	3	73	44	33	14	39

(a)修复前的数字图像

40	50	60	67	23	34	45
65	43	5	78	56	9	84
43	56	7	8	98	23	45
49	45	14	31	82	38	44
56	34	21	54	67	53	43
21	46	78	34	23	23	45
13	22	14	46	31	30	2
44	3	73	44	33	14	39

(b)修复后的数字图像

图 6.11　扫描线丢失修复示意图

二、辐射校正

传感器探测并记录地物辐射或反射的电磁波能量时，得到的测量值（辐射亮度）并不是地物本身真实的辐射亮度，这是因为传感器的光电系统特征、太阳高度、地形以及大气条件等多种因素都会对传感器的探测和记录产生一定影响。这种影响造成了遥感图像上地物辐射亮度的失真，并对准确评价地物的反射特征及辐射特征产生不利影响，必须尽量消除。我们把消除图像数据中依附在辐射亮度中的各种失真的过程称为辐射校正。

归纳起来，完整的辐射校正包括传感器辐射定标、大气校正及太阳高度和地形校正（图 6.12）。下面分别讨论这三种辐射校正的方法。

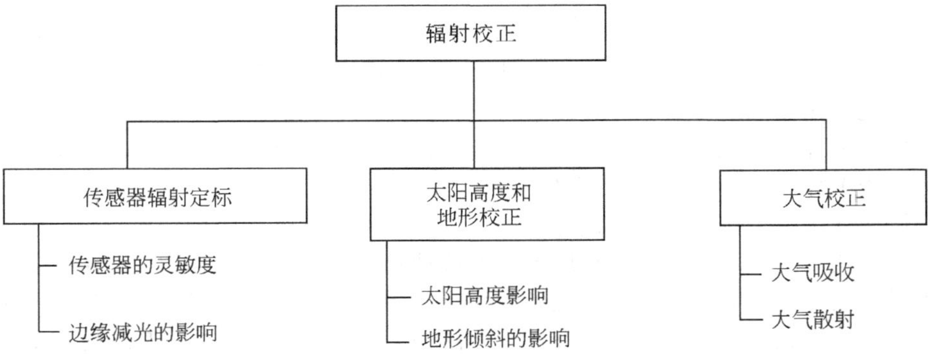

图 6.12　辐射校正的类型

（一）传感器的辐射定标

1. 辐射定标的定义

遥感扫描成像时，传感器接收到的电磁波信号通过光电转换系统转变成了电信号，这种连续变化的电信号需要再经过模数转换器转换成适合计算机传输和存储的离散变量，即像元的亮度值，也称灰度值。像元的亮度值就是前文所说的 DN 值。

遥感数字图像的 DN 值，能反映其对应的地表地物辐射能力的差异，但这种大小是相对的，在不同的图像上有不同的量化标准和量化值，并没有实际的物理意义。同时，图像上每个像元的亮度值中，都隐含着一种在光电转换过程中受传感器灵敏度影响所导致的辐射量误差。因此，当用户需要计算地物的光谱反射率或光谱辐射亮度时，或者需要对不同时间、不同传感器获取的图像进行比较时，都必须将图像的 DN 值转换为辐射亮度。这种将遥感图像的 DN 值转化成绝对光谱辐射亮度的过程就是辐射定标。或者说，辐射定标就是将遥感图像记录的原始 DN 值转换为大气外层表面传感器入瞳处的辐射亮度或反射率的过程。如同尺子上有度量标准、秤有计量标准一样，卫星观测同样需要有精确的数据标准。为了让卫星观测到的数据更加真实地反映实际物理量，必须对卫星观测的数据进行定标处理。辐射定标就相当于给卫星观测这杆“秤”加上准星，如果没有准星，就无法进行定量遥感应用。

辐射定标的目的是消除传感器本身的误差。高精度的辐射定标不仅是传感器性能评价和卫星数据定量化应用的前提，也是不同遥感图像数据比较分析的基础。

2. 辐射定标的类型及方法

辐射定标可分为绝对定标和相对定标。绝对定标是指通过各种标准辐射源，在不同波谱段建立成像光谱仪入瞳处的光谱辐射亮度值与成像光谱仪输出的数字量化值之间的定量关系。相对定标是为了校正传感器中各个探测元件响应度差异而对传感器测量到的原始亮度值进行归一化的一种处理过程，也称为传感器探测元件的归一化。

绝对定标主要有以下三种方法。

（1）实验室定标：在遥感器发射之前对其进行的波长位置、辐射精度、光谱特性等方面的精确测量。内容包括：确定遥感传感器每个波段的中心波长、带宽以及光谱响应函数，并在模拟太空环境的实验室中，建立传感器输出的量化值（DN）与传感器入瞳处的辐射亮度之间的模型。

（2）星上定标：遥感卫星升空后，传感器的性能指标会随着空间环境的变化而变化，之前实验室定标得到的定标参数也会失准，因此星上定标十分必要。有些卫星载有辐射定标源、定标光学系统，在成像时可实时、连续进行定标。光学遥感的星上定标一般采用灯定标、太阳定标和黑体定标。星上定标的优点是实时定标，不足之处是没有模拟传感器的成像状态，同时定标系统不够稳定，影响定标精度。

（3）场地外定标：在地面辐射定标场内，选择若干像元区，当传感器飞越辐射定标场上空时，用精密仪器同步测量传感器对应的各波段地物的光谱反射率和大气环境参量，然后利用大气辐射传输方程求算传感器入瞳处各光谱带的辐射亮度，并确定它与传感器对应输出的数字量化值的数量关系、求解定标参数。该方法的突出特点是实现了卫星成像与大气环境参量、地物反射率测量完全同步条件下的绝对校正。

3. 辐射定标的基本公式

辐射定标通常可通过线性方程实现，即

$$L = \mathrm{Gain} \cdot \mathrm{DN} + \mathrm{bias} \tag{6.6}$$

式中，DN 为像元的亮度值；L 为传感器入瞳处的辐射亮度，单位为 $\mathrm{W \cdot m^{-2} \cdot sr^{-1} \cdot \mu m^{-1}}$；Gain、bias 是传感器的定标参数，分别代表传感器的增益系数和偏移系数。不同传感器有不同的定标参数，用户可以从遥感图像的头文件中读取定标参数。

辐射定标也可以把 DN 值转换为表观反射率，计算公式为

$$\rho = \pi \cdot L \cdot d_s^2 / (E_0 \cos\theta) \tag{6.7}$$

式中，ρ 为表观反射率；d_s 为日地天文距离；E_0 为太阳辐照度；θ 为太阳天顶角。表观反射率是指大气层顶的反射率，是辐射定标的结果之一，由地表反射率和大气反射率组成。表观反射率经过大气校正后可得到地表反射率。

（二）大气校正

太阳辐射进入大气层后，会发生反射、折射、吸收、散射和透射等现象。其中，对传感器接收地面目标辐射影响最大的是吸收和散射作用。大气的吸收和散射造成了入射太阳辐射能量和从目标反射能量的衰减，同时，大气本身的散射光也有一部分直接或经过地面反射进入到了传感器（图 6.13）。因此，传感器最终测得的地面目标的总辐射亮度 L，由经过大气衰减后的地面目标辐射亮度 L_G 和大气本身的程辐射 L_P 两部分组成，即

$$L = L_G \tau + L_P = \frac{\rho E \tau}{\pi} + L_P \tag{6.8}$$

式中，ρ 为地面目标的半球反射率；τ 为大气透射率；E 为地面目标的辐照度，来源于太阳直射光和天空漫射光。

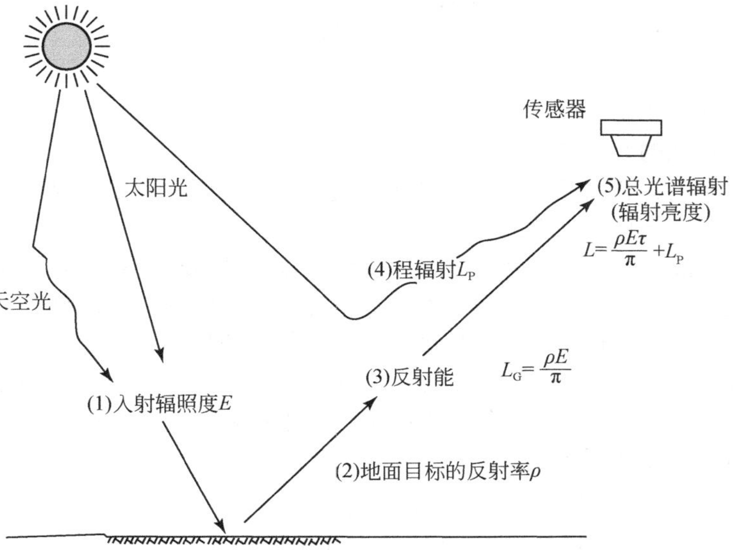

图 6.13　太阳辐射和大气的相互作用（赵英时等，2013）

以上分析表明：传感器最终测得的地面目标的总辐射亮度并不是地表真实反射率的反映，其中包含了由大气吸收，尤其是散射作用造成的辐射量误差。大气校正的目的就是消除这些由大气影响所造成的辐射误差，反演地物真实的表面反射率。大气校正是遥感图像辐射校正的主要内容，是获得地表真实反射率必不可少的技术过程。

大气校正的方法可分为绝对大气校正和相对大气校正，前者是将遥感图像的 DN 值转换为地表反射率或地表辐射亮度、地表温度等参数；后者只是对灰度图像中的 DN 值进行校正，其结果不考虑地物的实际反射率。

大气校正的方法主要有以下几种。

1. 基于辐射传输方程的大气校正

基于辐射传输方程的大气校正是利用电磁波在大气层中的辐射传输原理，通过建立模型的方法实现对遥感图像的大气校正处理。该方法具有较高的辐射校正精度。常用的辐射传输模型有：6S 模型、LOWTRAN 模型、MORTRAN 模型、ATCOR 模型等。

模型法需要确定大气参数。以 6S 模型为例，需要输入的参数包括：太阳和传感器位置的几何参数、大气组分参数、气溶胶组分参数、光谱条件参数，等等。6S 模型对主要大气效应，如 H_2O、O_3、O_2、CO_2、CH_4、N_2O 等气体的吸收以及大气分子和气溶胶的散射作用都进行了考虑。该方法不仅可以模拟地表非均一性，还可以模拟地表的双向反射特性，与其他模型相比有比较高的精度。

2. 基于线性回归经验模型的大气校正

指同步获取遥感图像上特定地物的灰度值及其卫星成像时刻相应的地面目标反射光谱的测量值，在此基础上建立两者之间的线性回归方程，从而完成对整幅遥感图像的辐射校正。建立的回归方程为

$$L = a + bR \tag{6.9}$$

式中，L 为卫星观测值；R 为地物的反射率；a 为常数；b 为回归系数。设 $bR=L_a$ 为未受大气影响的地面实测值，则 $L=a+L_a$，a 即为大气影响，因此，可以得到大气影响 $a=L-L_a$。设 L_G 为大气校正后的像元亮度值，则大气校正公式可以表示为

$$L_G = L - a \tag{6.10}$$

这种方法物理意义明确、计算简单，但成本较高，且对地面点有比较严格的要求。

3. 基于图像特征的大气校正

这种方法仅利用遥感图像自身的信息特征就能完成对图像数据的辐射定标，并不需要进行实际地面光谱及大气环境参数的测量。

（1）最小值去除法。假设图像上存在“黑色目标”，即反射率为 0 的区域，如水体、山体阴影等。理论上，这些“黑色目标”对应的像元亮度值应该为 0，而事实上并不为 0，这个增值就是来自大气散射作用引起的程辐射，是图像上的最小亮度值。图像校正时，首先准确找出这些“黑色目标”，并确定其对应的最小亮度值的大小。然后，将图像上每个像元的亮度值都减去这个最小值，这样就等于消除了大气程辐射的影响，实现了校正的目的。这种方法就是最小值去除法（图 6.14）。

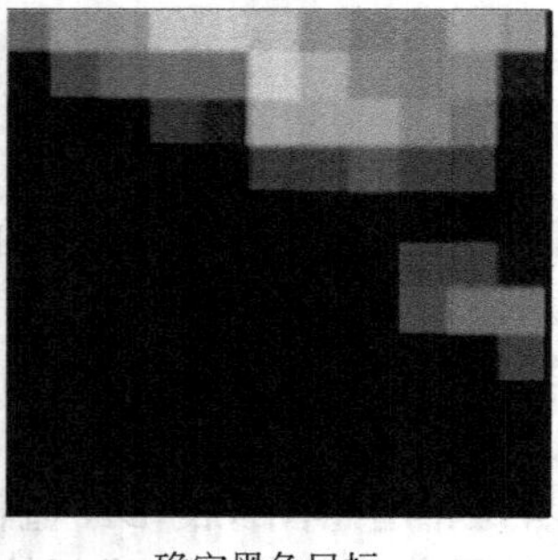

确定黑色目标

37	49	49	63	63	61	48	43	43	54	49	41
18	31	37	39	39	66	57	46	43	45	24	24
5	8	16	27	24	56	55	55	46	42	19	6
5	5	7	7	16	28	28	33	28	28	9	5
5	4	5	5	6	6	15	15	10	16	5	5
4	4	4	4	4	4	6	15	28	29	32	6
4	4	4	4	4	4	4	4	31	40	40	20
4	4	4	4	4	4	4	4	4	15	29	22
4	4	4	4	4	4	4	4	4	4	6	17
4	4	4	4	4	4	4	4	4	4	4	4

找到最小亮度值

33	45	45	59	59	57	44	39	39	50	45	37
14	27	33	35	35	62	53	42	39	41	20	20
1	4	12	23	20	52	51	51	42	38	15	2
1	1	3	3	12	24	24	29	24	24	5	1
1	0	1	1	2	2	11	11	10	12	1	1
0	0	0	0	0	0	2	11	24	25	28	2
0	0	0	0	0	0	0	0	27	32	36	16
0	0	0	0	0	0	0	0	0	11	25	18
0	0	0	0	0	0	0	0	0	0	2	13
0	0	0	0	0	0	0	0	0	0	0	0

减去最小亮度值

图 6.14　最小值去除法示意图

（2）回归分析法。一般来说，程辐射主要来自米氏散射，且散射强度随波长的增加而减小，到红外波段几乎接近于 0。因此，可以用红外波段的数据校正受大气影响严重的其他波段的数据。现以 TM 图像的校正为例，用 TM5 波段校正 TM1 波段的方法是：在两个波段图像上，选择一系列由亮到暗的目标，并在二维光谱空间中对目标像元的亮度值进行回归分析（图 6.15）。得到的回归方程为

$$L_1 = a + bL_5 \tag{6.11}$$

式中，L_1、L_5 分别为 TM1 和 TM5 波段像元的亮度值；a 为回归直线在 L_1 轴上的截距；b 为斜率，计算表达式为

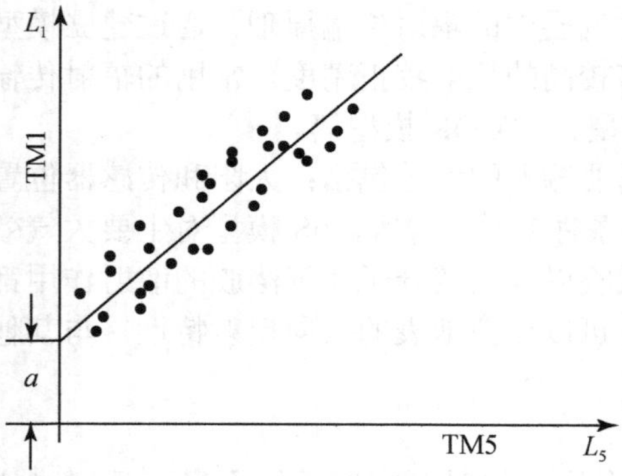

图 6.15　波段回归分析法示意图

$$b = \frac{\sum (L_5 - \overline{L}_5)(L_1 - \overline{L}_1)}{\sum (L_5 - \overline{L}_5)} \tag{6.12}$$

式中，$\overline{L}_1$、$\overline{L}_5$分别为 TM1 和 TM5 波段像元亮度的平均值。

通过回归分析，可以认为截距 a 就是 TM1 波段的程辐射。因此，从 TM1 波段中每个像元的亮度值中减去 a，就等于去掉了程辐射为主的大气影响。同理，利用 TM5 波段可以依次完成其他波段的校正。

（三）太阳高度和地形校正

为了获得每个像元真实的光谱反射，经过传感器和大气校正的图像还需要更多的外部信息进行太阳高度和地形校正。

1. 太阳高度校正

太阳高度校正主要是消除由太阳高度角导致的辐射误差，即将太阳光倾斜照射时获取的图像校正成太阳光垂直照射条件下的图像。

一景遥感图像成像时的太阳高度角θ可以在图像的元数据文件中找到，也可以根据图像所处的地理位置、成像的季节和时间等因素确定为

$$\cos\theta = \sin\varphi \cdot \sin\delta \pm \cos\varphi \cdot \sin\delta \cdot \cos t \tag{6.13}$$

式中，φ为图像所处的地理纬度；δ为太阳赤纬（成像时太阳直射点的地理纬度）；t 为时角（地区经度与成像时太阳直射点地区的经度差）。

太阳高度校正是通过调整一幅图像内的平均亮度值实现的。当太阳高度角为θ时，得到的图像 $g(x, y)$与直射时的图像 $f(x, y)$之间的关系为

$$f(x,y) = \frac{g(x,y)}{\sin\theta} \tag{6.14}$$

如果不考虑天空光的影响，各波段图像可采用相同的θ进行校正，或者可用式（6.15）进行校正。

$$\mathrm{DN}' = \mathrm{DN} \cdot \cos i \tag{6.15}$$

式中，i 为太阳天顶角；DN′为校正后的亮度值；DN 为原来的亮度值。这种校正或补偿，主要用于不同季节获取的多时相图像的校正。

图像镶嵌时，如果相邻图像是不同时期获取的，太阳高度校正则是非常必要的。校正的方法是以其中一景图像为标准图像来校正其他图像。若标准图像的太阳天顶角为 i_1，待校正图像的太阳天顶角为 i_2，其亮度值用 DN 表示，则校正后的亮度值 DN′为

$$\mathrm{DN}' = \mathrm{DN} \cdot \frac{\cos i_1}{\cos i_2} \tag{6.16}$$

图像上的阴影通常也是由太阳高度角引起的。一般情况下，图像上地形和地物的阴影是难以消除的，但对于多光谱图像来说，利用波段比值法可以消除阴影的影响。

2. 地形校正

地表反射到传感器的太阳辐射亮度与地表坡度有关。这种由地表坡度产生的辐射误差可利用地表法线向量与太阳入射向量之间的夹角校正。

设光线垂直入射时水平地面接收到的光照强度为 I_0，那么，坡度为 a 的坡面上入射点的光强度 I 就可以表示为：$I = I_0 \cdot \cos a$。设坡度为 a 的坡面上的图像为 $g(x, y)$，则校正后的图像 $f(x, y)= g(x, y)/\cos a$。由此可见，地形校正需要区域的 DEM（数字高程模型）数据，否则

校正会较为麻烦。对于高山峡谷地区的图像，地形校正是非常必要的。

（四）地面辐射校正场建设及其意义

建立地面辐射校正场，对卫星传感器进行绝对定标、实现卫星传感器之间数据的相互匹配，是卫星遥感定量化发展的必然要求。

（1）建立地面辐射校正场符合遥感数据定量化的需要：在轨运行的卫星传感器输出的数据是没有实际物理意义的相对值，只有经过地面辐射场的定标处理并转化成传感器对应像元、地物的实际辐射亮度值后，才能在遥感定量化研究中发挥作用。

（2）建立地面辐射校正场可以弥补星上定标的不足：在轨卫星运行的外层空间辐照环境恶劣，卫星传感器星上定标精度有限，难以满足定量产品的精度要求。

（3）满足多种传感器和多时相遥感资料的应用需要：通过建立地面辐射校正场，对卫星传感器进行绝对辐射定标，能够实现卫星传感器之间数据的相互匹配，并在统一的标准下进行有效的比较和综合应用。

目前世界上代表性的地面校正场有：1979 年美国在新墨西哥州建成的白沙地面辐射定标场，1987 年法国在马赛西北建成的 La Crau 地面辐射定标场。此外，还有美国的 Railroad Valley Playa 辐射定标场、加拿大的 Newell Country 辐射定标场，等等。

为适应卫星定量遥感技术和遥感数据定量化应用水平，我国于 2000 年建成了“中国遥感卫星辐射校正场”。“中国遥感卫星辐射校正场”有两个外场：敦煌可见光近红外野外观测场和青海湖热红外野外观测场；2013 年，由中国资源卫星中心、武汉大学和解放军信息工程大学联合建设了嵩山卫星遥感定标场，这是我国首个遥感卫星在轨定标固定式靶标场；“十二五”期间，国家在内蒙古包头建立了针对航空、面向航天，集载荷严格航空校飞、在轨定标与性能评测、产品真实性检验功能于一体的包头遥感综合验证场，该验证场于 2014 年 1 月正式选入国际对地观测卫星委员会（CEOS）全球自主定标场网，成为与美国 Railroad Valley Playa、法国 La Crau 和欧洲空间局定标场并列的首批四个示范场之一；2016 年，科技部国家遥感中心在内蒙古包头建成了“国家高分辨遥感综合定标场”。

三、几何校正

遥感成像过程中，受多种因素的综合影响，原始图像上地物的几何位置、形状、大小、尺寸、方位等特征与其对应的地面地物的特征往往是不一致的，这种不一致就是几何变形，也称几何畸变。

原始图像的几何畸变给多源遥感数据的融合、不同时相遥感数据的对比分析、遥感数据与地图数据的叠置分析等造成了困难，因此在实际应用中需要对原始图像进行几何校正处理。几何校正是消除图像的几何变形，实现原始图像与标准图像或地图的几何整合的过程。

（一）遥感图像变形的原因分析

遥感图像的几何变形误差可分为内部误差和外部误差。

内部误差主要是由于传感器自身的性能、技术指标偏离标称数值所造成的。例如，对于多光谱扫描仪，有扫描线首末点成像时间差、不同波段相同扫描线的成像时间差、扫描镜旋转速度不均匀、扫描线的非直线性和非平行性、光电检测器的非对中等误差。内部误差因传感器的结构不同而不同，且误差值不大，故本书不予讨论。

外部变形误差指的是传感器本身在正常工作条件下，由传感器以外的其他因素所造成的误差。影响外部变形误差的主要因素有以下几个方面。

1. 传感器外方位元素变化的影响

传感器的外方位元素是指传感器成像时的位置（X，Y，Z）和姿态角（φ，ω，κ）。当外方位元素偏离标准位置而出现变动时，就会使图像产生变形。这种变形由地物点图像的坐标误差表示，并可通过传感器的构像方程进行求解。

就光-机扫描成像而言，不同成像瞬间传感器的外方位元素可能各不相同，因而相应的变形误差方程式只能表达该扫描瞬间图像上相应点、线所在位置的局部变形，整个图像的变形则是所有瞬间局部变形的综合呈现。图 6.16 直观表示了各个外方位元素单独引起的图像变形及其综合变形情况。

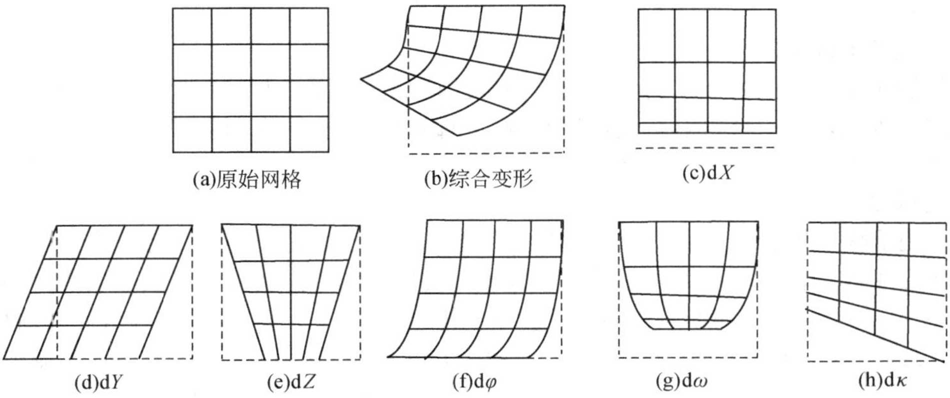

图 6.16　外方位元素引起的动态扫描图像变形

2. 地形起伏的影响

当地面存在起伏时，对于高于或低于某一基准面的地面点来说，其在图像上的像点与其在基准面上垂直投影时的构像点之间，会出现直线位移，这种因地形起伏造成的像点位移就是投影误差。在第三章中，对投影误差的形成和变形规律已做了详细的阐述，在此不再赘述。

3. 地球表面曲率的影响

地球是个椭球体，其表面曲率对遥感成像过程的影响主要表现在两个方面：一是引起像点位移；二是像元对应的地面宽度不等。

地球表面是曲面，当选择的地图投影面是地球的切平面时，地面点 P_0 相对于投影平面点 P 有一定的高差Δh，并在投影面上产生像点位移Δr，这种位移与地形起伏引起的像点位移很类似，如图 6.17（a）所示。

传感器扫描过程中，虽然每个探测元件对应的瞬时视场角都是相等的，但遥感图像上沿扫描方向上的一组像元所对应的地面宽度却并不相同，星下点像元对应的地面宽度最小，向两侧逐渐增大。如图 6.17（b）所示，如果地面是水平面，这种差别并不大，但地球表面是曲面，曲面使这种差别变得更加明显（$P_3-P_1>L_3-L_1$）。因此，当传感器的总视场角较大时，会造成图像边缘区的地物在成像时被压缩显示。

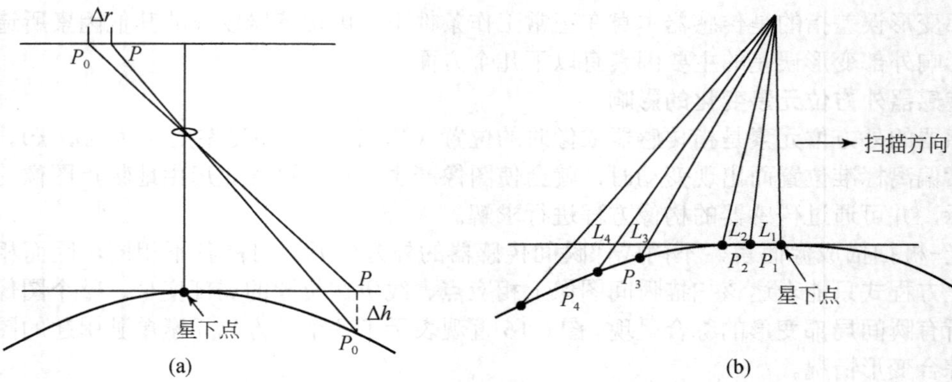

图 6.17 地球表面曲率对图像的影响

4. 大气折射的影响

大气层不是均匀的介质，其密度随着高度的增加而递减，并导致大气层的折射率发生相应的变化。因此，受大气折射率变化的影响，电磁辐射传播的方向从理想中的直线变成了曲线，从而引起遥感成像过程中的像点位移。

5. 地球自转的影响

对常规框幅式摄影成像来说，因为整幅图像的成像过程是瞬间一次曝光完成的，所以地球自转不会引起图像变形。而对卫星遥感来说，传感器的动态成像过程必然会受到地球自转的影响。多数卫星在降轨阶段，即卫星自北向南运行时接收图像，因此，受地球自西向东自转的影响，扫描线在地面的投影依次向西偏移，从而导致最终获取的遥感图像产生扭曲变形。

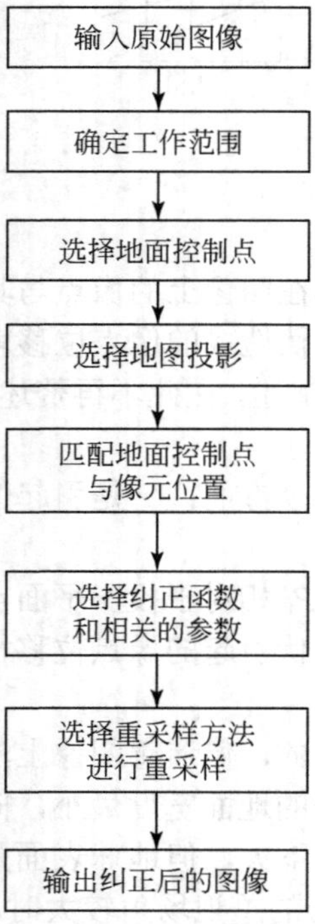

图 6.18 几何精校正的过程和步骤

（二）几何精校正

遥感图像的几何校正包括两个层次：第一层次的校正为粗校正；第二层次的校正为几何精校正。粗校正是地面站根据测定的与传感器有关的各种校正参数对接收到的遥感数据所做的校正处理，这种校正对消除传感器内部畸变很有效，但校正后的图像仍有较大的残差。因此，用户获得经过粗校正的数据后，由于使用目的的不同或投影及比例尺的不同，仍需要作进一步的几何校正，即精校正处理。

几何精校正也称几何配准，是指消除图像中的几何变形，产生一幅符合某种地图投影或图形表达要求的新图像。几何精校正回避了成像的空间几何过程，并且认为遥感图像的总体几何畸变是挤压、扭曲、缩放、偏移及其他变形综合作用的结果。因此，校正时利用地面控制点数据确定一个模拟几何畸变的数学模型，并以此建立原始图像空间与标准空间的某种对应关系，把原始图像中的全部像素变换到标准空间中，从而实现图像的几何校正。完整的几何精校正的过程和步骤如图 6.18 所示。下面重点讨论基于多项式的几何精校正过程中几个最重要的技术环节。

1. 地面控制点及其选取

地面控制点是几何校正中用于建立图像坐标与地面参考坐标之

间转换模型的地面上已知的坐标点。几何校正中出现的问题，绝大多数都是因为控制点选择不当造成的，因此控制点选择的好坏，直接影响图像校正的效果。

（1）控制点的数量要求。通常控制点数量是由多项式的结构确定的。一阶多项式有 6 个系数，需要 3 个控制点的 3 对坐标值才能求解。二阶多项式有 12 个系数，需要 6 个控制点的 6 对坐标值才能求解。以此类推，n 阶多项式控制点的最小数量为（n+1）（n+2）/2。实践表明，使用最小数量的控制点校正图像的效果往往并不好。因此，在条件允许的情况下，控制点的数量都要比最低数量要求大很多。

（2）控制点选取的原则。从定位角度来说，地面控制点在图像上要有明显、清晰的识别标志，如道路交叉点、河流汊口、特征地物的边界拐点等；从分布上来说，地面控制点在整幅图像上的空间分布要相对均匀，特征变化大的区域控制点可以适当多一些，同时要注意避免控制点之间构成直线关系。

（3）控制点坐标的确定。地面控制点的坐标可以通过地形图或现场实测获取。大比例尺地形图能提供精确的坐标信息，是获取控制点坐标的主要数据来源。对于现势性要求比较高的数据，可通过现场 GPS 测量获取控制点坐标。

2. 构建多项式纠正模型

地面控制点确定后，要分别读出各个控制点在图像上的像元坐标（x，y）及其在参考图像或地图上的坐标（X，Y）。图像上的像元坐标一般是其行列号，也可以是变形的地理坐标；参考图上的坐标可以是经纬度，也可以是统一的平面投影坐标，如高斯-克吕格投影。一般来说，可以把原始变形图像看成是某种曲面，输出图像作为规则平面。从理论上讲，任何曲面都能以适当高次的多项式来拟合。

下一步是构建多项式模型，即建立图像坐标（x，y）与其参考坐标（X，Y）之间的关系式。多项式纠正模型的数学表达式为

$$\begin{cases} x = \sum_{i=0}^{N}\sum_{j=0}^{N-i} a_{ij} X^i X^j \\ y = \sum_{i=0}^{N}\sum_{j=0}^{N-i} b_{ij} X^i X^j \end{cases} \tag{6.17}$$

式中，a_{ij}、b_{ij} 为多项式系数；N 为多项式的次数。N 的选取取决于图像的变形程度、地面控制点的数量和地形位移的大小。对于多数具有中等几何变形的小区域的卫星图像来说，一次线性多项式可以纠正六种几何变形，包括 X、Y 方向的平移，X、Y 方向的比例尺变形、倾斜和旋转，从而取得足够的纠正精度。对变形比较严重的图像或当精度要求较高时，可用二次或三次多项式。

$$\begin{cases} x = a_0 + a_1 X + a_2 Y + a_3 X^2 + a_4 XY + a_5 Y^2 + \cdots \\ y = b_0 + b_1 X + b_2 Y + b_3 X^2 + b_4 XY + b_5 Y^2 + \cdots \end{cases} \tag{6.18}$$

当多项式的次数选定后，用所选定的控制点坐标，按最小二乘法回归求出多项式系数，然后用下面的公式计算每个地面控制点的均方根误差 RMS_{error}。

$$RMS_{error} = \sqrt{(x'-x)^2 + (y'-y)^2} \tag{6.19}$$

式中，x、y 为地面控制点在原图像中的坐标；x'、y'是对应于相应的多项式计算的控制点坐标。通过计算每个控制点的均方根误差，既可检查有较大误差的地面控制点，又可得到累积的总

体均方根误差。如果控制点的实际总均方根误差超过了用户可以接受的最大总均方根误差，则需要删除具有最大均方根误差的地面控制点，必要时需选取新的控制点或对原有控制点进行调整，重新计算多项式系数和 RMS_{error}，直至达到所要求的精度为止。

多项式纠正模型确定后，对整幅图像的全部像元进行坐标变换，重新定位以达到纠正的目的。

3. 重采样，确定像元亮度值

重新定位后的像元在原始图像中分布是不均匀的，即输出图像像元点在输入图像中的行列号不是或不全是整数关系。因此需要根据输出图像上的各像元在输入图像中的位置，对原始图像按一定规则进行亮度值的插值计算，构建新的图像矩阵，这就是重采样。

常用的重采样方法主要有最邻近法、双线性内插法和三次卷积内插法。

（1）最邻近法。最邻近法是将最邻近的像元值赋予新像元的一种重采样方法［图 6.19（a）］。该方法的优点是输出图像仍然保持原来的像元值，采样算法简单，计算速度快。但这种方法最大可产生半个像元的位置偏移，可能造成输出图像中某些地物的不连贯。

（2）双线性内插法。使用邻近 4 个点的像元值，按照其距内插点的距离赋予不同的权重，进行线性内插［图 6.19（b）］。该方法具有平均化的滤波效果，边缘受到平滑作用，能产生一幅比较连贯的输出图像，缺点是破坏了原来的像元值，给后期图像的光谱识别分类带来一些问题。

（3）三次卷积内插法。使用内插点周围的 16 个像元值，用三次卷积函数进行内插［图 6.19（c）］。这种方法对图像边缘有所增强，并具有均衡化和清晰化的效果。但它仍然破坏了原来的像元值，且计算量较大。

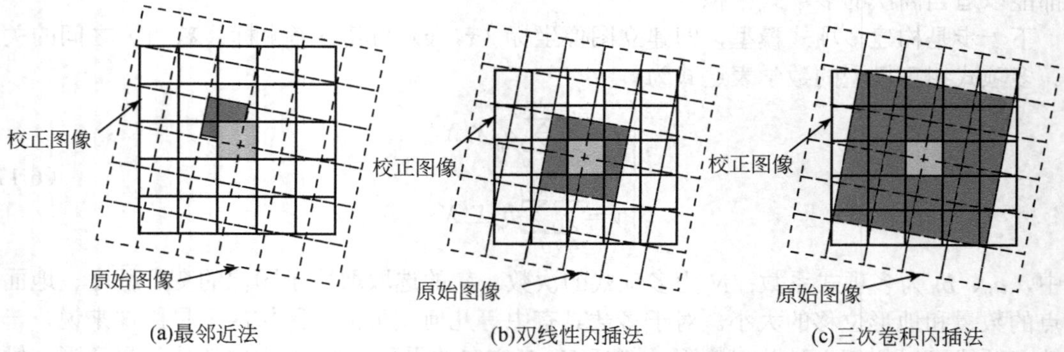

图 6.19　三种常用的重采样方法

四、数字图像的镶嵌

图像镶嵌是指当研究区超出单幅遥感图像所覆盖的范围时，将两幅或多幅图像拼接起来形成一整幅覆盖全区的较大图像的过程。实现遥感数字图像高质量“无缝”镶嵌，需要注意以下三个方面的问题。

（1）要从待拼接的多幅图像中选择一幅参照图像，作为镶嵌过程中对比度匹配以及镶嵌后输出图像的地理投影、像元大小、数据类型的基准。

（2）要保证相邻图幅间有足够的重叠区，而且在重叠区各图像之间应有较高的配准精度，必要时要在图像之间利用控制点进行配准。

（3）由于受成像时间以及传感器性能等多方面因素的综合影响，相邻图像的对比度及亮度值会有差异，因而需要在全幅或重叠区进行相应的匹配处理，使镶嵌后输出图像的亮度值和对比度均衡化。最常用的图像匹配方法有直方图匹配和彩色亮度匹配。

第四节　数字图像的增强与变换

图像的增强与变换是为了突出相关专题信息，提高图像的视觉效果，使分析者能更容易地识别图像内容，从图像中提取更有用的定量化信息。前者侧重于图像增强，后者侧重于变换和主要的特征信息提取。图像增强与变换通常都是在图像预处理之后进行的。

一、对比度增强

多数图像上的亮度范围通常都小于传感器设计的动态记录范围，从而导致图像的对比度不高，进而影响了图像的视觉效果。对比度增强也称图像拉伸或反差增强，是通过改变图像像元的亮度值来提高图像全部或局部的对比度，改善图像质量的一种方法。

图像直方图是表示图像中像元亮度的分布区间以及每个亮度值出现频率的一种统计图。直方图中，横坐标表示亮度值，纵坐标可以是像元数，也可以是每个亮度值出现的频率（图 6.20）。

1	5	5	4	0	3	4
3	2	7	2	10	2	10
5	2	2	5	1	3	0
6	4	8	8	3	3	9
1	8	1	9	2	1	2
8	9	5	1	4	6	4
10	7	7	5	1	4	6

(a)数字图像

亮度值	数量
0	2
1	7
2	7
3	5
4	6
5	6
6	3
7	3
8	4
9	3
10	3

(b)统计

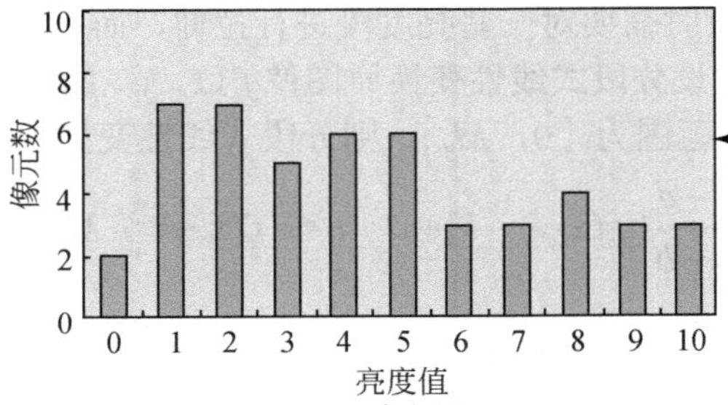

(c)直方图

图 6.20　图像直方图示意图

每一幅图像都有唯一对应的直方图，分析直方图的形态可以粗略地评价图像的质量。一般来说，直方图接近正态分布，说明图像对比度适中；直方图峰值位置偏向亮度坐标轴左侧，说明图像偏暗；峰值位置偏向亮度坐标轴右侧，则说明图像偏亮。图 6.21 为几种常见的直方图。

常用的对比度增强方法有线性变换、非线性变换、直方图均衡化等。

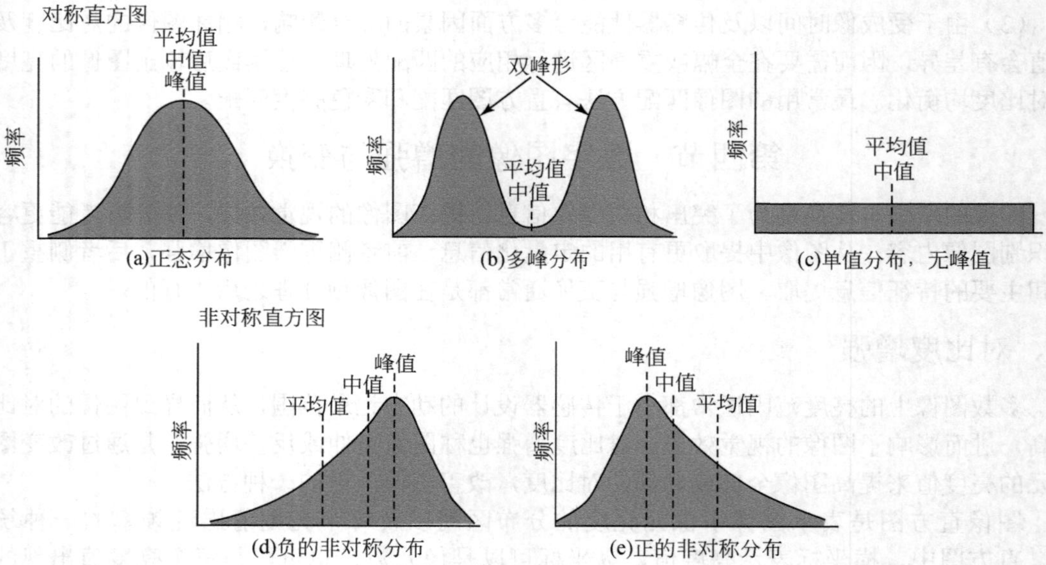

图 6.21　几种常见的直方图（Jensen，2007）

（一）线性变换

对比度增强必然要改变图像像元的亮度值，并且这种改变需要遵循某种数学规律，即选择一个恰当的变换函数。如果变换函数是线性的，这种变换就是线性变换。线性变换是增强图像对比度最常用的方法。

假设原图像 $f(x, y)$ 的亮度范围为［a，b］，变换后的图像 $g(x, y)$ 的亮度值扩展到［c，d］，则线性变换的基本公式为

$$g(x,y)=\frac{d-c}{b-a}[f(x,y)-a]+c \tag{6.20}$$

根据图像亮度的分布特点，有时需要对一些亮度段进行拉伸，而对另一些亮度段进行压缩，这种变换称为分段式变换。假设分段式线性变换原图像 $f(x, y)$ 的亮度范围为［0，M_f］，变换后的图像 $g(x, y)$ 的亮度值范围为［0，M_g］，则分段式线性变换的基本公式为

$$g(x,y)=\begin{cases}\dfrac{M_g-d}{M_f-b}[f(x,y)-b]+d & b\leqslant f(x,y)\leqslant M_f\\[2ex] \dfrac{d-c}{b-a}[f(x,y)-a]+c & a\leqslant f(x,y)\leqslant b\\[2ex] \dfrac{c}{a}f(x,y) & 0\leqslant f(x,y)<a\end{cases} \tag{6.21}$$

图 6.22 是线性变换的示意图。

（二）非线性变换

如果变换函数是非线性的，这种变换就是非线性变换。常见的非线性变换有指数变换和对数变换。

指数变换采用指数函数进行图像的变换处理，对图像中的高亮度区有拉伸效果，而对低亮度区有压缩效果［图 6.23（a）］。指数变换的数学表达式为

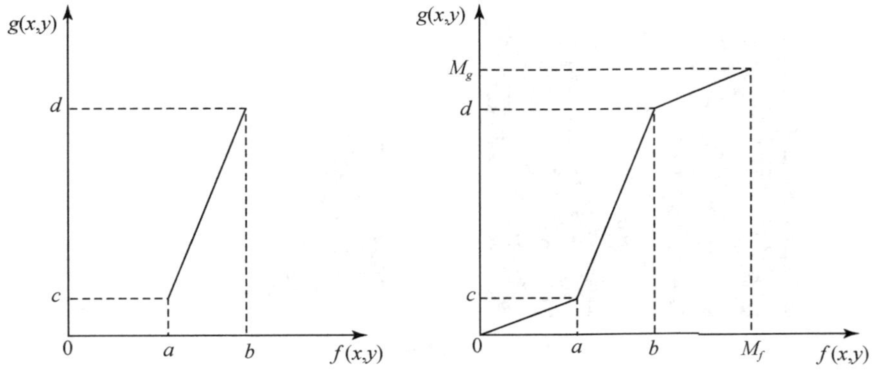

(a)简单线性变换　　(b)分段式线性变换

图 6.22　线性变换示意图

$$g(x,y)=b\cdot \mathrm{e}^{a\cdot f(x,y)}+c \tag{6.22}$$

式中，$f(x,y)$为原图像；$g(x,y)$为变换后的图像；a、b、c 为可调参数，其变化能实现不同的拉伸或压缩比例。

对数变换采用对数函数进行图像的变换处理。与指数变换相反，对数变换对图像中的高亮度区有压缩效果，而对低亮度区有拉伸效果［图 6.23（b）］。对数变换的数学表达式为

$$g(x,y)=b\cdot \log[a\cdot f(x,y)+1]+c \tag{6.23}$$

式中，a、b、c 仍为可调参数，意义同上。

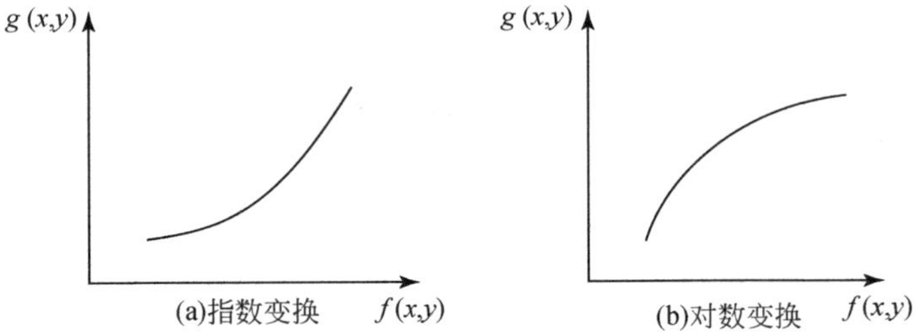

(a)指数变换　　(b)对数变换

图 6.23　指数变换与对数变换示意图

（三）直方图均衡化

直方图均衡化的基本思想是对原始图像的像元亮度值做某种映射变换，使变换后图像亮度的概率密度呈均匀分布，即变换后图像的亮度值均匀分布。从图 6.24 可以看出，原始的 SPOT-PAN 图像上像元亮度值偏低，且集中在比较窄的亮度区间，因此图像的对比度不高。经过直方图均衡化处理后，像元亮度值区间得到了充分的扩展，占据了整个图像所允许的范围，从而使原始图像上一些具有不同亮度值的像元具有了相同的亮度值，而原来一些相似的亮度值则被拉开，图像的对比度得到了显著增强。

直方图均衡化可提高图像中细节部分的分辨度，改变亮度值和图像纹理结构之间的关系。正因为如此，经过直方图均衡化的图像一般不能用来提取纹理结构或者生态物理（如 NDVI）方面的信息。

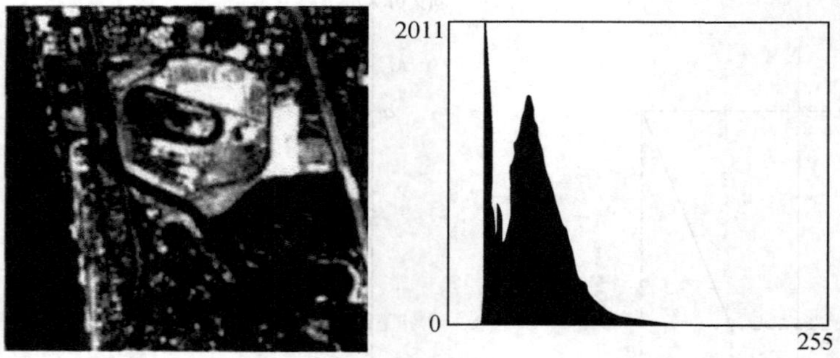

(a)SPOT-PAN原图像及对应直方图

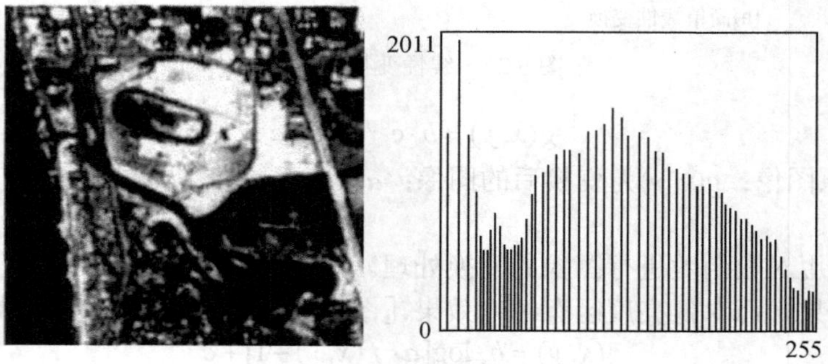

(b)均衡化后的图像及对应直方图

图 6.24　SPOT-PAN 图像的直方图均衡化（赵英时，2014）

（四）直方图匹配

直方图匹配也称直方图规定化，是指使一幅图像的直方图变成规定形状的直方图而进行的图像增强方法（图 6.25）。

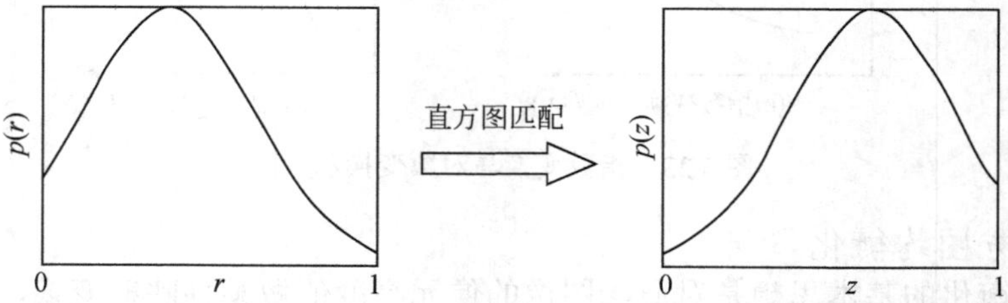

(a)原直方图　　(b)规定的直方图

图 6.25　直方图匹配法示意图

直方图匹配在遥感图像处理中的作用是：①图像镶嵌过程中调节图像的灰度，使相邻两幅图像的色调和反差趋于相同；②多时相图像处理中以一个时相的图像为标准，调节另一幅图像的色调与反差，以便作进一步的运算；③以一幅增强后色调和反差比较满意的图像为标准，对另一幅图像作处理，期望得到类似的结果。

以上几种对比度增强方法各有特点，实际应用中用户需要根据应用目标并结合原始图像的直方图特征，选择恰当的增强方法。值得强调的是，多数算法都会引起部分图像信息的丢失，因此对比度增强主要用于提高图像的视觉显示效果，并不适合对增强后的图像作图像分类和变化检测。

二、图像滤波

图像滤波是一种采用滤波技术实现图像增强的方法。它以突出或抑制某些图像特征为主要目的，如去除噪声、边缘增强、线性增强等。

图像滤波可分为空间域滤波和频率域滤波。空间域滤波是以像元与周围邻域像元的空间关系为基础，通过卷积运算实现图像滤波的一种方法。频率域滤波是对图像进行傅里叶变换，将图像由图像空间转换到频域空间，然后在频率域中对图像的频谱作分析处理，以改变图像的频率特征。下面仅介绍空间域图像滤波。

空间域滤波有平滑和锐化两种基本方法，它们都是以图像的卷积运算为基础。所谓卷积运算，是通过选定的卷积函数（也称模板或卷积核），在空间域上对图像作局部检测的运算。如图 6.26 所示，从图像的左上角开始，开一个与模板同样大小的活动窗口，窗口图像与模板像元对应起来相乘再相加，并用计算结果代替窗口中心的像元亮度值。然后，活动窗口向右移动一列，并作同样的运算。以此类推，从左到右、从上到下，即可完成整个图像的卷积运算，得到一幅新图像。设模板大小为 $m\times n$，窗口图像为 $f(x, y)$，模板为 $h(x, y)$，则卷积计算得到的新图像 $g(x, y)$ 可表示为

$$g(x,y)=\sum_{y=1}^{m}\sum_{x=1}^{n}[f(x,y)\cdot h(x,y)] \tag{6.24}$$

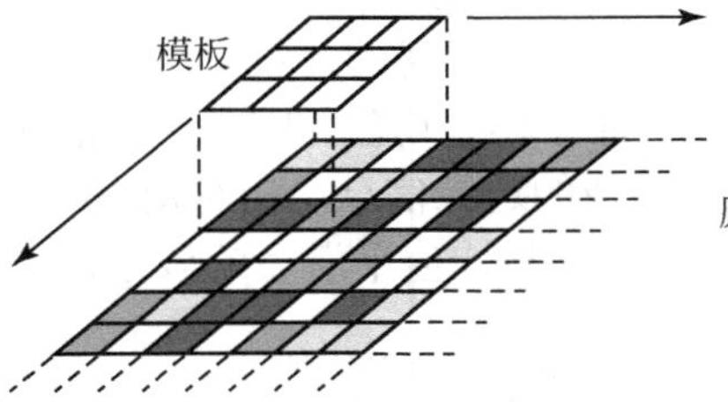

(a)卷积原理

模板

1/9	1/9	1/9
1/9	1/9	1/9
1/9	1/9	1/9

×

窗口图像

70	80	83
85	90	65
105	100	87

=

中心像元值

	85	

(b)卷积计算

图 6.26　卷积原理与卷积计算

（一）图像平滑

受传感器和大气等因素的影响，遥感图像上会出现某些亮度变化过大的区域，或出现一些亮点（也称噪声）。这种为了抑制噪声，使图像亮度趋于平缓的处理方法称为图像平滑。

1. 均值平滑

对每一个像元，在以其为中心的窗口内，取邻域像元的平均值来代替该像元的亮度值，这种方法称为均值平滑，也称均值滤波。具体计算时，常采用 3×3 的模板作卷积运算，即

可得到一幅平滑后的图像。

图 6.27 为均值平滑所采用的一些模板，其中，图 6.27（a）是最常用的模板。为了避免由于中心像元值过高而导致均值升高，卷积运算时可排除中心像元，用其周围的 8 个像元参与运算，如图 6.27（b）所示。

$$\frac{1}{9}\times\begin{bmatrix}1&1&1\\1&1&1\\1&1&1\end{bmatrix}\quad\frac{1}{8}\times\begin{bmatrix}1&1&1\\1&0&1\\1&1&1\end{bmatrix}$$

(a)　　(b)

$$\frac{1}{5}\times\begin{bmatrix}0&1&0\\1&1&1\\0&1&0\end{bmatrix}\quad\frac{1}{4}\times\begin{bmatrix}0&1&0\\1&0&1\\0&1&0\end{bmatrix}\quad\frac{1}{10}\times\begin{bmatrix}1&1&1\\1&2&1\\1&1&1\end{bmatrix}$$

(c)　　(d)　　(e)

图 6.27　均值平滑的基本模板

均值平滑算法简单，计算速度快，但在去除尖锐噪声的同时，会使图像变得模糊，特别是对图像的边缘和细节有一定的削弱作用。

2. 中值平滑

对每一个像元，在以其为中心的窗口内，取邻域像元的中间亮度值来代替该像元的亮度值，这种方法就是中值平滑，也称中值滤波。中值平滑的计算方法与均值平滑相似，只是在像元取值时，取的是邻域像元的中间亮度值，而不再是均值。因为用中值代替了均值，所以中值滤波在抑制噪声的同时，还能有效地保留图像的边缘信息，相对减小图像的模糊度。图 6.28 是含有椒盐噪声的 IKONOS 图像经过中值平滑与均值平滑后的效果比较。

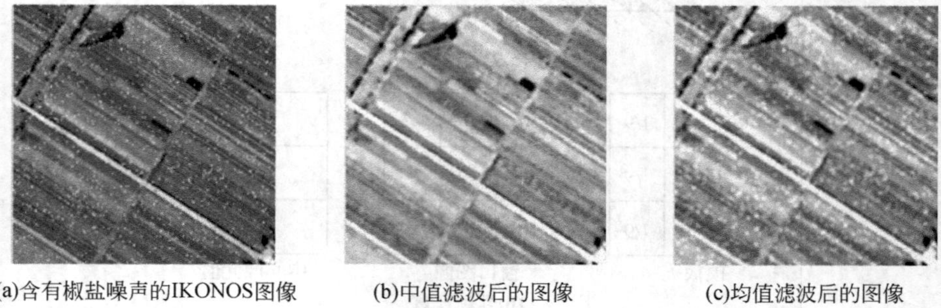

(a)含有椒盐噪声的IKONOS图像　　(b)中值滤波后的图像　　(c)均值滤波后的图像

图 6.28　中值平滑与均值平滑的比较（韦玉春等，2015）

（二）图像锐化

锐化是为了突出图像上地物的边缘、轮廓，或某些线性目标要素的特征。这种滤波方法提高了地物边缘与周围像元之间的反差，因此也被称为边缘增强。值得注意的是，锐化后的图像已不再具有原始图像的特征而成为一种边缘图像。下面介绍几种常用的锐化方法。

1. Roberts 梯度法

在遥感图像上，相邻像元之间的亮度变化可以用亮度梯度来表示。空间地物，如河流、湖泊、道路等，它们的边缘处往往存在较大的梯度值，因此，找到了梯度值较大的位置，就相当于找到了图像的边缘。图像处理时，用亮度梯度值替代原始图像的亮度值，生成一幅梯度图像，从而实现图像的锐化，这种方法称为梯度法。

Roberts 梯度法采用交叉差分的方法计算梯度，可表示为

$$|\mathrm{grad}f(x,y)| \cong |t_1| + |t_2| \tag{6.25}$$

式（6.25）中，t_1、t_2 为两个 2×2 的卷积模板，并可以表示为

$t_1 =$

1	0
0	−1

$t_2 =$

0	−1
1	0

显然，Roberts 梯度法相当于在图像上开了一个 2×2 的窗口，分别用模板 t_1 和 t_2 对原始图像作卷积运算，并把运算后的绝对值相加作为窗口左上角像元的梯度值。这种算法的意义在于用交叉差分的方法检测出了像元与其邻域在上下、左右或斜方向之间的梯度差异，从而达到提取边缘信息的目的。

2. Sobel 梯度法

Sobel 梯度法是在 Roberts 梯度法的基础上，对卷积模板进行了改进，使窗口从 2×2 扩大到 3×3。由于较多地考虑了邻域点的关系，因而对边缘的检测更加精确。常用的模板为

$t_1 =$

1	2	1
0	0	0
−1	−2	−1

$t_2 =$

−1	0	1
−2	0	2
−1	0	1

图 6.29 是 Roberts 与 Sobel 两种梯度法对 IKONOS 图像锐化处理后的结果比较。

(a)原始图像　(b)Roberts算子的结果　(c)Sobel算子的结果

图 6.29　Roberts 与 Sobel 两种梯度锐化结果的比较（韦玉春等，2015）

3. Laplacian 算法

Laplacian 算法是线性二阶微分算法。在图像卷积运算中，将模板定义为

$t =$

0	1	0
1	−4	1
0	1	0

即用上下左右 4 个相邻像元值相加的和，再减去该像元值的 4 倍，作为该像元的亮度值。

梯度法检测的是图像空间亮度的变化率，因此图像上只要有亮度变化就存在变化率。Laplacian 算法的意义与梯度法不同，它不检测均匀的亮度变化，而是检测变化率的变化率，相当于二阶微分。因此，计算出的图像更加突出了亮度突变的部分（图 6.30）。

有时，也用原始图像的值减去 Laplacian 算法的计算值的整数倍，即

$$g(x,y)=f(x,y)-k\nabla^2 f(x,y) \tag{6.26}$$

式中，k 为正整数；$f(x, y)$为原始图像；$\nabla^2 f(x,y)$ 为 Laplacian 运算结果；$g(x, y)$为最终计算结果。这样的结果既保留了原始图像作为背景，又扩大了边缘处的对比度，锐化效果更好。

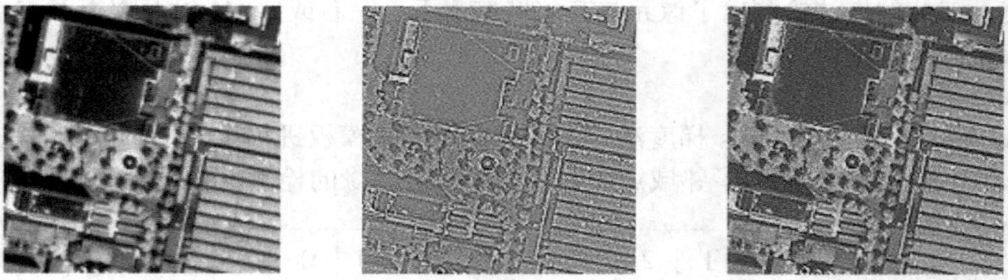

(a)原始图像　(b)3×3窗口锐化结果　(c)处理后的图像

图 6.30　Laplacian 算法锐化效果（韦玉春等，2015）

4. 定向监测

为了有目的地提取图像在某些方向上的边缘或线性特征，可以选择特定的模板进行卷积运算。常用的模板有以下三种类型。

（1）检测垂直线。检测垂直线的模板定义为

$$t=\begin{bmatrix}-1&0&1\\-1&0&1\\-1&0&1\end{bmatrix} \quad 或 \quad \begin{bmatrix}-1&2&-1\\-1&2&-1\\-1&2&-1\end{bmatrix}$$

（2）检测水平线。检测水平线的模板定义为

$$t=\begin{bmatrix}-1&-1&-1\\0&0&0\\1&1&1\end{bmatrix} \quad 或 \quad \begin{bmatrix}-1&-1&-1\\2&2&2\\-1&-1&-1\end{bmatrix}$$

（3）检测对角线。检测对角线的模板定义为

$$t=\begin{bmatrix}0&1&1\\-1&0&1\\-1&-1&0\end{bmatrix}\quad 或\quad \begin{bmatrix}1&1&0\\1&0&-1\\0&-1&-1\end{bmatrix}$$

$$或\quad \begin{bmatrix}-1&-1&2\\-1&2&-1\\2&-1&-1\end{bmatrix}\quad 或\quad \begin{bmatrix}2&-1&-1\\-1&2&-1\\-1&-1&2\end{bmatrix}$$

图 6.31 为垂直检测和水平检测效果的对比。

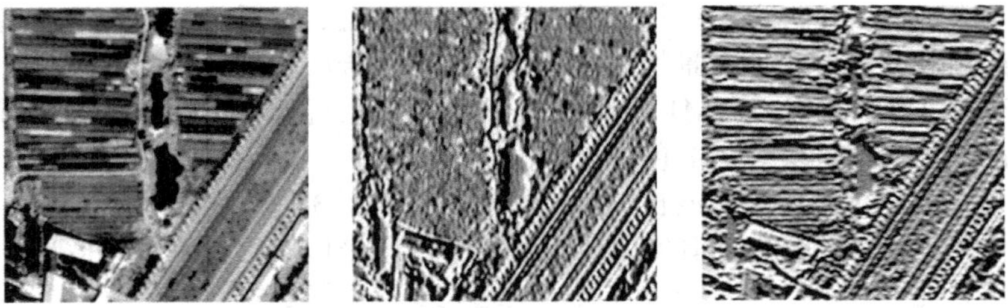

(a)原始图像　　(b)垂直检测　　(c)水平检测

图 6.31　垂直检测与水平检测效果比较（韦玉春等，2015）

三、彩色增强

人的视觉对灰度级别的分辨能力是有限的，一般只能分辨不足 20 个左右的灰度级，但对彩色的分辨则可达到 100 多种。彩色增强处理就是根据人的视觉特点，将各种灰度图像转化成彩色图像的过程。该方法能有效改善图像的显示效果和可分辨能力，是最常见的遥感图像增强处理方法。

（一）单波段图像的彩色变换

单波段图像的彩色变换主要是通过密度分割法实现的。密度分割法是把单波段的黑白遥感图像按亮度进行分级，然后对每个亮度级赋予不同的颜色，使之成为彩色图像。因为密度分割法中的色彩是人为设定的，而且是可变的，与地物的真实颜色毫无关系，所以这种变换属于伪彩色变换。

密度分割法主要用于增强图像的可分辨能力，改善图像的视觉效果，并能在一定程度上提高图像目视解译的效果。如果亮度分级与地物类别的光谱亮度区间有很好的对应关系，还有可能区分出部分地物的类别。然而，因为地物光谱变化的复杂性，要做到这一点很难，往往是同一地物可能被分割成两种不同密度并以不同的颜色显示出来，或同一色彩却表示了两种以上不同的地物。所以，该方法并不适合图像分类。

（二）多光谱图像的彩色合成

从多光谱遥感图像中任意选择 3 个波段，并分别赋予红、绿、蓝 3 种原色，根据加色法彩色合成的原理，就可以合成出彩色图像。图像彩色合成的原理如图 6.32 所示。

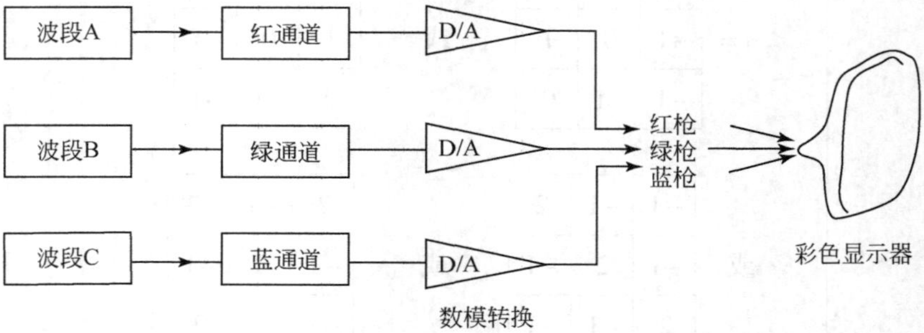

图 6.32　图像彩色合成原理示意图

遥感图像的彩色合成可分为真彩色合成和假彩色合成两种。

如果参与合成的 3 个波段的波长与对应的红、绿、蓝 3 种原色的波长相同或近似，那么合成图像的颜色就会近似于地面景物的真实颜色，这种合成就是真彩色合成。以 TM 图像为例，合成时若将 TM3、TM2、TM1 分别赋予红、绿、蓝三色，就是一种典型的真彩色合成，原因是赋予的颜色与所选波段的颜色完全相同。

如果参与合成的 3 个波段的波长与对应的红、绿、蓝 3 种原色的波长不同，那么合成图像的颜色就不可能是地面景物的真实颜色，这种合成就是假彩色合成。对多光谱图像来说，不同波段的组合能产生多种彩色合成方案，但绝大多数都属于假彩色合成，真彩色合成其实只是彩色合成的一种特例。仍以 TM 图像为例，合成时若将 TM4、TM3、TM2 分别赋予红、绿、蓝 3 色，就是一种假彩色合成，而且这种合成方案还被称为标准的假彩色合成。

多光谱图像的彩色合成有多种方案，图像增强的效果也各不相同（图 6.33）。实际应用时，需要根据不同的目的，在反复实验和分析的基础上，寻找最佳合成方案。有关最佳合成方案的选择，在第七章中有更详细的论述。

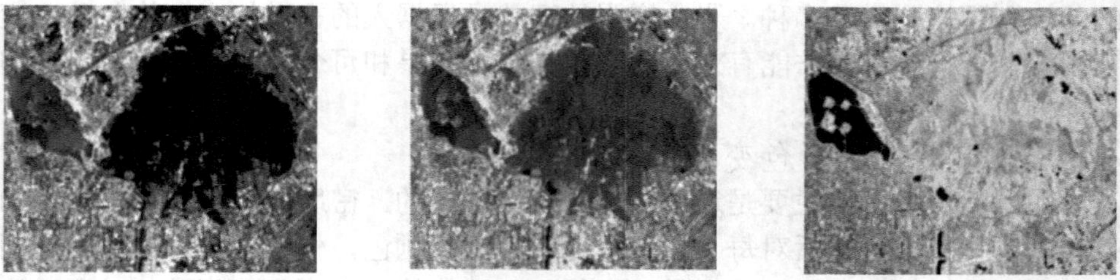

(a)真彩色合成(3/2/1)　(b)假彩色合成(4/3/2)　(c)假彩色合成(5/4/3)

图 6.33　几种彩色合成效果比较（韦玉春等，2015）

四、图像运算

图像运算是通过不同波段数据之间的代数运算，实现突出特定目标地物信息的一种图像增强方法。图像运算的方法很多，下面重点介绍差值运算和比值运算。

（一）差值运算

两幅相同行列数的图像，对应像元的亮度值相减就是差值运算，得到的图像称为差值图

像。差值运算的基本计算方法可表示为

$$f(x,y)=f_1(x,y)-f_2(x,y) \tag{6.27}$$

差值图像能反映出同一地物在两个不同波段上的光谱差异，达到突出或区分某些地物的作用。例如，红外波段上植被与浅色的土壤，红色波段上植被与深色土壤及水体，都因为反射率接近而无法准确区分。当用红外波段减红色波段时，因为植被在两个波段的差异很大，相减后具有很高的差值，而土壤、水体在这两个波段的反射率差异很小，差值也很小，所以差值图像上植被信息得到了突出。

差值运算还可监测同一区域地理事物或现象的动态变化。例如，在森林火灾监测中，用火灾发生前后的图像作差值运算，在得到的差值图像上，火灾区由于前后变化明显而高亮显示，其他地区则变化不大，据此可精确计算过火面积。此外，差值运算还可监测洪灾变化、城市扩展等动态空间过程。

（二）比值运算

两幅相同行列数的图像，对应像元的亮度值相除就是比值运算，得到的图像称为比值图像。比值运算的基本计算方法可表示为

$$f(x,y)=\frac{f_1(x,y)}{f_2(x,y)} \tag{6.28}$$

比值运算可降低传感器灵敏度随空间变化造成的影响，增强图像中的特定区域，还能消除或降低地形导致的阴影对图像的影响。

比值运算对增强和区分在不同波段差异较大的地物有明显的效果。以 Landsat/TM 数据为例，常用 TM4/TM3、（TM4−TM3）/（TM4+TM3）得到的比值图像，突出地表植被特征，有效提取植被类别、植被生物量、植被覆盖度等信息。在识别矿石类型时，地质学家常用 TM3/TM1 突出铁氧化物，用 TM5/TM7 突出黏土矿物，用 TM5/TM4 突出铁矿石。

比值运算对去除地形影响也十分有效。地形阴影会造成同类地物在不同地形部位的光谱差异，这种差异就是“同物异谱”现象。如图 6.34 所示，相同的地表覆盖类型在阴坡和阳坡的反射率有明显的差别，这种差别在波段 A 和波段 B 上都存在。因此，图像解译或分类时，很可能出现错误的判断。但经过比值处理后，比值图像上同类地表覆盖类型的光谱亮度值趋于一致。由此可见，比值运算能去除地形坡度和坡向引起的辐射量变化，在一定程度上消除“同物异谱”现象。

五、多光谱变换

多光谱图像在图像解译中具有重要价值，但各波段数据之间常常具有不同程度的相关性，存在数据冗余。多光谱变换通过函数变换对多光谱图像进行处理，能达到保留主要信息、降低数据量、增强或提取有用信息的目的。

（一）K-L 变换

K-L（Karhunen-Loeve）变换也称主成分变换或主分量分析，是一种基于统计特征基础上的多维正交线性变换，是多光谱、多时相遥感图像应用处理中最常用的一种变换技术。

K-L 变换用于多光谱图像处理，其基本原理是求出一个变换矩阵，经变换得到一组新的主分量波段。这种变换可表示为

$$Y=A\cdot X \tag{6.29}$$

式中，Y 为变换后的主分量矢量，如主分量 1，2，3，…；X 为变换前的原始图像矢量，如

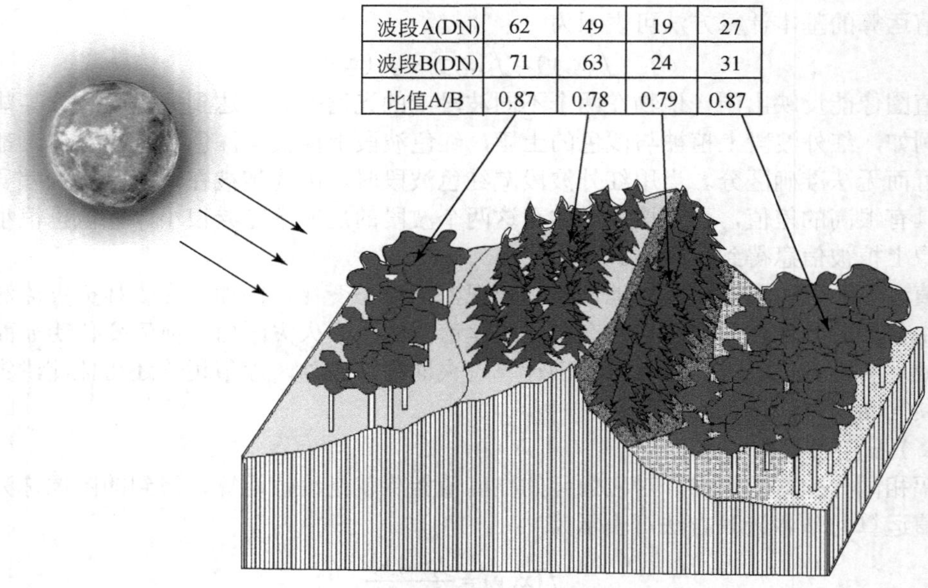

波段A(DN)	62	49	19	27
波段B(DN)	71	63	24	31
比值A/B	0.87	0.78	0.79	0.87

图 6.34　比值运算去除地形影响示意图

TM1，TM2，TM3，…；*A* 为变换矩阵，由原始图像矢量的协方差矩阵导出。

K-L 变换的特点主要表现在以下三个方面。

（1）从几何意义上看，K-L 变换相当于对原始图像的光谱空间坐标系进行了旋转。第一主分量取光谱空间中数据散布最集中的方向，第二主分量取与第一主分量正交且数据散布次集中的方向，以此类推。以二维光谱空间为例，假定图像像元的分布为椭圆状，那么经过旋转后新坐标系的坐标轴一定分别指向椭圆的长半轴和短半轴方向，即主分量方向（图 6.35）。

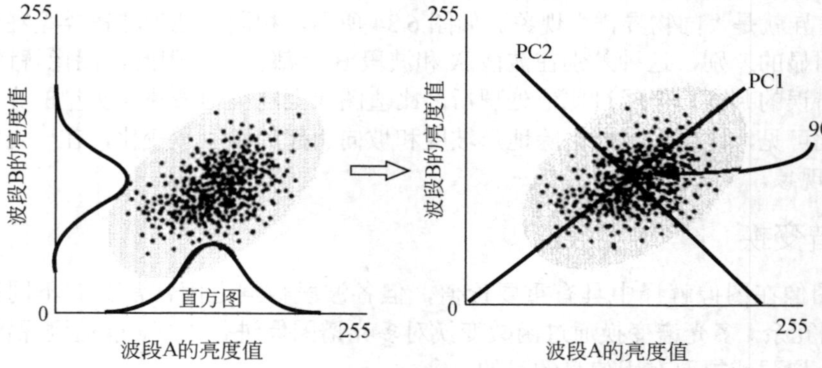

图 6.35　K-L 变换原理示意图

（2）变换后图像的信息集中在前几个分量上，且各主分量包含的信息量呈逐渐减少趋势。第一主分量（PC1）一般集中了 80%以上的信息量，第二主分量（PC2）、第三主分量（PC3）的信息量很快递减，到了第 *n* 分量时，信息量几乎为零。因为 K-L 变换对不相关的噪声没有影响，所以信息减少时便突出了噪声，最后的分量几乎全是噪声。

（3）K-L 变换是一种常用的数据压缩和去相关技术。因为变换后图像的信息集中在前几个分量上，且各分量在新的坐标空间中是相互独立的，相关系数为零，所以在信息损失最小的前提下，可用较少的分量代替原来的高维数据，实现数据压缩。

基于上述特点，在遥感数据处理时常常用 K-L 变换作数据分析前的预处理，从而实现数据压缩和图像增强的目的。在遥感图像分类中，常常利用主成分变换算法来消除特征向量中各特征之间的相关性，并进行特征选择。

（二）K-T 变换

K-T 变换是 Kauth 和 Thomas 在研究 MSS 多光谱数据与自然景观要素特征间的关系时建立的一种特定变换，也称穗帽变换。K-T 变换可表达为

$$Y = B \cdot X \tag{6.30}$$

式中，Y 为变换后新坐标空间的像元矢量；X 为变换前原始图像的像元矢量；B 为变换矩阵。

K-T 变换也是一种坐标空间发生旋转的线性变换，但旋转后的坐标轴不是指向主成分的方向，而是指向另外的方向，这些方向与地物有密切的关系，特别是与植物生长过程和土壤有关。这种变换既可实现信息压缩，又可帮助解译分析农业特征，因此具有十分重要的应用价值。目前 K-T 变换主要应用在 MSS 和 TM 两种遥感数据的处理和分析中。

对不同的数据来说，K-T 变换采用的变换矩阵是不同的。以 TM 数据为例，Crist 和 Cicone 计算出的变换矩阵为

$$B = \begin{bmatrix} 0.3037 & 0.2793 & 0.4743 & 0.5585 & 0.5082 & 0.1863 \\ -0.2843 & -0.2435 & -0.5436 & 0.7243 & 0.0840 & -0.1800 \\ 0.1509 & 0.1973 & 0.3273 & 0.3406 & -0.7112 & -0.4573 \\ -0.8242 & -0.0849 & 0.4392 & -0.0580 & 0.2012 & -0.2768 \\ -0.3280 & -0.0549 & 0.1075 & 0.1855 & -0.4357 & 0.8085 \\ 0.1084 & -0.9022 & 0.4120 & 0.0573 & -0.0251 & 0.0238 \end{bmatrix}$$

矩阵 B 是针对 TM 1、2、3、4、5、7 波段设计的（热红外波段除外）。研究表明，变换后得到的 6 个新的分量中，只有前 3 个分量与地物的关系密切，并在植被和土壤分类以及作物估产研究中具有重要作用。这 3 个分量分别是：亮度 Y_1、绿度 Y_2、湿度 Y_3。因为后 3 个分量与地物没有明确的对应关系，所以 K-T 变换后只取前 3 个分量，这样就实现了数据的压缩。

TM 数据 K-T 变换后的景观意义可通过图 6.36 来解释。图中 1、2、3、4 分别代表作物从发芽到枯黄的不同生长阶段。绿度与亮度组成的二维空间称为植被视面，它反映了植被从

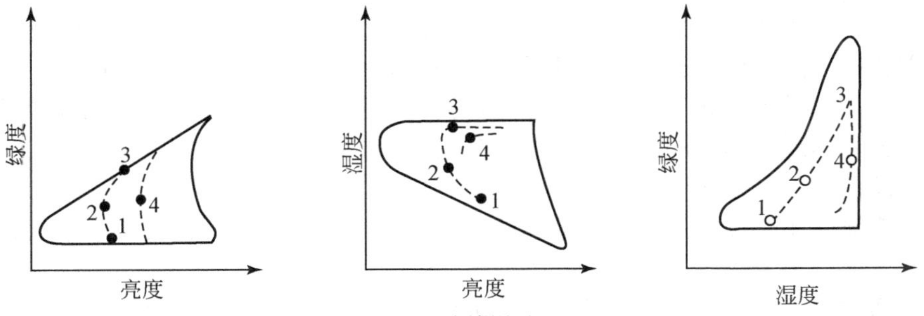

(a)植被视面　(b)土壤视面　(c)过渡区视面

1.裸土(种子破土前)；2.生长；3.植被最大覆盖；4.衰老

图 6.36　农作物生长视图

破土发芽到生长旺盛阶段随叶面积增加而绿度值增加，之后开始成熟枯黄，绿度也逐渐降到最低点。湿度与亮度组成的土壤视面和绿度与湿度组成的过渡区视面，都不同程度地反映了作物生长过程中植被与土壤的变化信息。

第五节　遥感数据的融合

遥感技术的迅猛发展，为人们提供了日益丰富的多源遥感数据。因为成像原理的不同和技术条件的限制，每一种遥感数据都不可能全面反映目标对象的特征，也就是说每种数据都有一定的应用范围和局限性。所以，为了能更准确地识别目标，获取更丰富、更可靠、更有用的信息，常常需要把各具特色的多源遥感数据结合起来，通过相互补充、相互印证，进行综合分析，发挥多源遥感数据的综合优势。

图像融合是指把多源遥感数据按照一定的规则或算法进行处理，生成一幅具有新的空间、光谱和时间特征的合成图像。图像融合并不是数据间的简单复合，其目的是：突出有用信息，消除或抑制无关信息；增加解译的可靠性，减少识别目标的模糊性和不确定性，为快捷、准确地识别和提取目标信息奠定基础。

图像融合分为不同的层次，包括像元级、特征级和决策级三种。基于像元的图像融合是直接在原始图像数据上进行的，它强调不同图像信息在像元基础上的综合，强调对栅格数据进行相互间的几何配准，在各像元一一对应的前提下进行图像像元级的合并处理，以获得更好的图像视觉效果。下面都是基于像元级的图像融合进行讨论的。

一、多源遥感数据的融合

多源遥感数据融合的基本过程包括图像选择、图像配准和图像融合三个关键环节。

（一）图像选择

每一种类型的遥感数据都有不同的特点，理论上对它们都可进行融合处理。实际应用中，用户需根据图像的特点和应用目的，选择最为合适的图像融合方案。

例如，TM 图像和 SPOT 全色波段图像相比，前者有 7 个波段，光谱信息量丰富，但空间分辨率低，只有 30m（热红外波段除外）；后者光谱信息虽不如 TM 数据，但其空间分辨率高，能达到 10m。两者融合后的图像既具有很高的空间分辨率，又可以保持较为丰富的光谱信息。

又如，TM、SPOT 等多光谱图像和 SAR 图像相比，前者虽然具有较高的光谱分辨率，有助于识别各种不同的地物类型，但其受云层覆盖和云阴影的影响却无法避免，而雷达成像可以穿透云层，不受昼夜和云层因素的影响，同时还具有高空间分辨率、侧视成像等优势，这恰好能弥补光学遥感图像的不足。因此，多光谱图像与 SAR 图像的融合，既可以借助 SAR 图像作为辅助信息，对多光谱图像中被云及云阴影覆盖的区域进行估计，消除影响并填补或修复信息的空缺，还能综合反映目标地物的光学和微波反射特性，扩大应用范围和提高应用效果。

多源遥感数据融合也包括多时相遥感数据的融合。这种融合主要有两个目的：一是利用光谱特征的时间效应，即地物光谱特征随时间变化的特点，提高专题信息的识别能力和分类精度；二是利用地物不同时序的变化信息，进行动态分析和变化检测，如资源与环境的变化、城市的扩展、湖泊的消长、河流的迁徙等。

（二）图像配准

多源遥感数据因轨道、平台、观测角度、成像机理的不同，其几何特征相差很大。因此，图像融合前，首先要进行图像的配准。图像配准的目的是统一图像的坐标系统，使不同来源的图像数据在空间上完全对应和吻合起来，为精确融合奠定基础。图像配准通常是通过几何校正实现的，它是数据融合过程的关键步骤，直接影响融合图像的质量。

（三）图像融合

图像融合时，需根据融合图像的类型、特点及融合的目的，选择恰当的融合方法。常用的融合方法主要有：基于加减乘除运算的融合，基于相关分析、主成分变换、小波分析以及基于 IHS 变换的融合等。

1. 主成分变换融合

主成分变换融合是建立在图像统计特征基础上的多维线性变换，具有方差信息浓缩、数据量压缩的作用，能更准确地揭示多波段数据结构内部的遥感信息。具体过程是：先对输入的多光谱遥感图像进行主成分变换，变换后的第一主成分含有变化前各波段图像的相同信息，而各波段中其余对应的部分，被分配到了变换后的其他波段。然后在直方图匹配的基础上，用高空间分辨率的遥感图像替代变换后的第一主成分，最后再进行主成分逆变换，生成具有高分辨率的多光谱融合图像。

2. IHS 变换融合

图像处理中经常用到两个彩色空间：一个是 RGB 空间，即由红（R）、绿（G）、蓝（B）三原色组成的描述物体颜色属性的彩色系统；另一个是 IHS 空间，即由亮度（I）、色度（H）和饱和度（S）构成的彩色空间，这是一个从人眼的主观感觉出发描述颜色的系统。在色度学中，通常把 RGB 空间向 IHS 空间的变换称为 IHS 变换。在 IHS 空间中，I 主要反映图像中地物反射的全部能量和图像所包含的空间信息，对应于图像的空间分辨率；H 和 S 分别反映色彩的主波长和纯度，对应图像的光谱分辨率。因此，可以把用 RGB 空间表示的遥感图像的 3 个波段变换到 IHS 空间，然后用另一具有高空间分辨率的遥感图像的波段图像替代其中的 I 值，再反变换回 RGB 空间，形成既具有较高空间分辨率，又具有较高光谱分辨率的融合图像。

3. 加权融合算法

加权融合算法实质上是对待融合图像上的同名像元进行加权组合，从而生成一幅新的融合图像。以 TM 与 SPOT 图像融合为例，设 L_{RTM}、L_{GTM}、L_{BTM} 分别为 TM4、3、2 波段的亮度值，L_{SPOT} 为 SPOT 全色波段的亮度值，A 为权函数。图像配准后，生成 3 幅新图像的亮度值为

$$L_{\mathrm{R}} = A \cdot L_{\mathrm{SPOT}} \cdot L_{\mathrm{RTM}} / (L_{\mathrm{RTM}}+L_{\mathrm{GTM}}+L_{\mathrm{BTM}})$$
$$L_{\mathrm{G}} = A \cdot L_{\mathrm{SPOT}} \cdot L_{\mathrm{GTM}} / (L_{\mathrm{RTM}}+L_{\mathrm{GTM}}+L_{\mathrm{BTM}})$$
$$L_{\mathrm{B}} = A \cdot L_{\mathrm{SPOT}} \cdot L_{\mathrm{GTM}} / (L_{\mathrm{RTM}}+L_{\mathrm{GTM}}+L_{\mathrm{BTM}})$$

将生成的 L_{R}、L_{G}、L_{B} 图像分别赋予红色、绿色、蓝色，再利用彩色合成方法生成融合后的彩色图像。权函数是根据经验并结合融合图像的特点及应用目的确定的。

二、遥感数据与地学信息的融合

地学研究的方法和手段是多种多样的。不同的研究方法从不同的角度获得了地表环境要素的专题信息。尽管单一地学方法所获得的信息只是反映地物或现象的某个侧面或某种物

理、化学、生物、地学属性或过程，但这些信息与遥感数据的结合和相互印证，则有助于对遥感图像特征的综合分析，提高图像解译的科学性。因此，遥感数据与地学信息的融合已经成为遥感应用中十分重要的技术手段。例如，在地形起伏的山区，遥感图像数据与 DEM 数据的融合，既可以纠正因地形起伏所造成的图像畸变，又能提高遥感对土地覆盖、森林覆盖的分类精度。

（一）地学信息的预处理

这里所说的地学信息主要指各种专题地图和专题数据，前者包括土地利用图、植被图、土壤图、等值线图等，后者包括各种采样分析数据、野外测量数据、调查统计数据、DEM 数据等。这些来源不同、尺度不一、形式多样的地学信息，常以多等级、多量纲的形式反映下垫面的状况，数据格式也呈多样化。因此，为了使各种地学信息与遥感数据兼容，在进行遥感与地学信息融合前，必须对各类地学信息进行预处理，即把地学信息按一定的规则转换成数字图像，并作为与遥感数据类似的若干独立的波段，以便和遥感数据融合。地学信息的预处理包括专题地图的数字化和专题数据的图像化。

1. 专题地图的数字化

专题地图由不同的地学界线分隔成的不同区域（图斑）组成，每个分区有不同的地学含义。由专题地图转换成数字图像就是对其地学界线数字化（可以是矢量形式，也可以是栅格形式），并对每个分区进行地学属性编码。

2. 专题数据的图像化

专题数据具有空间分布的概念，即为空间数据，可用图件表示，并进行空间量化。其方法是根据专题内容和区域特点，按一定间隔将图形划分为格网子区，即相当于 $m \times n$ 个小方格（像元）的矩阵，并根据各个格网子区（像元）所代表的内容予以赋值生成数字图像，也就是将新的格网数据按一定的间隔赋予一定的灰度值或彩色编码。

（二）空间配准与融合

地学信息的预处理实现了地学信息到数字图像的转换，接下来就可以进行空间配准和融合处理了。空间配准包括地学数据之间及地学与遥感数据之间的空间配准，即运用图像处理技术，将不同地学数据集配准到统一的地理坐标系统上，形成以图像为基础的综合数据库。在此基础上，便可进行遥感数据与地学数据多种形式的融合。这种融合有时是分阶段进行的：或先用遥感数据定量判别，而对于难以区分的模糊部分再辅以地学信息作为判别的补充依据；或先对地学信息分等分级（如坡度、海拔高度、地下水埋深等），再对划分出的区域用遥感数据进行分类，避免不同级别间“异物同谱”地物的混淆。有时又是直接进行的：或根据地物要素的相关性，将其数字图像直接叠合分析，以直观、形象地反映各要素间的内在联系；或将各种待融合数据作为参数变量直接代入模型进行分析、计算，以定量研究地学规律。事实上，遥感信息与地学信息的融合有许多工作是在地理信息系统支持下完成的，这就是所谓的“遥感与地理信息系统的整合”。

思考题

1. 什么是遥感图像的预处理？预处理主要包括哪些方面的内容？
2. 何为辐射校正？完整的辐射校正包括哪几个方面的内容？
3. 大气校正的目的是什么？列举两种最简单的大气校正方法。
4. 简述遥感图像几何变形误差的主要来源。

5. 遥感图像几何精校正的目的和原理是什么？
6. 几何精校正中如何选择地面控制点？
7. 什么是图像的重采样？简述常用的重采样方法及其特点。
8. 图像滤波的主要目的是什么？主要方法有哪些？
9. 什么是 K-L 变换和 K-T 变换？简述 K-L 变换的主要特点。

第六章测试题上　　第六章测试题下

第七章　遥感图像的目视解译

目视解译是最基础，也是最重要的遥感图像解译方法。本章从地物的影像特征、地学规律与影像特征的关系、解译标志等主要方面入手，重点论述目视解译的基本原理。在此基础上，进一步讨论目视解译的原则、方法、程序和影响目视解译效果的主要因素，分析不同类型遥感图像的特点和目视解译方法。学习本章需深刻理解各种解译标志的特点，重点掌握各种目视解译方法。

遥感技术通过摄影成像、扫描成像、雷达成像等多种方式，客观、真实地记录了地表各种景观信息，并形成遥感图像。显然，遥感图像是一种“微缩”了的地表模型，它不仅记录了地表事物或现象的电磁波信息，还记录了它们的几何形态和空间结构信息，是地表各种景观要素综合信息的客观再现。

遥感图像解译是依据遥感图像所呈现的各种信息特征，并通过综合分析、推理和判断，识别地物信息或现象的过程。由此可见，遥感图像解译是遥感成像过程的逆过程，即从遥感对地面实况的模拟图像中提取地物信息、反演地面原型的过程。

遥感图像解译是一个复杂的过程，这个过程需要解译者具备相关的背景知识才能完成。这里所说的背景知识包括专业知识、区域地理知识和遥感系统知识。专业知识指与解译对象相关的学科知识，如遥感地质找矿，需具备地层、构造、蚀变带等与找矿直接相关的地质知识；区域地理知识主要指一个区域的自然、人文特征，这些特征具有明显的地域性，并能通过遥感图像间接地反映出来。图像解译时，对区域特征的理解非常重要，它能帮助解译者更准确地识别地物或现象的属性及其特征；遥感系统知识包括遥感成像方式、成像原理及遥感图像特征、图像处理等方面的知识，是图像解译应该具备的最基本的知识。

遥感图像解译有两种途径：一种是目视解译，也称目视判读或目视判译；另一种是遥感图像的计算机分类，也称自动分类。本章主要介绍遥感图像的目视解译，在随后的第八章中将专门介绍遥感图像的计算机分类。

第一节　目视解译的基本原理

目视解译是一种传统的解译方法，它凭借人的眼睛（也可借助光学仪器），依靠解译者的知识、经验和掌握的相关资料，通过大脑分析、推理、判断，提取遥感图像中有用的信息。

随着遥感、地理信息系统以及计算机制图技术的深入发展，早期以手工勾绘、手工转绘成图为技术手段的目视解译已经发展成为一种全新的人机交互式目视解译。这种新方法以遥感图像处理软件为平台，通过便捷的软件操作完成人机交互环境下的图像解译，实现了图像处理、显示、解译、制图的一体化。

目视解译不仅能够综合利用图像的色调、颜色、纹理、形状、空间位置等多种图像特征，而且还能把它们和解译者的经验知识以及其他非遥感数据资料结合起来进行综合分析，因而解译结果会更加真实可靠。正因为如此，目视解译仍然是当前遥感应用中不可替代的图像解译方法。

目视解译的主要依据是地物在遥感图像上的各种特征，这些特征综合起来就是解译标志。因此，准确理解目标地物的图像特征并建立相应的解译标志，是目视解译的关键。

一、地物的影像特征

地物特征主要包括光谱特征、空间特征和时间特征等。地物的这些特征在遥感图像上都是以灰度变化的形式表现出来的，因此图像上的灰度可以看成以上三种地物特征的函数。

$$d = f(\Delta\lambda, X, Y, Z, \Delta t) \tag{7.1}$$

不同地物由于其光谱特征、空间特征和时间特征的不同，在遥感图像上会表现出不同的影像特征。这些特征是地物发射或者反射电磁辐射的水平差异在遥感图像上的反映，主要表现在“色”“形”“位”三个方面。“色”是指影像的色调、颜色和阴影，其中色调与颜色反映了影像的物理性质，是地物发射或反射电磁波能量的记录，而阴影则是地物三维空间特征在影像色调上的反映；“形”是指影像的图型结构特征，如形状、大小、纹理、图案等；“位”是指地物在遥感图像中的空间位置和相关布局特征。“形”和“位”都是色调和颜色的空间排列，反映了地物的几何性质和空间关系。

地物“色”“形”“位”三个方面的影像特征是图像目视解译的主要依据。色调或颜色、阴影、形状、大小、纹理、图案、组合、位置也被称为图像解译的八个基本要素。

（一）色调或颜色

色调是指图像的相对明暗程度，在彩色图像上表现为颜色。色调是地物反射、辐射能量强弱在图像上的表现，地物的属性、几何形状、分布范围和组合规律都能通过色调差异反映在遥感图像上，因此它是区分地物最直接的依据（图 7.1）。色调的差异常用灰阶（灰度、灰标）表示，如白、灰白、淡灰、浅灰、灰、暗灰、深灰、淡黑、浅黑、黑等不同的等级。由于人眼识别色彩的能力远强于灰度，因而往往利用彩色图像的不同颜色来提高识别能力和识别精度。

图 7.1　地物色调示例图像

不同类型遥感图像上色调的形成机理是不同的，如可见光-近红外的摄影或扫描图像上，色调反映的是地物反射光谱特征的差异，而热红外图像上的色调则反映了地物发射特征的差异，是地物温度的记录。

地物在图像上的色调是变化的，这种变化源于其光谱特征的时空变化，除此以外，还受成像高度、成像时间、传感器、成像环境等多种因素的影响。因此，色调的对比与描述仅限于在同一幅图像上进行，对于多幅图像来说，色调不能作为稳定而可靠的解译依据。

（二）阴影

阴影是指因光线的倾斜照射，地物自身遮挡光线所造成的图像上的暗色部分。阴影往往具有不同的形状、大小、色调和方向，它既能增强图像的立体感，又能显示地物的高度和侧面形态，有助于地物的识别，但也会掩盖部分信息而给解译带来负面影响（图 7.2）。

需要注意的是，阴影在不同类型的图像上所表达的意义是不同的。在可见光波段，阴影可分为本影和落影，前者反映地物顶面形态，后者反映地物侧面形态，可根据侧影的长度和照射角度，推算出地物的高度（图 7.3）。热红外图像上，阴影一般是由温度的差异造成的。对于雷达图像而言，阴影产生在雷达的盲区。

图 7.2　地形阴影示例图像

图 7.3　建筑物阴影示例图像

（三）形状

形状指地物目标的外貌结构和轮廓（图 7.4）。任何地物都有一定的形状，并且会以不同的形式表现出来。人们习惯的往往是地物的侧视或斜视形状，而大多数的遥感图像所呈现的则是地物的平面形状或顶部轮廓。相对而言，地物的顶部轮廓能更全面地显示地物的总体构形、构造、组成和功能，成为图像识别的重要特征。例如，河流、道路、冲积扇、火山锥等许多地物，都可以直接根据其特殊的形状特点，被准确地识别出来。

图 7.4　地物形状示例图像

图 7.5　地物大小示例图像

（四）大小

地物的大小指地物尺寸、面积、体积在图像上的记录。图像上显示的地物的大小只是一种相对大小，解译时往往是从熟悉的地物入手（如楼房、公路等），建立起直观的大小概念，再推测和识别其他地物的大小，并进一步确定地物的属性。若知道图像的比例尺或空间分辨率，则可直接测出目标的长度、面积等定量信息。对于形状相似的地物来说，其大小是识别地物属性最重要的标志。图 7.5 中，根据车辆的大小，可区分出卡车、小汽车等车辆信息。

（五）纹理

纹理也称图像结构，是指图像上色调变化的排列和频率。地表许多景观类型，如森林、草地、农田等，都是由成群的地物组合在一起的。虽然这些地物因为很小而无法识别，但它们的表面特征以及排列组合方式的差异，使其构成的景观类型在遥感图像上表现出完全不同的纹理特征，成为识别景观类型的重要依据。

纹理结构反映了图像色调的空间变化特点，并在人的视觉中产生了平滑、粗糙、细腻等不同的视觉印象。通常，纹理可分为粗纹理和平滑纹理。粗纹理由斑点状色调组成，小范围内图像灰度变化频率高；平滑纹理色调变化不甚明显，频率低。许多光谱特征相似的地物常通过纹理差异加以识别，如在中比例尺遥感图像上，云杉林呈现暗色调、平滑纹理，而白杨林呈现浅色调、斑点状纹理（图 7.6）；农作物纹理光滑、细腻，有平滑感，而果园纹理粗糙，但比较整齐、规律性强。

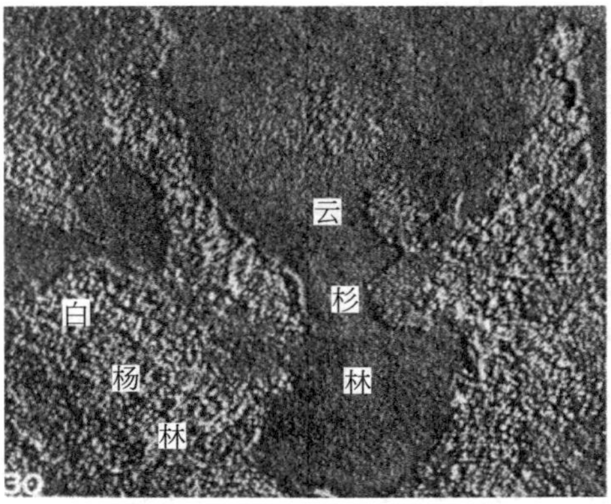

图 7.6 云杉林与白杨林纹理比较

（六）图案

图案也称图型结构，是指个体目标重复排列的空间形式。许多目标都具有一定的重复关系，从而构成了特殊的组合形式。图案反映了地物的空间分布特征，它可以是自然的，也可以是人为构造的。这些特征有助于图像的识别，如平原地区的农田多呈窗格状图案（图 7.7），城市中规则排列的建筑群（图 7.8）等。

图 7.7 农田窗格状图案

图 7.8 城市中规则排列的建筑群

（七）组合

组合也称相关体或相关布局，是指多个有关联的地物之间的空间配置。目视解译时，根据若干相关目标在空间上的配置和布局，可以推断在这个特定空间里由这些相关体构成的地物的存在和属性。例如，由高烟囱、取土坑、堆砖场的空间组合，即可推断砖场的存在；高大的烟囱、巨大的建筑物及冷却塔的空间组合，即可推断此处为热电厂（图 7.9）。图 7.10 中，因为水体和水坝的同时存在，可以进一步确定水体的属性为水库。

图 7.9　热电厂组合示例图像

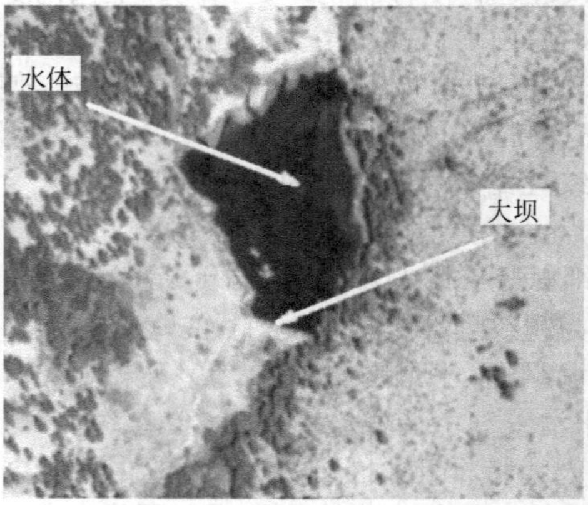

图 7.10　水库组合示例图像

图 7.11　空间位置与地物属性

（八）位置

位置指地物所处的地点和环境条件。许多空间地物在分布上往往与周围的环境要素有一定的联系，或者会受到环境条件的明显制约。地物与周围环境的空间关系，是区分某些地物的重要依据之一。例如，菜地多分布于居民点周围及河流两侧；堤坝与道路在色调和形态上很难区分，但堤坝分布在河流两侧而道路常常与居民地连通；河漫滩、阶地从低到高分布在河谷两侧；冲积扇、洪积扇总是分布在沟口位置（图 7.11）。

二、解译标志及其可变性

解译标志是指在遥感图像上能反映和判别地物或现象的影像特征。它是解译者在目标地物各种解译要素综合分析的基础上，结合成像时间、季节、图像的种类、比例尺等多种因素整理出来的目标地物在图像上的综合特征。解译标志分为直接解译标志和间接解译标志。

直接解译标志是指图像上可以直接反映出来的目标地物本身的影像特征，包括影像的色调或颜色、形状、阴影、大小、纹理、图案等。通常情况下，在解译过程中能获得的直接解译标志越多，解译的结果就越可靠。

间接解译标志是指根据与目标地物有内在联系的一些地物或现象在影像上反映出来的特征，间接推断和识别地物的影像标志。例如，根据植被、地貌与土壤的关系识别土壤类型和分布；根据水系的分布格局与地貌特征判断地质构造与岩性；根据河流边滩、沙嘴和心滩的形态特征确定河流的流向；等等。间接解译标志的获取比直接解译标志的获取更为复杂，往往需要解译者具备综合的背景知识、足够的参考资料和周密的分析推理能力。

地表同一地物或同类型地物的解译标志，通常都有一些具有普遍意义和相对稳定的特征，但这种特征并不是一成不变的。受成像条件及时空条件等多种因素的影响，地物的解译标志往往会出现不同程度的变化。因此，解译标志应该是在特定时空条件下对地物影像特征的描述。

第二节　目视解译的方法和程序

一、目视解译的方法

目视解译的方法有很多，主要包括直接解译法、对比分析法、信息复合法、综合分析法和地理相关分析法等。解译者可以根据遥感图像的类型和特点，选择恰当的解译方法对图像进行解译。

（一）直接解译法

直接解译法是指使用色调、颜色、大小、形状、阴影、纹理、图案等直接解译标志，确定目标地物的属性与范围的一种方法。这种方法适用于那些特征明显、不易混淆的地物的识别。例如，在可见光黑白图像上，水体和周围背景地物相比，因为反射率低而呈现灰黑或黑色调，根据色调的这种特征并结合地物的形状，即可准确识别出水体。相对来说，这种方法在大比例尺航空像片的解译中更为有效。

（二）对比分析法

对比分析法是指通过对影像或地物之间的相互比较，从而准确识别目标地物属性的一种方法。对比的内容包括多波段的对比、同类地物的对比、空间的对比和多时相的对比。

（1）多波段对比分析法：地表绝大多数地物的发射或反射光谱是随着波长的变化而变化的，因此，同一种地物在不同波段的遥感图像上，往往会呈现出不同的色调或颜色。多波段图像对比有利于识别在某一波段图像上灰度相近但在其他波段图像上灰度差别较大的物体。

（2）同类地物对比分析法：同类地物具有大致相同的影像特征，在同一景遥感图像上，可以通过对比分析，由已知地物推断解译其他未知目标地物。例如，根据城市具有街道纵横交错、大面积浅灰色调的特点，将城镇与村庄区分出来。

（3）空间对比分析法：选择一幅与待解译区域地物特征类似的已知遥感图像，通过两幅图像的对比分析，以已知图像为依据，解译未知图像。例如，两幅地域相邻的彩红外航空图像，其中一幅图像已完成了解译并经过了野外验证，将它作为另一幅图像解译时的重要参考，既可以保证解译的协调一致性，也能加快解译的速度。

（4）多时相对比分析法：同类地物的光谱特征在某一时段可能差别并不明显，但因为地物的光谱特征具有明显的时间特征，在其他时段它们可能表现出完全不同的影像特征。所以，当图像上地物的属性无法准确认定或者同类地物无法准确区分时，通过多时相遥感图像的对比分析，有助于目标地物的准确解译。

（三）信息复合法

信息复合法是把遥感图像与专题地图、地形图等其他辅助信息源进行复合后，根据专题地图或地形图提供的信息，帮助解译者对遥感图像有更深入的理解，从而更准确地识别图像上目标地物的一种方法。例如，利用 TM 图像进行土壤类型解译时，可以把 TM 图像与区域的植被类型图进行复合，利用植被类型图提供的辅助信息，提高土壤类型解译的精度。又如，利用 TM 图像进行地貌类型解译时，可以把 TM 图像与区域的地形图进行复合，利用地形图上的高程信息，为中山、高山地貌类型的划分提供更为准确的量化指标。

（四）综合分析法

当使用某一解译标志很难辨认或区分目标地物时，可以将多个解译标志结合起来，或借助各种地物或现象之间的内在联系，通过综合分析和逻辑推理，间接判断目标地物或现象的存在或属性。例如，对滑坡泥石流的识别，需综合考虑下垫面性质、植被覆盖状况、微地貌特征等，必要时还需要与历史图像进行对比分析。又如，受地表植被覆盖的影响，遥感矿产勘查时很难直接识别矿化蚀变带，只有将遥感资料与地质、地球物理、地球化学等多元信息结合起来进行综合分析，才能获得满意的识别效果。

（五）地理相关分析法

地理相关分析法也称立地分析法，是指根据地理环境中各种地理要素之间的相互依存、相互制约的关系，借助专业知识进行遥感与地学综合分析，推断某种地理要素的性质、类型、状况与分布的方法。例如，在植被的识别过程中综合考虑地理位置、气候状况、土壤类型、地貌特征等确定植被的种类。遥感与地学知识的结合不仅可以改善解译的精度，还可以扩大地学本身的视野，促进地学的数量化发展。

以上是遥感图像目视解译的主要方法。值得注意的是，在图像解译过程中，有些方法中可能同时包含了其他方法，各种方法往往是交织在一起的。目视解译特别强调各种方法的综合使用和相互印证，只有这样，解译工作才能更加科学合理，解译结果才会更为可信。

二、目视解译的基本程序

目视解译是一项周密而细致的工作。为了保证解译工作的顺利开展，提高工作效率，解译工作通常需要按照以下程序和步骤进行。

（一）准备工作阶段

工欲善其事，必先利其器。只有做好充分的准备工作，才能使目视解译更具有针对性。准备工作主要包括：①明确解译的对象和解译的要求；②收集、整理、分析相关资料；③了解区域概况和区域特点；④选择恰当的遥感图像；⑤图像预处理和增强处理。

（二）初步解译与野外调查

这个阶段包括初步解译和野外调查两个方面的内容，其最终目的是为下一步的室内详细解译探索解译方法，建立可靠的解译标志。

初步解译通过对图像的整体分析，选择一些典型的试验样区进行预解译，并初步建立目标地物的解译标志，明确解译重点和难点以及可能存在的问题。

野外调查的目的是更好地了解区域的特点，掌握目标地物的空间特征和对应的影像特征，并结合初步解译过程中存在的问题，在反复解译和对比检验的基础上，进一步归纳和完善各类地物的解译标志。野外考察需要制定详细的调查方案和路线，在考察中要填写各种地物的解译标志登记表，为最终建立地区性的解译标志提供依据。表 7.1 是黑白航空像片上部分树种的解译标志。

表 7.1　航空像片上部分树种的解译标志（日本遥感研究会，2011）

种类	色调	形状	阴影	图案	纹理	备注
杉树	黑灰色	圆形或圆锥形，顶部尖	深，向阳部分与背光部分反差大	斑粒状，人工林图案规则	硬、粗	人工林多沿洼地分布

续表

种类	色调	形状	阴影	图案	纹理	备注
柏树	浅黑灰色	钝顶圆形，顶部呈鸡蛋形	比杉树略浅	斑状	硬、细密、光滑	疏林，背面与杉树类似
红松	灰色	伞形圆顶，圆形，疏林则形状不整齐	浅，不明显	略微不整齐的斑状	柔和、粗	通过树冠层可看出地表
落叶松	春秋季黑灰色 夏季暗灰色	圆锥形，顶部易消失，不清晰	浅，但比红松明显	斑状，树冠排列明显	柔和、细粒状	季节变化大，红叶期类似红松
山毛榉	灰白色	不整齐	浅，但比较明显	不整齐	柔和	次生林、密生林较难区分
栎树	灰色或灰白色	不整齐的块状	浅，但比较明显	不整齐	柔和、略粗	多为低地林

（三）室内详细解译

室内详细解译是图像解译工作的核心和主体，其任务是在上述各项工作的基础上，根据解译的要求，完成工作区全部目标要素的解译。

为了确保解译质量，室内详细解译工作除遵循“全面观察、综合分析”的原则外，还要做到：统筹规划、分区判读；由表及里、循序渐进；去伪存真、科学判断。

在解译方法方面，要结合目标地物的特点，选择恰当的解译方法。对于复杂的地物或现象，解译方法强调“两个综合”，即多种解译标志的综合运用和多种解译方法的综合运用，切忌盲人摸象式的解译。

解译过程是一个经验积累的过程。随着解译工作的深入，解译者对影像特征会有新的理解和认识，常常需要对已经解译过的内容进行必要的修改或完善，如此循环往复，才能取得理想的解译结果。解译过程中，遇到把握不准、疑惑不定的地方，应做好记录，留待野外验证与补判阶段解决。

（四）野外验证与补判

室内详细解译的结果需要通过野外验证来检验其质量和精度。野外验证的内容包括：①检验专题解译中图斑的属性是否与实际相符。如果研究区较大或图斑数量很多，可以采用抽样的方法进行检验。②检验划定的图斑界限是否定位准确。

野外验证的过程实际上是对解译标志和解译方法的一次再检验。解译者要根据野外验证过程中发现的问题，对解译标志进行修订和完善，并依据新的解译标志对图斑的属性和界限进行重新解译。

补判是在野外验证过程中，通过图像与实地的对比，对室内详细解译中无法判定的目标地物进行解译。通过补判，进一步确定地物的属性和分布界限，填补室内解译的空白。

（五）目视解译成果的转绘与制图

该阶段的任务是将目视解译的成果以专题图或遥感影像地图的形式表现出来。传统的成果转绘通常是借助透图台、转绘仪等简单工具，由手工操作完成的。解译成果转绘之后，再经过地图整饰形成可供出版的专题图。随着遥感、地理信息系统以及计算机制图技术的深入发展，目视解译过程不仅可以在人机交互环境下进行，而且成果转绘与制图工作也能借助各种软件平台得以实现。

三、影响目视解译效果的因素

遥感图像的目视解译是一个复杂的过程，它受到地物本身、遥感图像、传感器特征和解译者等多种因素的综合影响。分析影响目视解译效果的因素，对遥感图像的理解和解译有重要意义。

（一）遥感图像的综合性

遥感图像显示的是某一区域特定地理环境的综合体，它所提供的是一种综合信息。这种“综合”表现在两个方面：一是地理要素的综合，即遥感图像是地质、地貌、水文、土壤、植被、社会生态等多种自然与人为要素的综合；二是像元本身的综合性，即构成图像最基本单元的像元的亮度是地表一定面积范围内各种地物反射或发射光谱特征的综合反映。

目视解译的过程可以看作是对遥感这一“综合信息”进行层层分解的复杂过程，混合像元的普遍存在造成了解译结果的不确定性，特别是在地物的边缘或交界处，由于构成混合像元的地物成分比例的变化，会造成对某一像元分类的两可或两难，也有可能造成像元亮度同构成要素之外的其他地物相似。

（二）地物的复杂性

地物的复杂性首先表现为其光谱特征的复杂性。同一种地物的光谱特征往往受多种因素的综合影响，而且随时空条件的变化而变化。

其次，自然界存在着大量的“同物异谱”和“异物同谱”现象。同物异谱是指同一种地物由于地理区位不同、时间不同、环境影响因素不同等，在图像上的表现形式发生变化；异物同谱指的是图像上表现形式相同的未必都是同一地物或现象。因此，光谱特征的时间和空间效应几乎影响了整个遥感解译过程，掌握研究对象光谱特征的时间和空间变化规律，是遥感数据精确解译的重要前提。

最后，地物的时空属性和地学规律是错综复杂的，各要素、各类别之间的关系也具有多样性。有的具有明显的规律性，如太阳辐射随纬度变化的水平地带性规律，温度、湿度随地形高度变化的垂直地带性规律，植物生长的季节性规律等；有的具有随机性、不确定性，如自然灾害的随机性、突发性等；有的具有模糊性，如自然地带、草场类型的变化均呈过渡渐变关系，且过渡带随季节变动而移动。

（三）传感器特性的影响

传感器的分辨率对解译效果的影响是非常明显的，这种影响可以从传感器的空间分辨率、辐射分辨率和光谱分辨率三个主要方面分析。

空间分辨率主要影响可识别的最小地物的尺寸、边界轮廓、细部结构等。空间分辨率的大小并不等于图像上可识别地物的大小。一般来说，只有面积大于两个像元的地物才能在图像中被识别出来。

辐射分辨率指传感器能区分两种辐射强度最小差别的能力，其大小决定了亮度相近的地物在图像中能否被识别出来。传感器的输出包括信号和噪声两部分，只有当信号功率大于噪声功率时才能显示出信号。一般来说，实际输入信号功率只有大于或等于 2～6 倍等效噪声功率时，信号才能被分辨出来。

光谱分辨率包括传感器的波段数、各波段的波长范围和间隔。光谱分辨率越高，对地物光谱特性的表现越真实，但波段太多又会造成输出数据量太大，增加数据处理的时间和难度。为获得较好的处理效果，可选用最能体现目标地物与背景之间反差的多个波段进行合成处理。

（四）解译者自身条件的影响

图像目视解译的主体是解译者，解译者的知识水平、工作经验对图像解译的质量起着决定性作用。具有丰富的专业知识、区域地理知识、遥感系统知识和解译工作经验的解译者，对图像的理解会更深刻、更准确。当遇到重大疑难问题时，他们能综合利用多种信息源和多种解译方法，并进行科学的推理和判断，得出更为可信的结论。相反，如果解译者的知识储备不够、经验不足，那么图像解译的质量就很难得到保证。

（五）解译尺度的影响

尺度是地学领域的一个重要概念。遥感技术作为地学研究的一种手段，在图像解译中不可避免地要涉及尺度问题，即目视解译是在特定的比例尺尺度上进行的，解译的目标对象是地理单元而非离散化的像元。受图像特征的影响，各传感器平台的图像最适宜的解译尺度随分辨率的大小而不同。在这一过程中需要依据地图学的相关原则对图像中的各类信息予以取舍，尺度不同，取舍也有不同。因此，解译的尺度会直接影响解译的精度。如果在解译过程中选择了恰当的比例尺，则能最大限度地表达遥感图像中的信息。反之，如果比例尺过大，则有可能造成解译成果中细碎图斑过多或达不到最小图斑要求；如果比例尺过小，则会因为最小图斑的限制而舍弃许多细节信息。

第三节　不同类型遥感图像的解译

遥感技术具有多种成像方式，不同成像方式所获取的图像往往具有不同的几何特征和图像特征。本节以四种不同类型的遥感图像为例，分别讨论其图像特征和目视解译方法。

一、单波段摄影像片的解译

单波段摄影像片包括可见光黑白像片、黑白红外像片、彩红外像片、热红外摄影像片等，通常都是由航空遥感手段，通过摄影成像技术获取的图像。航空遥感高度低，成像比例尺大，地物的图像特征清晰可见，因此，航空摄影像片的解译要容易一些。

（一）可见光黑白像片和黑白红外像片的解译

可见光黑白像片和黑白红外像片上，色调是地物最重要的解译标志之一。解译者主要根据地物色调的不同，并结合形状、大小、纹理等多种解译要素，通过直接解译法以及相关分析法等其他方法，就能完成对像片的准确解译。

黑白像片上，地物的色调取决于其在可见光范围内反射率的高低。反射率高的地物色调浅，反射率低的地物色调深。例如，水泥路面呈现灰白色，而水体呈现深灰色或浅黑色。

黑白红外像片上，地物的色调变化规律与可见光黑白像片有着本质的区别，近红外波段反射率的高低决定了地物在黑白红外像片上色调的深浅变化。例如，植被在可见光黑白像片上为暗灰色，但在黑白红外像片上则呈现浅灰色调，这是因为植物在近红外波段具有强反射的缘故。各种植被类型在不同的生长阶段或受环境变化的影响，其近红外反射强度会出现变化，在黑白红外像片上色调的明暗程度也就不同。因此，根据色调差异可以区分出不同的植被类型。

（二）彩色像片与彩红外像片的解译

彩色像片反映了地物的天然色彩，地物类型之间的细微变化可以通过色彩的变化表现出来。例如，清澈的水体呈现蓝绿色，而含有淤泥的水体则呈现浅绿色。彩色像片丰富的色彩变化能提供比黑白像片更多的地表信息，其解译也比黑白像片更加容易。然而，由于受到大气散射和大气吸收作用的影响，彩色摄影的信息损失量远大于彩红外摄影，因此航空遥感中使用更多的不是彩色摄影，而是彩红外摄影。

彩红外像片也称假彩色像片，指用彩色红外摄影技术拍摄的像片。彩红外技术最早用于军事侦察，它通过绿色植物对近红外光的强反射特征识别非天然植物的绿色伪装，现广泛应用于资源调查和环境监测等领域，尤其是在调查森林、农作物病虫害方面发挥了重要作用。彩红外像片的成像原理和特点在第三章中已经做了详细阐述，在此不再赘述。

彩红外像片解译时，首先要理解并掌握其成像原理；其次，要熟悉各种地物在可见光和近红外波段的反射光谱特性，从而掌握不同地物在像片上的色彩变化规律，并在此基础上建立各类地物的解译标志；最后，遵循目视解译的方法和程序对彩色红外像片进行解译。

二、多光谱扫描图像的解译

多光谱扫描图像是指采用多光谱成像系统在同一时间获取的同一地区具有多个光谱波段的扫描图像。目前使用最多的多光谱扫描图像都是卫星遥感图像，如 Landsat 的 MSS、TM、ETM+及 SPOT 的 HRV-XS 等图像。

（一）多光谱扫描图像的特点

和航空摄影像片相比，多光谱扫描图像具有以下特点。

1. 光谱分辨能力强，信息量丰富

多光谱扫描图像采用多个波段记录地表各种地物的电磁波信息，如 MSS 图像有 4 个波段，TM 图像有 7 个波段（图 7.12），SPOT 图像有 5 个波段。多光谱图像不仅提供了丰富的信息量，更重要的是可以通过对比分析，挖掘每个波段的信息特点，提高信息提取的针对性和有效性。

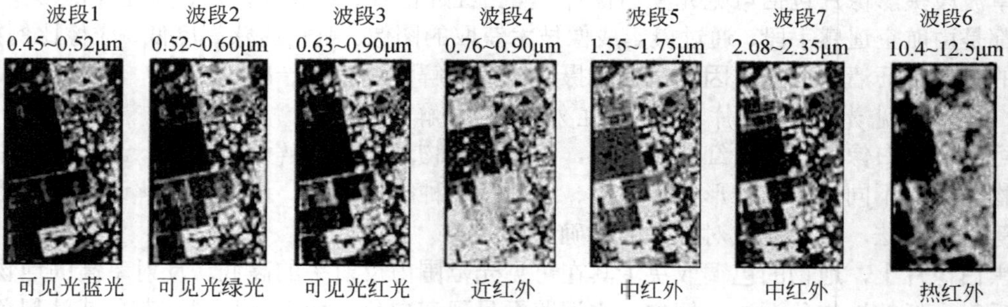

图 7.12　TM 多光谱图像

2. 宏观性、综合性、概括性更强

多光谱扫描图像以卫星遥感图像为主。因为卫星飞行高度高，所以获取的图像覆盖范围广，宏观性、综合性、概括性比航空摄影像片更强。例如，Landsat-7 在 705km 的高度上，可以获得空间分辨率为 30m、覆盖范围为 34225km^2 的多光谱图像。受空间分辨率的限制，图像上地面景物经过了自然的综合概括，目标地物的宏观特征得以保留，而表面细节和细微结构则隐含在像元之中。一般来说，图像空间分辨率越低，对地面景物的综合性和概括性越强，宏观规律越清晰。因此，卫星多光谱扫描图像更适合于大中尺度地表事物和现象的解译和分析。

3. 重复观测，有利于动态监测

遥感卫星按照预定的周期对地面重复扫描成像，从而获取多时相遥感图像。这种多时相的遥感图像，不仅有利于对地面同一地区进行动态监测，同时也为图像的解译提供了用于对比分析的参考资料，使多光谱图像上特殊地物的识别更为科学、准确。

（二）多光谱扫描图像的解译方法

多光谱扫描图像通常由可见光、近红外、短波红外等若干独立的波段组成。因为每个波段都有不同的光谱特点，所以图像解译时，有时候可能只需要某个单波段图像就能把目标要素准确识别出来。例如，水体在近红外波段几乎是完全的吸收体，和其他背景地物的光谱差异非常明显，因此可以选择近红外波段直接提取水体的分布范围。单波段图像解译时，采用反差增强、假彩色密度分割等图像增强方法，能取得更好的解译效果。

多波段假彩色合成是一种最常见的多光谱扫描图像的解译方法，它能克服单波段图像的局限性，对具有相似光谱特征的多种地物的识别更为有效。假彩色合成图像上的颜色是参与合成的各个波段的亮度值按照不同比例混合的结果，因为不同地物在不同波段上的亮度总是存在一定的差异，所以合成图像上的各种颜色往往对应着不同的地物类别，成为图像解译最主要的依据之一。

多光谱扫描图像的彩色合成可以有多种合成方案，不同的合成方案又有着截然不同的色彩组合与图像增强效果。因此，为了提高解译效果，往往需要针对解译的目标地物选择最佳的合成方案。选择最佳波段的原则有三个：①所选的波段信息量要大；②波段间的相关性要小；③波段组合对所研究地物类型的光谱差异要大。那些信息含量多、相关性小、地物光谱差异大、可分性好的波段组合就是最佳组合。

根据上述原则，戴昌达等（2004）在辽河平原地区土地覆盖/土地利用调查中，对选定的TM各波段数据做了统计特征分析、主成分变换和相关分析（表7.2～表7.4），发现该地区的TM数据中，TM5信息量最大，其次是TM7、TM4、TM3，但由于TM5和TM7之间的相关性大，数据重叠过多，因而波段的选择以TM5、4、3为最佳组合。

表7.2　样区TM各波段数据统计分析

波段	TM1	TM2	TM3	TM4	TM5	TM7	TM6
最小值	84	32	28	16	8	4	136
最大值	132	72	94	122	194	122	170
均值	101.4	43.6	49.2	51.2	54.4	26.4	151.2
标准差	5.14	3.88	7.72	15.14	42.75	24.26	3.96

表7.3　样区TM各波段数据主成分变换结果

成分	方差百分比	特征向量						
		TM1	TM2	TM3	TM4	TM5	TM7	TM6
第一主成分	0.946	−0.047	−0.050	−0.104	−0.253	−0.835	−0.469	−0.057
第二主成分	0.028	−0.285	−0.138	−0.388	0.790	0.033	−0.350	−0.050
第三主成分	0.020	−0.474	−0.336	−0.576	−0.507	0.250	0.049	−0.076
第四主成分	0.003	−0.223	−0.095	−0.072	0.124	−0.309	0.436	0.797

表 7.4 样区 TM 各波段数据相关分析结果

波段	TM1	TM2	TM3	TM4	TM5	TM7	TM6
TM1	1.000						
TM2	0.899	1.000					
TM3	0.894	0.952	1.000				
TM4	0.354	0.580	0.528	1.000			
TM5	0.435	0.629	0.663	0.843	1.000		
TM7	0.503	0.676	0.726	0.786	0.985	1.000	
TM6	0.451	0.579	0.622	0.614	0.719	0.742	1.000

以上是针对土地覆盖/土地利用这种多目标应用而言的，实际应用中最佳波段的选择主要取决于专题内容及信息质量，而不能完全以信息总量的多少为依据。例如，遥感地质找矿时，最佳波段组合中离不开 TM7；识别与水有关的信息时，近红外 TM4、中红外 TM5 或 TM7 都是最佳波段组合中不可或缺的波段。

假彩色合成只是为目视解译提供了一种理想的图像平台，在具体解译过程中，解译者需要根据图像的特点，遵循“先图外，后图内；先整体，后局部；勤对比，多分析”的原则，综合使用多种解译方法，尤其是要发挥对比分析、地理相关分析等方法的作用。在解译标志方面，多光谱扫描图像与摄影像片类似，但色调和颜色在图像解译中发挥着更重要的作用。

三、热红外图像的解译

地表地物均具有反射、透射和发射电磁辐射的能力。可见光、近红外遥感主要探测地物反射和透射电磁辐射的差异，而热红外遥感则主要探测地物的热辐射差异，其本质是对辐射温度的探测。因此，可见光、近红外遥感和热红外遥感有本质的不同。

（一）热红外遥感的探测波段和图像分辨率

地球表面几乎所有的热辐射都由不同波长的红外线组成，因此它也被称为“热红外”能量。红外辐射波长范围为 0.76～1000μm，介于可见光和微波之间。地球红外辐射在不同光谱区间的性质差异很大，0.76～3.0μm 为反射红外波段，3～16μm 为发射红外波段，也称“热红外”波段。

因为大气分子的红外吸收在 0～14μm 光谱区域普遍存在，所以热红外遥感主要通过 3～5μm 和 8～14μm 两个大气窗口探测地物自身热辐射的差异。3～5μm 的短波红外波段对高温辐射源非常敏感，常用于识别和监测森林火灾、火山喷发、火箭发射等地表现象或活动。特别是对森林火灾，它不仅可以清楚地显示火点、火线的形状、大小、位置，而且对小的隐火、残火也有很强的识别能力。8～14μm 的热红外大气窗口，集中了大多数地表特征的辐射峰值波长，虽然不同类别物体的发射率有较大差异，但同类地物的发射率差别不大。因此，在这个宽波段范围内，地物常常被视为灰体。在热红外遥感的具体应用中，为反映地物在 8～14μm 波段上辐射特征的微小差异，此窗口又进一步被分为 10.5～11.5μm 和 11.5～12.5μm 两个探测通道。8～14μm 的热红外波段主要用于探测地表一般物体的温度场，在地热调查、城市热岛、地质找矿、海洋鱼群探测、海洋油污染等方面有广泛应用。

根据电磁辐射原理可知，波长越长，辐射能量越低。热红外辐射的波长比可见光、近红外以及短波红外辐射的波长更长，因此，热红外信号的能量相对更低，必须有足够的能量到达探测器才能进行遥感测量。在环境温度下，地表要素在长波红外区域发射能量，因此，探测器元件必须足够大以捕获足够的能量才能满足信噪比要求。简而言之，传感器必须观察地球表面更大的面积以获得可检测的热红外辐射，而较大的探测器元件导致热红外图像的空间分辨率降低。

（二）热红外图像的基本特征

热红外遥感记录的是一种人眼看不见的地物热辐射特性，它通过摄影或扫描两种方式反映和记录地物的热辐射差异，而且还能全天时昼夜成像。热红外图像的主要特征表现为以下四个方面。

（1）色调是地物亮度温度的构像。热红外图像上不同的灰度反映了地物热辐射特征的差异。地物热辐射能力越强，图像色调越浅；地物热辐射能力越弱，图像色调越深。因此，细分图像色调的差异是识别地物的基础和关键。

（2）热辐射差异形成了地物的“热分布”形状。当热红外传感器检测到物体温度与背景温度存在差异时，就能在图像上构成地物的“热分布”形状。一般来说，这种“热分布”形状并不一定是地物的真实形状。例如，高温目标的热扩散会导致物体形状的扩大变形。

（3）地物大小受其热辐射特性的影响。地物的形状和热辐射特性影响其在热红外图像上的尺寸。当高温物体与背景之间形成明显的热辐射差异时，即使很小的地物，如正在运转的发动机、高温喷气管、较小的火源，都可以在热红外图像上表现出来，而且其在图像中的大小往往比实际尺寸要大。

（4）阴影是目标地物与背景之间的辐射差异造成的，有冷阴影和热阴影之别。例如，烈日下停放在机场的喷气式飞机，其下方被飞机遮挡的地面部分与周围机场地面会出现明显的不同。当飞机发动以后，机尾喷出高温热气流并在地面形成很强的热辐射。从飞机起飞后不久的热红外图像中，能够清晰地看到上述地面温度的差异。其中，暗色调的飞机轮廓部分就是冷阴影，飞机尾部喷雾状的亮色调部分就是热阴影（图 7.13）。阴影是一种“虚假”信息，它干扰了图像的识别，但同时又提供了一种反映特殊目标存在或属性的新信息。

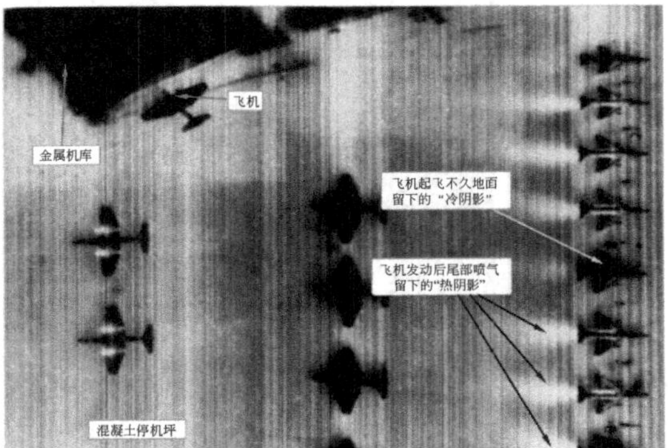

图 7.13　夜间机场的热红外图像

（三）热红外图像成像时间的选择

热图像可以在白天或夜晚获取，但由于受热导率、热容量和热惯性多种因素的综合影响，不同地物在白天和夜晚以不同的速率加热和冷却，这导致了地球表面特征温度变化的昼夜循环。因为地物温度日变化明显，不同时间获取的图像上同一地物的色调往往是不同的，所以图像解译时首先要搞清楚成像时间，这是热红外图像解译的基本要求。

从日出直到日落（大约上午 6:00 到夜晚 8:00），地球主要接收来自太阳的短波辐射，并将大部分能量反射回大气中。其中一些能量被吸收，然后又以长波热红外辐射的形式发射出去。因为地表增温需要时间，所以发射的热辐射峰值通常出现在入射短波辐射中午峰值（大约 12:00）之后的 2～3 小时之间。受太阳照射方向和地形坡度的影响，地表接受的热辐射会出现明显差异，导致白天的热红外图像上灰度层次明显增加，这种特点在图像解译中有助于增加地形的立体感或地物属性的识别，但它更可能使热图像分析复杂化。一般说来，黎明 03:00 左右地表温度最低，并达到了一个相对稳定的阶段，且“阴影”和坡向效应的影响最小，因此，许多地质学家在地质构造、岩层等特殊要素识别中更偏爱使用黎明前的热图像。图 7.14 是亚特兰大市中心的白天和黎明前的热红外图像。在白天的热图像中，灰度对比明显，建筑物、街道和阴影区域之间的对比构成了类似航空照片的场景。但在黎明前的热图像中，温度差异急剧减小，灰度对比随之降低，道路网络清晰可见，原因是沥青路面白天吸收了更多热量并在夜间保存了较多的余热。图像上部分更亮的区域则是局部“热岛”效应造成的。

热红外遥感图像成像时间的选择取决于具体的应用，不同应用可以选择对目标对象解译效果最佳的成像时间段。例如，夜间热数据（尤其是黎明前数据）通常是检测热异常的首选，这是因为白天太阳加热不均匀的影响很小。黎明前的热图像还可以更轻松地检测微弱异常，如地下煤火引起的异常。

(a)白天图像

(b)黎明前图像

图 7.14　亚特兰大市中心的白天和黎明前热红外图像对比

（四）典型地物的热红外图像特征

掌握水体、植被、土壤、岩石等地表典型要素的热红外辐射特点，是热红外图像解译的基础，也是通过建立各种热模型反演地表相关参数的必要条件。

水体与道路：水体具有良好的传热性，在白天的热红外图像上，一般呈暗色调。相比之下，由水泥、沥青等材料构成的道路，白天接受的热能很快转换为热辐射，在图像上呈浅灰色至白色。午夜以后的热红外图像上，水体因为热容量大，散热慢，所以呈浅灰色至灰白色，而道路因为在夜间散热快，因而呈暗黑色调。

森林与草地：白天的热红外图像上，森林呈暗灰至灰黑色，这是因为白天植物表面的水汽蒸腾作用降低了叶面温度，使其温度比裸露地面的温度要低。夜晚，植物在热红外图像上多呈浅灰色调，有时呈灰白色，这是因为植被覆盖下的地面热辐射使树冠增温的缘故。草地在夜间的热红外像片呈黑色调或暗灰色调，原因是夜间草地能很快散发热量而冷却。

土壤与岩石：土壤在热红外图像上的色调受土壤含水量的影响比较大。在午夜后拍摄的热红外图像中，含水量高的土壤呈灰色或灰白色调，含水量低的土壤呈暗灰色或深灰色，这是因为水体的热容量大，在夜间热红外辐射也强。岩石的热容量较大，夜晚有较高的热红外辐射能力，因此，经过白天太阳的暴晒，裸露的岩石在夜间的热红外像片上一般呈淡灰色，如玄武岩往往呈灰色至灰白色，花岗岩呈灰色至暗灰色。

四、雷达图像的解译

在第五章中，我们已经对雷达成像原理做了简要介绍，并对雷达图像的几何特征、信息特点及影响雷达图像色调的主要因素做了全面系统的论述，从而为雷达图像的分析和解译奠定了理论基础。下面在第五章的基础上，简要分析雷达图像的解译要素和解译方法。

（一）雷达图像的解译要素及其特点

雷达遥感的成像方式与可见光、红外遥感有着本质区别，这种区别使雷达图像的几何特征、信息特点及图像上诸多解译要素，如色调、形状、阴影、纹理等，也都和可见光、红外遥感图像存在明显不同。

雷达图像的色调是雷达回波强弱的表现。雷达接收到的后向散射强度越大，图像的色调越浅，反之色调越深。影响雷达色调的因素很多，既有波长、极化方式等雷达图像的系统参数，也有表面粗糙度、复介电常数等地表特性要素，因此，图像解译时需要综合考虑这些因素。

形状作为一种重要的解译要素，在可见光和红外图像上一般都有清晰的反映，而且不会造成视觉上的明显差异。然而在雷达图像上，大多数目标地物的形状与人们的视觉印象相差甚远，常常只能反映出实际目标的部分轮廓。例如，一座平顶楼房，图像上一般表现为“L”形，原因是楼房的平顶没有雷达回波信号。

图像上地物的大小与图像的分辨率有关。低分辨率图像上很难反映地物的大小，高分辨率图像上可以区分地物的大小，但取决于目标地物与邻近地物回波信号的差异。值得注意的是，坡面上的地物因为透视收缩、叠掩和阴影的影响会造成很大的变形，从而影响地物的大小。

雷达图像上的阴影是由地形高度的遮挡所造成的图像盲区，这与其他图像上的阴影有着本质区别。雷达阴影能形成强烈的色调反差，从而增强图像的立体感，对部分地物的识别具有指示作用，对地形地貌的分析也十分有利。但当阴影太多时，会导致坡面信息匮乏，解译时需要采取必要的技术方法，弥补阴影区丢失的信息。

雷达图像上的纹理是其分辨率的函数，一般可分为细微纹理、中等纹理和宏观纹理三种类型。细微纹理与分辨单元的大小和分辨单元内独立地物的多少有关，它是系统固有的一种特征。在高分辨率图像上，能发现不同植被类型纹理上的差异。中等纹理是由数个分辨单元为尺度的纹理特征，由多个分辨单元中的同一目标色调的不均匀性或不同目标的不同色调构成，如沼泽中各种土壤和植被的分布，其图像中的纹理带有斑点或亮点，有的呈现颗粒状。宏观纹理是以数百个甚至更多的分辨单元为尺度的色调变化特征，它主要反映地形结构特征。因为地形结构能改变雷达波束与地物目标之间的几何关系和入射角，从而造成宏观纹理的变化，所以，宏观纹理是地形地貌和地质解译中的重要标志。

（二）雷达图像的处理

雷达图像存在多种几何畸变，而且由高程引起的几何位置误差要比光学图像严重得多，是 SPOT 图像的 4～5 倍。因此，雷达图像的几何精校正在许多情况下都是十分必要的。

雷达图像几何校正的方法是：先利用 DTM 和雷达成像参数产生一幅无畸变的雷达模拟图像；再根据选定的控制点和控制线，用多项式拟合法对实际雷达图像进行初步校正；然后使初步校正后的图像与几何模拟的雷达图像进行配准，对雷达图像进行地形畸变校正（几何精校正）；最后对阴影、叠掩、透视收缩区域分别进行灰度处理。

（三）典型地物的散射特征与图像解译

地物的散射特征直接影响着雷达接收地面目标回波信号的强弱。由于地表物质组成和环境背景的差异，其散射特征自然也不相同，从而引起雷达图像上各种地物的图像特征也就不同。下面介绍五种典型地物的散射特征及图像解译。

1. 城市

城市是多要素综合体，高楼林立，容易产生角反射效应并形成比较强的雷达后向散射，因此雷达图像上城市区域的色调很亮。图 7.15 是意大利北部波河谷地平原区的 Sentinel-1A 雷达图像，图中城市沿着从左到右的主干道排列，均呈现亮色调。在城市内部，大多数目标地物的形状与人们的视觉印象相差甚远，常常只能反映出实际目标的部分轮廓。城市内部道路通常呈现暗色调，并与建筑物相结合形成城市图形结构网络（图 7.16）。

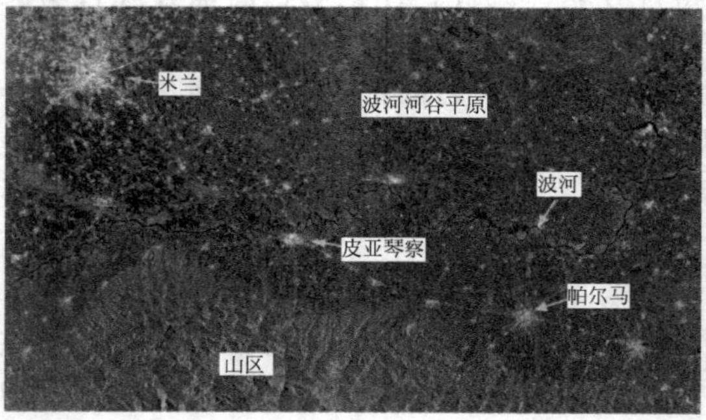

图 7.15　Sentinel-1A 雷达图像（意大利）

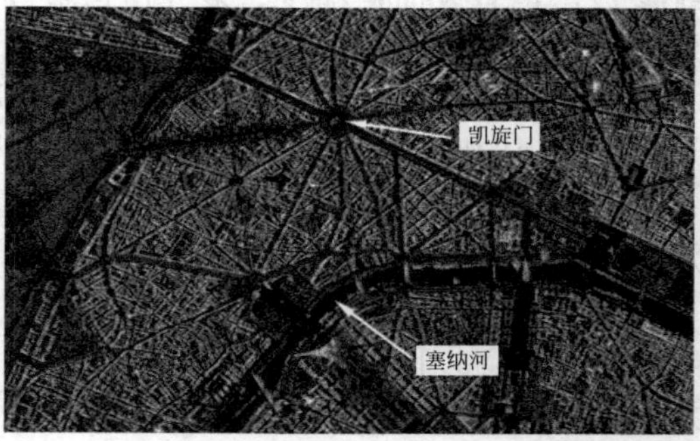

图 7.16　RADARSAT-2 雷达图像（巴黎街区）

2. 农田

农田在雷达图像上呈现深浅不同的灰-黑系列色调，这种相对较大的色调变化是由于农田不同覆盖类型介电常数、土壤水分含量、表面粗糙度等多种因素综合影响的结果，但格网状图案依然是农田最重要的图像特征，且农田常常与河流、灌溉水渠、居民地相互依存(图 7.17)。土壤水分含量是影响农田后向散射强度最重要的因素之一。土壤含水量的变化导致土壤介电常数明显变化，进而使雷达后向散射回波产生 20~80dB 的变化，表现在雷达图像上，不同含水量的土壤色调就出现明显差异。图 7.18 是 1992 年 7 月 7 日由欧洲航天局 ERS-1 卫星获取的雷达图像，反映了局部降水事件对传感器记录的微波后向散射的影响，图中最近发生降水的农田区域呈现明亮的色调，而那些未受降雨影响的区域色调更暗。

3. 水体

水体包括河流、水库、湖泊、海洋等。因为水体对雷达波的吸收比较充分，所以总体而言图像上水体呈暗黑色调，与背景地物之间的边界清晰可辨。图 7.19 是亚马孙河季节性洪水期的雷达图像，完美区分了陆地和水域的界限。图中森林覆盖区和洪泛区呈现灰色调，而河流及其附近的湖泊则明显呈黑色。水体表面的粗糙度直接影响水体的色调，平静的水面产生镜面反射，几乎没有后向散射，因此色调更深、更黑，有波浪的水面可以视为粗糙表面，产生一定的后向散射能量，因此色调相对变浅。水体结冰后，冰层为光滑表面，能产生镜面反射，因此在雷达图像上呈黑色调；融冰期水面的浮冰改变了冰面的粗糙度，致使雷达回波显著增强，在雷达图像上呈现出斑块大小不同、色调明暗相间分布的图像特征（图 7.20）。

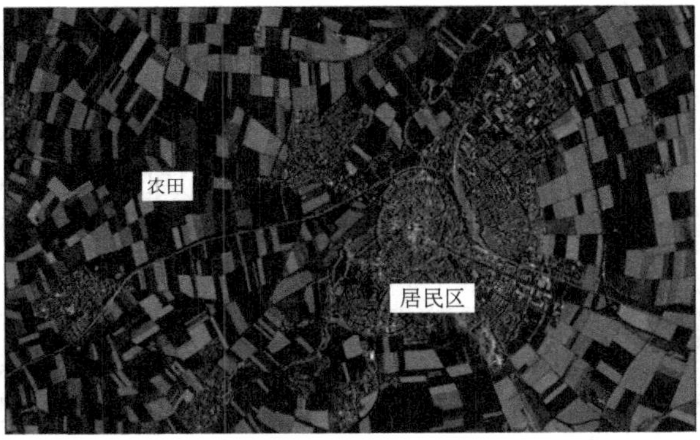

图 7.17　TerraSAR-X 雷达图像（德国）

图 7.18　土壤水分对雷达图像色调的影响

图 7.19　亚马孙河 RADARSAT-1 雷达图像（巴西）

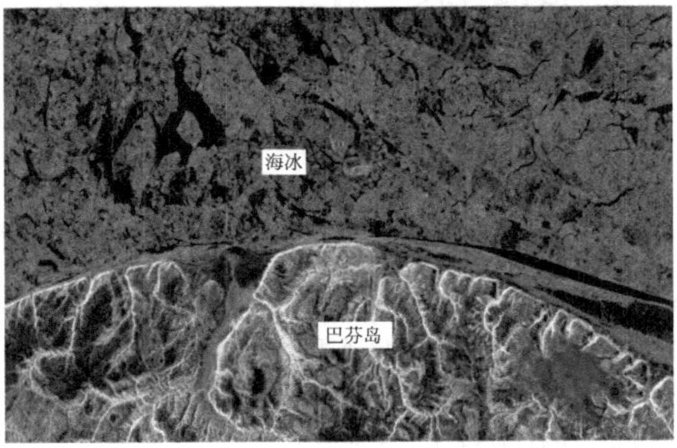

图 7.20　巴芬岛 ALOS-1/PALSAR 图像（加拿大）

4. 植被

地表植被具有不同的种群结构、密度和冠层类型，并随季节的变化呈现出不同的外貌特征，这种差异直接影响了雷达回波的强度，并在雷达图像上表现出明显的色调差异，这是识别植被类型的重要依据。

波长与植被探测关系密切。微波对植被有一定的穿透能力，波长越长，穿透力越强。因此，植被在不同波段的雷达图像上的图像特征明显不同。一般来说，较短的波长能较好地探测农作物和植被冠层信息，而较长的波长则能较好地探测树干和树枝信息。因此，L 波段的 SAR 图像对森林蓄积量的估算有特殊能力。

在植被探测和分析时，观测方向和俯角是重要参数。合适的观测方向可以在图像上清晰地显示出自然植被的界限和耕地的图型，并可利用阴影估计植株的高度，合适的俯角还能减少土壤背景对植被分析的影响。

植被的体散射可造成极化方式的转换，从而产生正交极化的回波，这种特殊的去极化效应使通过多极化图像鉴别植物类型更为有效。例如，对不同极化图像进行主成分变换，得到的第一主成分（PC1）主要反映土壤、农田、树木等反差较大的地物，第二主成分（PC2）增强了地物的差异，第三主成分（PC3）突出了弱回波目标和阴影，而它们的合成图像能有效增强植物信息。

5. 岩石

岩石的散射特性主要取决于其元素组成。Fe、Mn 等暗色矿物含量高的岩石，具有较高的介电常数，因此散射回波强，在图像上呈浅色调。此外，岩石的吸附水和温度等也都对其介电常数有一定影响，进而影响雷达图像的色调。通常情况下，由于岩石表面形状的多样性以及岩石表层土壤、植被覆盖层的存在，通过实测很难得到理想的单一岩性的散射特性。因此，在雷达图像上判断并识别岩石、地层及地质构造时，往往需要综合岩石的元素组成、表面粗糙度、风化特点、地貌形态等多种造成图像色调和纹理结构差异的因素，才能取得好的效果。图 7.21 显示了雷达图像区分不同类型岩石的能力。图中 A 代表的黑色区域是连接北冰洋的布雷斯布里奇湾；B 表示沉积性粉砂岩区域，因为岩石粗糙度较小显现暗色调；C 表示石灰岩区域，因为岩石粗糙度较大呈现较亮的色调。

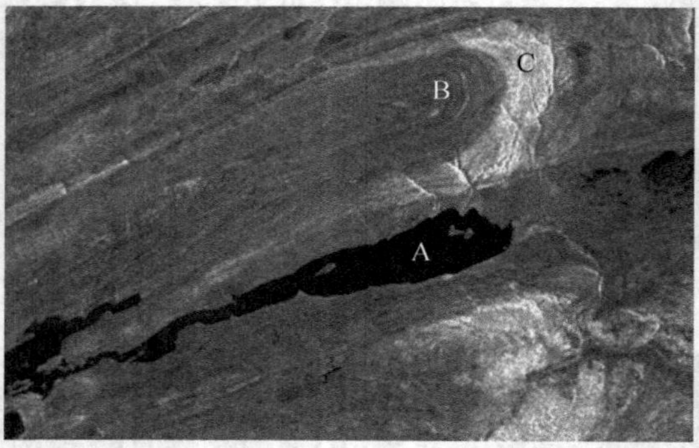

图 7.21　雷达图像上不同类型岩石的色调差

思 考 题

1. 什么是目视解译？目视解译的特点和依据是什么？
2. 如何理解影像特征、解译要素和解译标志之间的关系？
3. 试述目视解译的主要技术方法。
4. 分析影响目视解译效果的主要因素。
5. 目视解译的基本程序是什么？
6. 和可见光、近红外遥感相比，热红外遥感的成像原理和图像特征有什么特殊性？

第七章测试题

第八章　遥感图像的计算机分类

随着遥感技术的迅猛发展，遥感图像的计算机分类越来越受到重视。本章在重点分析传统的监督分类和非监督分类的基础上，还简要介绍了部分新的图像分类技术和方法，并对图像分类的精度评价方法做了系统的论述。深刻理解遥感图像分类的基本原理，熟练掌握最基本的图像分类方法是本章学习的重点。

第一节　概　　述

遥感图像的计算机分类，是对给定的遥感图像上所有像元的地表属性进行识别归类的过程（图 8.1）。分类的目的，是在属性识别的基础上进一步获取区域内各种地物类型的面积、空间分布等信息。遥感图像的计算机分类与目视解译的目标是一致的，但手段和方法则完全不同。

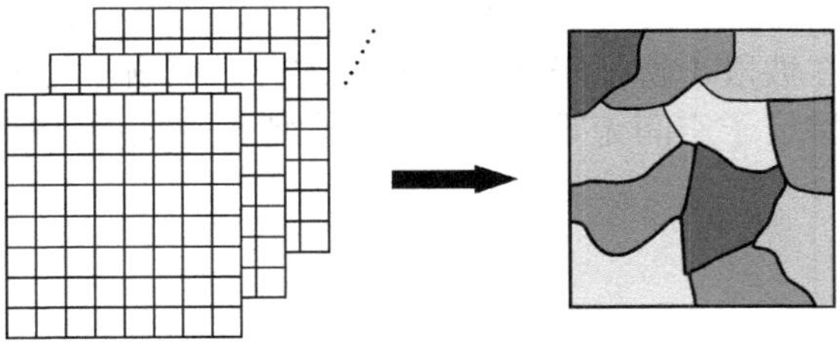

图 8.1　遥感图像分类示意图

一、图像分类的物理基础

遥感图像是传感器记录地物发射或反射的电磁辐射的结果，遥感图像中像元的亮度是地物发射或反射光谱特征的反映。因此，同一类地物在同一波段的遥感图像上应该表现为相同的亮度，在同一图像的多个波段上呈现出相同的亮度变化规律。同理，不同的地物在同一波段图像上一般表现出互不相同的亮度，在同一图像的多个波段上呈现出各异的亮度变化规律（图 8.2）。这就是在遥感图像上区分不同地物的物理基础。

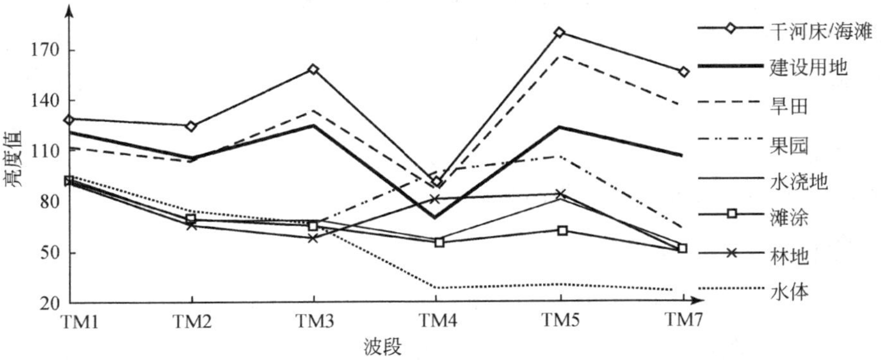

图 8.2　几种地物在 TM 图像上的光谱特征

假设遥感图像有 K 个波段，则行列位置为（i，j）的像元在每个波段上的亮度值可以构成一个多维的随机向量，即光谱特征向量，表示为

$$X=[x_1x_2\cdots x_k]^{\mathrm{T}} \tag{8.1}$$

式中，k 为波段总数；x_n 为地物点在第 n（$1<n<k$）波段图像中的亮度值。

为了度量图像中地物的光谱特征，建立一个以各个波段像元亮度分布为子空间的 K 维光谱特征空间，这样，K 个波段的多光谱图像便可以用 K 维特征空间中的一系列点来表示。不同地物由于光谱特征（包括发射光谱特征和反射光谱特征）的不同，应该分布在特征空间的不同位置。

实际上，由于受到大气条件、地物自身的多样性、地物所处环境、传感器自身状况等多种随机性因素的影响，同一类地物在遥感图像某一波段中的亮度不可能是完全相同的，而是形成一个相对集中的亮度区间。因此，在特征空间中，同一地物将会形成一个相对集中的点簇，多类地物会形成多个点簇。

在理想情况下，不同类别的地物，在各个或者至少一个子特征空间中的投影是完全相互区分的，故在总的特征空间中也是可以相互区分的。如图 8.3 所示，以两个波段遥感图像为例，甲、乙、丙 3 种地物对应二维特征空间中 3 个不同的点簇。地物甲与地物乙在波段 2 特征子空间中存在重叠但在波段 1 特征子空间中没有重叠，地物乙与地物丙在波段 1 特征子空间存在重叠但在波段 2 特征子空间无重叠，即在整个特征空间中，3 种地物的点簇可以区分。

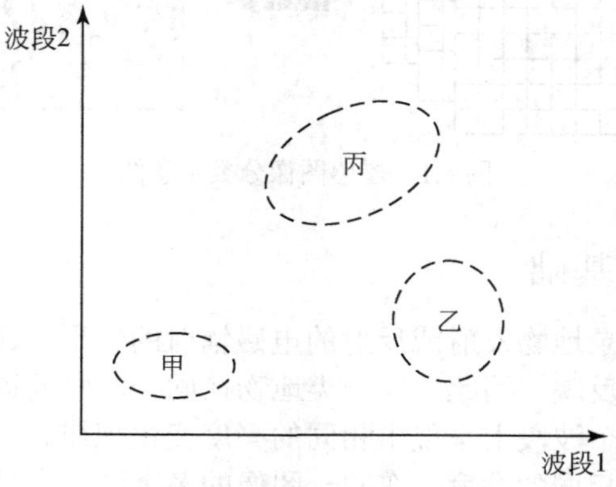

图 8.3　理想状态下的地物光谱特征关系

然而在现实条件下，由于“异物同谱”和“同物异谱”现象的普遍存在，可能存在一幅图像中有两种或多种地物的特征点簇无论在总的特征空间或任意特征子空间中都有重叠，即两种地物不能完全区分。在这种情况下，重叠部分的特征点所对应的地物会出现一定程度的分类误差。还有一种可能就是同一种地物的特征点在特征空间中不是集中为一个点簇，而是相对分散甚至出现两个或两个以上的中心，这是由于同一地物不同部分之间亮度差异过大引起的，这时同一地物有可能会被分为两类。

二、特征变量与特征提取

遥感图像分类的主要依据是图像的特征变量。在统计学上，特征与变量是一个含义。对于图像而言，特征是图像波段值和其他处理后的信息。一个波段就是一个特征，各个特征具有相同的样本/像元数。多光谱遥感图像各个波段的像元值是分类的最原始的特征变量，这些

原始特征变量经过一定的处理，如各种图像运算、K-T 变换、K-L 变换等，可以产生一系列新的特征变量。此外，还可以把相关的非遥感数据经过处理，转换为与遥感图像坐标一致的新变量，这些新变量与图像的原始特征变量都是对地表特征的反映，它们可以组成一个维数很高的特征变量空间，用来进行图像的分类。

特征变量可分为全局统计特征变量和局部统计特征变量。全局统计特征变量是将整个数字图像作为研究对象，从整幅或变换处理后的整幅图像中获取的变量。前者如地物的光谱特征，后者如 K-T 变换获得的亮度、绿度、湿度等特征以及 K-L 变换后的各个主成分等；局部统计特征变量是将数字图像分割成不同的识别单元，在各个单元内分别抽取的变量特征，如纹理特征等。

一般来说，特征越多、光谱空间维数越高，图像所包含的信息量也就越大。但并不是所有的信息都是分类的有效信息，且不少变量之间往往有一定的相关性。图像分类时，如果对特征变量不加选择，不仅会增加多余的运算，还会影响分类的准确性。因此，实际分类中常需要从原始图像多个特征中选择少数几个更为有效的特征进行分类，这个过程就是特征提取。例如，通过 K-L 变换使图像信息集中在彼此独立的若干主成分图像上，然后用前 3 个主成分图像参与分类，也能取得较好的效果。

在实际应用中，对特征变量的选择随应用目的、研究区特点、遥感图像特征、地物类型等的不同而变化，总的原则是：①数量适度并尽可能少；②独立性强、相互之间的相关性低；③类内个体间差异小、类间差别大。

三、图像分类的方法

遥感图像计算机分类的方法纷繁多样，归纳起来有以下几种划分方法。

基于分类的依据，遥感图像的计算机分类可分为两种：一种是分类单纯依赖像元在各波段的亮度值及其组合或变换的结果；另一种是除考虑像元的光谱特征外，还要利用像元和其周围像元之间的空间关系，如纹理、形状、方向性等。

基于分类过程中人工参与的程度，可分为监督分类、非监督分类和两者相结合的混合分类。监督分类使用了人工选择的训练区，而非监督分类则完全依赖计算机对像元特征的统计。

基于分类的对象，可分为逐像元分类和面向对象分类。传统的分类方法处理的对象是离散的像元，然而地理研究往往是在特定的空间尺度下进行的。面向对象的分类方法则允许解译人员进行多尺度的分割处理，将整个分类区分割为若干同质对象（图斑或斑块），然后对同质斑块进行类别划分。

基于输出结果的明确程度，有硬分类和模糊分类之分。传统的统计方法都属于硬分类，即一个像元只能分到一个类中。然而，混合像元的普遍存在使硬分类具有一定的不合理性。模糊分类则允许一个像元可以同时被分到多个类中，并用类隶属概率表达其归为某一类的可能性。

需要指出的是，在实际分类中并不存在所谓绝对“正确”的分类形式。选择哪种方法取决于图像的特征、应用要求和能利用的计算机软硬件环境。

第二节　监督分类

监督分类（supervised classification），也称训练分类法，是指用选定的已知类别的样本去识别其他未知类别像元的过程。已被确认类别的样本像元是指那些位于训练区的像元，其类别属性是预先通过对工作区图像的目视解译、实地勘察等方法确定的。

监督分类的基本过程是：首先，在图像上对每一种地物类别选取一定数量的训练区，构成训练样本；其次，统计样本的特征参数，确定判别准则，建立判别函数；最后，根据判别函数，将训练区以外的像元划分到与样本最为相似的类别中。

一、训练样本的选择与评价

训练样本也称训练区，是指分析者在遥感图像上确定出来的各种地物类型的典型分布区。训练样本的选择与评价直接关系到分类的精度，是监督分类的关键。

（一）训练样本的选择

训练样本的选择需要分析者对待分类图像的所在区域有所了解，或进行过初步的野外调查，或研究过有关图件和高精度的航空照片。最终选择的训练样本应能准确代表整个区域内每个类别的光谱特征差异。

训练样本的来源可以是：①实地采集，即通过 GPS 定位，实地记录的样本；②屏幕选择，即通过参考其他地图或根据分析者对该区域的了解，在屏幕上数字化每一类别中有代表性的像元或区域，或用户指定一个中心像元后，由机器自动评价并选择与其相似的周边像元。

对于监督分类而言，训练样本的选择一般应满足以下要求。

首先，样本所含类型应与所区分的类别一致。监督分类依据样本建立分类规则，如果样本中遗漏了某一类，则分类结果中一定不会包含此类，该类别所对应的像元一般会根据分类规则划分到相近的类别中。

其次，训练样本应具有典型性，即同一类别的训练样本是均质的。在特征空间中，不同类别的训练样本是相互独立的，不能有重叠。因此，训练样本应在面积较大的地物中心部分选取，而不应在地物的混交地区或类别的边缘选取，以保证其典型性。

最后，训练样本的数量应满足建立判别函数的要求。例如，最大似然法的训练样本数至少要求 K+1 个（K 为特征空间的维数），这样才能保证协方差矩阵的非奇异性。当然，K+1 只是理论上的最低值，实际上为了保证参数估计结果比较合理，样本数还应适当增加，达到能满足提供各类别足够的信息和克服各种偶然因素影响的效果。

此外，某些分类算法对训练样本还有一些特殊的要求，如最大似然分类法要求训练样本应尽量满足正态分布。

（二）训练样本的评价

初步选定训练样本后，为了评价样本的质量，需要计算各类别训练样本的光谱特征信息，并通过每个样本的基本统计值（如均值、标准方差、最大值、最小值、方差、协方差矩阵、相关矩阵等），判断样本是否具有典型性和代表性。

直方图可显示不同样本的亮度值分布，是评价训练样本质量的一种常见方法。一般来说，训练样本的亮度值越集中，其代表性越好。因为多数参数分类器都假设像元分布呈正态分布，所以每类训练样本在每个波段的直方图都应该趋于正态分布，只能有一个峰值（图 8.4）。当直方图出现两个峰值时，说明所选的训练样本中包含了两种不同的类别，需要重新选择训练样本。有时也同时把不同类别样本的直方图显示在同一波段上，以检查各样本之间的分散性。如果在同一波段上不同类别的样本直方图互相重叠，则说明所选类别难以区分，需要重新选择或者确定类别（图 8.5）。

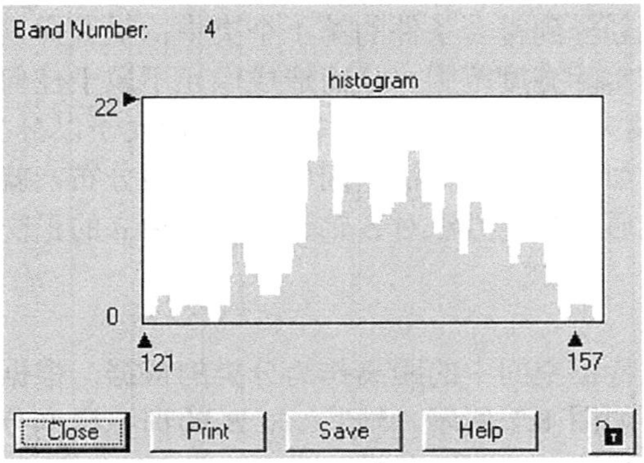

图 8.4　正态分布的样本

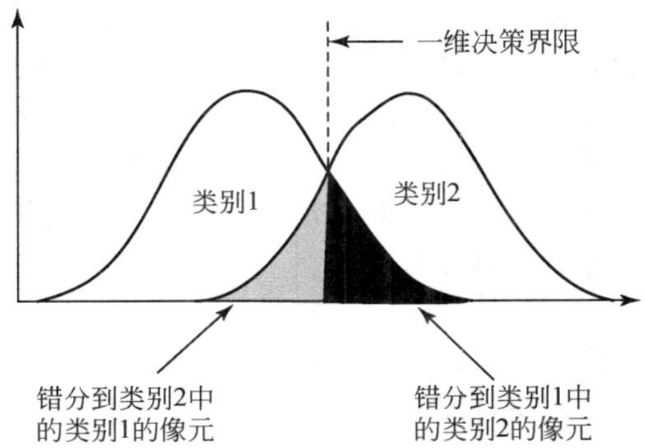

图 8.5　样本重叠示意图

二、分类算法

训练样本确定之后，需要选择恰当的分类算法，实现图像中每一个未知像元的分类。每一种分类算法都是基于训练样本的统计特征，并遵循某种分类规则进行图像分类的。不同算法由于规则不同，分类的结果自然就有所不同。下面重点介绍五种最常用的算法。

（一）多级切割法

多级切割法（multilevel slice classifier）也称平行算法、盒式决策规则、平行六面体算法，是根据各类别所有训练样本的亮度值范围在多维特征空间中生成对应的特征子空间（图 8.6）。对一个未知像元来说，它的类别归属取决于它落入哪个类别的特征子空间。图 8.6 中，像元 a 落在特征子空间 A 内，应分类为 A。当然，各特征子空间范围的上、下限也可以不使用样本亮度的最大值和最小值，而使用平均值和标准方差。

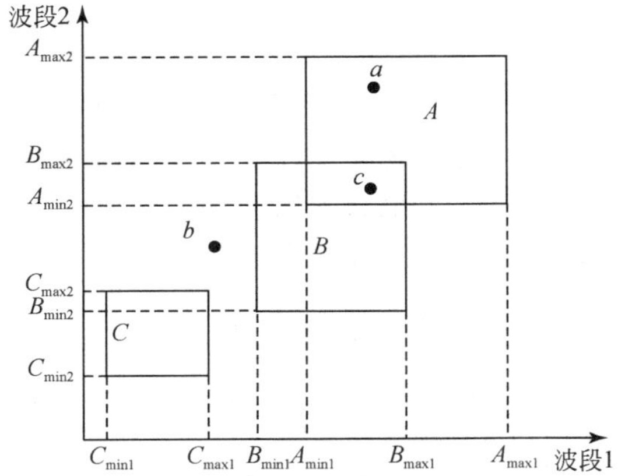

图 8.6　多级切割法示意图

如果一个像元未落入任何特征子空间中，则属于未知类型，如图 8.6 中的像元 b。使用扩大阈值到 n（$n>1$）倍的方法可以扩大特征子空间的范围，有可能将未知类别的像元分类，但这也有可能造成多个特征子空间相互重叠，从而产生分类错误。

多级切割法简明、直观、运算速度快，能将大多数像元划分到一个类别中。但当类别较多时，各类别所定义的特征子空间容易发生重叠，某未知类别像元（如图 8.6 中的像元 c）可能满足多个类的判别规则，此时，通常将该像元划分到符合条件的第 1 个类中；受选样误差的影响，训练样本的亮度范围可能会远小于类别实际亮度范围，从而造成像元不属于任何一类。当出现上述两种情况时，需要采用其他规则将未分类或可划分到多个类的像元予以分类。

多级切割法中，分割面总是与特征轴正交，如果类别在特征空间中出现倾斜分布，就会产生分类误差。这时，最好先进行主成分变换或通过其他方法对各轴进行相互独立的正交变换，然后再进行分类。

（二）最小距离法

最小距离法（minimum distance method）以特征空间中的距离作为分类的依据，根据各像元到训练样本平均值距离的大小决定其类别。如图 8.7 所示，地物 A、B 的训练样本分别在特征空间中形成了集群 A 和 B，两个集群的平均值 a、b 分别位于（a_1，a_2）和（b_1，b_2）。假设有像元 x 在特征空间中的位置为（x_1，x_2），则像元 x 的类别归属取决于其距离 ax、bx 的大小。由于 $ax>bx$，故 x 应分类为 B。

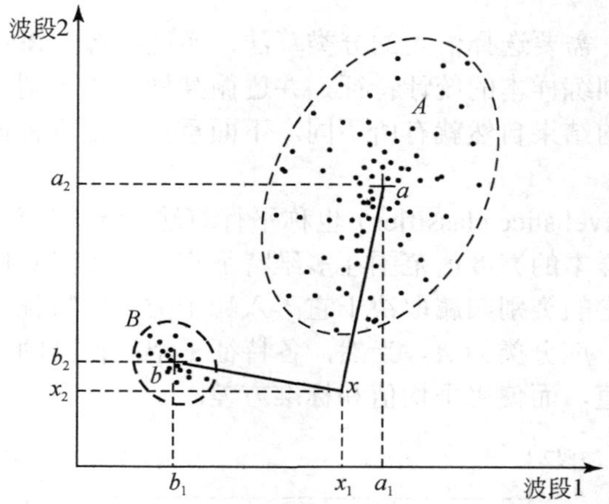

图 8.7　最小距离分类法和最近邻域分类法示意图

设 p 为图像的波段数，X_i 为待分类像元 X 在第 i 波段的亮度值，M_{ij} 为第 j 类在第 i 波段的均值，则像元 X 与各类间的距离可以有以下算法。

（1）绝对值距离（absolute distance）。其表达式为

$$D_i=\sum_{i=1}^{p}|X_i-M_{ij}| \tag{8.2}$$

绝对值距离采用的是 X 到集群中心 M_j 在各特征维上距离的绝对值的总和，避免了开方和平方计算，计算过程简单，在分类中经常使用。

（2）欧氏距离（Euclidean distance）。其表达式为

$$D_i^2=\sum_{i=1}^{p}(X_i-M_{ij})^2 \tag{8.3}$$

欧氏距离是两点之间的直线距离。欧氏距离中各种特征参数是等权的，在使用时应注意特征参数的量纲。如果是具有不同量纲的特征参数，则欧氏距离通常是没有意义的，在此情况下，分类前应先对数据进行标准化处理。

（3）马氏距离（Mahalanobis distance）。其表达式为

$$D_i = (X_i - M_{ij})^{\mathrm{T}} \Sigma_j^{-1} (X_i - M_{ij}) \tag{8.4}$$

式中，Σ_j为协方差矩阵。当$\Sigma_j=I$（单位矩阵）时，马氏距离即为欧氏距离。

马氏距离是一种加权的欧氏距离，既考虑了离散度，也考虑了各特征变量间的相关性，比欧氏距离和绝对值距离更具合理性。

（三）最近邻域法

最近邻域法（nearest neighbour method）的算法规则与最小距离分类法相似，都使用距离的远近作为类别归属的依据，只是不使用均值。常见的最近邻域分类法有最近邻分类法和K-最近邻分类法。

简单的最近邻域分类法是在 n 维特征空间中，找出距离待分类像元最近的训练样本，并将待分类像元划归到该样本所在的类中。如图 8.7 所示，按最小距离法，像元 x 应划归到 B 类，但按照最近邻域法，像元 x 应划归到 A 类。如果训练样本在 n 维特征空间中有很好的区分度，那么最近邻域法可取得很好的分类效果。但是，因为需要计算待分类像元到所有样本之间的距离，所以计算量很大，会造成分类速度的减慢。

K-最近邻分类法在分类前，用户先指定 k 值（如 k=5），然后以待分类像元为中心，在整个空间中向各个方向进行搜索，直至找到 k 个训练像元，将待分类像元归为 k 个样本中出现次数最多的一类中。在这一方法中，k 一般取奇数，类似于投票表决，以避免两种地物出现次数相同的情况。K-最近邻分类法实现简单，当 k 趋向于无穷大时错分概率低于简单的最近邻域分类法，但当 k 值较小时误差难以控制。

（四）最大似然法

上述几种分类方法主要是根据与训练样本相关的特征空间中的距离判别特征子空间的边界，未能考虑各类别在不同波段上的内部方差及不同类别在特征空间中重叠部分的频率分布。最大似然法（maximum likelihood method）的判别规则是基于概率的，它首先计算待分类像元对于已知各类别的似然度，然后将该像元分到似然度最大的一类中。

1. 算法原理

最大似然法首先假设各训练样本在每个波段中都呈正态分布。那么，在具有 n 个波段（或 n 个特征向量）的图像中，第 w_i 类的密度函数可表示为

$$p(X / w_i) = \frac{1}{(2\pi)^{N/2} \, |V_i|^{1/2}} \exp\left[-\frac{1}{2}(X - M_i)^{\mathrm{T}} V_i^{-1} (X - M_i) \right] \tag{8.5}$$

式中，X 为某像元；exp［ ］为 e（自然对数的底）的幂；$|V_i|$为 w_i 类第 k 到第 l 波段（k，$l \in n$）的协方差矩阵的行列式；$V^{-1}{}_i$ 为协方差矩阵的逆矩阵；M_i 为第 W_i 类的均值向量；（X−M_i）^{T} 为矩阵（X−M_i）的转置。

在多数遥感图像中，某些类出现的概率总比另一些类高一些。例如，在平原地区农田的面积要比林地的面积大很多，分类时我们希望将更多的像元划归农田。对于这些知识，可以将其作为先验知识纳入分类规则中。设 p（w_i）为未知像元 X 属于第 i 类的先验概率，用其对第 i 类的概率 p_i 进行加权，则像元 X 划归第 i 类的概率为

$$p_i \cdot p(w_i) = \ln p(w_i) - \frac{1}{2}\ln |V_i| - \left[\frac{1}{2}(X - M_i)^{\mathrm{T}} V_i^{-1} (X - M_i) \right] \tag{8.6}$$

式中，M_i 为第 i 类的均值向量；V_i 为第 i 类第 k 到第 l 波段的协方差矩阵。

因此，为了对一个未知像元进行分类，首先要计算每一类的 $p_i \cdot p(w_i)$ 概率（后验概率）值，然后将像元划分到 $p_i \cdot p(w_i)$ 值最大的类中去。这一判别规则也称为贝叶斯规则。

在实际分类工作中，有时很难获得用来判断图像中哪一类会比其他类出现概率更大的先验概率。这时，一般会假设各类地物出现的概率是相等的。这样，就可以在式（8.6）中省略先验概率这一项，从而得到一个简单的分类规则，即

$$p_i = -\frac{1}{2}\ln|V_i| - \left[\frac{1}{2}(X-M_i)^{\mathrm{T}} V_i^{-1}(X-M_i)\right] \tag{8.7}$$

相应的判别规则为：对于所有可能的 $j=1, 2, \cdots, m$ 且 $j \neq i$，若 $p_i(X) > p_j(X)$，则未知像元 X 属于 w_i 类。

2. 错分概率

使用任何分类方法都无法避免错分现象。错分概率的大小由后验概率函数重叠部分的面积决定。如图 8.8 所示，设有 w_1、w_2 两个类别，曲线表示两个类别在某波段分布的概率密度，μ_1、μ_2 分别为 w_1 和 w_2 的平均亮度，μ_3 为 $\mu_1\mu_2$ 的中点，在 μ_4 处 $d_1(X)=d_2(X)$。按照距离（欧氏距离）的分类原则，w_1、w_2 的判别边界为 μ_3；而按照最大似然法的分类原则，w_1、w_2 的判别边界为 μ_4。显然，最大似然法的判别边界使错分概率最小，因为这个边界无论是向左移动还是向右移动都会获得一个更大的重叠面积，从而增加总的错分概率。

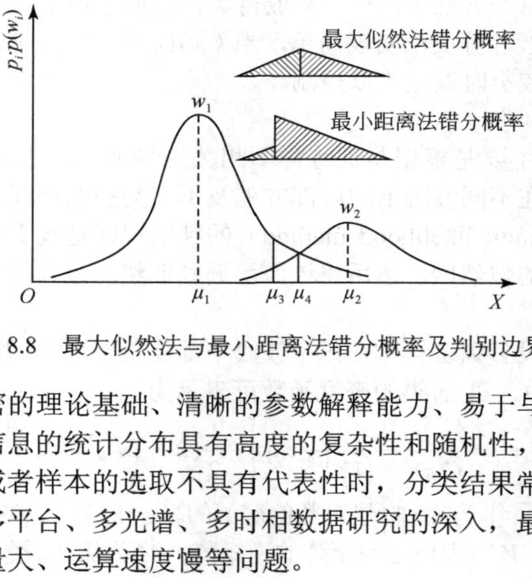

图 8.8　最大似然法与最小距离法错分概率及判别边界

最大似然法具有严密的理论基础、清晰的参数解释能力、易于与先验知识融合及算法简单等优点。但由于遥感信息的统计分布具有高度的复杂性和随机性，当特征空间中类别的分布不能服从正态分布，或者样本的选取不具有代表性时，分类结果常常会偏离实际情况，而且随着遥感应用技术对多平台、多光谱、多时相数据研究的深入，最大似然法在面对超多波段图像数据时存在数据量大、运算速度慢等问题。

（五）光谱角分类法

光谱角分类法（spectral angle mapper，SAM）也称光谱角填图，是一种光谱匹配技术，它通过估计像元光谱与样本或混合像元中端元成分（end member）光谱的相似性进行分类。端元成分是混合像元中亚像元尺度上的混合类型的组分，由单一物质组成，其光谱纯净，可作为分类中的标准光谱。通过光谱分解技术，可从训练样本中提取端元成分。

光谱角分类法将光谱特征空间中的像元亮度看作有方向和长度的向量，不同像元的向量之间形成的夹角称为光谱角。对于未知像元 X，其类别归属取决于其光谱向量与各类样本光谱向量之间的夹角，用公式可表示为

$$\alpha = \cos^{-1}\frac{\sum XY}{\sqrt{\sum (X)^2 \sum (Y)^2}} \tag{8.8}$$

式中，α为待分类像元光谱向量与样本光谱向量之间的夹角；Y为样本光谱向量。夹角越小，说明X越接近训练样本Y的类型。如图8.9所示，若α小于设定的阈值，则将X划归为Y类；若α大于所有样本类型光谱角的阈值，则归为未知类。

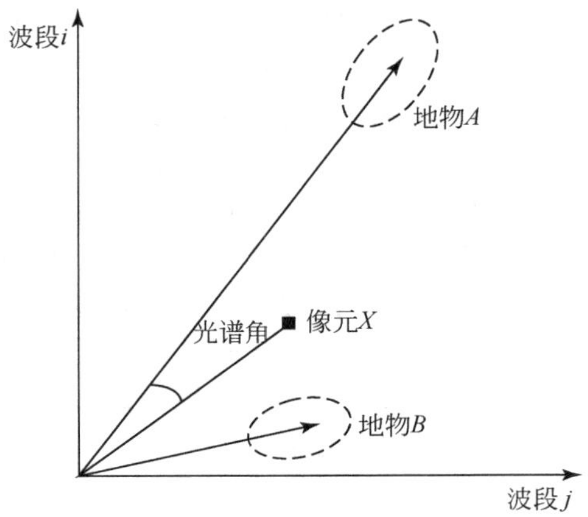

图 8.9　光谱角分类法示意图

光谱角分类的依据是光谱向量的方向而非长度，也就是说分类过程中可以不用考虑图像本身的亮度。这就有可能出现在特征空间中差别很大的两个像元（如图8.9中像元X和地物A中的像元），使用光谱角分类会将它们分为一类，而最大似然法或最小距离法会将它们分为两类。

第三节　非监督分类

非监督分类（unsupervised classification），也称聚类分析或点群分析，是在没有先验样本的条件下，即预先不知道图像中地物的类别特征，由计算机根据像元间光谱特征的相似程度进行归类合并的分类方法。因为分类前不对分类过程提供任何先验知识，只是在假定同类地物具有相同光谱特征的前提下，仅凭遥感图像的统计特征和光谱空间中自然点群的分布状况进行分类。所以，非监督分类的结果只表明像元之间存在差异，并不能确定其类别属性，即分类结果是“谱类”而非“地类”。“谱类”与“地类”的对应关系需在分类后通过目视解译或实地调查确定。

非监督分类主要采用聚类分析法。聚类是把一组像元按照相似性归纳成若干类别，即“物以类聚”。聚类分析的算法很多，下面重点介绍最常用的K-均值算法和ISODATA算法。

一、K-均值算法

K-均值算法（K-Mean）也称C-Mean法，其聚类准则是使多模式点到其类别中心的距离的平方和最小。K-均值算法的基本思想是，通过迭代逐次移动各类别的中心，直至得到最好的聚类结果为止。

K-均值算法的基本流程如图8.10所示。假设要把图像上的地物分为m类，具体计算步骤如下。

第一步：初始化聚类中心。适当选取 m 个类的初始中心 $Z_1^{(1)}$，$Z_2^{(1)}$，…，$Z_m^{(1)}$；设定迭代中止条件，如最大循环次数或聚类中心收敛误差容限。初始中心的选择一般有两种方法：一是根据经验从数据中找出直观上看起来比较适合的各类初始中心；二是将全部数据随机分为 m 个类，计算各类的重心并将其作为初始中心。

第二步：初始聚类。根据相似度（距离），将其余所有像元分配给与其最相似的聚类中心，形成 m 个类。

第三步：进行迭代。以第二步的结果中每一类的均值向量作为这一类的新聚类中心，重新聚类，反复迭代。在第 k 次迭代中，对于任一像元 X，如果 $\| X-Z_j^{(k)} \| < \| X-Z_i^{(k)} \|$（$i \neq j$，$i=1$，2，…，$m$），则将 X 调整到 $S_j^{(k)}$ 类，其中 $S_j^{(k)}$ 是以 $Z_j^{(k)}$ 为中心的类。

第四步：判断聚类是否合理。计算第三步得到的 $S_j^{(k)}$ 类新的中心 $Z_j^{(k+1)}$。

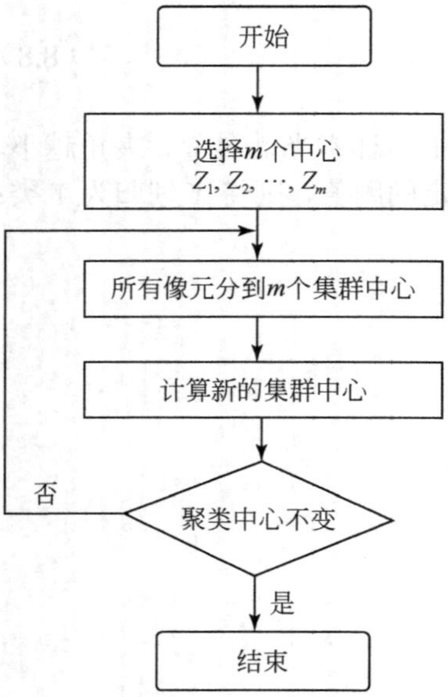

图 8.10　K-均值算法流程示意图

$$Z_j^{(k+1)} = \frac{1}{N_j} \sum_{X \in S_j^{(k)}} X \tag{8.9}$$

式中，N_j 为 $S_j^{(k)}$ 类中的像元数。$Z_j^{(k+1)}$ 是按照使误差平方和 J 最小的原则确定的。J 的表达式为

$$J = \sum_{j=1}^{m} \sum_{X \in S_j^{(k)}} \| X - Z_j^{(k+1)} \|^2 \tag{8.10}$$

第五步：结束迭代。如果达到最大迭代次数或者对于所有的 $i=1$，2，…，m 都能够满足 $Z_i^{(k)} = Z_i^{(k+1)}$，则迭代结束，否则转到第三步继续进行迭代。

K-均值算法的优点是理论严密、实现简单，已成为很多其他改进算法的基础。其缺点也很明显：一是过分依赖初值，当随机选取初始聚类中心时容易收敛于局部极值，而全局严重偏离最优分类，特别是当聚类数比较大时，往往要经过多次聚类才有可能达到较满意的结果；二是在迭代过程中没有调整类数的措施，产生的结果受所选聚类中心的数目、初始位置、读入次序等因素的影响较大；三是初始分类选择不同，最后的分类结果也可能不同。

二、迭代式自组织数据分析算法

迭代式自组织数据分析（iterative self-organizing data analysis techniques algorithm，ISODATA）算法是最为常用的一种非监督分类算法。ISODATA 算法是 K-均值算法的改进，主要包括：①只有在把所有的样本分类都调整完毕之后才重新计算各类样本均值；②设定了类合并和分裂的规则，在分类过程中自动调整类别数。其算法思想是：先选择若干样本作为聚类中心，再按照最小距离准则使其余样本向各中心聚集，从而得到初始聚类，然后判断初始聚类结果是否符合要求。若不符，则将聚类集进行分裂和合并处理，以获得新的聚类中心（聚类中心是通过样本均值的迭代运算得出的）重新聚类，再判断聚类结果是否符合要求。如此反复迭代，直到完成聚类分类操作。ISODATA 算法的基本流程如图 8.11 所示。

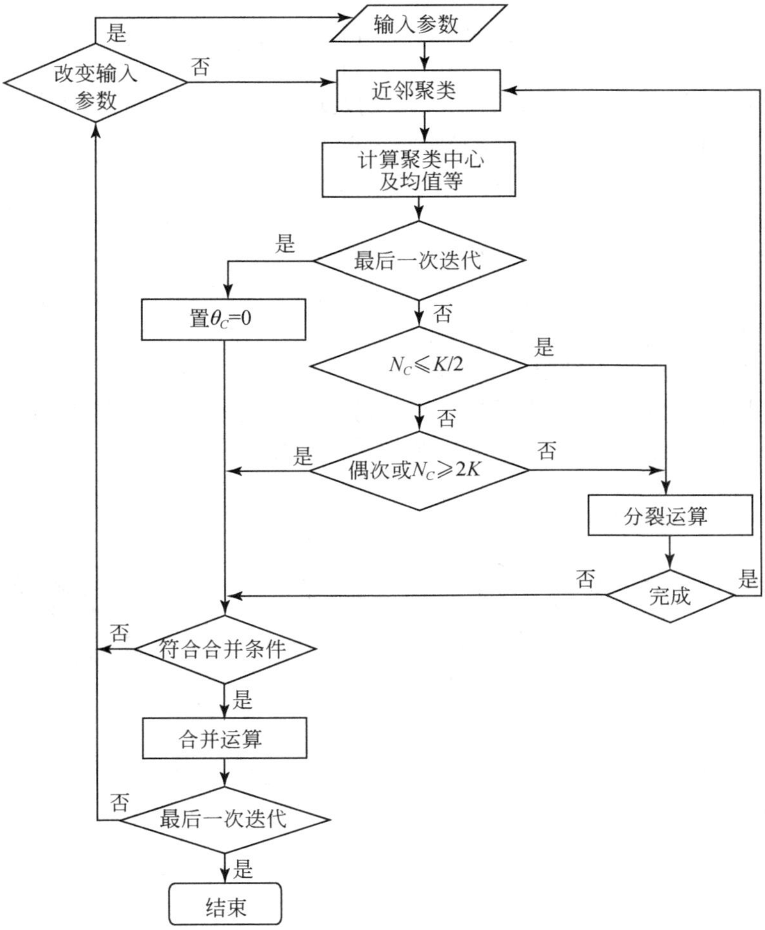

图 8.11　ISODATA 算法流程图

ISODATA 算法步骤如下。

（1）设定初始值和初始任意分组。ISODATA 是一种自组织式的算法，计算过程几乎不需要人工参与，只需用户在运算前设定以下参数。

K：希望得到的最大类别数。经过对类的分裂、合并之后，在最终的结果中类别数小于 K 也很常见。

T：两次迭代之间分类不变的像元所占的最大百分比，达到该值后算法终止。

I：允许迭代的最多次数，达到该值后算法终止。

θ_N：每类中允许的最少像元数。如果某类中像元数小于该值，则删除该类并将其像元划分到其他类中。

θ_S：类的最大标准差。如果类的分散程度大于该值，则类分裂。

θ_C：类间最小距离。如果类间距离小于该值则两类合并。

设定以上参数后，算法会沿着特征空间中指定点之间的一个 n 维向量任意划分 N_C 个初始类，这样就会有 N_C 个初始聚类中心 Z_i（i=1，2，…，N_C），如图 8.12（a）所示。在求出各波段均值向量μ_K和标准差σ_K后，各类的初始聚类中心可由式（8.11）得出

$$Z_i = \mu_K + \sigma\left[\frac{2(K-1)}{m-1} - 1\right] \quad (K = 1, 2, \cdots, N_C) \tag{8.11}$$

（2）ISODATA 第 1 次迭代。确定了 K 个初始均值向量后，算法开始第 1 次迭代，将每个待分类像元同每个类的均值作比较，并将它分配到欧氏距离最近的一个类中，如图 8.12（b）所示。此次迭代后生成一幅由 K 个类组成的实际分类图。

（3）ISODATA 第 2～M 次迭代。第 1 次迭代后，根据划分到各类中像元的实际光谱位置重新计算各类的新均值，然后分析各类中像元的数量、标准差、类的离散程度和类间距等参数，将其同（1）中所设定的初始值条件相比较，并对满足初始参数条件的类进行相应的处理。然后重复整个过程，将每个待分类像元与新生成的类均值作比较并重新分类，如图 8.12（c）所示。需要注意的是，在这个过程中有些像元的类可能保持不变，迭代过程将一直持续下去，直到两次迭代间类的划分几乎保持不变，即达到阈值 T 或达到最大迭代次数 I 时停止。迭代停止后会生成一幅最多含有 K 个类的分类图像［图 8.12（d)］。

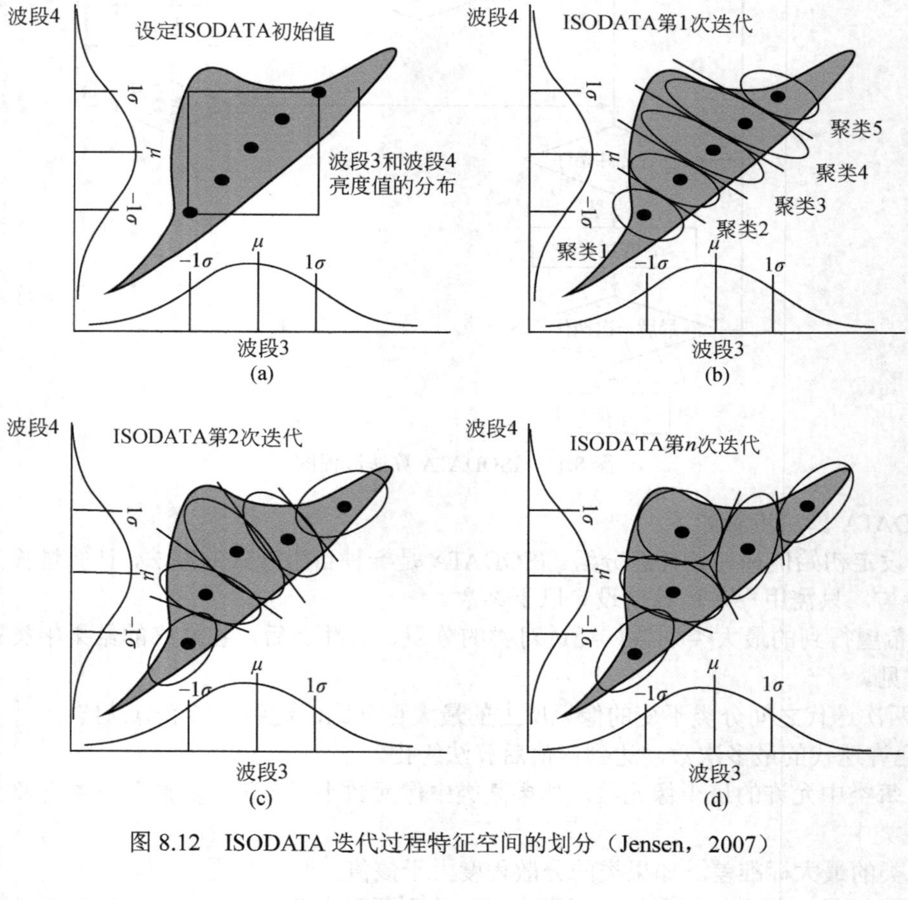

图 8.12　ISODATA 迭代过程特征空间的划分（Jensen，2007）

三、监督分类与非监督分类的比较

监督分类与非监督分类的根本区别在于是否利用训练场地来获取先验的类别知识。非监督分类根据地物的光谱统计特征进行分类，不需要更多的先验知识。当光谱特征能够和唯一的地物类型对应时，非监督分类可以取得较好的分类效果，当两地物类型对应的光谱特征差异很小时，其分类效果不如监督分类效果好。表 8.1 是监督分类与非监督分类的全面比较。

表 8.1 监督分类与非监督分类的比较

项目	监督分类	非监督分类
优点	①可以根据应用目的和区域，有选择性地决定分类类别，避免出现不必要的类别。 ②可以充分利用分类人员的先验知识，具有较高的分类精度。 ③依据训练样本进行分类，不需要进行迭代运算，运算量小、运算速度快。 ④可以控制训练样本的选择，通过对训练样本的反复检验提高分类精度，避免分类结果中出现严重错误。	①无需选择训练样本，操作更为简单。非监督分类不需要预先对所要分类的区域有非常深入的了解，分类者只要能够解释分类集群的结果即可。 ②人为误差的机会减少。非监督分类只需预先定义几个参数，如集群组的数量、最大最小像元数量等，因此大大减少了人为误差。 ③独特的、覆盖量小的类别均能够被识别，而不会像监督分类那样被分析者的失误所丢失。
缺点	①分类系统的确定、训练样本的选择都受到了人的主观因素的影响。如果分类体系不合理或所选择的训练样本不典型，分类精度就会降低。 ②训练样本的选择和检验需要花费较多的精力和时间，需要分类者对研究区及遥感图像具有足够的先验知识，且需要一定的技巧。 ③只能识别训练样本所定义的类别。如果图像中存在某一类别因所占比例较少而漏选了训练样本，则该类所对应的像元会被依据分类规则划分到相似的类中或者不参与分类。	①分类结果产生的是光谱集群组，并不一定与分析者预想的地物类别相匹配，往往需要进行大量的分析和后处理才能获得较为理想的分类结果。 ②分类结果难以预料和控制，产生的类别并不一定都能让分析者满意。 ③图像中各类别的光谱特征会随时间、地形等变化，不同图像及不同时段的图像之间的光谱集群组无法保持连续性，从而使不同图像之间的对比变得困难。

第四节 其他分类方法

无论是监督分类还是非监督分类，都无法解决遥感图像中普遍存在的混合像元、“同物异谱”“异物同谱”等现象对分类精度的负面影响。随着计算机技术和地理信息科学的发展，人工智能、专家系统、模糊理论等一系列新技术被引入到遥感图像的计算机分类中，形成了一些新的分类方法，这些新方法在一定程度上能克服传统分类方法的不足，并有效提高分类精度，因而在实践中得到了广泛的应用。

一、基于知识的遥感图像分类

遥感图像信息中，不仅包含了离散化的地表光谱信息，同时还包含了地表的空间信息和时间信息。随着人们对遥感认识的不断深入和“3S”技术之间的相互渗透，利用空间信息数据、时间信息数据以及遥感图像以外的各类专家知识进行地学专题信息的提取已被广泛应用，从而形成了遥感分类技术新的重要发展方向，这就是基于知识的遥感图像分类。

基于知识的遥感图像分类模型实际上就是一个图像分类专家系统（图 8.13），其过程就是一个知识的发现、表达和推理判断的过程。它包括两个核心内容，即知识库和推理机。知识库包括知识的发现和知识的表达。知识的发现依赖于一个包含空间数据、属性数据和光谱数据的 GIS 知识库；知识的表达是知识库的核心，是知识应用的基础，对知识的获取和推理机制也有直接影响。

（一）知识库的创建

遥感图像包含着丰富的信息，将这些信息与各种有用的辅助数据相结合，可以发现许多有利于提高遥感图像分类精度的知识。归纳起来，可用于遥感图像分类的知识包括地物的电磁波谱知识、空间结构与纹理知识、几何形状知识、空间关系知识和常识性知识等。

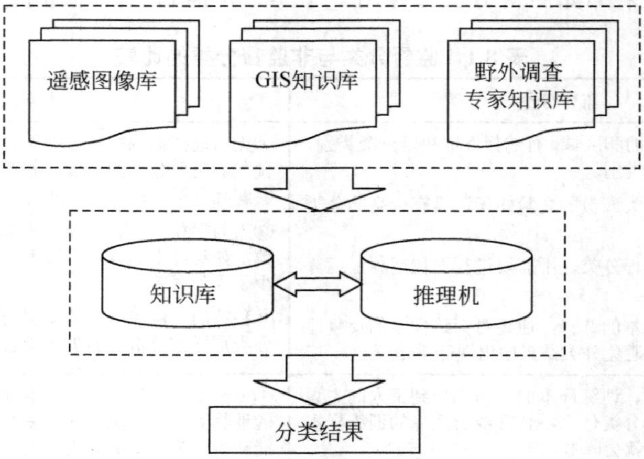

图 8.13　基于知识的遥感图像分类示意图

1. 地物的电磁波谱知识

地物目标由于物理结构、化学成分和生物特征等方面的差异，形成了不同的电磁波辐射特征。这种特征主要包括反射光谱特征和发射光谱特征，是遥感图像分类的根本依据。在此基础上，直接或间接利用遥感图像的亮度、谱间关系、增强处理获得的衍生图像（如植被指数）等就可以区分大部分的地物类别。

2. 空间结构及纹理知识

纹理在遥感图像上表现为像元灰度值在空间上规律性的变化，纹理结构特征反映了图像灰度性质及它们之间的空间关系。对于空间复杂、光谱混合的遥感图像，空间结构及纹理特征有助于识别“异物同谱”“同物异谱”现象。同时，纹理分析方法与常规分类方法相结合，还有助于更好地理解遥感图像，促进图像解译的自动化，提高遥感图像的最终分类精度。

3. 几何形状知识

地物的形状和大小可以作为识别地物的重要标志，也是区分图像中光谱特征相似的地物的重要标志之一。度量地物形状的指标主要有面积 A、周长 P 及形状指数 K。面状地物的形状指数可以定义为

$$K = \sqrt{A} / P \tag{8.12}$$

因为遥感图像是离散化的像元的形式，所以几何形状知识并不能直接用于图像的分类，而只能用于区分同一类地物的不同形式，如河流与湖泊的区分、道路与居民地的区分等。而且分类过程中需要将图像转换为矢量格式，才能实现对形状指数的计算。

4. 空间关系知识

这里所说的空间关系是指遥感图像中两个地物或多个地物之间在空间上的相互联系，这种联系是由地物的空间位置决定的。空间关系分为确定性空间关系和概率性空间关系。道路与居民地必然相连通，一条孤立的线一般不会是道路，这属于确定性空间关系；水体边缘的裸地是干河床的概率大于旱田，这属于概率性空间关系。虽然空间关系知识很难用数学模型描述，但可直接用于规则的构建，从而推理和判断目标的类别。

5. 常识性知识

如河流通常沿河谷分布而不会沿山脊分布；出现在城市内部的植被不可能是农田，而是草地、公园的绿地等。

（二）知识的表达

知识库中的各种知识只有表示成计算机能够识别的形式才能够用于遥感图像的分类。知识的表达就是按照某种约定的规则将各种形式的知识进行编码，以计算机能够识别的形式表达出来的过程。

1. 知识表达的过程

目前学者已提出了许多知识表达的方法，如产生式表示法、关系表示法、框架表示法、面向对象的表示法等。其中，产生式表示法将知识表达为："IF＜条件＞THEN＜结论＞CF＜置信度＞"。规则中的结论为假设，条件部分为要表达的知识。它可以是隐式的，如坡度很陡，也可以是显式的，如坡度大于70°；可以单条出现，也可以链接组合。置信度表明规则与假设的符合程度，介于0和1之间。当置信度小于0.5时视为不可信。条件是计算机能够识别的语言，每一条规则都需要一个或多个条件表达。

假设某林地分布在坡度（slope）大于30°，海拔（elevation）大于1000m的山坡上。当使用TM图像对该林地进行信息提取时，可建立如下的知识表达式。

```
if TM4＞TM3（区分植被与非植被）
and slope＞30°
and elevation＞1000m
then 林地，置信度为0.8
```

在上述分类过程中，林地是假设，这一假设是由TM4＞TM3、slope＞30°、elevation＞1000m三个条件共同构建的知识规则来实现分类的。

2. 决策树

当一个分类问题中规则过多且逻辑关系较为复杂时，为了避免混乱，可以使用决策树结构对分类规则进行概念化表达。决策树是一种数据分析的非参数统计算法，其原理是对一个由测试变量和目标变量构成的已知类别的训练样本集依据一定的规则进行二分，形成二叉树结构，并对每一个子节点循环二分，直至不可再分成为叶节点（图8.14）。

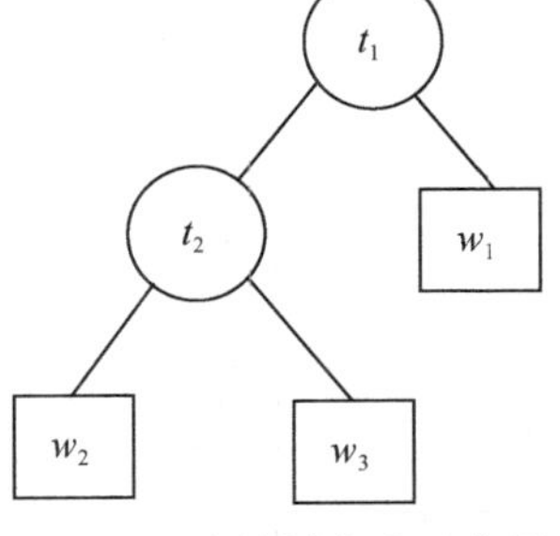

图8.14　决策树生成示意图

设样本集w_j={w_1，w_2，w_3，…，w_n，y}，式中，w_1～w_n为测试变量；y为目标变量，当y连续时称为回归树，当y离散时称为分类树。因此，该方法既可用于分类，也可用于预测。在遥感图像分类中，根节点为分类图像，叶节点为分类目标地物，决策树为分类树。理想的决策树应当具有相对较少的分支和中间节点，而具有较高的预测或分类能力。

决策树分类的过程是一个分层、分级决策的过程，它的优点是可以从不同尺度和不同层次全面了解分类目标之间的关系。

（三）推理机

推理是指依据一定的规则从已有的事实推出结论的过程，是进行问题求解的主要方法和知识应用的最主要形式。推理机是专家系统的"思维"机构，它的任务就是在一定控制策略的引导下，抽取 GIS 知识库中有用的知识，模拟专家的思维过程，对问题进行求解或证明某一结论的正误。因此，假设、规则和条件都将传递给推理机，推理机用空间数据对规则的条件语句进行判断，规则中的多个条件用布尔代数运算实现。当假设中的规则和推理结果不一致时，则以规则的置信度或规则的次序作为决策的依据。

推理机通过对知识库中的规则进行解释和推理得出结论，当遥感图像等数据输入基于知识的遥感图像分析系统后，推理机在知识库的支持下完成对图像中目标地物的识别和提取。在此过程中，知识库中知识的丰富程度，推理机的空间分析能力、逻辑推理能力和综合分析能力等因素对遥感图像的识别结果有着重要的影响。知识库中知识的多少和推理机推理能力的强弱是相辅相成的，二者缺一不可。

二、面向对象的分类

现有的计算机自动分类大多采用基于像元的分类方法，即以图像的光谱信息作为分类的依据。这些方法存在两个共同的不足：一是以同类地物具有相同的光谱特征而不同地物在光谱空间中具有可分性为分类的假设前提，事实上，这一假设经常不成立；二是忽略了像元之间的相互关系和大量的空间信息，有些方法虽然也用到了一些辅助信息，但也仅限于地形、纹理等少数信息的使用，且其目的还是为了提高像元的分类精度。这些不足造成了基于像元的图像分类结果中产生噪声或面积过小的无效类别，分类精度难以提高。特别是随着遥感图像空间分辨率的不断提高，地物的形状、纹理、结构和细节等信息越来越突出，基于更大尺度的遥感信息提取方法成为遥感发展的必然趋势。

面向对象的遥感图像分类的处理单元不再是像元，而是图像分割后所形成的对象。对象是图像中同质像元构成的大小不等的单元。其分类过程是：首先对图像进行多尺度分割，然后建立不同尺度的分类层次，在每一层次上分别定义不同类别的多种特征并赋予不同的权重，构建分类规则，由粗到细，完成对图像的分类。由于在分类时除光谱特征外，更多地应用了形状、结构、纹理等空间特征，从而有效地克服了基于像元分类的不足，分类精度更高，更适合于高分辨率图像的分类。图 8.15 是面向对象分类方法的技术流程图。

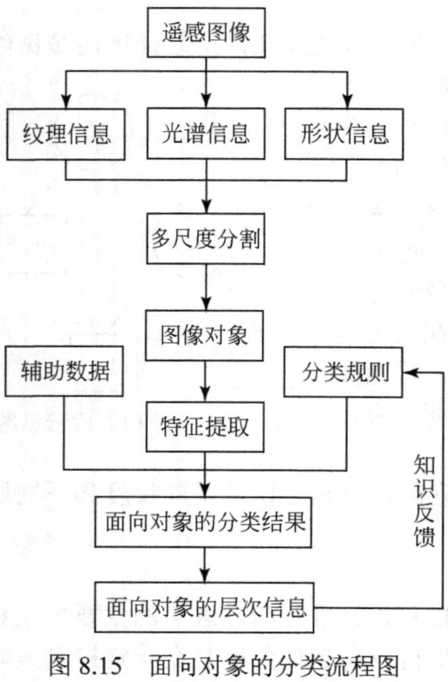

图 8.15　面向对象的分类流程图

（一）多尺度图像分割

图像分割是根据图像的光谱信息和空间信息使图像中相邻同质像元合并和异质像元分离的过程，其目的是将一幅图像分割成与地表地物相对应的对象单元。遥感图像是地表特征和过程的反映，而地表特征和过程具有空间尺度性，即不同尺度的遥感信息反映了不同层次的地表特征及其空间结构的差异。因此，图像的分割应该是多尺度的。当按照多个分割尺度对图像进行分割时，会生成不同尺度的对象层，且上下层次之间存在继承关系（图 8.16）。

尺度是指对象能够合并的异质性标准，决定了分割产生的对象层次等级，而非空间尺度。像元层和整幅图像层作为两个特殊的对象层，所有分割所产生的对象层均介于像元层和整幅图像层之间。大尺度分割形成的对象是由小尺度分割形成的相邻对象合并形成的，除像元层和整幅图像层外，同一尺度下的对象的大小是可以不同的。

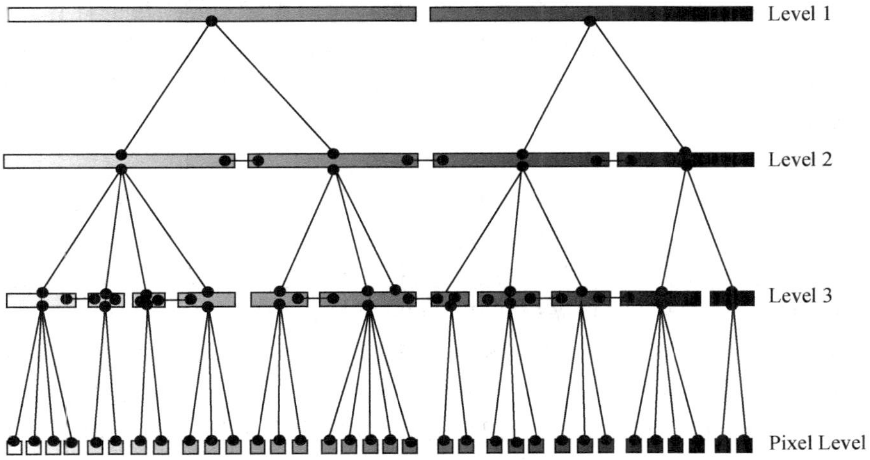

图 8.16　对象网络层次结构示意图

图像分割的算法很多，基于异质性最小原则的合并算法是较为高效的一种。该方法无需选择种子像元，以任何像元为中心生长，在判断两个对象的异质性时结合了光谱因子和形状因子，即光谱异质性标准和形状异质性标准。基于异质性最小原则的合并算法思想如下。

异质度是描述异质性的变量，可由光谱信息权重 w_{color}、形状信息权重 w_{shape}、光谱异质度 h_{color}、形状异质度 h_{shape}4 个变量计算获得。计算公式为

$$f=w_{\text{color}}\cdot h_{\text{color}}+w_{\text{shape}}\cdot h_{\text{shape}} \tag{8.13}$$

式中，f 为异质度；w 由用户定义，且 $w_{\text{color}}+w_{\text{shape}}=1$。

光谱异质度与组成对象的像元数目 n 以及图像对象内各波段所有像元的标准差σ_c有关。设 w 为各波段的权重，c 为波段数，两个相邻的对象分别为 obj_1 和 obj_2，它们合并后的对象为 obj_m，则光谱异质度可表示为

$$h_{\text{color}}=\sum_c w_c\left[n_{\text{obj}_m}\cdot\sigma_c^m-(n_{\text{obj}_1}\cdot\sigma_c^{\text{obj}_1}+n_{\text{obj}_2}\cdot\sigma_c^{\text{obj}_2})\right] \tag{8.14}$$

形状异质度由紧致度和光滑度两部分组成，设对象的紧致度和光滑度分别为 h_{compact} 和 h_{smooth}，对应的异质度权重为 w_{compact} 和 w_{smooth}，且 $w_{\text{compact}}+w_{\text{smooth}}=1$，则形状异质度可表示为

$$h_{\text{shape}}=w_{\text{compact}}\cdot h_{\text{compact}}+w_{\text{smooth}}\cdot h_{\text{smooth}} \tag{8.15}$$

紧致度和光滑度取决于对象的形状。紧致度是对象的周长 l 与对象所含像元数 n（代表对象的大小）的平方根之间的偏差，表征两个相邻对象合并后生成的新对象的形状是否紧凑，可由式（8.16）计算；光滑度是对象周长 l 与最小外包矩形的周长 b 之间的偏差，表征两个相邻对象合并后生成新对象的边界的光滑程度，可由式（8.17）计算。

$$h_{\text{compact}}=n_{\text{obj}_m}\cdot\frac{l_{\text{obj}_m}}{\sqrt{n_{\text{obj}_m}}}-\left(n_{\text{obj}_1}\cdot\frac{l_{\text{obj}_1}}{\sqrt{n_{\text{obj}_1}}}+n_{\text{obj}_2}\cdot\frac{l_{\text{obj}_2}}{\sqrt{n_{\text{obj}_2}}}\right) \tag{8.16}$$

$$h_{\text{smooth}}=n_{\text{obj}_m}\cdot\frac{l_{\text{obj}_m}}{b_{\text{obj}_m}}-\left(n_{\text{obj}_1}\cdot\frac{l_{\text{obj}_1}}{b_{\text{obj}_1}}+n_{\text{obj}_2}\cdot\frac{l_{\text{obj}_2}}{b_{\text{obj}_2}}\right) \tag{8.17}$$

基于异质性最小原则的图像分割首先需设定分割参数，这包括尺度阈值 s、光谱因子与形状因子的权重、形状因子中紧致度因子与光滑度因子的权重。然后以图像中任一像元为中心开始分割。第一次分割时，每一个像元都被看做一个对象参与异质度的计算。从第二次分割开始，以上一次分割形成的多边形为对象计算异质度。若相邻两个对象的异质度 f 小于阈值 s，则这两个对象合并为一个新对象。改变阈值的大小，就得到了多尺度分割的结果。

（二）对象的分类

1. 分类层次的建立

执行多尺度分割以后，会形成若干分割对象层，每一层都是图像按照某一尺度分割形成的对象，对象由同质像元组合而成。将对象通过不同层次间的纵向关系和同一层次间的横向关系相联系，就构成分类的层次结构。在每一层次上分别定义对象的特征和特征隶属度函数，建立不同层次间的关系。特征包括光谱特征、空间特征、相邻关系特征等。

分类的单元是对象，但不同的地物由于其特征的不同，分类也在不同的层次进行（图 8.17），先在大尺度上分出“父类”，再根据实际情况在小尺度上分出“子类”。例如，在较大的尺度将地物分为植被和非植被；在稍小的尺度将植被分为农田、林地、草地等，将非植被分为水域、居民地、道路等；在更小的尺度将农田分为水田、旱田，将居民地分为建筑物、街道、绿化地等。

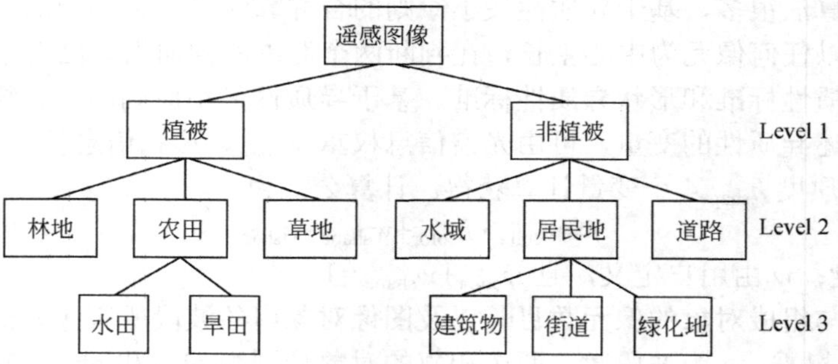

图 8.17　分类层次示意图

2. 分类算法

面向对象的分类中，对分割结果的分类有两种方法：一种是最邻近分类法；另一种是决策支持的模糊分类法。

最邻近分类法利用给定类别的样本，在特征空间里对图像对象进行分类。每一个类都定义样本和特征空间，特征空间可以组合任意的特征。该方法的运算法则在监督分类算法中已有介绍。

决策支持的模糊分类法是一种应用了模糊理论的软分类方法。分类时，首先建立不同尺度的分类层次，然后在多尺度分割的每一层次上分别定义对象的光谱特征（包括均值、方差、灰度比值）、空间特征（包括形状特征和纹理特征）和相邻关系特征，并指定特征的不同权重，给出每个对象隶属于某一类的概率。最后，按照最大概率原则，先在大尺度上分出“父类”，再根据实际需要对感兴趣的地物在小尺度上定义特征，分出“子类”。

三、人工神经网络分类

人工神经网络（artificial neural network，ANN），是由大量的处理单元（神经元）互相连接而形成的复杂网络结构，是对人脑组织结构和运行机制的某种抽象、简化和模拟。ANN 通过对人脑形象思维、联想记忆等过程的抽象模拟，实现与人脑相似的学习、识别等信息处理功能。同基于知识的分类方法一样，神经网络分类法也是一种模拟人工智能的遥感图像分类方法，它利用了 ANN 能够模拟人脑功能的特长，运用具有极高运算速度的并行运算，实现对大量数据集的实时处理。

（一）神经网络的结构与类型

神经网络主要由处理单元、网络拓扑结构和训练规则组成。处理单元即神经元，用以模拟人脑的功能，是神经网络的基本操作单元。一个神经元可以有多个输入和输出路径。输入端是对人脑神经中树突功能的模拟，起到信息传递的作用；输出端则模拟人脑神经的轴突功能，可以将处理后的信息传递给下一个神经元。具有相同功能的神经元构成一个处理层。神经网络的拓扑结构决定了各处理单元及各处理层之间的信息传递方式和途径，训练规则利用激励函数对神经网络进行训练。在整个训练期间，神经网络从当前的训练样本中获取规律，并在此基础上建立规则，然后将此规则扩展应用到未知的样本中，实现对目标对象的模式识别。在此过程中，神经网络所依赖的是训练样本，不需要参数的统计分布假设，也不要求多元变量在特征空间中的分布符合某一模型的要求，从而可以允许单个类别在特征空间中分布在多个聚类中心上。因此，神经网络算法通常也被描述为无参数算法。

目前已有多种神经网络模型，如对向传播网络（counter propagation network）、后向传播网络（back propagation network）、混合神经网络（hybrid neural network）等，其中应用最多的是后向传播网络。后向传播网络（简称 BP 神经网络或 BP 网络），其组成包括输入层、隐含层和输出层，网络允许多因子输入和多类别输出。输入层与输出层之间有反馈，并通过正反二向传播对网络进行调节，使误差信号趋于最小。图 8.18 是后向传播网络的结构示意图。

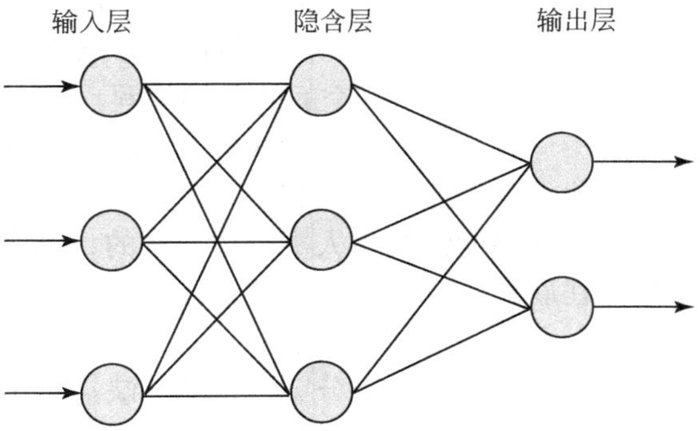

图 8.18　后向传播网络结构示意图

后向传播网络由不同层次上的节点（神经元）连接而成，节点之间的权重反映了它们连接的强度，每一层节点的输出经权重的放大、衰减后传递给下一层节点。除输入层外，其他各层上的每一个节点的输入均为前一节点所有输出值的加权和。

（二）神经网络的分类过程

遥感图像的神经网络分类过程主要包括学习和分类两个阶段。

在学习阶段，解译人员将从待分类图像中选择的训练区输入到网络模型中，对网络进行训练。在后向传播网络中，训练过程是通过对权重的调整实现的。对于每一个训练样本，网络输出的结果都要和目标（类）值进行比较，并将输出值和目标值之间的差异看作误差，然后将误差反馈给网络的前一层更新权重。在这里，权重的调整幅度和误差的大小相当。经过多次迭代，误差不断变小。当误差减小到预先设定的允许值时，系统收敛，训练结束。当循环次数超过预设的最大循环次数而误差仍未达到预设值时，则应降低精度要求或重新设置更大的最大循环次数。

在分类阶段，图像中每个像元的光谱和其他辅助数据的特征值被传递给神经网络的输入层，神经网络利用存储在隐含层各节点中的权重对每个像元进行评价，生成输出层每个节点的预测值。该预测值表达了像元隶属于输出节点所代表的类的模糊隶属度。用一个局部最大函数去除模糊化，将图像中的每个像元划分到模糊隶属度最大的一类中，就得到了最终的分类结果。神经网络分类流程如图 8.19 所示。

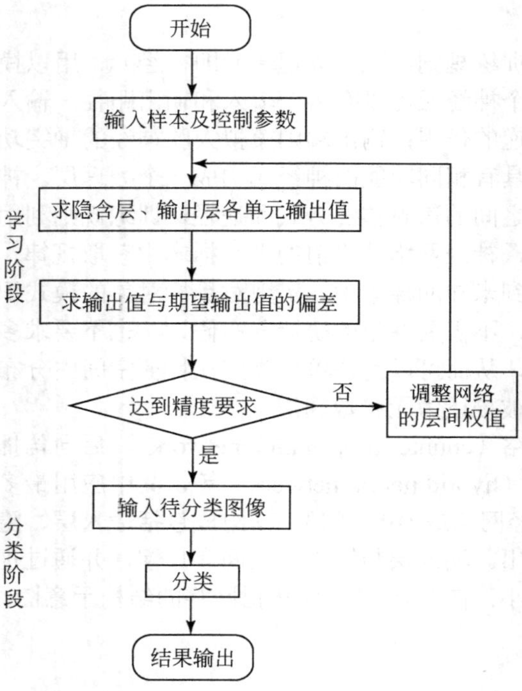

图 8.19　神经网络分类流程图

（三）神经网络分类的优缺点

与传统的算法相比，神经网络方法的优越性主要表现在以下四个方面。

（1）高度并行处理能力。神经网络并行分布工作，各组成部分同时参与计算，网络的总体计算速度快，数据处理速度远高于传统的序列处理算法。

（2）非线性映射功能。神经网络的判别函数是非线性的，能在特征空间中形成复杂的非线性决策边界，从而能解决非线性可分的特征空间的分类问题。

（3）自我调节的能力。神经网络的节点之间通过权重连接，能够进行自我调节，能方便地利用多元数据，有利于分类精度的提高。

（4）具有自适应能力。神经网络能够模仿人类处理模糊的、不完整或者不确定的信息，可通过学习样本找出数据的内在联系，对于解决类别分布复杂、背景知识不足地区的影像分类尤其有效。

尽管神经网络方法在影像分类中的优势十分突出，但其缺点也十分明显。神经网络不能用简单的"if-then"规则显式地表达所获得知识，从学习到分类以及分类的规则都隐含在隐含层的神经元的权重中，而这些权重值的物理意义又很难解释。因此，神经网络模型也被认为是"黑箱模型"。此外，神经网络方法对训练数据的选择比较敏感，相关参数多，且需要不断地调整，训练的时间非常长。

四、模糊分类

遥感图像的像元所对应的空间分辨率都有一定的范围。当地物的面积小于像元的分辨率时，就会出现混合像元的情况。混合像元普遍存在于各种遥感图像当中，对混合像元的分解直接影响着遥感图像分类的精度。大多数基于统计机理的分类技术都是对像元进行硬分类，即认为每个像元都代表单一地物，根据图像的数理统计特征将像元硬性划分为互不重叠的不同类别。在硬分类中，无论将混合像元划归为哪一类，都会造成误差，导致分类精度的下降。

模糊理论是处理模糊性的理论的总称，其基础是 1965 年 Zadeh 提出的模糊集合论。通常的集合论中，对象 X 是否归属于集合 M（归属度）由 0、1 这两个值决定，而在模糊集合论中用元函数表示归属度，其值可以取 0（不属于）和 1（属于）之间的值，即认为一个像元在某种程度上属于某类而同时在另一种程度上属于另一类。确定像元的隶属度函数是模糊分类的关键。在图像分类中，精度是至关重要的，在精度相似的情况下，人们更倾向于追求分类的速度。

模糊分类法主要包括以模糊集合理论为基础的模糊统计分类、以神经计算技术为基础的人工神经网络模糊分类、基于知识的模糊分类等方法。实践证明，模糊分类法计算简洁，占用计算机内存少，速度快，因而得到了较多的应用。

第五节　误差与精度评价

一、误差及其来源

任何分类都会产生不同程度的误差。分析误差的来源和特征既是对分类过程的检验，也是改进分类方法的主要前提。分类误差主要有两类：一类是位置误差，即各类别边界的不准确；另一类是属性误差，即类别识别错误。分类误差的来源很多，遥感成像过程、图像处理过程、分类过程及地表特征等都会产生不同程度和不同类型的误差。

遥感成像过程中，遥感平台翻滚、俯仰和偏航等姿态的不稳定会造成图像的几何畸变；传感器本身性能和工作状态也有可能造成几何畸变或辐射畸变；大气中的雾、霾、灰尘等杂质必然造成图像中的辐射误差；地形的起伏会使图像中产生像点位移造成几何畸变；坡度也会影响地表的接收辐射和反射水平，造成辐射误差。

遥感图像分类前，一般都要进行辐射校正、几何校正、研究区的拼接与裁切等预处理。在这些图像处理过程中，由于模型的不完善或控制点选取不准确等人为因素的影响，处理后的图像中仍然可能存在残留的几何畸变和辐射畸变。此外，几何校正中像元亮度的重采样所造成的信息丢失是无法避免的，对分类结果也将产生一定影响。

地表各种地物的特征直接影响分类的精度。一般来说，地表景观结构越简单，越容易获得较高的分类精度，而类别复杂、破碎的地表景观则容易产生较大的分类误差。因此，各类别之间的差异性和对比度对分类精度有显著影响。

图像分类过程中，分类方法、各种参数的选择、训练样本的提取，分类时所采用的分类系统与数据资料的匹配程度也会影响分类结果。不论是采用何种算法模型，目前还没有任何一种方法堪称完美，其分类结果中都会出现错分的现象。

遥感图像的空间分辨率、光谱分辨率和辐射分辨率的高低也是影响分类精度的重要因素。有些分类结果精度不高，不是分类方法的问题，而是直接受制于图像本身的特征。

上述各个环节所产生的误差，最终都有可能累积并传递到分类结果中，形成分类误差。因此，分类误差是一种综合误差，很难将它们区分开来。分析发现，分类误差在图像中并不是随机分布的，而是与某些地物类别的分布相关联，从而呈现出一定的系统性和规律性。了解和分析分类误差产生的原因和分布特征，对分类结果的修订或分类方法的改进都具有重要意义。

二、精度评价的方法

遥感图像分类精度的评价是将分类结果与检验数据进行比较以得到分类效果的过程。精度评价中所使用的检验数据可来自实地调查数据或参考图像。参考图像包括分类的训练样本、更高空间分辨率的遥感图像或其目视解译结果和具有较高比例尺的地形图、专题地图等。实际工作中，检验数据往往以参考图像为主，实地调查数据为辅。

精度评价最好是比较分类图和参考图像上所有像元之间的一致性，但这种做法往往是不现实的，也是无意义的。因此，精度评价一般都是通过采样的方法来完成的，即从检验数据中选择一定数量的样本，通过样本与分类结果的符合程度确定分类的准确度。

（一）采样方法

这里所说的采样方法是指从检验数据中选择样本的方法。精度评价有多种采样方法，具体采用哪种方法，应根据研究目标来确定。常用的概率采样方法包括简单随机采样、分层采样和系统采样等（图 8.20）。

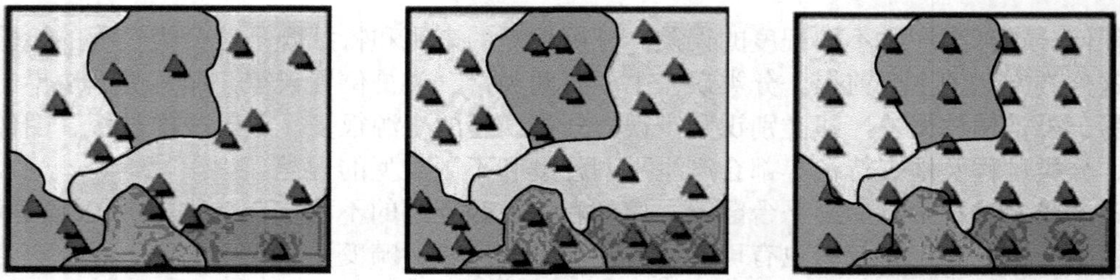

(a)简单随机采样　(b)分层采样　(c)系统采样

图 8.20　几种采样方法示意图

1. 简单随机采样

简单随机采样是指在分类图上随机选择一定数量的像元，然后比较这些像元的类别与其对应检验数据之间的一致性。该方法对样本空间中的所有单元来说，被选中的概率都是相同的。如果区域内各种地物的类别分布均匀，且面积差异不大，简单随机采样则是一种理想的采样方法。

2. 分层采样

分层采样是指分别对每个类别进行随机采样。该方法克服了简单随机采样的不足，保证了在采样空间或类型选取上的均匀性及代表性，使每个类别都能在采样中出现。分层的依据可因精度评价的目标而不同。常用的分层有地理区、自然生态区、行政区域和分类后的类别等。在每层内采样的方式可以是随机的，也可以是系统的。

3. 系统采样

系统采样是指按照某种确定的间隔或规则进行采样的一种方法。该方法简单易行，但其固有的周期性及其存在的规则间隔性，可能造成以某些样本数采样时，即使方差很小，但均值仍然会偏离真值较大，从而使评价存在较大偏差。

（二）样本容量

样本容量也称样本数，指样本必须达到的最少数目，是保证样本具有充分代表性的基本前提。样本容量可通过统计方法计算，如百分率样本容量、基于多项式分布的样本容量等。

百分率样本容量的计算方法为

$$N = \frac{Z^2(pq)}{E^2} \quad (8.18)$$

式中，N为样本容量；Z为标准误差的置信水平，一般取2，表示1.96的标准正态误差和95%的双侧置信度；p为期望百分比精度（这里的精度指的是评价结果的精度，而非图像的分类精度）；q=100−p；E为容许误差。根据式（8.18）可知，期望百分比精度p越低，容许误差E越大，则用来估算分类精度所需的检验样本就越少，如期望百分比精度为85%，容许误差为5%，根据式（8.18）可算出样本容量为204，即至少选取204个样本；当容许误差放宽到10%时，51个样本就可以满足要求。

基于多项式分布的样本容量计算方法为

$$N = \frac{BW_i(1-W_i)}{b_i^2} \quad (8.19)$$

式中，N为样本容量；W_i为所有k个类别中面积比例最接近50%的第i类的面积比例；b_i为该类的容许误差；B为自由度为1且服从χ^2分布的（b/k）×百分位数，可以从自由度为1的χ^2分布表查得；k为总分类数。

假如一幅图像共分为8个类，类W_i约占总面积的30%且其面积百分比最接近50%，要求置信度为95%，容许误差为5%。可算出样本容量为636，每个类别大约需要80个样本。

如果无法知道任意一个类别所占的面积比例，在式（8.19）中可假设其中一种类型的面积比例为50%，这样可以计算出一个比已知面积比例的情况下更大的样本容量。在有些情况下，95%的置信度是不现实的，或者由于各种原因，很难获得样本容量所规定的样本数。因此，实际工作中要合理权衡理论上的样本容量与实际能够获取的样本数之间的关系，依据各类在研究中的重要性或各类的复杂程度适当调整样本容量。

（三）混淆矩阵与精度指标

样本是分类精度评价的基本单元。在获取了可靠的样本数据之后，便需要确定精度评价的方法与精度指标。目前最常用的精度评价方法是混淆矩阵法，即通过混淆矩阵计算各种统计量并构建精度评价指标，最终给出分类的精度值。

1. 混淆矩阵

混淆矩阵也称误差矩阵，是表示精度评价的一种标准格式。误差矩阵是n行n列的矩阵，一般可用表8.2的形式表示。表中n为类别的数量，P为样本总数，P_{ij}为分类数据类型中第i类和参考图像第j类所占的组成成分。

$p_{i+} = \sum_{j=1}^{n} p_{ij}$，为分类所得到的第$i$类的总和；$p_{+j} = \sum_{i=1}^{n} p_{ij}$，为检验数据中第$j$类的总和。

表8.2　混淆矩阵的基本形式

项目		分类数据类型				
		1	2	…	n	总和
检验数据类型	1	p_{11}	p_{21}	…	p_{n1}	p_{+1}
	2	p_{12}	p_{22}	…	p_{n2}	p_{+2}
	…	…	…	…	…	…
	n	P_{1n}	P_{2n}	…	p_{nn}	p_{+n}
	总和	P_{1+}	p_{2+}	…	p_{n+}	P

表 8.3 是在沙漠化地区土地利用/覆盖分类研究中构建的混淆矩阵。矩阵的左部（y 轴）代表的是参考图像上的类别，上部（x 轴）代表的是要评价图像上的类别。精度评价时采用简单随机采样的方法采集了 765 个训练样本。以绿洲为例，在参考图像中有 123 个绿洲像元，其中 102 个被识别出来，其余 21 个像元均被错误地分类成其他类型，但参考图像上同时又有 9 个其他类型的像元被误分成了绿洲。显然，误差矩阵中对角线上列出的是被正确分类的像元数量。

表 8.3　混淆矩阵实例

项目		被评价的分类图像						
		戈壁	流沙地	平沙地	绿洲	干湖盆	水体	总和
参考图像	戈壁	261	3	0	0	0	0	264
	流沙地	50	192	1	6	0	0	249
	平沙地	6	6	75	3	0	0	90
	绿洲	12	3	0	102	0	6	123
	干湖盆	4	0	2	0	9	0	15
	水体	3	0	0	0	0	21	24
	总和	336	204	78	111	9	27	765

2. 基本的精度指标

根据混淆矩阵可以设计出三种基本的精度评价指标，即总体精度、用户精度和制图精度。这些精度指标从不同的侧面描述了分类精度，是简便易行并具有统计意义的评价指标。

（1）总体精度：表述的是对每一个随机样本，所分类的结果与检验数据类型相一致的概率。一幅分类图像的总体分类精度 p_c 表示为

$$p_c = \sum_{k=1}^{n} P_{kk} / P \tag{8.20}$$

（2）用户精度：指从分类结果中任取一个随机样本，其所具有的类型与地面实际类型相同的条件概率。对于第 i 类，其用户精度 p_{ui} 表示为

$$p_{ui}=p_{ii}/p_{i+} \tag{8.21}$$

（3）制图精度：表示相对于检验数据中的任意一个随机样本，分类图上同一地点的分类结果与其相一致的条件概率。对第 j 类，其制图精度 p_{Aj} 表示为

$$p_{Aj}=p_{jj}/p_{+j} \tag{8.22}$$

与上述精度指标相关的还有漏分误差和错分误差。漏分误差是指对于参考图像上的某种类型，被错分为其他不同类型的概率，即实际的某一类地物有多少被错误地分到其他类别。而错分误差是指对于分类图像上的某一类型，它与参考图像类型不同的概率，即图像中被划为某一类地物实际上有多少应该是别的类别。漏分误差与制图精度相对应，可用于判断分类方法的优劣；错分误差与用户精度相对应，从检验数据的角度判断了各类别分类的可靠性。表 8.4 为根据混淆矩阵实例计算出的三种精度值。

表 8.4　分类精度计算实例

项目	制图精度	漏分误差	用户精度	错分误差
戈壁	261/264=98.86%	1.14%	261/336=77.68%	22.32%
流沙地	192/249=77.11%	22.89%	192/204=94.12%	5.88%
平沙地	75/90=83.33%	16.67%	75/78=96.15%	3.85%
绿洲	102/123=82.93%	17.07%	102/111=91.89%	8.11%
干湖盆	9/15=60.00%	40.00%	9/9=100%	0.00%
水体	21/24=87.50%	12.50%	21/27=77.78%	22.22%
总体精度=（261+192+75+102+9+21）/765=86.27%				

（四）Kappa 分析

Kappa 系数是一种对遥感图像的分类精度和误差矩阵进行评价的多元离散方法，该方法摒弃了基于正态分布的统计方法，认为遥感数据是离散的、呈多项式分布的，在统计过程中综合考虑了矩阵中的所有因素，因而更具实用性。其计算方法为

$$\text{Kappa}=\frac{N\sum_{i=1}^{n}x_{ii}-\sum_{i=1}^{n}(x_{i+}x_{+i})}{N^2-\sum_{i=1}^{n}(x_{i+}x_{+i})} \tag{8.23}$$

式中，N 为所有样本的总数；n 为矩阵行数，一般等于分类的类别数；x_{ii} 为位于第 i 行、第 i 列的样本数，即被正确分类的像元数；x_{i+} 和 x_{+i} 分别为第 i 行、第 i 列的总像元数。

将表 8.3 中的相关数据代入式（8.23），计算出的 Kappa 系数约为 0.81，即

$$\text{Kappa}=\frac{765\times(261+192+75+102+9+21)-(336\times264+204\times249+78\times90+111\times123+9\times15+27\times24)}{765^2-(336\times264+204\times249+78\times90+111\times123+9\times15+27\times24)}\approx0.81$$

总体精度只考虑了对角线方向上被正确分类的像元数，而 Kappa 系数则同时考虑了对角线以外的各种漏分和错分像元。因此，总体精度和 Kappa 系数往往并不一致。当 Kappa 系数的值大于 0.80 时，意味着分类数据和检验数据的一致性较高，即分类精度较高；当 Kappa 系数的值介于 0.40～0.80 时，表示精度一般；当 Kappa 系数的值小于 0.40 时意味着分类精度较差。通常在精度评价中，应同时计算以上各种精度指标，以便尽可能得到更多的分类精度信息。

思　考　题

1. 什么是监督分类？其主要的分类算法有哪些？
2. 什么是训练样本？选择训练样本的一般原则是什么？
3. 监督分类和非监督分类的本质区别是什么？试比较它们的优缺点。
4. 试分析分类误差的主要来源。
5. 简要分析遥感图像分类精度评价的主要技术过程和环节。
6. 试列举几种遥感图像分类的新方法，并谈谈你对这些新方法的理解。

第八章测试题

第九章　遥感技术的应用

遥感技术具有广泛的应用领域和前景。近年来，随着遥感探测手段和遥感数据类型的多样化，以及遥感图像处理技术的不断进步和高水平遥感图像处理软件的相继推出，尤其是“3S”技术的综合运用又为遥感技术提供了各种辅助信息和分析手段，因此遥感综合应用的深度和广度得到了进一步的扩展。本章从资源调查、生态环境监测和灾害监测三个方面对遥感技术的主要应用做了较为详细的介绍。

第一节　遥感在资源调查与研究中的应用

一、水资源调查与监测

水资源通常是指由人类控制并直接可供灌溉、发电、给水、航运、养殖等用途的地表水和地下水，是发展国民经济不可缺少的重要自然资源。下面从水体的光谱特征入手，分别介绍遥感技术在地表水和地下水资源调查与监测中的应用。

（一）水体的光谱特征

水的光谱特征是由水体本身的物质组成决定的，同时还受到各种水状态的影响。在可见光的 0.38～0.6μm，水的吸收少，反射率较低，因此形成较高的透射。其中，水面反射率约为 5%，并随着太阳高度角的不同出现 3%～10%不等的变化。水体可见光反射包含水表面反射、水体底部物质反射及水中悬浮物质的反射三个部分。对于清水，在蓝—绿光波段反射率为 4%～5%，在 0.6μm 以下的红光部分反射率降到了 2%～3%；在近红外、短波红外波段，水体几乎吸收了全部的入射能量，这一特征与植被和土壤光谱形成十分明显的差异，因而红外波段通常是识别水体的理想波段。图 9.1 是水体的反射光谱曲线示意图。

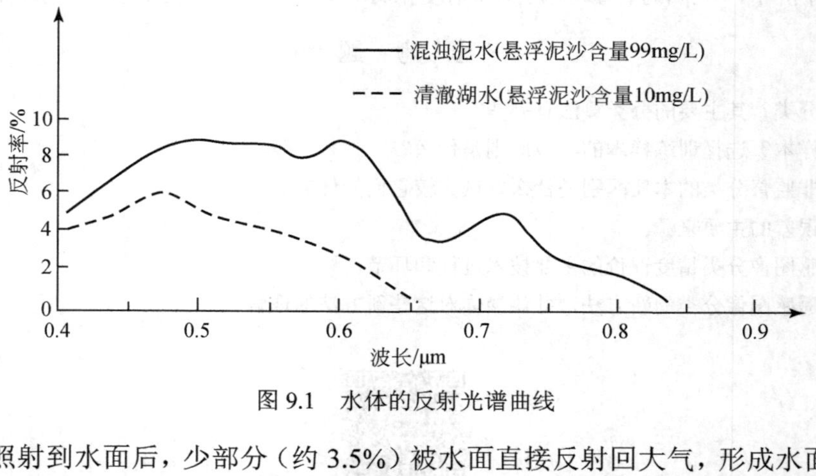

图 9.1　水体的反射光谱曲线

太阳光照射到水面后，少部分（约 3.5%）被水面直接反射回大气，形成水面反射光 L_S，这种水面反射辐射带有少量水体本身的信息，它的强度与水面性质有关；经过折射、透射进入水体的光大部分被水分子吸收，部分被水中的悬浮物质散射并形成水中散射光。散射强度与水的浑浊度有关，水体浑浊度越大，水中散射光越强；衰减后的水中散射光，部分到达水体底部形成水底反射光，其强度与水深呈负相关，且随着水体混浊度的增大而减小。水中散射光的向上部分及水底反射光共同组成水中光 L_W。图 9.2 为电磁波与水体相互作用示意图。

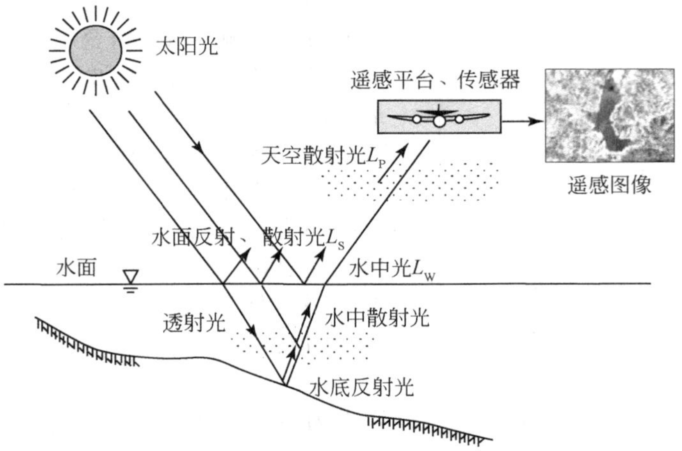

图 9.2　电磁波与水体相互作用示意图

基于以上分析可知，水体光谱特征主要表现为“体散射”而非表面反射。传感器能接收到的电磁辐射 L 包括水面反射光 L_S、水中光 L_W 和天空散射光 L_P，即 $L=L_S+L_W+L_P$。因此，当天空散射光经过辐射校正被消除后，遥感图像上所反映的就是水体表面和水体内部的综合信息。不同水体的水面性质、水体中悬浮物质的性质和含量、水深和水底特征的不同，导致水体的光谱特征出现差异，并在遥感图像上呈现出不同的影像特征，这就是遥感水体探测的基本原理。

（二）地表水资源的调查与监测

目前，遥感调查地表水资源的技术手段已经相当成熟。调查的主要内容包括地表各种水体的水域面积、水深、水温及水质，也包括对流域地形、地貌的综合调查。

1. 水边线与水体面积调查

水体的面积是水资源调查的基础。要测量水体的面积，首先要确定水边线。根据水体对近红外和短波红外几乎全部吸收以及雷达波在水中急速衰减的特征，通常选择近红外、红外波段的遥感图像及雷达图像，都能准确识别水边线的位置，并在此基础上获得水体面积信息，如 MSS6、MSS7、TM4、TM5、AVHRR 的 CH2 等，都是提取水边线和水体面积的理想波段。

水体的光谱反射率总体上很低，与地表背景地物的光谱特征差异明显，因此采用目视解译或计算机解译提取水边线并确定水体面积，均能取得很好的效果。在大范围水资源调查中，通过分析遥感图像上水体与主要背景地物的光谱差异并建立水体提取的光谱规则，即可快速、准确地获得区域水资源的数量和空间分布信息。

2. 水深探测

水体本身的光谱特征与水深相关。图 9.3 显示清澈水体随水深的增加，其光谱特征的变化规律。从图中可以看出，随着水深的增大，水体对光谱组成的影响增大。在水深

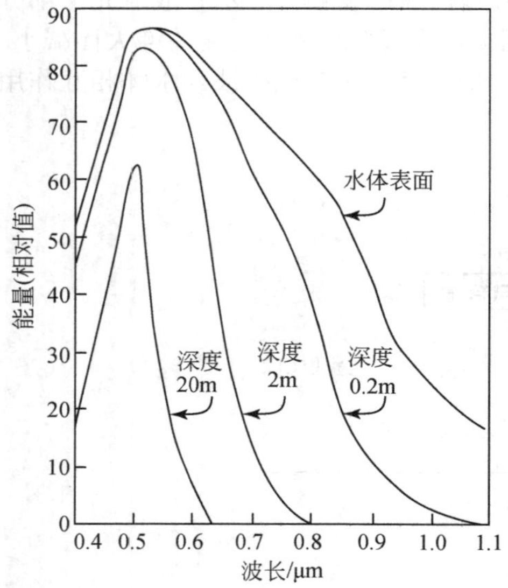

图 9.3　清水不同深度的光谱特征

20m 处，由于水体对红外光的有效吸收，近红外波段的能量已几乎不存在，仅保留了蓝、绿波段的能量。

研究表明，对于清水，光的最大透射波长为 0.45～0.55μm，其峰值波长约 0.48μm，因此，蓝、绿波段是探测水深和研究水底特征的最佳波段。具体来说，水体在蓝、绿波段的散射最弱，衰减系数最小，穿深能力（即透明度）最强，记录水体底部特征的可能性最大；在红光区，由于水的吸收作用较大，透射相应减小，仅能探测水体浅部特征；在近红外区，由于水的强吸收作用，仅能反映水陆差异。从 SPOT 的绿光、红光和近红外三个波段的图像上，可以清楚地看出不同波段水体的透射能力差异（图 9.4）。

目前，水深探测最常见的方法是以多光谱遥感数据为主要信息源，利用图像的灰度与水深之间较强的相关性，并结合实测数据，建立水深反演模型。例如，徐升等（2006）利用 Landsat-7 ETM+遥感图像反射率和实测水深值之间的相关性，建立了单波段模型、双波段模型、比值模型和多波段模型四种线性回归模型，以及动量 BP 神经网络水深反演模型，对长江口南港航道水深进行了反演，并对比分析了不同方法在长江口水深反演计算中的优劣性。

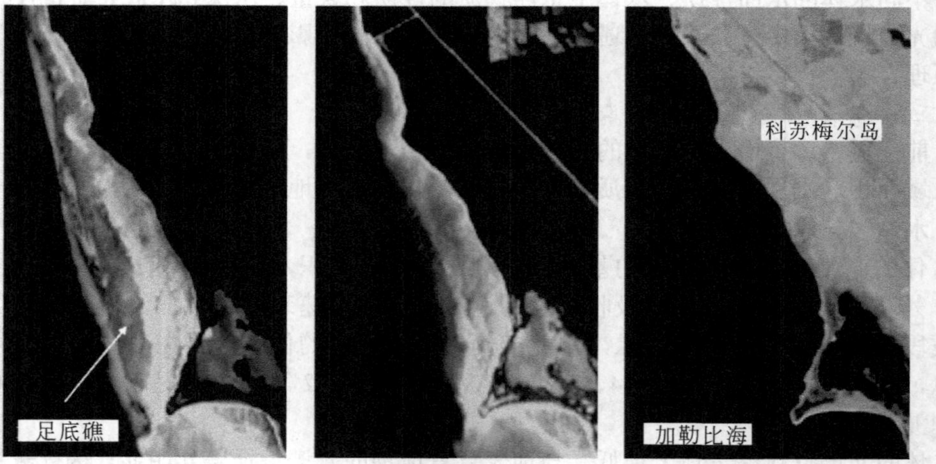

绿波段(0.5~0.59μm)　　红波段(0.61~0.68μm)　　近红外波段(0.79~0.89μm)

图 9.4　SPOT 不同波段的透射能力比较

遥感水深探测的能力受水体浑浊度的影响很大。水中悬浮物质含量的增加会引起水体反射率的明显增强和透射率的明显下降，从而导致遥感水深探测能力的下降。研究认为，对清水来说，遥感水深探测可以获得较为理想的效果，但对于浑浊的水体而言，探测深度和探测精度都受到水体浑浊度的严重影响，探测结果尚无实用价值。

3. 水温探测

遥感探测水体温度的方法是，通过热红外遥感图像上像元的亮度值反演水体的温度。理论上，传感器通过探测热红外辐射强度而得到的水体温度是水体的亮度温度，只有考虑到水的比辐射率，才能得到水体的真实温度。但因为水的比辐射率接近 1（近似黑体），在 6～14μm 的波段尤为如此，所以往往用所测的亮度温度表示水体的真实温度。

因为水体的热容量、热惯量大，昼夜温差小，且水体内部以热对流方式传输热量，所以水体表面温度较为均一，空间变化小。但大气中水汽含量对水温测算精度影响较大，因此，利用遥感技术反演水体温度时，需要对遥感图像进行大气校正。

对海洋来说，尽管水体中叶绿素、浑浊度、表面形态、表面热特征不一，使水体具有不同的光谱特征；尽管不同光谱段对水体有不同穿透能力，同一光谱段对不同类型水体有不同穿透能力等会造成水体光谱特征的差异，但水体整体反射率低，相互之间的光谱差异小，与陆地上地物光谱特征间差异相比要小得多，因而在海洋遥感图像上反差很低，可以获得的信息是十分有限的。再加上海洋信息的获取还受到多变的海洋环境的干扰，因此，对水体遥感尤其是海洋遥感来说，除采用可见光、红外波段以外，还必须开辟新的电磁波谱段——微波。

4. 叶绿素浓度监测

叶绿素浓度是衡量水体初级生产力和富营养化程度的基本指标。一般来说，随着叶绿素含量的变化，水体光谱在 0.43～0.70μm 会有选择地出现较明显的差异，这种差异是遥感监测叶绿素浓度的理论基础。从图 9.5 显示的不同叶绿素含量水面光谱曲线中可以看出，在波长 0.44μm 处有一个吸收峰；在 0.4～0.48μm 处，水面反射辐射随叶绿素浓度的增加而降低；在波长 0.52μm 处出现“节点”，即反射辐射值不随叶绿素含量而变化；在波长 0.55μm 处出现反射辐射峰，且反射辐射值随着叶绿素含量的增加而上升；在波长 0.68μm 附近出现明显的荧光峰（图 9.6）。

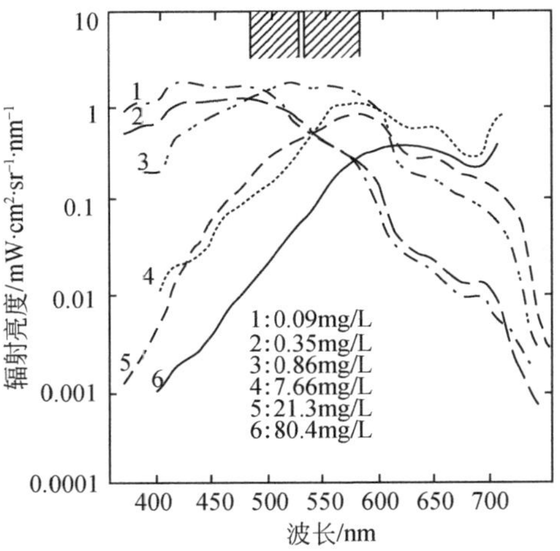

图 9.5　不同叶绿素含量水面光谱曲线

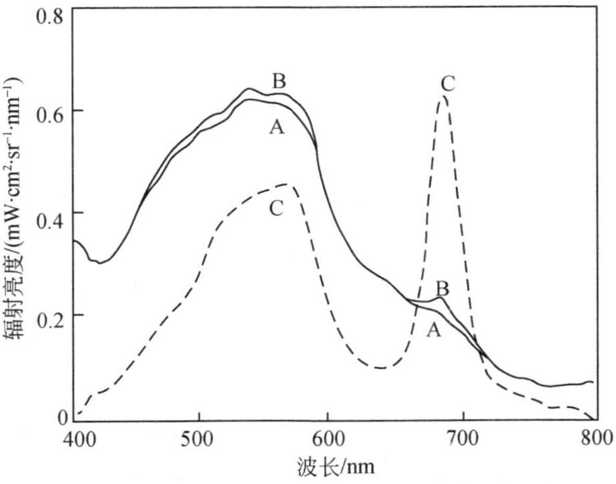

图 9.6　不同叶绿素含量水面荧光峰

基于上述叶绿素浓度与光谱响应间的明显特征，通常采用不同波段比值法或比值回归法，扩大叶绿素吸收峰（0.44μm 附近的蓝光波段）与叶绿素反射峰（0.55μm 附近的绿光波段）或荧光峰（0.685μm 附近的红光波段）间的差异，达到有效提取叶绿素浓度的目的。黄耀欢等（2012）利用同步实测的光谱数据和水质数据对汤逊湖叶绿素浓度进行了遥感定量反演研究。该研究在分析汤逊湖水体的反射率光谱曲线的基础上，通过相关分析方法，发现了汤逊湖水体反射率在单波段法、一阶微分法和比值法建模中的最优波段或组合，并进行了一元线性建模。通过对各种模型反演精度的比较，发现一阶微分法和比值法建模的精度都高于单波段法（表 9.1）。

表 9.1　三种叶绿素浓度反演模型的比较

反演方法	所选波段或组合	反演模型	相关系数	R^2
单波段法	726.5～734.4nm 附近	Chla=−0.227×$R_{733.1}$+0.568	−0.820	0.705
一阶微分法	446.9nm 附近	Chla=−0.330×$R_{446.9}$+0.023	−0.929	0.863
比值法	$R_{861.1}/R_{865.7}$	Chla=0.229×（$R_{861.1}/R_{865.7}$）−0.215	0.928	0.861

注：表中 Chla 为叶绿素浓度，单位为 mg/L；R_λ为波长λ附近的水体反射率

5. 悬浮泥沙含量监测

从理论上讲，水体的光谱特征包含了水中向上的散射光（水中光），它是透射的入水光与水中悬浮物质相互作用的结果，与水中的悬浮泥沙含量直接相关。因而，水体的反射辐射与水中悬浮物质含量之间存在着密切关系。图 9.7 为 7 种不同悬浮泥沙浓度水体的反射光谱曲线。从图中可以看出，随着水中悬浮泥沙浓度的增加，水体的反射率也随之增大，且反射峰值向长波方向移动，反射峰值形态变得更宽。但由于受到 0.93μm、1.13μm 处红外强吸收的影响，反射峰值移到 0.8μm 处终止。

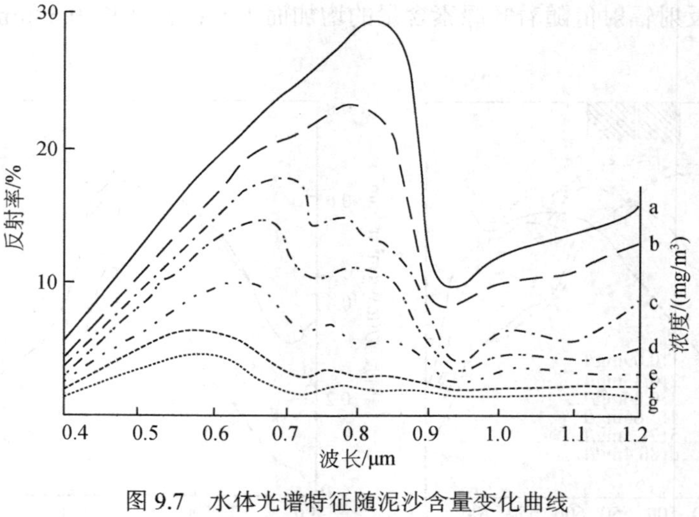

图 9.7　水体光谱特征随泥沙含量变化曲线

对可见光遥感而言，因为不同泥沙浓度下的水体在 0.58～0.80μm 处出现反射峰值，所以该波段对水体泥沙含量最敏感，是遥感监测水体浑浊度的最佳波段。

利用遥感技术监测水体悬浮泥沙含量，通常都是通过遥感数据与同步实测样点数据间的统计相关分析，确定两者之间的相关系数，并建立定量表达悬浮泥沙含量与遥感数据之间关系的相关模型，实现悬浮泥沙含量的反演。常见的基于统计分析的悬浮泥沙反演模型有以下三种。

（1）线性模型：$R=A+B \cdot S$；

（2）对数模型：$R=A+B \cdot \log S$；

（3）负指数模型：$R=A+B \cdot (1-e^{-DS})$。

上述三种模型中，R 为水体反射率；S 为悬浮泥沙含量；A、B、D 为待定系数，由遥感数据与实测数据经统计回归分析确定。需要指出的是，线性模型关系简单，但误差较大；对数模型在悬浮泥沙浓度不高时，反演精度较高，但当悬浮泥沙浓度很高时，反演精度不高；负指数模型克服了对数模型在高浓度悬浮泥沙反演中误差较大的缺点，但也存在一些缺陷。

目前，用于水体悬浮泥沙监测的数据源主要是 TM 图像和 NOAA 卫星图像。也有学者使用其他数据源进行水体悬浮泥沙的监测研究，如陈晓翔和丁晓英（2004）利用 FY-1D 数据估算珠江口悬浮泥沙含量，许珺等（1999）运用 SPOT 数据进行河流水体悬浮固体浓度的研究，均取得了理想的效果。

（三）地下水资源的调查与监测

地下水埋藏于地表之下，在遥感图像上不可能有直观、具体的表现，但许多地表事物或现象与地下水的存在有着密切的关系。遥感地下水资源调查正是利用这种关系，通过研究地表地貌、地质构造、岩性、河流、植被等可见现象，间接推断地下水资源的存在及其分布范围，并粗略估算其储量。

从遥感图像中提取构造、地层岩性、水文等地质信息，再运用水文地质理论对这些信息进行分析，可以确定有利的含水层、蓄水构造，进而推断地下水富集区。地下水存储量很大程度上被岩层的孔隙度所制约，如孔隙度大的砂砾层就是良好的蓄水层。遥感图像能够反映这些蓄水构造的深部信息，为地下水的遥感监测提供可靠信息。

从遥感图像上提取并分析与地下水存在有关的具有指示和诊断意义的环境因子，可以推断地下水的存在与富集状况。在干旱荒漠地区，环境指示因子与地下水富存密切相关，如干旱区风成沙垅有时可以作为断裂蓄水带的标志，因为沙垅的形成与灌木丛有关，而灌木丛的存在则与深层地下水有关。干旱区植被是地下水的直接指示因子，它的生存与区域浅层地下水的关系密切，而且不同植被类型对地下水埋深有不同的要求。因此，通过识别植被类型能够判断地下水埋深的范围。

在热红外图像上，通过测定地面温度可以间接推断地下水的存在。这是因为地下水的毛细管热传导和蒸腾作用导致地表湿度和温度的变化，从而在热红外遥感图像上表现出温度异常，这种热异常使热红外图像在识别含水层、判断充水断层和调查富水地段位置等方面具有重要作用。例如，美国利用热红外遥感图像，曾在夏威夷群岛发现了 200 多处地下淡水的出露点，解决了该岛对淡水资源的需求。

二、地质与矿产资源调查

遥感技术在地质与矿产资源调查方面有着广泛的应用。其中，岩性及各种地质构造类型的识别是区域地质调查的主要内容，也是矿产资源调查的主要依据。

（一）基于遥感图像的岩性识别

岩石的反射光谱特征是遥感图像上识别不同岩性的基础。不同岩性反射光谱的差异性决定了它们具有各自特定的图像色调特征。影响岩石光谱特征的主要因素有：①岩石本身的矿物成分和颜色；②组成岩石的矿物颗粒大小和表面粗糙度；③岩石表面的风化程度；④表面覆盖物。图 9.8 为几种主要岩石的反射光谱曲线。

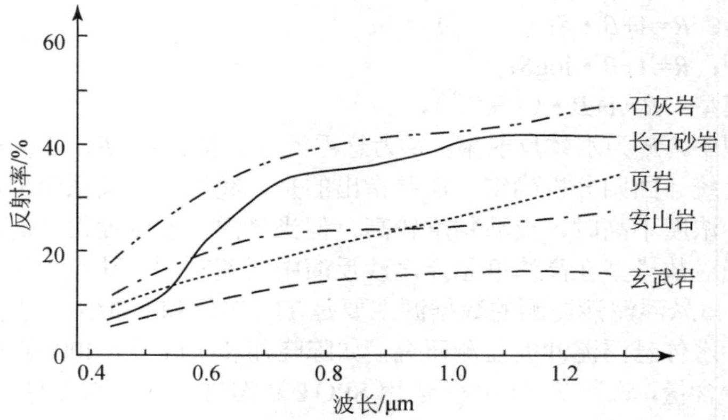

图 9.8　几种典型火山岩和沉积岩的反射光谱曲线

1. 沉积岩的图像特征及其识别

沉积岩本身没有特殊的反射光谱特征，在遥感图像上单凭光谱特征及其表现很难把它与岩浆岩、变质岩区分开来，往往需要结合其特殊的空间特征及出露条件等标志才能得到准确的识别。例如，坚硬的沉积岩常形成与岩层走向一致的山脊（正地形），而松软的沉积岩则形成条带状谷地（负地形）；水平的坚硬沉积岩常形成方山地形、台地地形；倾斜的、软硬相间的沉积岩常形成沿走向排列的单面山。

2. 岩浆岩的图像特征及其识别

岩浆岩分为酸性岩、中性岩和基性岩。在遥感图像上岩浆岩多呈现团块状或短的脉状结构特征，这与沉积岩的条带状特征有着明显的不同。

酸性岩浆岩以花岗岩为代表。花岗岩在图像上色调较浅，平面形态常呈现圆形、椭圆形和多边形，所形成的地形一类是悬崖峭壁山地，另一类是馒头状山体和浑圆状丘陵。

基性岩的色调最深，大多侵入岩体，容易风化剥蚀成负地形。喷出的基性玄武岩则比较坚硬，经切割侵蚀形成方山和台地。

中性岩的色调介于酸性岩和基性岩之间，岩体常被区域性断裂分割成棱角清晰的山岭和“V”字形河谷，水系密度中等。大片喷出岩，如安山岩类在我国东部地区构成山脉的主体，而中性的侵入岩体常形成环状负地形。

3. 变质岩的图像特征及其识别

由岩浆岩变质而来的正变质岩和由沉积岩变质而来的负变质岩，都保持了原始岩类的特征，因此其遥感影像特征与相应的原始母岩的特征相似，只是由于经受过变质，使影像特征更为复杂，识别更加困难。

石英岩由砂岩变质而成，SiO_2矿物更集中，色调变浅，强度增大，多形成岭脊和陡壁；大理岩与石灰岩相似，可形成喀斯特地貌；千枚岩和板岩易风化，多成低丘、岗地或负地形，地面水系发育；片麻岩的影像特征与岩浆中的侵入岩相似，在高分辨率遥感图像上有时可识别出深色矿物和浅色矿物集中的不同色调条带经扭曲的情况。此外，变质岩区域裂隙发育，沿裂隙发育的水系在交汇转弯处多呈“之”字形，这是区分变质岩与岩浆岩的重要标志之一。

（二）基于遥感图像的地质构造解译

地质构造是指岩层和岩体在地壳运动所引起的构造作用力的作用下发生的各种永久性

的变形和变位。地质构造是岩浆活动、沉积作用、变质作用、风化作用及地球内部放射性物质迁移、集中和裂变等地质作用的综合结果。

地壳运动引起的构造作用力，使岩层和层体产生各种不同的构造形变，如褶皱、断层、节理以及不整合接触等。地质构造的类型、走向及密度等是判断成矿条件的重要依据之一，同时对一些建设工程会产生直接影响。

1. 岩层产状的解译

岩层产状的解译重点是从遥感图像上区分水平岩层和倾斜岩层，并在必要时测量出岩层的产状要素。

水平岩层的层面界线与该处地形等高线平行或重合，岩层在地貌上常常构成方山、桌状山。水平岩层遭受侵蚀后，往往由较硬的岩层形成保护层，且形成陡坡，因此在低分辨率遥感图像上不容易发现水平岩层的产状，而在高分辨率遥感图像上可以发现水平岩层经过切割形成的地貌形态，硬岩陡坡较深的阴影和软岩缓坡较浅的色调构成同心圆状分布。

倾斜岩层的层面界线与地形等高线相交，并受地形因素的影响而发生弯曲转折，地貌上多形成单面山、猪背岭、倾向坡等地形特征。倾斜岩层经过沟谷的切割，在高分辨率遥感图像上常出现岩层三角面。根据岩层出露的形态及其与地形的关系，可以确定岩层的产状。

2. 褶皱构造的解译

在遥感图像上，褶皱的识别是建立在对岩性和岩层产状要素识别的基础之上的。一般来说，先是在较低分辨率的遥感图像上进行宏观解译，并确定褶皱的存在，特别是一些较大规模褶皱的确定。然后对关键部位采用高分辨率图像进行详细解译，识别出褶皱的类型。

褶皱构造分为背斜和向斜，由一系列软硬程度不同的岩层构成。硬岩呈正地形，软岩呈谷地，因此在遥感图像上会形成色调不同且平行排列的色带。稳定性和连续性好的色带其整体图像常呈闭合的圆形、椭圆形及不规则的环带状等多种形态，是识别褶皱的重要标志。中低分辨率的遥感图像能反映出大的褶皱，而高分辨率的遥感图像不仅能发现小规模的褶皱，还能利用岩层的产状并结合岩层转折端的形态，进一步识别褶皱的类型。

3. 断层构造的解译

断层是一种线性构造，在遥感图像上有两种色调特征：一是线性的色调异常，即线性的色调与两侧的岩层色调有明显的不同；二是两种不同色调的分界面呈线状延伸（图 9.9）。当然，具备这两个影像特征的地物不一定都是断层，如山脊、小的河流、道路、岩层的走向、岩层的界面等。因此，对断层的识别还要结合其两侧的岩性、水系和整体的地质构造，才能作出准确的判断。

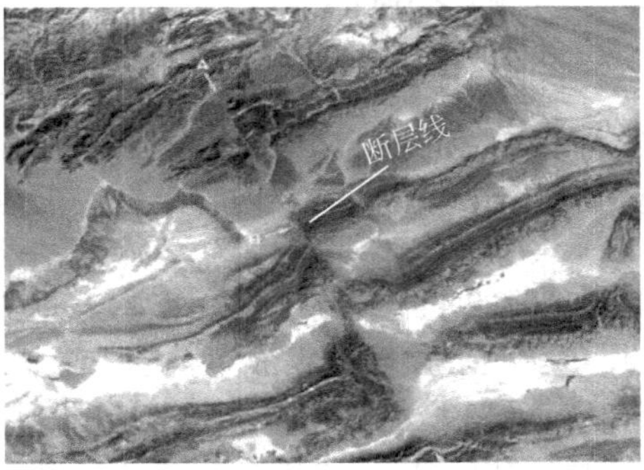

图 9.9　断层构造的影像特征

除色调以外，地貌和水系特征是遥感图像上识别断层十分重要的间接标志。例如，地貌上形成的断层崖和断层三角面，沿断层带分布的串珠状断陷盆地、洼地、湖泊、泉水，错断的山脊和急转的河流，均可以指示断层的存在或断层延伸的方向。

（三）遥感地质矿产资源勘查的工作程序

近几年，我国利用资源卫星资料在寻找多金属富集地段、蚀变带、金矿、铀矿、储油构造、煤田等方面取得了多项成果。卫星遥感在金属矿藏、煤炭和油气资源的勘探中也发挥了重要的作用，并获得了显著的经济效益。

1. 资料准备

收集工作区开展遥感综合找矿所需的各种资料。主要包括：①航空、航天遥感数据；②各类地质调查和专题研究的文字资料、图件及物探、化探、钻探等数据；③合适比例尺的地形图及地貌、水文、交通等资料。

2. 成矿远景遥感预测

采用遥感与多源地学信息综合分析方法，预测和确定成矿有利地段。内容包括：①进行工作区小比例尺遥感宏观解译，通过识别和分析主要岩石类型、线性和环形构造，了解区域构造、岩类分布的总体面貌和成矿背景，并建立解译标志；②以遥感图像为依据，确定区域地质构造的格局，分析矿源层分布规律，推断控矿构造和含矿层位，预测成矿远景，选定成矿有利地段。

3. 野外调查

对预测的成矿有利地段进行全面的实地调查，为成矿远景评价提供依据。内容包括：①重点检查遥感图像显示的有利成矿地段所对应的地貌、岩性和构造特征；②采集岩矿鉴定、同位素测定、构造岩方向测定、元素分析等所需的各种标本；③对重点地段进行现场光谱测试，为找矿靶区遥感预测提供基础理论依据。

4. 找矿靶区的预测和靶区研究

在对各类标本鉴定和分析的基础上，利用高分辨率的遥感图像对已知矿床及成矿有利地段作详细的对比解译，建立含矿岩系和控矿构造的解译标志，把最有找矿远景的成矿有利地段列为勘查靶区；提取含矿岩系和控矿构造信息，分析地表矿体的分布特征，探讨深部隐伏矿体或岩体的赋存状态，提供靶区矿产可靠的定性、定量依据。

5. 建立遥感找矿模式

运用各种地质成矿理论，通过遥感与多源地学信息的融合技术，建立工作区遥感综合找矿的理论模式。条件成熟时，还应建立遥感与各类地学信息数据库和成矿预测信息系统。

三、土地资源调查

土地资源调查是整个农业自然资源调查的重点，其目的是为合理调整土地利用结构、农业生产布局和制订农业区划、土地规划提供科学依据，为土地资源的科学管理创造条件。遥感土地资源调查的主要内容包括：土地利用调查与制图和土地利用变化动态监测等。

（一）我国土地资源遥感调查的历史

我国的土地利用现状详查始于 20 世纪 80 年代，主要采用航空遥感技术手段。80 年代初期，应用 MSS 图像完成了全国土地概查以及三北防护林地区大面积土地资源调查；90 年代初，应用 TM 图像完成了西部地区 1∶5 万、1∶10 万土地利用现状调查；1992～1996 年，中国科学院完成了“国家资源环境遥感宏观调查与动态研究”重大应用项目；“九五”期间，利用遥感和 GIS 技术，首次建立了全国 1∶10 万比例尺土地利用数据库；2007 年起，利用卫星遥感开展了第二次全国土地调查。近几年来，一些地区使用 SPOT-5、IKONOS 及更高分辨率的 QuickBird、WorldView 等卫星遥感数据，进行中大比例尺土地利用更新调查。

为及时掌握土地利用的动态变化，原国家土地管理局从 1996 年开始，利用卫星遥感数据开展土地利用动态监测研究试验。1999 年，国家正式立项“土地利用遥感监测”项目，并首次应用高分辨率卫星数据对全国66个50万人口以上城市的各类建设占用耕地情况进行了监测。2000年，开展了全国62个特大城市的监测以及西部29个县市生态退耕调查的监测。2002年，在完成25个大城市土地利用监测的基础上，还大范围应用2.5m分辨率的卫星数据进行1∶1万土地利用图更新。2004年，采用QuickBird、IKONOS、SPOT-5高分辨率卫星数据，对国家级开发区进行监测。从此以后，国家每年都对重点地区、重点城市的土地利用动态变化进行监测，目的是及时、准确地获取城市建设用地的规划执行情况，为土地执法监察、国土资源管理和政府决策提供科学依据。近年来，根据国土资源大调查的总体要求，高分辨率卫星遥感数据已成为土地利用动态监测的首选数据。

（二）土地利用调查与制图

土地利用现状调查是为查清土地利用现状而进行的全面的土地资源普查，其重点是按土地利用现状分类，查清各类用地的数量、分布、利用及权属状况。土地利用现状调查是土地资源调查中最基础的调查工作。

1. 土地利用分类系统

土地利用分类系统是土地资源调查的基础。我国在土地利用现状调查与研究中，曾制定过若干个具有代表性的土地利用分类方案，介绍如下。

（1）1984年由全国农业区划委员会在《土地利用现状调查技术规程》中制定的“详查分类”。该系统采用二级分类，将我国土地利用类型分为耕地、园地、林地、牧草地、居民点及工矿用地、交通用地、水域及未利用土地共8个一级类和46个二级类。

（2）1997年在全国县级土地利用总体规划及规划修编过程中使用的“修编分类”系统。该系统在“详查分类”的基础上，将土地利用类型调整、归并为农用地、建设用地和未利用土地3个一级类，下分耕地、园地、水面等17个二级类。

（3）2001年国土资源部颁布的《全国土地分类（试行）》。该系统是在原“修编分类”基础上，将原“城镇土地分类系统”修改后并入，并对“修编分类”作了一些修改后形成的。该系统仍分为农用地、建设用地和未利用土地3个大类，下分15个二级类，71个三级类。

（4）2007年国家质量监督检验检疫总局和国家标准化管理委员会共同发布的《土地利用现状分类》国家标准（GB/T21010—2007）。这是国家首次将土地利用分类作为国家标准颁布。该标准规定的土地利用现状分类采用二级分类体系，共分12个一级类、56个二级类。

上述分类体系均是全国尺度上的土地利用分类体系，其分类标准是土地利用方式。与国外相比，我国的分类体系更侧重土地利用类型的划分。随着卫星遥感技术在土地利用调查和动态监测中的广泛应用，必须探讨以卫星遥感数据为主要信息源的土地利用分类系统，这种系统需要综合考虑土地的利用特征和覆盖特征，同时还要考虑利用遥感数据进行土地利用分类可能达到的精度。

2. 遥感信息源的选取

当前用于土地资源调查与监测的卫星数据主要是NOAA/AVHRR、Landsat/TM/ETM+、EOS/MODIS、SPOT、IKONOS、QuickBird等。不同的遥感数据具有不同的分辨率、覆盖宽度、获取成本，因而适用于不同尺度、不同制图精度和不同研究目标的需要。

在全球或洲际尺度上，主要使用气象卫星NOAA/AVHRR数据监测土地利用。这种数据的优点是覆盖宽度大、数据量小、时间周期短，不受云、雾等天气因素的影响。不足之处是空间分辨率较低，难以满足高精度要求的监测和分类，因此较适合土地资源的宏观调查与监测，最大制图比例尺为1∶250万；Landsat/TM数据空间分辨率为30m，进行土地利用类型的解译效果总体较好，但也存在一些较难解译的类型，需要其他数据的补充。该数据对应的最大制图比例尺为 1∶10 万；SPOT 数据对土地利用的识别有较高的精确度。研究表明，2.5m 分辨率的 SPOT-5 数据可识别宽度≥0.75m 的线状地物和面积≥$0.0225hm^2$的面状地物，其几何精度能满足 1∶1 万土地利用现状调查的要求；IKONOS 多光谱数据可满足乡、镇土地利用调查的精度要求，能识别地物边界、各等级道路、田埂、建筑物。IKONOS 全色波段数据可满足小尺度、高精度要求的城市土地利用调查，能识别城市楼房的排列方式与形态，区分林地内的建筑物、单棵树及林地类型，识别单个地块及边界、城市护城河及堤坝。

3. 土地利用信息提取方法

土地利用信息提取的方法有很多，归纳起来主要有以下三种。

（1）基于像元光谱特征的自动分类方法，如监督分类和非监督分类。非监督分类方法简洁、省时，在无法获得先验知识的情况下，仍不失为一种好的分类方法。但这种方法精度较低，在实际应用中具有很大的局限性，往往是作为其他分类法的一种先行步骤。监督分类是土地利用信息提取最常用的方法，其分类结果取决于先验知识的正确性、图像质量的好坏和判别函数的选择。监督分类和非监督分类都是依据光谱特征进行分类和信息提取的方法，在土地利用类型比较单一、像元光谱差距较大时，可以得到较好的效果。

（2）基于地学知识系统改进的自动分类方法。基于像元光谱特征的自动分类方法虽然简单易行，但其分类精度往往无法满足要求。实践证明，遥感手段获得的能量信息与非遥感手段获得的物质信息的复合，是遥感应用中解决定量问题的有效途径，只有全面掌握系统的物质与能量信息时，才能真正做到对遥感信息的正确解译。因此，实际工作中这种基于各种地学知识的自动分类系统得到了广泛应用。

（3）遥感与 GIS 一体化的信息提取方法。这种方法是在遥感与 GIS 一体化技术基础上发展而来的一种基于人工解译的综合分类方法。该方法借助专家知识和实际考察资料直接在精校正后的图像上进行解译，图像与图形相结合的作业环境保证了线状地物和面状地物的正确识别，减少了同一地物由于季节不同或同一土地利用类型由于不均一性而被错判的概率。同时，数字化的作业环境使分类结果不再需要数字化，可直接进入数据库，减少了中间环节，从而大大提高了信息提取的精度。

（三）土地利用变化动态监测

遥感土地利用变化信息的提取，是通过对同一地区不同时相的遥感图像的光谱特征和结构特征的分析处理，运用遥感图像解译技术和实践经验，从图像的色调、形状、纹理、大小、位置、图型、相关布局等特征识别变化目标，定量、定性地提取土地利用的分布、结构等相关信息。土地利用变化动态监测的关键在于多时相遥感数据的选择、不同时相数据的空间及光谱的匹配、变化检测方法的选择以及变化信息的提取与制图等。

土地利用变化信息的提取方法有很多，概括起来主要有：图像差值法、分类后对比法、多波段主成分变换法等。研究表明，各种变化检测方法各具特色，但没有一种方法被公认为是最有效的，实践中往往是多种方法综合使用的。

（1）图像差值法。对两个时相的遥感图像在严格的几何配准基础上进行差值运算，从得到的差值图像上分析变化信息。为了使差值图像上反映出变化区域的分布和大小，需要通过阈值的设定将差值图像转换为简单的变化/无变化图像，或者正变化/负变化图像。阈值的选择是根据区域土地利用及周围环境的特点确定的。

（2）分类后对比法。对不同时相的遥感图像进行土地利用分类后，通过对分类结果的对比检测出变化信息。这种方法在发现变化的同时，能直接给出变化的定量信息和变化类型的转化信息，但自动化程度低，分类精度、可信度不高。

（3）多波段主成分变换法。将两个时相图像的各个波段进行组合，形成一个两倍于原图像波段数的新图像，再对该图像作主成分变换。因为主成分的前几个分量集中了两个图像的主要信息，而后几个分量则反映出了两个图像的差别信息，所以利用后几个分量进行波段组合提取变换信息。

（4）光谱变化向量分析法。对两个时相遥感图像的各个波段数据进行差值运算，求出每个像元在相应波段的变化量，由各个波段的变化量组成变化向量。变化向量中，变化的强度用变化向量的欧氏距离表示，变化的内容用变化向量的方向表示。在实际应用中，可根据区域具体情况对变化强度设定一个阈值。若像元的变化强度在此阈值内，就认为该点未发生类型变化；若超出阈值，则判断该点已经发生了类型变化。

（5）光谱特征变异法。对两个时相的遥感图像进行融合处理，从融合图像上光谱发生突变的位置判断出土地利用变化信息。

（6）波段替换法。利用 T_2 时相的数据替换 T_1 时相合成图像的某一波段来提取变化信息。

（7）彩色合成法。把两个甚至三个时相的遥感图像的相同波段数据按照红、绿、蓝进行彩色合成，从合成后的图像上提取土地利用变化信息。

四、森林、草场资源调查

（一）植被指数

植被指数是指选用多光谱遥感数据中对植物光谱特征有特殊意义的典型波段，经过各种线性的或非线性的加、减、乘、除组合运算，产生的一种对植被覆盖度、生物量以及植被长势等有一定指示意义的数值。植物在可见光的红光波段有很强的吸收特征，在近红外波段有很强的反射特征，这种截然相反的光谱响应特征，使它们的多种组合运算对增强或揭示隐含信息是非常有利的。因此，在植被指数计算中，通常选用多光谱数据中的红光波段和近红外波段。

植被指数与植被覆盖度、叶面积指数、叶绿素含量等地表参数有密切的关系，在植被遥感及相关研究中具有重要作用。目前，国内外学者已研究并提出了几十种不同的植被指数模型，下面主要介绍几种在森林和草场资源调查中最为常用的植被指数。

1. 比值植被指数（RVI）

红光波段 R 与近红外波段 NIR 对绿色植物的光谱响应十分不同，且具倒转关系。两者简单的数值比能充分表达其反射率之间的差异。比值植被指数 RVI 可表示为

$$\mathrm{RVI}=\mathrm{DN}_{\mathrm{NIR}}/\mathrm{DN}_{\mathrm{R}} \text{ 或 } \mathrm{RVI}=\rho_{\mathrm{NIR}}/\rho_{\mathrm{R}} \tag{9.1}$$

式中，$\mathrm{DN}_{\mathrm{NIR}}$、$\mathrm{DN}_{\mathrm{R}}$ 分别为近红外、红光波段的亮度值；ρ为地表反照率。

研究表明，比值植被指数与叶面积指数 LAI、叶干生物量 DM、叶绿素含量相关性高，被广泛用于估算和监测绿色植物的生物量。在植被高密度覆盖情况下，它对植被十分敏感，与生物量的相关性最好。但当植被覆盖度小于 50%时，它的分辨能力显著下降。

2. 归一化植被指数（NDVI）

归一化植被指数被定义为近红外波段 NIR 与红光波段 R 的亮度值之差和这两个波段亮度值之和的比值，即

$$\mathrm{NDVI}=(\mathrm{DN_{NIR}}-\mathrm{DN_R})/(\mathrm{DN_{NIR}}+\mathrm{DN_R})\ \text{或}\ \mathrm{NDVI}=(\rho_{\mathrm{NIR}}-\rho_{\mathrm R})/(\rho_{\mathrm{NIR}}+\rho_{\mathrm R}) \tag{9.2}$$

NDVI 是简单比值 RVI 经非线性的归一化处理所得。在植被遥感中，NDVI 的应用最为广泛。它是植被生长状态及植被覆盖度的最佳指示因子，与植被分布密度呈线性相关，因此又被认为是反映生物量和植被监测的重要指标。

NDVI 对土壤背景的变化较为敏感。实验表明，作物生长初期的 NDVI 将过高估计植被覆盖度，而作物生长后期的 NDVI 值偏低。因此，NDVI 更适用于植被发育中期或中等覆盖度的植被检测。

Huete（1992）为了修正 NDVI 对土壤背景的敏感性，提出了可适当描述土壤-植被系统的简单模型，即土壤调整植被指数（soil-adjusted vegetation index，SAVI），其表达式为

$$\mathrm{SAVI}=\frac{\rho_{\mathrm{NIR}}-\rho_{\mathrm R}}{\rho_{\mathrm{NIR}}+\rho_{\mathrm R}+L}\cdot(1+L) \tag{9.3}$$

式中，L 为土壤调节系数，它是由实际区域条件所决定的常量，用来减小植被指数对不同土壤反射变化的敏感性。当 L 为 0 时，SAVI 就是 NDVI。对于中等植被盖度区，L 一般接近于 0.5。因子（$1+L$）主要是用来保证最后的 SAVI 值与 NDVI 值一样介于−1 和+1。

3. 差值植被指数（DVI）

差值植被指数 DVI 也称环境植被指数 EVI，被定义为近红外波段 NIR 与红光波段 R 亮度值之差。即

$$\mathrm{DVI}=\mathrm{DN_{NIR}}-\mathrm{DN_R} \tag{9.4}$$

DVI 对土壤背景的变化极为敏感，有利于对植被生态环境的监测。另外，当植被覆盖度大于 80%时，它对植被的灵敏度下降，适用于植被发育早、中期，或低中覆盖度下的植被检测。因此，DVI 的应用远不如 RVI、NDVI。

4. 垂直植被指数（PVI）

垂直植被指数是在红光波段、近红外波段二维数据中对穗帽变换的模拟。在由红光和近红外波段构成的二维坐标系内，土壤的光谱响应表现为一条斜线，即土壤亮度线。土壤在红光波段和近红外波段均显示较高的光谱响应，随着土壤特征的变化，其亮度值沿土壤亮度线上下移动。而植被一般在红光波段光谱响应低，在近红外波段光谱响应高，因此在二维坐标系内植被多位于土壤亮度线的左上方（图 9.10）。

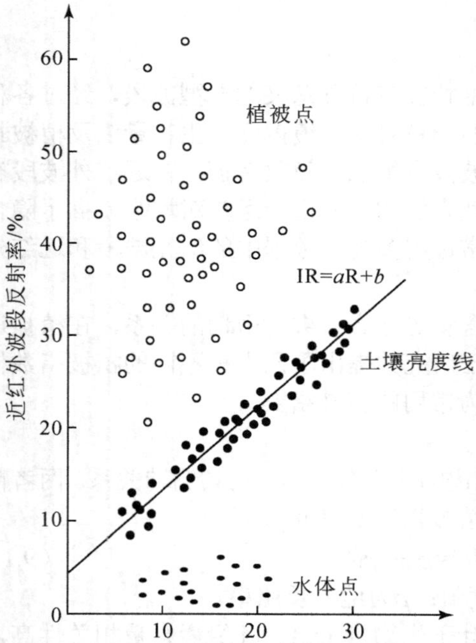

图 9.10　二维土壤光谱线（赵英时等，2013）

由于不同植被与土壤亮度线的距离不同，于是 Richardson 把植物像元到土壤亮度线的垂直距离定义为垂直植被指数。

PVI 是一种简单的欧几里得距离。表示为

$$\mathrm{PVI}=\sqrt{(S_{\mathrm R}-V_{\mathrm R})^2+(S_{\mathrm{NIR}}-V_{\mathrm{NIR}})^2} \tag{9.5}$$

式中，S 为土壤反射率；V 为植被反射率。PVI 也可定量表示为

$$\mathrm{PVI}=(\mathrm{DN}_{\mathrm{NIR}}-b)\cdot\cos\theta-\mathrm{DN}_{\mathrm{R}}\cdot\sin\theta \tag{9.6}$$

式中，DN_{NIR}、DN_R 分别为近红外和红光波段的反射辐射亮度值；b 为土壤亮度线与近红外反射率纵轴的截距；θ为土壤亮度线与红光波段反射率横轴的夹角。

PVI 的显著特点是较好地滤除了土壤背景的影响，且对大气效应的敏感程度也小于其他植被指数，因此被广泛应用于农作物估产。

（二）森林资源调查

遥感森林资源调查的主要内容包括四个方面：①通过野外调查和卫星图像的对照判读，进行森林类型判别；②用遥感数据与地面各种因子建立定量表达模型，估算森林蓄积量和森林面积；③利用多时相遥感图像监测森林资源的数量和质量在空间上的分布特征及动态演变规律；④通过森林生物物理参数（叶面积指数估计、森林树种的识别等）的提取，研究森林生物量和植物长势，开展森林健康状态的遥感评价。

美国曾利用 Landsat-7 的 ETM+数据完成了全球森林资源分布图的编制。欧盟联合研究中心利用 1996～1998 年 NOAA 卫星数据完成了欧洲森林覆盖图的编制。我国早在 1977 年就利用 MSS 数据对西藏地区的森林资源进行了清查，填补了森林资源数据的空白。国内各大林区都应用过遥感图像制作森林分布图、宜林地分布图等，并对林地的面积变化进行动态监测。尤其是 1987～1990 年全面开展的“三北”防护林遥感综合调查重点科技攻关项目，对横贯我国东北、华北和西北的防护林网的分布、面积、保存率和有效性进行了评估，制作了林地分布、立地条件、土地利用、土地类型等多种专题图。

为了提高信息提取的精度，目前，部分省市开始利用 SPOT-5 进行森林资源调查。此外，各种 SAR 数据已经被广泛用于森林资源的调查。以森林生物量估算为例，光学和近红外遥感技术只能对森林叶生物量进行粗略估测，而微波遥感以其独特的成像机理及其全天候、全天时成像能力，在区域和全球森林生物量估测方面具有其他光学遥感数据不可替代的作用，为森林生物量全面和精确估测提供了可行的工具。

（三）草场资源调查

我国早在 20 世纪 80 年代就利用遥感技术完成了 1∶100 万比例尺的全国草地资源图。1989～1993 年，利用遥感技术开展了中国北方草原草畜动态平衡监测研究，建立了我国北方草原草畜动态平衡监测业务化运行系统。2000 年左右，农业部开始草地遥感监测和预警系统建设，完成了全国草地退化的遥感监测评价和北方草地的生产能力估测。2003 年完成了全国草地资源动态监测工作，并建设完成了 1∶50 万比例尺的草地资源数据库。近年来，各地充分利用 Landsat/MSS/TM、NOAA/AVHRR、MODIS-NDVI 等多源遥感数据，在草地遥感估产原理与方法、草地资源遥感动态监测系统建设、草地资源监测和评价等方面，做了大量的理论和应用研究，取得的成果在资源科学管理与利用方面发挥了明显作用。

牧草产量和草场载畜量是草场资源调查的重要内容之一。我国在内蒙古草场遥感综合调查中，应用遥感技术确定了草场类型，并进行草场质量评价。在此基础上，结合地面样点光谱测量数据，建立了比值植被指数 RVI 与产草量 W 之间的关系模型，即 $W=-86.9+162.65\mathrm{RVI}$，并据此计算出全自治区草场的总产草量。为保证草场的更新和持续利用，按照牲畜可食草量约为总产草量的 50%计算，得出全自治区可食产草量为 91286657.02t。再以每头绵羊平均日食鲜草 3.5kg 计算，可得出全自治区的适宜载畜量为 7066.3 万头绵羊单位（其他大牲畜 1 头相当 15 头绵羊单位）。将理论载畜量与实际载畜量进行比较，即可分析不同草场的利用现状和畜牧承载潜力，为畜牧业的发展提供科学依据。

（四）大面积农作物遥感估产

大面积农作物遥感估产主要包括三方面内容：农作物的识别与种植面积的估算；利用卫星图像对农作物生长全过程进行动态监测；建立农作物估产模式。

1. 农作物的识别和种植面积的估算

农作物的识别和种植面积的估算是遥感估产的前提和基础。通常选择空间分辨率较低的卫星图像（如 NOAA/AVHRR 等），并结合 Landsat、CBERS 等较高分辨率的图像，准确提取农作物的空间分布信息，制作农作物分布图。在此基础上使用 SPOT、IKONOS 等高分辨率遥感图像对农作物分布图进行抽样检验和修正完善，从而求出农作物的种植面积。

2. 利用卫星图像对农作物生长全过程进行动态监测

利用高时相分辨率的卫星图像（如 NOAA、FY-1、FY-2 等）对农作物生长全过程进行动态监测。对农作物的播种、返青、拔节、封行、抽穗、灌浆等不同阶段的苗情、长势制作分片分级图，并与往年同样苗情的产量进行比较、拟合，并对可能的单产做出预估。在这些阶段中，如发生病虫害或其他灾害，使农作物受到损伤，也能及时地从卫星图像上发现，及时地对预估的产量做出修正。

监测农作物长势水平的有效方法是利用卫星多光谱通道图像的反射值得到植被指数。到底选择哪一个植被指数作为监测农作物长势的估产指标，必须经 2～3 年的数据拟合、试估产后才能确定。

3. 建立农作物估产模式

用选定的植物灌浆期植被指数与某一农作物的单产进行回归分析，得到回归方程。如果农作物返黄成熟期没有灾害性天气发生，回归方程就可以作为估产模型被确定下来，表示为

$$y=a+b\cdot \mathrm{VI} \tag{9.7}$$

式中，y 为某一农作物的单产，单位为 $\mathrm{kg/hm^2}$；系数 a 为回归方程的截距；系数 b 为直线的斜率；VI 为选定的植被指数。根据农作物单产和种植面积，即可求出农作物的总产量。

以山西运城地区的小麦遥感估产试验为例，研究人员在应用遥感图像获得小麦播种面积的基础上，应用 NOAA/AVHRR 数据计算小麦抽穗期 NDVI，经过与多年小麦产量数据的拟合，得出该区小麦成熟期单产模型为

$$Y=232.009+49.3045\mathrm{NDVI}-6.6878T \tag{9.8}$$

式中，T 为利用 NOAA 卫星热红外通道求得的植冠温度值。此处取负值是由于 4 月中旬至 5 月上旬是小麦最干旱的时期，土壤水分与小麦产量的关系很大，植冠温度反映了作物的水分状况：供水正常时，蒸腾增强，叶温降低；供水不足时，蒸腾减弱，叶温升高。因此，植冠温度与产量成反比。

第二节　遥感在生态环境监测与研究中的应用

遥感在资源调查与研究领域的广泛应用和深入发展，极大地促进了其在生态环境监测与研究中的应用。多年来，国内外通过遥感手段并结合 GIS 技术，在水土流失、土地退化等重大环境问题上相继开展了一系列的监测与评价工作，并取得了理想的效果。

一、水土流失监测

水土流失也称土壤侵蚀，是指在水力、重力、风力等外营力作用下，水土资源和土地生

产力的破坏和损失，包括土地表层侵蚀和水土损失。水土流失对区域环境危害极大，已经成为当前世界重大环境问题之一。

（一）水土流失监测方法

水土流失受多种因素的综合影响，除与降雨、径流量有关外，还与地表土壤、植被、地形、地貌、土地利用等要素有密切关系。遥感技术虽不能直接获得水土流失的强度等级，但它能客观反映出部分直接影响水土流失强度的地表要素，如地形地貌、植被覆盖度、土地利用类型等，并能获取这些要素的宏观信息。因此，从 20 世纪 70 年代以来，人们就开始以航天、航空等多层次遥感资料为信息源，从不同尺度对重点水土流失区和小流域进行土壤侵蚀遥感调查与监测。

土壤流失量计算是水土流失监测的关键。目前，应用最广泛的土壤流失量计算方法是美国学者史密斯（Smith）等提出的通用土壤流失方程，也称 RUSLE 方程。该方程可表示为

$$A=R\cdot K\cdot LS\cdot C\cdot P \tag{9.9}$$

式中，A 为土壤侵蚀量，单位为 t/（$hm^2\cdot a$）；R 为降雨侵蚀力因子，单位为 MJ·mm/（$hm^2\cdot h\cdot a$）；K 为土壤可侵蚀性因子，单位为 t·hm^2·h/（MJ·mm·hm^2）；L 为坡长因子，S 为坡度因子，坡度坡长通常作为综合因子 LS 表示，统称为地形因子；C 为植被覆盖因子；P 为水土保持措施因子。L、S、C、P 均为量纲为一的量。

（二）水土流失遥感监测实例

李晓琴等（2009）依据水利部颁发的《全国土壤侵蚀遥感调查技术规程》，采用全数字作业的人机交互判读分析方法，利用 TM 图像、1∶10 万土地利用现状图、地形图、分县行政界线图及其他相关资料，分析了黄河流域土壤侵蚀类型、坡度、植被覆盖度、地表组成物质等状况，经过综合分析判定土壤侵蚀强度，并进行土壤侵蚀类型和强度界线的勾绘、制图。具体技术流程如图 9.11 所示。

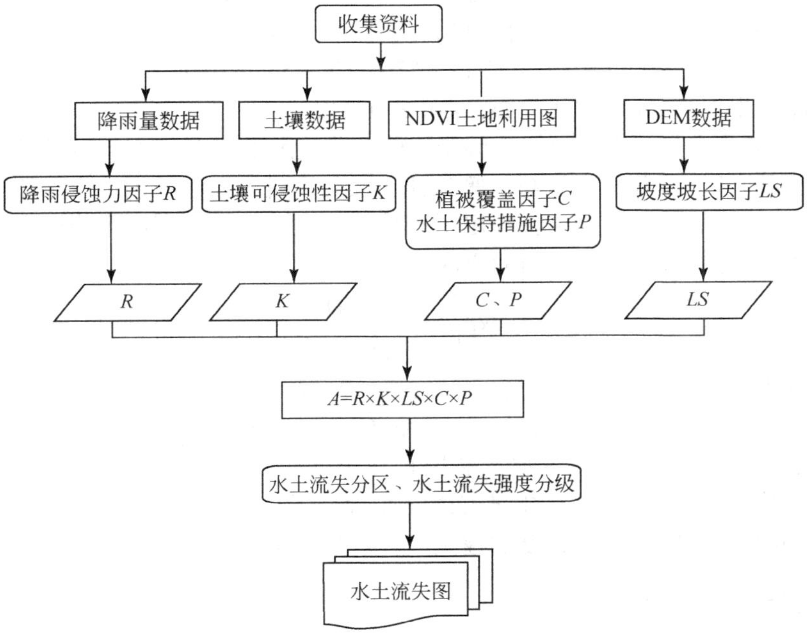

图 9.11　水土流失遥感调查技术路线

（1）收集资料、数据处理。采用 MSS、TM、ETM+和 CBERS-02B 遥感数据，时相分别为 1975 年、1990 年、2000 年和 2007 年。专题数据主要包括 1∶10 万和 1∶25 万地形图、SRTM DEM（美国航天雷达地形数据）、1∶50 万土地利用现状图、地质图以及黄河流域降雨和气象数据。利用 ENVI 图像处理软件对遥感数据进行几何校正、配准、彩色合成、镶嵌和分幅，得到具有统一地理坐标且相互几何配准的基础遥感数据。

（2）计算降雨侵蚀力因子。降雨侵蚀力因子 R 是一项评价降雨引起土壤分离和搬运的动力指标，反映了降雨对土壤侵蚀的潜在能力。可采用 Wischmeier（1976）提出的直接利用多年各月平均降雨量推求 R 值的经验公式，即

$$R=\sum_{i=1}^{12}\left[1.735\times 10\left(1.5\times \lg\frac{P_i^2}{P}-0.818\right)\right] \tag{9.10}$$

式中，P_i 为汛期各月平均降雨量，单位为 mm；P 为年降雨量，单位为 mm。

（3）估算土壤可侵蚀性因子。土壤可侵蚀性因子 K 为单位降雨侵蚀力在标准区上所造成的土壤流失量，反映了其他影响侵蚀的因子不变时，不同类型土壤所具有的不同的侵蚀速度。采用 EPIC 模型中的土壤可侵蚀性计算方法计算研究区不同土壤类型的土壤可侵蚀性，即

$$\begin{aligned}K=&\{0.2+0.3\exp[-0.0256\mathrm{SAN}(1-\mathrm{SIL}/100)]\}\left(\frac{\mathrm{SIL}}{\mathrm{CLA}+\mathrm{SIL}}\right)^{0.3}\\&\times\left(1.0\frac{0.25C}{C+\exp(3.72-2.95C)}\right)\left(1.0\frac{0.7\mathrm{SN1}}{\mathrm{SN1}+\exp(-5.51+22.9\mathrm{SN1})}\right)\end{aligned} \tag{9.11}$$

式中，SAN 为砂粒含量，单位为%；SIL 为粉粒含量，单位为%；CLA 为黏粒含量，单位为%；C 为有机碳含量，单位为%；SN1=1−SAN/100。

（4）计算地形因子。地形地貌特征对土壤侵蚀的影响集中表现在坡长与坡度两个方面，一般用坡长 L 与坡度 S 因子估算地形因素对土壤侵蚀的影响，两者是降雨侵蚀动力的加速因子。可利用 Moore 和 Burch（1986）提出的方法进行 LS 因子的计算，即

$$LS=(\mathrm{FA}\cdot \mathrm{CS}/22.13)^{0.4}\cdot(\sin \mathrm{slope}/0.0896)^{1.3} \tag{9.12}$$

式中，FA 为流水累积；CS 为像元大小；slope 为坡度。

（5）计算植被覆盖与水土保持措施因子。植被覆盖因子 C 是指在一定条件下有植被覆盖或实施田间管理的坡地土壤流失量与同等条件下实施清耕的连续休闲地土壤流失量的比值。欧洲土壤局在欧洲土壤侵蚀评价中，提出了一种在大区域尺度上利用粗分辨率遥感植被指数 NDVI 数据计算 C 值最有效、最实用的方法，即

$$C=\exp\left(-\alpha\cdot\frac{\mathrm{NDVI}}{\beta-\mathrm{NDVI}}\right) \tag{9.13}$$

式中，α、β 为决定 NDVI-C 曲线形状的参数，α=2、β=1 被认为是合理的。

（6）土壤侵蚀量估算及其强度分级。在 ArcGIS 空间分析模块的支持下，将各因子图层相乘得到土壤侵蚀量。根据中华人民共和国行业标准《土壤侵蚀分类分级标准》（SL190—1996），结合试验区土壤侵蚀量的实际分布特征，确定土壤侵蚀强度分级标准。

（7）图件编制。将同一侵蚀强度的像元归并，形成土壤侵蚀强度等级分布图。

二、土地退化监测与研究

土地退化是指土地受到人为因素、自然因素，或人为、自然综合因素的干扰与破坏，其

原有的内部结构、理化性状发生变化，土地环境日趋恶劣，逐步减少或失去该土地原有的综合生产潜力的演替过程。在人类社会发展过程中，沙漠外侵及不当的开垦造成的荒漠化、草原的过度放牧导致的草场退化以及不合理灌溉引起的土壤盐渍化等土地退化现象屡见不鲜，并严重威胁到人类的生存和发展。

（一）土地退化遥感监测与评价的方法

土地退化遥感监测与评价的关键是指标体系的确定。一般来说，评价指标的确定需遵循以下原则：①主导性原则。即从众多影响土地退化的因素中，重点选取那些对土地退化有重大影响的因素。②区域性原则。即从空间尺度大小和区域特点出发，选择那些能够突出反映区域土地退化类型与退化原因的指标。③可操作性原则。土地退化监测与评价是基于多源遥感数据、非遥感数据，利用多种调查监测技术完成的，因此，在注重指标科学性的同时，还要考虑指标的易获取性和可操作性。

王静（2006）在基于 MODIS 数据开展大尺度土地退化遥感监测与评价中，选取反映退化土地自然属性和生态状况的植被覆盖度 FVC 和改进型土壤调整植被指数 MSAVI，以及反映土壤退化物理属性的反照率 Albedo、陆地表面温度 LST 和土壤湿度 TVDI 共 5 个指标，并分别建立了适用于亚湿润干旱区、半干旱区、干旱区和高寒区的土地退化监测评价标准。表 9.2 是基于 MODIS 的干旱区土地退化监测指标体系。

表 9.2　基于 MODIS 的干旱区土地退化监测指标

土地退化程度 \ 土地退化监测指标	MSAVI	FVC	Albedo	LST	TVDI
无退化	>1.10	>0.40	<180	<30	<0.53
轻度退化	0.80～1.10	0.32～0.40	180～200	30～33	0.53～0.58
中度退化	0.50～0.80	0.20～0.32	200～250	33～35	0.58～0.61
重度退化	0.40～0.50	0.08～0.20	250～265	35～37	0.61～0.68
极重度退化	<0.40	<0.08	>265	>37	>0.68

土地退化监测与评价的过程是一个指标数据获取和处理的过程。指标数据获取的手段包括监测网络、遥感解译、野外调查、实测估算、统计分析等。多光谱遥感数据是当前土地退化监测与评价中主要应用的数据源。利用多光谱遥感数据和 GPS 数据，在 GIS 支持下辅以常规野外调查数据来进行不同尺度土地退化的监测与评价，其技术流程如图 9.12 所示。

（二）土地退化遥感监测实例

奈曼旗是内蒙古自治区土地退化比较严重的旗县。杜子涛等（2012）利用遥感技术，监测、评价并分析了奈曼旗的土地退化类型、分布、程度及土地退化的发展趋势。该研究的基本技术过程和方法如下。

1. 遥感数据源的选取

多光谱遥感数据是当前土地退化监测与评价中最常用的遥感数据。研究选用 1987～2007 年共 6 个时相的 TM 图像作为研究区土地退化监测与评价的主要数据源。

2. 土地退化监测指标的选取及遥感反演

在参考国内外主要土地退化指标体系与方法的基础上，选取下面四个指标进行研究区土地退化程度的评价。

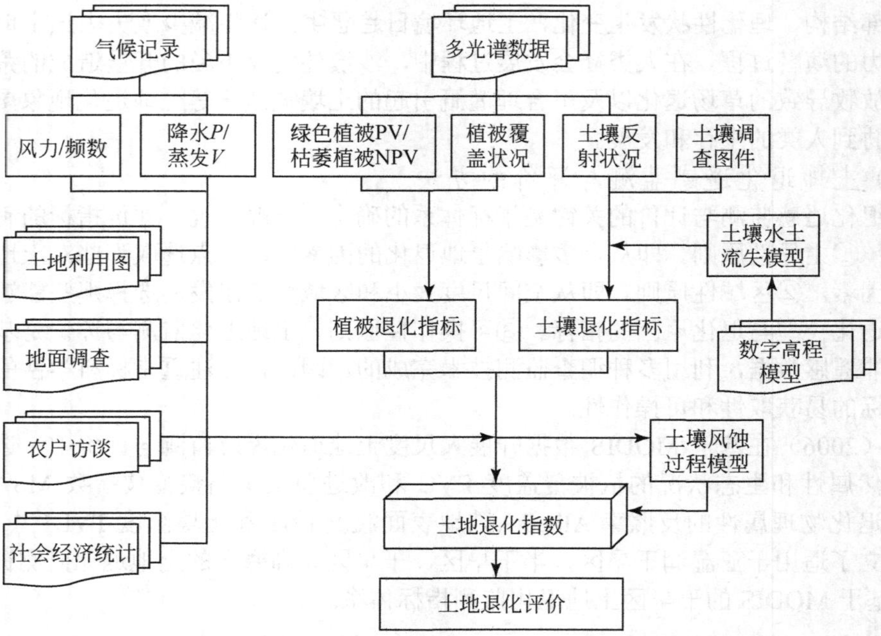

图 9.12　基于多光谱数据的土地退化监测与定量评价技术流程（王静，2006）

（1）土地利用/覆盖方式。根据土地利用现状和土地资源特点，将奈曼旗土地利用类型分为耕地、林地、水域、城乡与居民用地、沙地和盐碱地共 6 种类型，并采用支持向量机分类方法对研究区 TM 图像进行分类。依据不同的土地用途和利用方式，按照影响力从大到小对不同土地利用类型重新编码。编码值越大，说明该土地利用类型发生土地退化的可能性越大。

（2）风蚀面积占像元面积之比。遥感图像上的像元是地表一定范围内地物光谱特征的综合反映，这种地物光谱的综合往往以混合像元的形式表现。线性光谱混合模型（linear spectral mixture model，LSMM）是光谱混合分析的常用方法，利用 LSMM 得到的沙地分量可当做像素单元内风蚀土地所占面积数据。对沙地分量图像进行线性变换，将图像值调整到 0～100。线性变换后得到的图像称为风蚀面积占像元面积之比（sandy area ratio in a pixel，SARP）。风蚀面积占像元面积比例大，表明像元中植被覆盖面积比例小，受风力侵蚀的影响较大，土地风蚀程度重。

（3）复合植被指数。这里所说的复合植被指数，是以土壤调整植被指数和阴影指数为基础构建的一个能够削弱阴影和土壤影响的植被指数。

为了有效地减少土壤背景光谱的影响，美国学者以归一化植被指数 NDVI 为基础，提出了土壤调整植被指数 SAVI 和修正后的土壤调整植被指数 MSAVI。修正后的土壤调整植被指数表示为

$$\mathrm{MSAVI}=\frac{1}{2}\left[2\mathrm{NIR}+1-\sqrt{(2\mathrm{NIR}+1)^2-8(\mathrm{NIR}-\mathrm{R})}\right] \tag{9.14}$$

式中，NIR 为近红外波段亮度值；R 为红光波段亮度值。

阴影指数 SI 是通过提取可见光波段的低辐射率信息而形成的，其计算公式为

$$\mathrm{SI}=\left\{(256-\mathrm{B})\times\left[256-\mathrm{G}\times(256-\mathrm{R})\right]\right\}^{\frac{1}{3}} \tag{9.15}$$

式中，B 为蓝光波段亮度值；G 为绿光波段亮度值；R 为红光波段亮度值。

阴影指数是一个相对值，要通过线性转换将其变成 0～1 的 SSI（scaled shadow index）值。当 SSI 值为 0 时，植被的阴影值也相应是最低的，即 0%；相反，当 SSI 值为 1 时，则阴影值为最大，即 100%。在计算阴影指数后，通过对 MSAVI 进行校正，得到复合植被指数，即

$$VI=sqrt（MSAVI \times SSI+1）-1 \tag{9.16}$$

式中，VI 为复合植被指数。对生成的复合植被指数图像进行线性变换，将图像值调整到 0～100，即可得到线性变换后的 6 个时相的复合植被指数图像。

（4）土壤含水率。土壤表层含水量增加可减弱直至抑制风蚀过程。可见光至红外 6 个波段的数据蕴含着植被土壤信息，经过穗帽变换的前 3 个分量主要反映土壤的亮度、绿度、湿度特征。对于 TM 数据，土壤含水率计算公式为

$$SM=0.1446TM1+0.1761TM2+0.3322TM3+0.3396TM4+0.6210TM5+0.4186TM7 \tag{9.17}$$

式中，SM 为土壤含水率，单位为%。对生成的土壤含水率图像进行线性变换，将图像值调整到 0～100。

3. 土地退化综合评价

对土地利用/覆盖方式 LULC、风蚀面积占像元面积之比 SARP、复合植被指数 VI、土壤含水率 SM 4 个指标进行两两比较，使用层次分析法构建 4 个指标的判断矩阵，最终确定 4 个指标的权重分别是 0.097、0.348、0.348 和 0.207。最后采用综合指数模型，对各指标进行加权运算。

$$LDI=0.097 \times LULC+0.348 \times SARP+0.348 \times（100-VI）+0.207 \times（100-SM） \tag{9.18}$$

式中，LDI 为土地退化程度指数。LDI 值越大说明土地退化程度越重，反之则越轻。

4. 土地退化程度监测及结果分析

将 TM 图像经过反演获取的四个指标值经过综合指数模型计算，得到六个时相土地退化综合指标的空间分布图。再结合实地调查，将土地退化程度分为未退化土地、轻度退化土地、中度退化土地、重度退化土地和严重退化土地五个等级，并确定各个等级划分阈值，最终获得各个时相的土地退化程度等级分布图。评价结果表明，奈曼旗的土地退化在 1987～1999 年处于“局部好转、整体恶化”的局面，2000 年以后土地退化扩展趋势得到遏制，土地退化治理取得了一定的效果。

三、城市热岛效应研究

城市热岛效应是指城市中的气温明显高于外围郊区气温的现象（图 9.13）。在近地面温度图上，郊区气温变化很小，而城区则是一个高温区，就像突出海面的岛屿，因为这种“岛屿”代表高温的城市区域，所以就被形象地称为“城市热岛”。

城市热岛带来的热岛效应可造成局部地区气候差异。此外，城市气温增高，热空气上升，郊区的冷空气就会流向城市，将郊区的大气污染物吹向市区，加重城市的大气污染。热岛效应虽然是城市的普遍现象，但各城市的热岛效应程度不尽相同。

城市热岛效应的监测方法主要分为气象站法、定点观测法、运动样带法、遥感测定以及模拟预测五种。利用气象站观测数据，结合相应的数据统计和分析技术，研究城市热岛的年相、季相、日相变化特征，分析城市化过程中热环境的演变规律。定点观测和运动样带法可

以对温度进行精确测定，适用于城市热环境的定量研究。数字模型有效地揭示了城市热岛发展机理，可对城市环境未来演变进行预测和模拟。

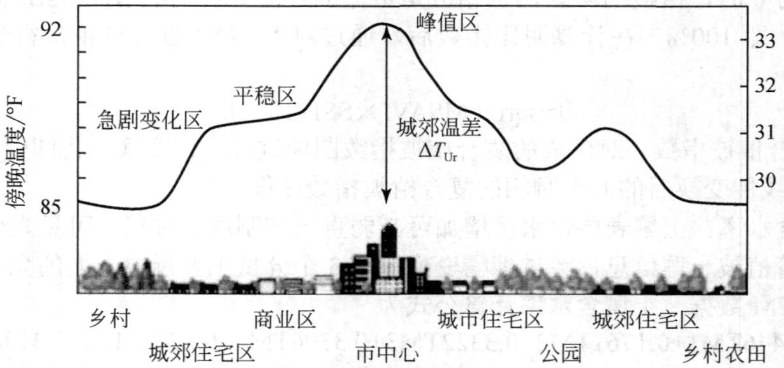

图 9.13　典型城市大气热岛的温度廓线

遥感监测可以实现从定性到定量、静态到动态大范围同步检测的转变，能深入分析和提取“热岛”内部热信息的差异。目前，研究热红外遥感的常用信息源主要有 NOAA 气象卫星 AVHRR 的第四通道（10.5～11.3μm）、第五通道（11.5～12.5μm）和 Landsat 卫星的 TM6（10.4～12.5μm）。TM6 的图像分辨率远高于 NOAA 卫星，且图像近似正射，大气程差较均匀，数据可比性强，因此对研究热场的景观结构更为有效。

史同广等（2008）利用 Landsat/ETM+第 6 波段（热红外波段）数据，并结合 1∶5 万地形图、市区地形图、道路交通图等资料，对济南市的城市热岛效应进行了遥感监测研究，其具体的监测过程和方法如下。

（1）遥感图像预处理。预处理包括地理坐标投影、几何校正、去条带和斑点的处理。选取地面控制点和采用多项式方法对图像进行几何精校正，对 Landsat/ETM+第 6 波段数据进行 UTM/WGS 84 投影，图像增强采用频率阈法增强面状信息。

（2）城市地表温度反演。地面温度的反演算法分为三大步骤，即计算辐射亮温、地面亮度温度值和地表温度。

第一步：计算辐射亮温 L_λ。通常 Landsat ETM+图像是以亮度值 DN 值表示，数值越大，亮度越大。采用辐射校正公式把 DN 值转化为相应的热辐射值。

$$L_\lambda = (\text{Gain} \cdot \text{DN}) + \text{Offset} \tag{9.19}$$

式中，L_λ为λ波段的辐射亮度；DN 为每个像元的亮度值；Gain 为增益系数；Offset 为偏移系数。

第二步：计算地面亮度温度值 T_6。在辐射亮度值 L_6 的基础上，可以直接用 Planck 辐射函数根据热红外波段数据计算其所对应的像元亮度温度值，或使用式（9.20）近似求算。

$$T_6 = \frac{K_2}{\ln(1 + K_1 / L_\lambda)} \tag{9.20}$$

式中，T_6 为像元亮度温度；K_1 和 K_2 为发射前预设的常量。对于 Landsat/ETM+第 6 波段，K_1=666.09W/（$m^2 \cdot sr \cdot \mu m$），K_2=1282.71K。

第三步：计算地表温度 T_S。采用 Artis 等（1982）提出的公式校正辐射亮温。

$$T_S = \frac{T_6}{1+(\lambda \cdot T/\rho)\cdot \ln\varepsilon} - 273 \tag{9.21}$$

式中，T_S为地表温度；T_6为像元亮度温度；热红外波段的中心波长λ=11.5μm；$\rho=hc/\sigma=1.438\times 10^{-2}$m·K；$\varepsilon$为地表比辐射率。

（3）获得城市地表温度反演结果。将地面温度划分为五个等级，分别为较低温区域（19.61～23.53℃）、中温区（23.53～25.58℃）、较高温区（25.58～27.03℃）、特高温区（27.03～28.46℃）、热核区（28.46～35.92℃）。

四、海洋溢油污染监测

海上溢油是造成海洋环境污染的主要因素之一。在各种海洋污染中，石油污染无论在发生频率、分布广度，还是在危害程度上均居首位。遥感技术具有迅速、真实、范围广、时效性强的优点，能对溢油面积、溢油量和溢油的漂移范围和漂移路径作出估计，也可结合气象和水文等资料计算出溢油源的位置，为确定责任主体和海底石油资源的分布位置提供依据，已成为海上溢油监测最重要和最有效的手段。

海上溢油会改变海水的电磁波性质，不同种类的油污其电磁波特性也不同。电磁波中的可见光和反射红外波段反映油污在阳光下的反射特性，热红外波段反映油污的辐射特性，微波波段反映油污的电磁场特性。选择不同类型的遥感图像，并使用一些图像处理方法增强油膜与背景海水之间的反差，即可实现监测油膜范围、估算油膜厚度等目的。目前，可用于海洋溢油监测的遥感方法主要有以下四种。

1. 可见光和多光谱遥感监测海面油膜

在可见光范围内，油膜的反射率较小，不同油品的反射率随波长的变化而变化，波长在500～600nm处油膜的反射率小，在650nm处出现一个反射率峰值，而当波长大于700nm时，反射率开始逐渐增加。柴油的反射率高于海水，在399nm和426nm处出现与海水反差的最大值，并在930nm处出现另一个峰值，蓝光波段可以作为监测重柴油的最佳波段；润滑油反射率在可见光波段高于海水的反射率，在近红外波段略低于海水，在407nm和429nm处出现反差的最大值；原油随浓度不同，在700nm、740nm和800nm处反射率也不同，油膜反射率随其厚度增加而降低，440～900nm可用来进行油膜信息提取。应用可见光波段的传感器，能很好地利用这种反射率的差别，从大面积海区图像中提取溢油信息。

2. 红外遥感监测海面油膜

红外遥感技术具有全天候工作的能力，且价格低廉，是目前广泛使用的溢油污染监测技术。地表物体的热红外辐射与物体的发射率有关，水和油膜的热红外发射率虽然相近，但却有一定差别。在8～14μm的热红外波段图像中，油膜的灰度比周围海水大而呈现出黑色，据此可清晰分辨出油膜覆盖区及油膜的扩散和漂移范围。由于油膜的比辐射率随着油膜厚度的增加而增加，故热红外图像也可根据溢油区图像的亮度值推算出溢油厚度和溢油量。

3. 合成孔径雷达监测海面溢油

雷达属于主动微波传感器，与光学传感器相比，能穿透云层、雾气和灰尘等进行全天时、全天候工作。因为水体和油膜对微波的吸收比可见光、红外光要小得多，同时油膜和周围海水的雷达后向散射系数差异明显，所以雷达监测海面溢油具有得天独厚的优势。合成孔径雷达具有较高的空间分辨率，对小面积的海面溢油也能获得很好的探测效果。目前，用于海洋溢油探测的SAR数据主要有RADARSAT/SAR、ENVISAT/ASAR等。图9.14是RADARSAT

拍摄的海洋溢油污染及扩散图像。

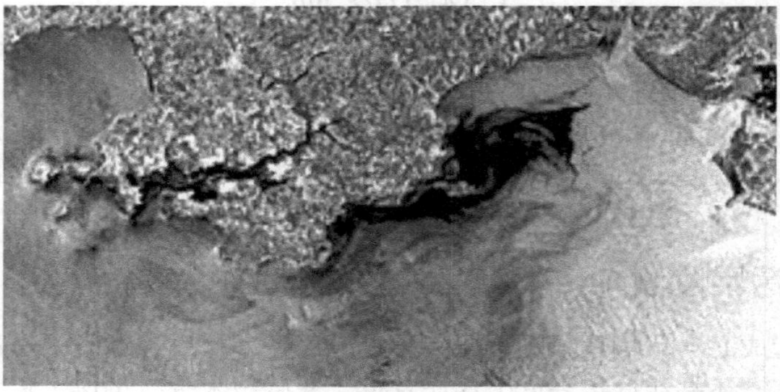

图 9.14　RADARSAT 拍摄的海洋溢油污染及其扩散

4. 微波辐射计监测海面溢油

微波辐射计探测到的目标信号与目标的微波发射率有关。实验结果表明，对波长为 8mm、1.35cm 和 3cm 的微波，无论入射角和油膜厚度如何变化，油膜的微波辐射率都比海水高，因此可用微波辐射计观测海面油膜。同时，用微波辐射计还可以探测油膜的厚度，进而估算溢油量。

第三节　遥感在灾害监测与研究中的应用

多源遥感图像是监测灾害信息的重要载体，在灾害预报、监测、评价以及灾后重建、防灾减灾等方面发挥着不可替代的作用，表现在：①灾害发生前获取孕灾因子并预测灾害发生的时间与范围；②灾害过程中实时监测灾害演变趋势与规律以辅助救灾减灾；③灾害结束后获取灾情信息，进行灾情评估并辅助灾区重建与救济。本节重点介绍遥感技术在洪涝灾害、气象灾害、地质灾害、森林火灾以及海洋赤潮灾害监测中的应用。

一、洪涝灾害的监测

洪涝灾害是我国出现频率最高、影响范围和造成损失最大的自然灾害之一。遥感技术是防洪减灾工作中的主要技术手段，它可以对洪涝灾害进行实时监测、预测和评估，为制定防洪减灾对策提供可靠依据。

（一）不同遥感数据在洪灾监测中的作用

目前，用于洪水监测的遥感数据主要有 Landsat/TM/ETM+、NOAA/AVHRR、EOS/MODIS，SPOT、RADARSAT/SAR 等。

TM 和 SPOT 数据具有多波段、高分辨率等优点，可获取地面覆盖信息和洪水信息，是洪水淹没损失估算、模拟分析的有效资料，但覆盖周期长，遇到恶劣天气条件则无能为力。戴昌达等（1993）从数值分析入手，进行了 TM 图像自动提取洪涝灾情的研究。

NOAA 数据虽然空间分辨率较低，但具有很高的时间分辨率和昼夜获取信息的能力，能够记录洪水发生、发展的全过程，是洪水动态监测的理想数据。MODIS 是 NOAA/AVHRR 的换代产品，是当前洪水监测非常有效的卫星传感器，为开展洪灾监测评估研究提供了优越的数据源。李登科（2005）利用 MODIS 数据准确地对泥沙含量极高的洪水及其淹没区进行快速识别，通过对洪水及其淹没区的 MODIS 图像的剖面光谱分析，认为在 MODIS 的 1～7 通道中进行洪水识别的最佳通道依次是 2、5、6 通道。彭定志等（2004）建立了基于 MODIS 和 GIS 的洪灾监测评估系统，实现了对不同土地利用类型的淹没情况的实时监测，为汛情的动态监测和评估提供迅速、直观、可靠的现状和变化信息。

星载 SAR 具有分辨率高、覆盖范围大及全天候、全天时工作的特点，能对天气条件较差的洪涝灾区进行准实时监测，快速获取大范围洪涝灾情信息，对及时指导抗洪救灾具有重要意义。沈国状和廖静娟（2007）引入面向对象的概念，探讨了面向对象方法在多极化 ENVISAT/ASAR 图像地表淹没程度自动探测分析中的应用潜力，为洪涝灾害淹没范围提取及监测、评估提供了一种新的方法途径。

（二）多源信息的融合技术

上述各种遥感数据在洪灾监测中均发挥着重要作用，但每一种数据既有其优势，也存在明显的局限性。实际应用中，常常采用数据融合技术，将多种遥感数据或遥感数据与非遥感数据整合起来进行综合分析，实现多源数据的有机结合和优势互补，从而有效提高洪灾监测的精度。

陈桂红等（2003）以 1998 年鄱阳湖地区的洪涝灾害为研究实例，应用灾害发生时的 RADARSAT/SAR 和灾前的 TM 数据，以不规则三角网（TIN）方法实现了高精度几何配准。然后，通过波段相关性和信息熵值分析，选取最佳组合波段。通过对不同融合模型得出的图像进行对比分析，认为以受灾时的 SAR 和受灾前 TM 的一个近红外（TM5 或 TM7）以及一个可见光波段（TM3），分别赋 RGB 色合成的图像效果很好，能快速区分洪涝淹没的绝产区、土壤滞水减产区和未受灾区，满足洪涝灾情快速反应要求。

杨存建等（2002）探讨了如何将地形数据与星载 SAR 图像相结合，从而实现洪水水体的半自动提取。具体方法是：首先，对雷达图像进行滤波处理，并将其与地形数据匹配，从雷达图像中提取出初步的洪水水体范围；其次，利用地形数据生成 DEM，并根据雷达图像的成像参数和 DEM 生成相应的模拟雷达图像；最后，利用模拟雷达图像上的阴影，剔除被误提为洪水水体的阴影，从而实现洪水水体的准确提取。

（三）洪涝灾害遥感监测系统

洪涝灾害的监测、评估是一项复杂的系统工程。综合集成各种信息源的优势，充分利用现代遥感、GIS、计算机、网络等技术，建立区域性或全国性的洪涝灾害监测与评估系统，已成为洪涝灾害监测与评估工作的必然要求和发展趋势。

20 世纪 90 年代中期，中国科学院遥感应用研究所国家遥感应用工程技术研究中心和国家信息中心研制开发了“基于网络的洪涝灾情遥感速报系统”。该系统在 1998 年我国长江流域、嫩江-松花江流域特大洪涝灾害过程中，对全国范围的洪涝灾害进行了持续的动态监测、评估和信息服务，具有大范围、全天候、快速、准确的洪涝灾害速报能力，给国务院有关部委和省（区、市）政府提供了大量的洪涝灾情信息和决策依据。2002 年中华人民共和国水利部遥感技术应用中心李纪人等开发了“洪涝灾害遥感监测与评估业务运行系统”，之后又研发了“洪涝灾害遥感监测评估指挥决策支持系统”，目前该系统已在原水利部遥感技术应用中心投入运行。下面简要介绍“基于网络的洪涝灾情遥感速报系统”的主要功能（图 9.15）。

1. 多源遥感数据的预处理及其数据复合

首先，对多源遥感数据进行深加工处理，包括图像增强、几何精校正和图像数字镶嵌及其比例尺统一和投影变换等。然后，在地学知识的支持下，对多源遥感数据进行综合分析及其相应的数据融合处理，实现某些洪涝灾情信息的突出显示，为人机交互判读提供高质量且能和地图精确配准的遥感图像数据。

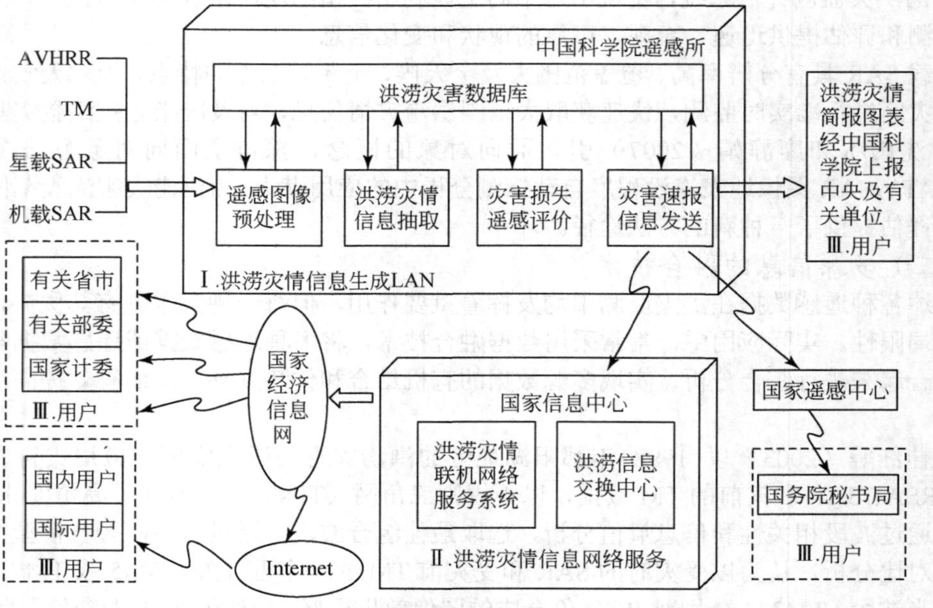

图 9.15　基于网络的洪涝灾情遥感速报系统的总体结构（王世新等，2000）

2. 洪涝灾情淹没损失的人机交互判读及其信息提取

人机交互判读及其信息提取功能，是在多源数据预处理及其数据复合生成的新的遥感数据源上，尽快地给出洪涝灾害发生及其淹没的地理位置、面积范围、持续时间、灾情变化和以省、市、县为行政单位的损失状况等应急信息。

3. 背景数据库支持下的洪涝灾情详细评估

背景数据库由灾区警戒水域，资源环境，行政区划，历次洪涝灾情速报，灾前、灾中、灾后多期遥感图像，社会经济统计数据，以及用于多源数据复合的遥感图像控制点和地形图等数据库组成。背景数据库除为洪涝灾害损失的详细评估提供有效的数据支持和各种必要的参考信息外，更主要的是为支持灾后重建家园完成各种综合分析、专题分析、空间分析、数据统计分析等提供重要的信息资源。

4. 洪涝灾情信息的快速编辑及其网络发送

经过灾情监测评估后，洪涝灾情信息的图像、图形、数据、报表、报告等资料通过计算机程序，快速完成编写、编辑、整饰、打印、输出等工序，生成灾情信息的元数据。灾情信息元数据经过压缩打包通过网络传送到洪涝灾情信息网络服务分系统。

二、气象灾害的监测

所谓气象灾害是指大气运动和演变对人类生命财产和国民经济以及国防建设等造成的直接或间接损害，如台风、干旱、暴雨、暴雪、冰雹、大风、雷电、高温和沙尘暴等。我国地域辽阔，是世界上受气象灾害影响最严重的国家之一，仅近半个世纪以来发生在我国的重大气象灾害所造成的受灾人口就高达数亿人次，直接经济损失更是高达数千亿元。

（一）干旱遥感监测

旱灾是世界上造成经济损失最多的自然灾害，全球平均每年因旱灾造成的损失约 60 亿～80 亿美元，同时受灾人口比其他任何自然灾害都多，影响区域也更大。

干旱被理解为淡水总量的非正常减少，从而对农作物生长造成危害，对居民生活、工业生产和其他社会经济活动造成影响的一种灾害性气候现象。干旱涉及气象、农业、水文、环境等学科，不同学科的着眼点不同，对干旱的定义也有所不同。世界气象组织定义了 6 种干旱，即气象干旱、气候干旱、大气干旱、农业干旱、水文干旱和用水管理干旱。

土壤含水量是判断干旱的重要指标之一，也是旱情监测的基础。土壤含水量的获取可分为三类：田间单点实测法、土壤水分模型法和遥感法。其中遥感法可以快速获得大面积的土壤水分信息，具有宏观、动态、经济的特点，被广泛用于干旱监测。

1. 干旱遥感的监测方法

遥感技术监测土壤含水量始于 20 世纪 70 年代。国内外学者综合利用可见光、近红外、热红外及微波遥感数据监测土壤水分含量，提出了不少有效的干旱监测指标和方法。这些指标和方法主要有土壤热惯量法、归一化植被指数法、植被供水指数法、距平植被指数法、温度植被干旱指数法等。

（1）土壤热惯量法。热惯量是表征土壤热变化的一个物理量，在地物温度的变化中起着决定性作用。通常可表示为

$$P=\sqrt{\lambda\cdot\rho\cdot c} \tag{9.22}$$

式中，P 为热惯量；ρ为密度；λ为热导率；c 为比热容。

土壤热惯量与土壤的热传导率、比热容等有关，而这些特性与土壤含水量密切相连，因此，可通过推算不同形式的土壤热惯量反演土壤水分。

因为遥感数据无法直接获取原始热惯量模型中参数ρ、λ及 c 的值，所以实际应用中，通常使用表观热惯量（apparent thermal inertia，ATI）来代替真实热惯量 P，并建立表观热惯量与土壤含水量之间的关系，即

$$\mathrm{ATI}=\frac{1-A}{T_{\max}-T_{\min}} \tag{9.23}$$

式中，A 为全波段反照率；$T_{\max}$、$T_{\min}$ 为一天中的最高、最低温度。

基于表观热惯量 ATI 反演土壤含水量 W的线性经验模型可表示为

$$W=a+b\cdot\mathrm{ATI} \tag{9.24}$$

式中，a、b 为模型的回归系数。

热惯量法及其改进方法模型都是从土壤本身的热特性出发反演土壤水分，要求获取纯土壤单元的温度信息。因此，该方法仅适用于裸地或低植被覆盖下的地表类型。

（2）归一化植被指数法。植被的生长状态与土壤水分具有密切的关系。当植被受水分胁迫时，反映绿色植被生长状态的植被指数会变化，从而达到监测干旱的目的。NDVI 是表征植被绿度的最常用指数。植被生长好时，NDVI 值较大，而干旱导致植被缺水时，NDVI 值会降低，因此 NDVI 的波动可以用于表征干旱程度。研究发现，NDVI 对短暂水分胁迫不敏感，只有水分胁迫严重阻碍作物生长时才引起 NDVI 的明显变化。因此，NDVI 不能及时反映植被覆盖下的土壤含水量，而且对降水的响应也具有明显的滞后性，不能及时捕捉旱情的发生过程。

（3）植被供水指数法。植物冠层的气孔在植物缺水的威胁下，会关闭以防止水分的蒸发，这也同时导致了植物冠层温度的升高。在水分充足时，植被指数和冠层温度都保持在一定范围内，如出现旱情，植被指数会降低，同时植被冠层缺水，其温度也会因气孔被迫关闭而升高，以此原理得出植被供水指数。供水指数越小，指示旱情越严重。由植被冠层温度 T_S 和 NDVI 构成的植被供水指数 VSWI 定义为

$$\mathrm{VSWI}=\frac{\mathrm{NDVI}}{T_S} \tag{9.25}$$

植被冠层温度随植被指数变化的直线斜率是反映土壤湿度的理想指标，利用这一指标，可建立 VSWI 和地面干旱指数之间的回归方程，以确定某一区域的干旱面积。

（4）距平植被指数法。为了监测大范围农作物旱情，中国气象局国家卫星气象中心提出了距平植被指数 AVI。该指数被定义为

$$\mathrm{AVI}=\mathrm{NDVI}_i-\mathrm{NDVI}_\mathrm{A} \tag{9.26}$$

式中，NDVI_i 为某一年中特定月或者旬的归一化植被指数值；NDVI_A 为多年的归一化植被指数平均值。在积累多年气象卫星数据的基础上，可以得到各个地方各个时间的 NDVI 平均值，这个平均值可大致反映土壤供水的平均状况。如果 AVI 的值大于 0，表明植被生长较一般年份好；如果 AVI 的值小于 0，表明植被生长较一般年份差。这种相对偏差的方法反映了土壤偏旱或偏湿的程度，由此可确定各地的旱情等级。

（5）温度植被干旱指数法。热红外遥感是获得大面积陆地表面温度的有效工具，为利用地表温度进行区域土壤温度、湿度的监测提供了可能。遥感直接测得的温度为亮度温度 BT，经过大气校正和地面比辐射率修正后得到地表温度 LST。

研究发现，如果研究区植被覆盖包含从裸土到全覆盖，土壤湿度从极干旱到极湿润的各种情况，以遥感数据获得的 NDVI 和 LST 横纵坐标的散点图呈三角形，或梯形，在线性关系上呈负相关关系，这就是所谓的 NDVI-LST 空间。

Sandholt 等（2002）对简化的 NDVI-LST 三角形空间进行研究，提出了温度植被干旱指数 TVDI 的概念。TVDI 被定义为

$$\mathrm{TVDI}=\frac{\mathrm{LST}_i-(a_2+b_2\cdot\mathrm{NDVI})}{(a_1+b_1\cdot\mathrm{NDVI})-(a_2+b_2\cdot\mathrm{NDVI})} \tag{9.27}$$

式中，LST_i 为陆地表面温度；$T_{\max}$=（$a_1+b_1\cdot\mathrm{NDVI}$）为干边，即某一 NDVI 对应的最高地表温度；$T_{\min}$=（$a_2+b_2\cdot\mathrm{NDVI}$）为湿边，即某一 NDVI 对应的最低地表温度；$a_1$、$b_1$、$a_2$、$b_2$ 分别为线性拟合的系数。

显然，NDVI-LST 空间中任一点的 TVDI 值都介于−1～1。TVDI 值越大，LST 越接近干边，土壤干旱越严重；反之，TVDI 值越小，LST 越接近湿边，土壤湿度越大。基于 NDVI 和 LST 的散点特征空间为三角形，同时利用长时间序列的 AVHRR、MODIS 数据和气象台站的常规观测资料，可进行基于 TVDI 的大区域干旱监测。

2. 干旱遥感监测实例

1988 年东北地区出现严重伏旱，许多地区 8 月几乎没有降雨。中国气象局国家卫星气象中心首次利用遥感方法及时获得了干旱的范围，并利用气象卫星数据对受灾程度进行了划分。各项监测结果与农业气象观测站用常规方法获得的土壤湿度观测资料基本一致，为有关部门提供了抗旱决策依据。

1988年下半年，华北平原大部分地区发生冬旱，给冬小麦播种、出苗等造成了严重影响。中国气象局国家卫星气象中心用热惯量方法成功监测了此次旱灾的范围，并认为重旱区在河南省东部及河北省南部。监测结果与中国气象局国家气象中心用前期降雨量给出的旱区大体一致，而对于留不住雨水的土壤，卫星遥感监测比用前期降雨获得的旱情更加准确。

1992年春季，河南、甘肃等省出现历史上少有的重旱灾，部分地区连人畜饮水都发生困难。中国气象局国家卫星气象中心用气象卫星数据成功监测了这次特大旱灾的重旱区在河南省西部山区和北部平原。中国气象局根据卫星监测和常规气象监测资料的综合分析，及时向国务院提供了干旱范围和受灾程度的信息，为救灾提供了科学依据。

（二）台风遥感监测

台风是热带气旋的一个类别。按世界气象组织（WMO）的定义，热带气旋中心持续风速在12～13级为台风，最大风速14～15级为强台风，最大风速≥16级为超强台风。

气象卫星是台风监测、预报的最快捷、最有效的手段。自从1960年第一颗气象卫星成功发射以来，全球热带气旋无一遗漏地被观测到，弥补了广阔热带海洋上常规气象观测十分稀少的缺陷。利用静止气象卫星不仅可以发现台风的生成，而且可以准确确定台风中心位置，估计台风强度，计算台风移向移速，预测台风登陆的时间地点和登陆后可能造成的降水强度和范围。

1. 台风中心位置和强度的分析预报

在台风业务分析和预报中，实时确定台风中心所在的地理位置至关重要。确定中心位置需要从台风发展的初期阶段（热带低气压、热带风暴）开始，直到其减弱成热带低气压为止。通常只有当台风发展成熟时，卫星云图上方可看到裸露出来的台风眼，定位工作才较为容易。但在绝大多数情况下，台风处于发展或减弱之中，中心被云覆盖，定位就比较困难。实践中可根据卫星云图上台风螺旋云带的旋转汇合点、螺旋云带的曲率中心及环境场中高低层云系特征，综合确定台风中心位置，其准确率与过去飞机探测相近，并且在台风处于发展和减弱阶段时，还常常超过了飞机探测的准确率。

台风强度确定中，根据卫星云图上台风云系主输入螺旋云带的长度和云顶最低温度、台风眼区的大小、清晰程度和温度等要素特征，通过半定量方法和强度演变模型图等方法，预报台风中心风力，并进一步估计台风强度。

2. 台风移动路径的分析预报

台风的移动路径直接关系到台风的强风和暴雨区的具体分布，因此它是台风预报中最重要的部分。在卫星云图上，主要是根据台风的云型和台风云系与环境场中云系的相对位置，预报台风未来24h的移动。由气象卫星观测资料反演出的海表温度场、射出长波辐射场及位势高度场等，为台风移动路径的分析和预报提供了背景环境场。用多次连续时次的高时间分辨率静止卫星云图制作成的动画和叠画，十分清晰地展示出台风的移动路径、速度和其演变过程。同时，还展示了台风所在环境中其他天气系统的移动和演变，为分析台风和其他天气系统的关系、预报台风的移动提供了进一步的依据。

3. 台风灾情信息获取与动态评估

随着台风突发强度、频度和广度的不断增长，亟待开展灾情信息快速获取与动态评估研究。该领域目前探讨的主要问题是：台风灾情信息的遥感数据来源；基于遥感图像的灾情评估方法；台风灾情表征指标与评估模型；台风灾害风险综合管理等。综合国内外相关研究进展，基于多源遥感图像开展台风灾情信息获取与动态评估研究的技术路线如图9.16所示。

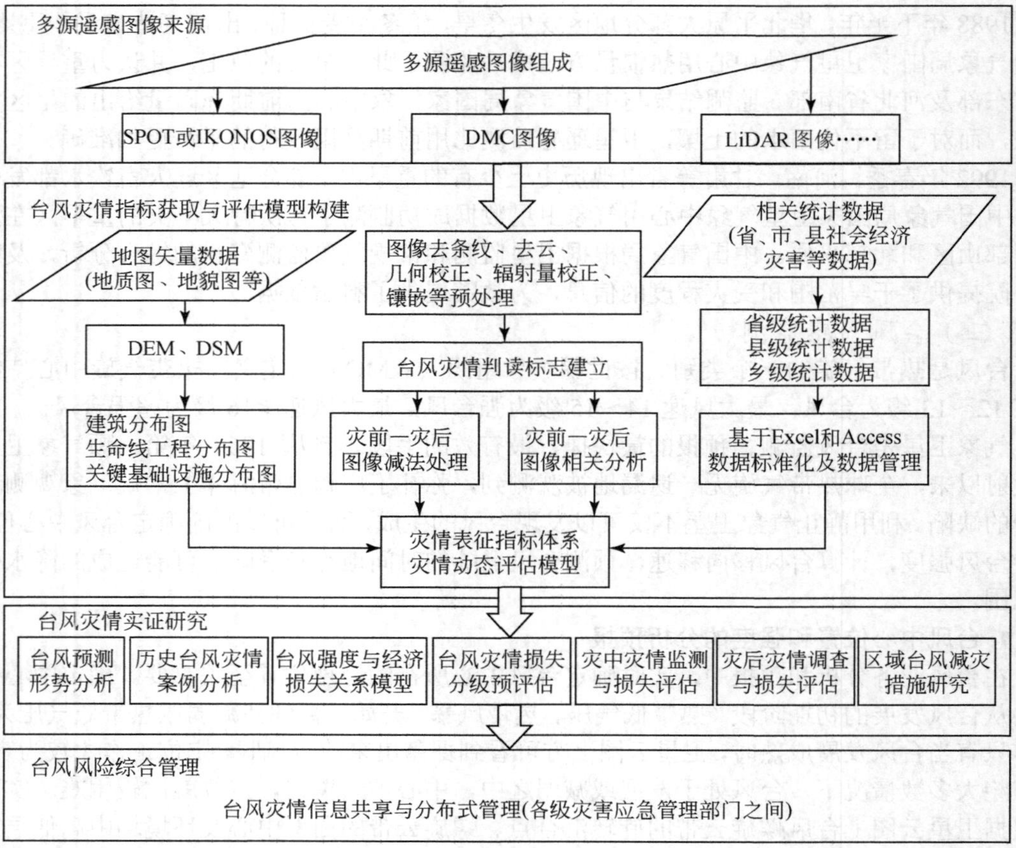

图 9.16　基于多源遥感图像的台风灾情信息获取与动态评估主要程序（王军等，2008）

三、地质灾害的监测

地质灾害是指在地球内外动力作用下造成的，或由人为因素引发的对人类生命财产、地表环境造成破坏和损失的地质现象。最常见的地质灾害包括以下四类。

（1）地壳变动类：火山爆发、地震等。

（2）岩土位移类：滑坡、泥石流、崩塌等。

（3）地面变形类：地面沉降、地裂缝、岩溶塌陷、煤田采空塌陷等。

（4）其他类：地下煤层自燃、冻胀、冻裂、冻融等。

（一）遥感地质灾害调查的主要内容

遥感技术贯穿于地质灾害调查、监测、预警、评估的全过程。遥感地质灾害调查的主要内容有以下四个方面。

1. 孕灾背景的调查与研究

利用遥感技术调查研究地质灾害孕灾背景，是地质灾害调查中最基础、也是最重要的工作内容。地质灾害的孕灾背景主要有：①时日降水量；②多年平均降水量；③地面坡度；④松散堆积物的厚度及分布；⑤构造发育程度（控制岩石破碎程度和稳定性）；⑥植被发育状况；⑦岩土体结构（反映岩土体抗侵蚀、破碎的能力）；⑧人类工程活动程度。在上述 8

种孕灾背景中，①与②可通过气象卫星与地面水文观测站调查统计，其他因子可通过陆地资源卫星并结合适当的实地踏勘资料得以查明。

2. 地质灾害现状调查与区划

地质灾害作为一种特殊的不良地质现象，无论是滑坡、崩塌、泥石流等灾害个体，还是由它们组合形成的灾害群体，在遥感图像上呈现的形态、色调、影纹结构等均与周围背景存在一定的区别。通过图像解译，可以对目标区域内已经发生的地质灾害点和地质灾害隐患点进行系统全面的调查，查明其分布、规模、形成原因、发育特点、发展趋势以及危害性和影响因素。在此基础上进行地质灾害区划，划分地质灾害易发区域，评价易发程度，为防治地质灾害隐患，建立地质灾害监测网络提供基础资料。

3. 地质灾害动态监测与预警

地质灾害的发生是缓慢蠕动的地质体（如滑坡体等）从量变到质变的过程。一般情况下，地质灾害体的蠕动速率很小，而且是稳定的。当这种蠕动突然增大时，预示着灾害即将来临。GPS 的差分精度达毫米级，可以满足对蠕动灾体监测的精度要求，因此，利用它可实现对地质灾害的全过程动态监测，并在此基础上进行地质灾害的预测、预报甚至临报和警报。

4. 灾情实时调查与损失评估

地质灾害的破坏包括人员与牲畜伤亡，村庄、工矿、交通干线、桥梁、水工建筑等财产损失以及土地、森林、水域等自然资源的毁坏。利用遥感技术进行地质灾害调查，除人员与牲畜伤亡难以统计外，高分辨率的遥感图像对工程设施和自然资源的毁坏情况均可进行实时或准实时的调查与评估，为抢灾救灾工作提供准确依据。

（二）滑坡、泥石流灾害的遥感调查

我国的滑坡、泥石流遥感调查技术是在为山区大型工程建设服务中逐渐发展起来的。从 20 世纪 80 年代初开始，我国先后在雅砻江二滩电站、红水河龙滩电站、长江三峡工程等项目中开展了大规模的区域性滑坡、泥石流遥感调查。从 80 年代中期起，分别在宝成、成昆等铁路沿线进行了大规模的航空摄影，为调查地质灾害分布及其危害提供了信息源，先后完成了川藏、滇藏、南昆等 20 余条新铁路线的滑坡、泥石流遥感调查。90 年代起，在公路选线及公路沿线防灾工程中也使用了滑坡、泥石流遥感调查技术。以上调查多为中比例尺的滑坡、泥石流宏观调查，内容包括：识别滑坡、泥石流，制作区域滑坡、泥石流分布图；判别滑坡、泥石流的微地貌类型及活动性；评价滑坡、泥石流对大型工程施工及运行的影响等。进入 21 世纪以来，滑坡、泥石流灾害的遥感调查与研究中更加强调多源数据的复合分析，依托 GIS、3D 可视化与虚拟现实等新技术平台，逐步实现了从静态类型识别、形态分析向动态变形监测的过渡，以及从定性调查向计算机辅助的定量分析的过渡。

1. 多源数据的复合分析

目前，遥感技术在滑坡灾害研究中的应用逐渐从单一的遥感数据向多时相、多数据源的复合分析方向发展。因为滑坡、泥石流等地质灾害的空间范围相对较小，且其形态特征是图像识别的主要依据，所以遥感调查时需要选择具有较高空间分辨率，且在可见光和近红外波段有较高光谱分辨率的遥感数据。

航空遥感数据从 20 世纪 70 年代开始应用于分析灾害体的形态、规模和运动方式等微观特征，以及灾害体某些构成要素的量测，并形成了较为成熟的技术方法体系。航天遥感数据主要用于地质灾害的区域性宏观快速解译，了解地质灾害与区域地质背景要素的关系，分析灾害的空间分布特征，探讨灾害发生的总体趋势。用于滑坡、泥石流灾害调查的航天遥感数据主要有：①中等分辨率的 Landsat-7/ETM+、Terra/ASTER；②高分辨率的 SPOT-5 和 ALOS；③极高分辨率的 IKONOS 和 QuickBird；④InSAR 和 DInSAR；⑤LiDAR。

2. 图像解译的主要方法

（1）直接解译法。滑坡是指斜坡上大量土体、岩体或其他碎屑堆积物沿一个或数个滑动面整体下滑的现象。滑坡体的总体坡度较周围山体平缓，有的甚至成为平坦地形或凹地。岩性、构造、地下水活动和滑坡体积等条件的不同，会形成不同的滑坡体地形特征，最典型的是滑坡体与后壁、两侧壁构成的圈椅状地形，簸箕形、舌形、梨形、弧形等也较为普遍。

泥石流是沟谷中的松散固体堆积物在一定条件下和水形成混合体后，沿沟谷或坡面流动的现象。泥石流发育区、流通区及堆积区具有不同的形状和结构特征。发育区多呈勺状、漏斗状、椭圆状等，松散土层较厚，坡耕地比较多；流通区的沟槽宽窄、曲直不一，多呈分叉性河段或干沟。沟槽弯曲段常见灰白色的堆积物，图像上粗砾堆积物结构粗糙，细砾堆积物结构细腻。沟槽顺直段堆积物相对较少；堆积区多位于沟口，呈现扇状地形，图像结构粗细间杂，扇体外缘图像结构相对细腻。

滑坡、泥石流一旦发生便可形成一系列特殊的地貌特征。图像解译时，解译人员可以运用多种图像处理方法对图像进行增强处理。在此基础上，根据图像的色调、形态、纹理结构等图像特征，并结合相关专业知识和实践经验，直接识别灾害体的特征。

（2）动态对比分析法。滑坡、泥石流等地质灾害虽然都具有突发性，但它们的形成均与动力环境、物质组成和触发诱因等多方面条件有关，大多有一个难以为人们感官觉察的缓慢发展过程。通过不同时相遥感图像的对比分析，能监测出这种变化的信息，并从中发现灾害的历史、现状和演变过程。例如，1985 年 6 月 12 日凌晨，湖北省秭归县新滩镇后姜家坡斜坡堆积物沿下伏基岩产生了大型滑坡，铲削推动了斜坡下方部分堆积物，摧毁了新滩镇，形成了著名的新滩滑坡。此次滑坡监测预报过程中，运用彩红外航空遥感等方法，通过对 1984 年和 1985 年两期遥感图像的对比分析，并结合地面实际调查，确定了滑坡发生前的遥感图像征兆，成功地做出了临滑预报。北京市地质研究所利用 20 世纪 50 年代以来摄制的多期航空图像，结合实际调查资料，对北京山区近 50 年中发生的较大规模的灾害性泥石流进行了系统分析，解译出泥石流沟 584 条，确定了这期间所发生的 10 起灾害性泥石流，查清了区域泥石流发生的时空分布规律、活动频率以及强度与危害状况。

四、森林火灾的监测

传统的森林火灾监测方法是依靠地面瞭望塔和飞机进行监测，不但费用高，而且工作繁杂，效率低。现代遥感技术不仅能及时发现森林火场，还能对林火蔓延过程进行实时跟踪监测，并为日常森林防火及航空护林提供气象、地理信息，已成为森林现代化管理和森林火灾监测的重要手段。

目前，用于监测火灾的遥感数据主要有 NOAA/AVHRR、MODIS、Landsat/TM、SPOT、GOES 卫星以及国内的环境减灾卫星数据等。

（一）NOAA/AVHRR 在森林火灾监测中的应用

NOAA/AVHRR 是目前森林火灾监测中运用最为广泛的遥感数据之一。该数据用于林火监测有两大优势：一是能提供覆盖全球的中等分辨率遥感图像；二是具有较宽的波长范围，从可见光到热红外，每个波段对于林火监测都有特定的意义。尽管 NOAA/AVHRR 的空间分辨率较低（星下点为 1.1km），但对温度的监测能力较强，能分辨出 0.1hm^2 大小的热点。

AVHRR 共有 5 个通道（参见表 4.1）。AVHRR-1（0.58～0.68μm）为可见光通道，能清晰反映林火的烟雾信息；AVHRR-2（0.725～1.1μm）为近红外通道，既能反映过火林地信息，也能反映烟雾信息；AVHRR-3（3.55～3.93μm）为中红外通道，定位于辐射温度在 800K 左右物体的最大发射辐射的光谱，即接近燃烧的常规温度，能反映林火高温区的分布。高温点在中红外波段的辐射能比热红外波段大，而且中红外比热红外对高温点的反应更加敏感；AVHRR-4（10.3～11.3μm）、AVHRR-5（11.5～12.5μm）为两个热红外通道，定位在常规环境温度最高值左右（约 300K），能反映林火燃烧区和过火区。

AVHRR-3 通道的亮温是识别火点最重要的参数，通过选择合适的 3 通道阈值，几乎可以识别所有的火点。当物体温度为 800K 左右，即正好与物体的燃烧温度差不多时，该通道接收的辐射能量最大。然而由于 AVHRR 传感器不是专用于火灾监测的，在如此高温下已失去灵敏度，约 320K 时 3 通道的亮温就会饱和。尽管如此，3 通道亮温依然是火灾监测最有效的参数，因为大多数无火像元的亮温通常都很低。

在实际工作中，将小于饱和值的亮温作为识别火点的阈值，几乎可以探测到所有晴空少云状态下的火点，但其中也包含了许多错误的判断，这些错误主要来源于湖面、江河和卷云的反射作用所导致的 3 通道亮温的迅速上升。为了剔除因暖背景而导致的对火点的错误判断，通常以 3 通道和 4 通道的亮温差（T3−T4）作为识别真假火点的附加标准，因为当温度上升时，3 通道的亮温值比 4 通道的亮温值上升更快。由于云顶温度低，其 4 通道的亮温也下降，因此使用 4 通道的亮温值可以剔除因云的高反射率而导致 3 通道饱和所引起的对火点的误判。此外，还可以使用 2 通道反射率作为识别真假火点的一个参数，因为云和具有高反射率的地表在 2 通道的反射率比火点的反射率要大。

基于以上分析，Flasse（1996）提出了一种结合 3 通道亮温及其 3、4 通道亮温差判别森林火点的算法，即：$T3 \geqslant 311K$；$T3-T4 \geqslant 8K$。式中，T3、T4 分别为物体在 AVHRR-3、4 通道的亮温。这种算法首先用 3 通道的亮温阈值找出图像中的高温点，然后用 3、4 通道的亮温差阈值来判断真假火点。

Ichoku 等（2003）在 Flasse 方法的基础上，增加了对 4 通道的阈值判断，提出了一种新的阈值算法，即：$T3 \geqslant 316K$；$T3-T4 \geqslant 10K$；$T4 \geqslant 250K$。

中国气象局国家卫星气象中心根据 NOAA/AVHRR 各通道的辐射特性，提出了一种亮温结合反射率的阈值算法，即：$T3 \geqslant 318K$；$R1 \leqslant 0.12$；$-0.001 \leqslant R2-R1 \leqslant 0.0$ ；$15K \leqslant T3-T4 \leqslant 20K$。式中，R1、R2 分别为 1 通道和 2 通道的反射率。

除上述阈值算法外，归一化植被指数法、邻近像元法也常常和阈值算法相结合用于森林火灾的监测。基于归一化植被指数法的火灾监测算法主要有两种：一种是先计算火灾发生前后图像的 NDVI 值，再求算其差值。因为火灾发生后 NDVI 值会大幅度下降，所以通过比较 NDVI 差值的大小，即可判断出可疑的火点区。另一种是亮温结合 NDVI 的方法。该方法首先利用 3 通道的特性找出高温像元，然后直接用 NDVI 值对高温点逐一排查。邻近像元法是一种利用火点和周围像元点的温度特征差异判定火点的方法。一种常见的算法是，以像元及周围共 25 个（或 16 个）点的平均陆面温度（4 通道亮温）作为该像元邻域的背景温度，把该像元的虚拟火场温度（3 通道亮温）和背景温度的差作为判断其是否为可疑火点的标准，然后再借助一些辅助方法排除误判点。

(二) EOS-MODIS 在森林火灾监测中的应用

1999 年 12 月 18 日，美国航空航天局 EOS（earth observing system）计划的第一颗极地轨道环境卫星 Terra 顺利升空，其“姊妹”卫星 Aqua 也于 2002 年 5 月 4 日成功发射。MODIS（moderate-resolution imaging spectroradiometer）是 Terra 和 Aqua 卫星上的主要传感器。

MODIS 数据主要有三个特点：①NASA 对 MODIS 数据实行全球免费接收政策，这样的数据接收和使用政策为大多数用户提供了一种不可多得的、廉价并且实用的数据资源。②MODIS 数据从可见光、近红外到热红外波段之间共设置了 36 个光谱通道，空间分辨率最高可达 250m，比 NOAA/AVHRR 有了很大的提高。数据量化精度更高（MODIS 为 12bit，NOAA/AVHRR 为 10bit）。③Terra 和 Aqua 卫星都是太阳同步极轨卫星，前者在地方时上午过境，后者在地方时下午过境。Terra 与 Aqua 卫星上的 MODIS 数据在时间更新频率上相配合，加上晚间过境数据，对于接收 MODIS 数据来说，可以得到每天最少 2 次白天和 2 次黑夜更新数据。这样的数据更新频率，对实时地球观测和应急处理有较大的实用价值。

MODIS 数据的上述特点为生态环境和自然灾害的监测提供了广阔的应用前景，其火灾监测能力更是超越了其他遥感数据。表 9.3 为 MODIS 用于火灾监测的通道及应用。

表 9.3 MODIS 用于火灾监测的通道及应用

波段	波长/μm	空间分辨率/m	主要应用
CH1	0.62～0.67	250	过火面积，烟雾
CH2	0.84～0.87	250	过火面积，烟雾
CH6	1.62～1.65	500	火点探测，明火面积估算
CH7	2.10～2.13	500	火点探测，明火面积估算
CH20	3.66～3.84	1000	火点探测，明火面积估算
CH21	3.93～3.99	1000	火点探测，明火面积估算
CH22	3.93～3.99	1000	火点探测，明火面积估算
CH23	4.02～4.08	1000	火点探测，明火面积估算
CH24	4.43～4.49	1000	火点探测，明火面积估算
CH25	4.48～4.54	1000	火点探测，明火面积估算
CH31	10.78～11.28	1000	明火面积与过火估算
CH32	11.77～12.27	1000	明火面积与过火估算

MODIS 林火监测原理与 AVHRR 相同，都是根据着火点比周围温度高来判断火点。其判断基础是热辐射强度与温度和波长的关系。根据 Planck 公式，高温点在中红外波段的辐射能量比热红外波段大，因此，中红外比热红外对高温点的反应更敏感。基本的火灾检测即是根据此原理，用 4μm 和 11μm 波段的亮温以及两波段的亮温差ΔT作为阈值判断标准。MODIS 有两个 4μm 波段，即 21 和 22 波段，尽管 21 波段比 22 波段的饱和温度高，但因为 22 波段信噪比高，且有较小的误差，所以 4μm 波段的亮温通常是由 22 波段获得，只有当 22 波段饱和或数据丢失时才会用 21 波段来代替。11μm 波段的亮温由 31 波段获得。中心波长为 0.65μm、0.85μm 的红光和近红外波段，常用来去除云的影响，并可计算 NDVI；中心波长为 2.1μm 的第 7 波段，常用来去除由水引起的误判。

国内外应用 MODIS 数据进行森林火灾监测已经有了许多成果。高懋芳等（2005）在 NOAA/AVHRR 林火监测研究的基础上，把 MODIS 热红外波段亮度温度阈值与植被指数结合起来，提出了基于 MODIS 数据的森林火灾监测方法，具体的方法步骤如下。

1. 辐射量与亮度温度计算

首先要根据图像的 DN 值计算传感器接收到的辐亮度。MODIS 是在轨定标，不同波段、不同时刻的定标参数都不同，因此需要根据公式 $L=(\mathrm{DN}-\mathrm{Offset})\cdot \mathrm{Scales}$，分别对 1、2、21、22、31 波段进行运算，计算出辐亮度 L。每一波段的增益量（Scales）和漂移量（Offsets）从 MODIS 数据的头文件中可以查到。

亮度温度是传感器在卫星高度所观测到的辐亮度相对应的温度。根据 Planck 公式分别计算 21、22、31 波段的亮度温度，即 T_{21}、T_{22} 和 T_{31}。

2. 确定云检测算法

云层覆盖会严重影响火点探测，往往会引起错判和漏判，因此，通过云检测算法去除云层的影响至关重要。与下垫面相比，云在可见光和近红外波段的反射率较高，在热红外波段的亮度温度一般较低，据此可以用以下方法来检测受云层影响的区域。

白天：当 $\rho_1+\rho_2>0.9$ 或 $T_{32}<265\mathrm{K}$ 或 $\rho_1+\rho_2>0.7$，并且 $T_{32}<285\mathrm{K}$ 之一成立时，就定义为云区。晚上：$T_{32}<265\mathrm{K}$ 就定义为云区。式中，ρ_1、ρ_2 分别为 MODIS 数据第 1、2 波段的反射率；T_{32} 为第 32 波段的亮温值。

3. 计算植被指数

选取 NDVI 作为判断地表植被的标准。地表有植被的区域一般 NDVI 较大，这些地区才可能发生火灾。利用 MODIS 分辨率为 250m 的第 1、2 波段计算 NDVI。因为 MODIS 热红外波段空间分辨率为 1km，所以计算出来的 NDVI 要重采样成 1km 才能与亮度温度数据匹配计算。MODIS 数据的光谱分辨率高，MODIS-NDVI 比 AVHRR-NDVI 对植被的响应更敏感，NDVI 值的范围更宽，因此，根据研究区植被覆盖面积比较广的特点，采用阈值 NDVI≥0.3 提取植被信息。

4. 火点判断

数据经云检测和 NDVI 计算等预处理后便进入火点判断阶段。首先，用绝对阈值判断法，识别出温度很高、明显是火点的区域（白天 22 波段亮温高于 360K）；然后，利用相对阈值标准，进一步对绝对阈值判断法可能漏判的火点进行识别。若满足 $T_{22}<320\mathrm{K}$（夜间 315K）且 $\Delta T<20\mathrm{K}$（夜间 10K），则定义为背景像元。在背景像元内，计算出 22 波段亮温的均值 $T_{22\mathrm{b}}$ 和标准差 δT_{b}，以及 22、32 两个波段的亮温差均值 ΔT_{b} 和标准差 $\delta\Delta T_{\mathrm{b}}$，根据这些参数继续检测火点。图 9.17 为火点判断流程图。

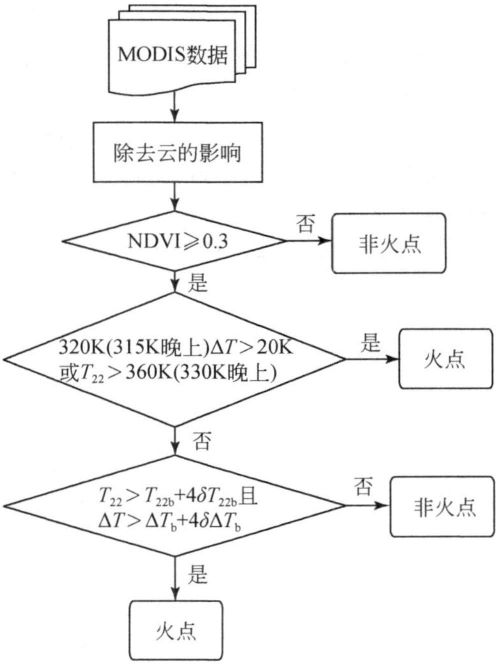

图 9.17 火点判断流程（高懋芳等，2005）

五、海洋赤潮灾害的监测

赤潮也称红潮，是指海洋微藻、原生动物或细菌在水体中过度繁殖或聚集而使海水变色的生态异常现象。近年来，由于环境污染日益加重，赤潮的发生频率越来越高，规模也越来越大，已成为近岸地区的主要海洋灾害之一。图 9.18 为海洋赤潮图像。

图 9.18　海洋赤潮图像

（一）赤潮水体的光谱特征

赤潮水体的光谱特性是赤潮遥感探测的重要依据。赤潮发生时，浮游植物的过度繁殖会导致水体的光学性质发生变化。如图 9.19 所示，赤潮水体在 450nm 和 660nm 附近形成吸收峰，在 700nm 左右形成一个小的反射峰，该反射峰随叶绿素浓度的增加向长波方向移动；而非赤潮水体在 450nm、660nm 和 700nm 附近没有明显的吸收峰和反射峰。不同藻类赤潮引起的光谱反射峰位置和宽度也不同，这为遥感赤潮探测提供了依据。可见光多波段遥感技术正是利用赤潮水体和非赤潮水体光谱特性之间存在的差异探测赤潮的。另外，适宜的温度（22～

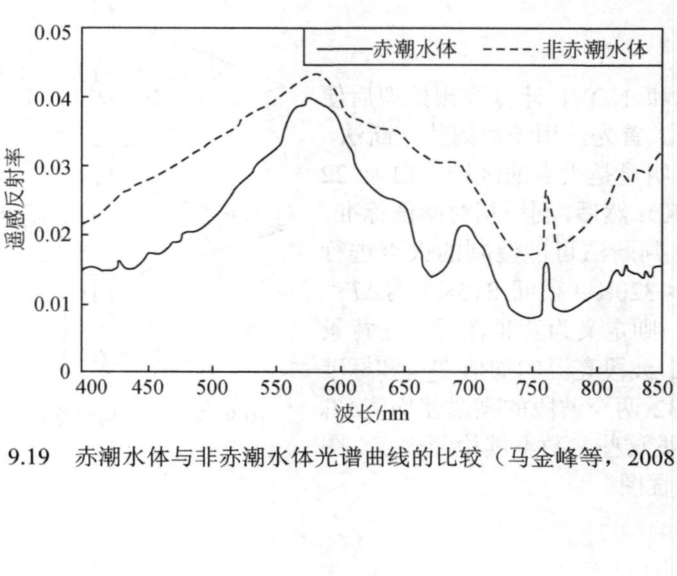

图 9.19　赤潮水体与非赤潮水体光谱曲线的比较（马金峰等，2008）

28℃)、盐度、风速、光照条件、水文气象因子也是形成赤潮的重要因素，可作为赤潮遥感探测的参考依据。

（二）卫星遥感监测赤潮的方法

用于赤潮遥感监测的传感器及其数据很多，但常见的、具有代表性的传感器主要有海岸带水色扫描仪（CZCS）、甚高分辨率辐射计（AVHRR）、海视宽视场传感器（SeaWiFS）、中分辨率成像光谱仪（MODIS）、中等分辨率成像光谱仪（MERIS）等。

CZCS 是第一个专门为海洋研究设计的传感器。1981 年 Steidinger 和 Haddad 用 CZCS 探测了佛罗里达西岸的赤潮，并辅以实测数据研究了赤潮的时空变化特性和水体盐度变化情况，证实了 CZCS 监测赤潮的可能性。1983 年 Holligan 等根据 CZCS 传感器的水体光谱特征，提出了赤潮遥感双波段比值模型（$R1/R3>C$），为后来其他水色传感器多波段差值比值法的提出奠定了基础。CZCS 虽然只工作了 8 年，但它却开启了卫星遥感探测赤潮的序幕，一些探索性算法都是在这一时期被提出的，并逐渐成为国际公认的标准算法。

AVHRR 是搭载在 NOAA 气象卫星上的传感器。因为 NOAA 卫星不断有后续卫星发射，所以有关 AVHRR 赤潮监测的研究从未间断，并建立了大量的模型与算法。1987 年，Groom 和 Holligan 提出基于 AVHRR 的单波段赤潮遥感模型，研究了 1985 年发生于大西洋东北岸的赤潮，其表达式为 $R1>C$（R1 和 C 分别为 AVHRR 第 1 波段的反射率和阈值）。1994 年，Gower 采用 AVHRR 1、2 波段的差值算法，通过设定阈值，研究了 1992 年发生于加拿大西岸的赤潮。除此以外，楼琇林和黄韦艮（2003）应用人工神经网络技术，建立了基于 AVHRR 可见光和热红外波段的 BP 神经网络赤潮信息提取模型，探测精度达到 78.5%。

SeaWiFS 被称为第二代水色传感器。和 CZCS 相比，SeaWiFS 在计算生物量、叶绿素 a 浓度和水体透明度等方面有更可靠的生物光学算法。1998 年，黄韦艮等通过对东海海区裸甲藻赤潮水体、叶绿素和悬浮泥沙光谱特征的分析，提出了利用 SeaWiFS 第 1、3、5 波段的多波段差值比值法模型，即 $r=(R1-R3)/(R5-R3)$（当 $r>0$ 为赤潮水体，$r<0$ 为非赤潮水体），并用该模型监测和预报了 1997 年 11 月发生在广东沿海的金囊藻赤潮和 1997 年 7 月发生在浙江嵊泗海区的夜光藻赤潮。

MODIS 水色波段设置与 SeaWiFS 的波段设置基本一致，但增加了荧光波段，因此更具优势。Yang 等（2005）用 MODIS 第 1、2 波段的反射率比成功探测了太湖赤潮。王其茂等（2006）通过分析赤潮水体及其周边水体的光谱特性，以及赤潮发生期间海水叶绿素 a 浓度的变化特点，提出了利用 MODIS 第 4 波段与第 3 波段的反射率比和第 11 波段与第 9 波段的离水辐射率比，并结合相关的悬浮泥沙信息提取海水中赤潮信息的方法。李继龙等（2007）综合利用 MODIS 图像真彩色合成、多波段差值比值、海表温度及叶绿素 a 浓度等方法，对长江口及邻近海域的赤潮进行探测研究。

MERIS 主要用于海洋和海岸带的水色监测，是目前赤潮遥感监测较为理想的传感器之一。与 SeaWiFS、MODIS 相比，MERIS 具有更合理的波段设置，增加的悬浮物质敏感波段（620nm）、叶绿素荧光性大气校正波段（709nm）和大气含水量波段（900nm），进一步提高了海洋和大气研究的针对性。MERIS 的第 7、8、9 波段是所有水色传感器中最接近叶绿素荧光峰位置的，第 6 波段（620nm）和第 10 波段（754nm）为备选基线波段，能更好地反映赤潮水体的实际叶绿素情况。MERIS 的 15 个波段基本涵盖了 SeaWiFS 和 MODIS 的所有水色波段，因此关于 SeaWiFS 和 MODIS 赤潮遥感监测算法也可以应用到 MERIS 中。

第四节　遥感在其他方面的应用

一、遥感在考古方面的应用

遥感考古就是利用遥感技术获取考古区的影像资料，通过对遥感影像特征的综合分析，判定考古遗迹或遗址的位置、分布、形状、深度等信息，进行遗址探查、考古测量、古地貌和古遗址复原等工作，为考古研究提供重要线索。

（一）遥感考古的历史

早在1907年，英国人利用高空飞机上搭载的相机拍摄到了著名的公元前3000年的英国史前“巨石阵”遗址，从此拉开了遥感考古的序幕。自那时起，航空像片在记录、描述与研究考古遗址方面就发挥着重要作用。第一次世界大战期间的考古调查进一步检验了黑白航空像片在识别古遗址及其特征的能力。航空像片在考古调查中的成功应用，带来了欧洲古罗马庄园与道路、远东遗址、密西西比河流域土木工事等考古目标的发现。20世纪20年代以后，英国地理及考古学家 O. G. S. Crawford 提出了航空考古勘察和航片分析的三种标志：阴影标志、土壤标志和植被标志，并从航空像片上识别出了农田里罗马时期的古城遗迹，其工作奠定了航空摄影考古学的理论基础。第二次世界大战期间，航空摄影技术得到了进一步的发展，研制出了彩色胶片和红外假彩色胶片，并出现了微波雷达成像技术。技术的进步，使航空摄影考古学得到了更迅速的发展。

自1957年苏联人造卫星的发射成功到1972年美国地球资源卫星对地球成像，在短短的十几年里，人类航天技术得到了突破性的发展，从此揭开了遥感考古的新篇章。当前，遥感卫星得到了突飞猛进的发展，遥感大数据时代的到来为包括环境考古、文化景观考古、古地理重建等在内的考古学研究提供了丰富的数据支撑，遥感考古技术日趋成熟，已经成为考古研究领域必备且常用的探测技术与方法。

我国的遥感考古起步较晚。20世纪60年代修建三门峡水库时，利用航空照片分析库区古代遗址、墓葬的分布。之后，利用遥感技术探测秦始皇陵和陪葬地区的地下情况；1992年首次将雷达考古用于矿坑遗址探测。1996年，中国历史博物馆等租用空军飞机，对洛阳及周边遥感勘察遗址90余处。中国科学院遥感应用研究所利用已有的先进技术，探测了隋、明两代的长城及被干沙掩埋的长城。1997～1998年中国历史博物馆等对内蒙古中、东部地区遗址群，进行大规模勘察、GPS定位、空间计算和分析，取得重大成果。2001年利用彩色红外遥感飞行探测技术，对北京老山汉墓遗址墓葬区陵墓的分布进行了探测，并结合考古研究成果推测出周围几个地点仍可能有较大陵墓或陪葬墓。1993年华东师范大学建立了“城市与环境考古遥感开放研究实验室”，这是我国第一个以遥感考古为主要研究方向的部门实验室；1997年中国历史博物馆考古部设立“中国历史博物馆航空摄影与遥感考古研究中心”；2001年，中国科学院、教育部、国家文物局三家联手成立了“遥感考古联合实验室”，并先后在河南、浙江、安徽、湖北、四川等地建立遥感考古工作站；2002年12月在北京召开了“全国第一届遥感考古会议”；2004年举办了北京国际遥感考古会议。遥感考古有望在我国得到大力发展。

（二）遥感考古的基本原理

古代遗迹是人类在过去的生产、生活中改变地表自然状态后形成的，随着岁月的流逝有的逐渐荒废，有的成了农田，有的成了村镇。但是，这些遗迹所在区域的环境要素所表现出来的图像特征与其周围背景环境之间存在着一定的光谱差异，这些差异通过土壤水分条件、植被生长状况、土地利用方式、微地貌特征等多种形式呈现在遥感图像上，遥感考古就是基于这种差异获取考古信息的。例如，浅表地层中埋藏的考古遗迹，必然会形成地表土壤色泽与含水量的差异、植被生长与分布异常和土壤侵蚀差异，从而产生特殊微地貌特征，这在遥感影像中都会以特殊的图案显示出来，形成特定的遗迹影像标志，成为考古遗址中遥感影像的解译依据。

考古遗迹的影像标志很多，对不同遗址的反映情况各有特色，在不同的遥感影像上形成的图案也有很大的差别。遥感图像上，遗址信息判读的主要标志有阴影标志、土壤标志、植被标志、霜雪标志和雨水标志，等等。阴影标志常常出现于高台地域的遗址中，这类遗址受到地表水流的侵蚀较少，地面上往往会留下墙基、台基一类的夯土或石基残迹，构成考古遗址中特殊的微型地貌，在太阳光线的照射下会产生明显的阴影，由此可以判断出遗迹的形状、范围、布局等属性。土壤标志通常出现在那些埋藏深度很浅，且地面平坦、裸露的遗址中，因为古代道路、夯土、淤土等遗迹的色泽、结构、湿度等与其周围环境有一定的差异，这些差异能够在某些遥感影像上显示出来。土壤标志在比较干燥的季节效果最好，这时的遥感影像能反映出地下稍深地层中的遗迹，探查出诸如墓葬、城墙、古河道、夯土台基等遗迹。植被标志在遥感考古中的应用最为普遍。地下古代遗迹的土壤与其周围环境的土壤在含水量的多少、板结与疏松、贫瘠与肥沃等方面有着较大的差异，从而会导致灌木丛等生长与分布出现特定的规律，或使农作物、野草的色泽、密度、高度产生异常，在遥感影像上形成特殊的图案。霜雪标志是遗迹被薄雪或浓霜覆盖后，因为遗迹与其周围环境的土壤中热容量的差异，致使霜雪融化有先有后，在短暂的时间里霜雪的分布会勾勒出遗迹的轮廓。雨水标志也是在暴雨之后根据雨水淹没的情况，判断出墓葬、城墙、壕沟一类的遗迹。

（三）遥感考古技术的特点与优势

1. 覆盖范围广，可以获取全局信息

遥感探测具有覆盖范围广、视野大的特点，可以实现对考古区的整体的、宏观的观测，为考古工作提供有别于地面视野的全局景观。因此，它能将各种空间地理要素及在地面上看起来杂乱无章的某些遗址、遗迹联系起来，并通过隐约显露的“解译标志”进行综合分析，非常适合观测遗产价值突出、分布密集、规模宏大的历史文化片区。

2. 遥感考古可对目标进行无损探测

传统的考古通常是一种“入侵式”的探测方法，往往会损坏甚至毁坏考古目标。而遥感技术是一种非接触性的探测技术，它能从多层次、多光谱、多时相、多角度获取考古目标的综合信息，并制定发掘、保护和抢救方案；同时微波遥感技术还具有一定的穿透能力，可获取地下一定深度的遗址或古环境信息。因此，遥感考古是一种无损探测。

3. 能节省大量人力、物力和时间

遥感技术能够从不同的空间高度，利用多种地面信息，运用计算机图像处理技术，对考古目标进行全方位的分析和研究，因此具有速度快、周期短、方法灵活多样的特点，能节省大量的人力、物力和时间。另外，在一些交通不便、自然条件恶劣、地貌地形复杂的地区，用常规的考古方法很难开展工作，而遥感考古却可大显身手。

（四）遥感考古的主要应用

1. 古遗迹的勘查

利用遥感技术，能将在地面上不易发现、看起来杂乱无章的古遗址、遗迹，通过隐约显露的“解译标志”识别出来，这是遥感考古最主要的应用之一。图 9.20 为我国科学家 2016 年在“西部典型遗址遥感”项目研究中，利用无人机拍摄的那热德大墓图像。在遗迹现场，只能看出大墓的形状以及大墓周边局部的石头摆成的花纹，但在图像上，地面完全看不出的“十字形”大墓结构，清晰地显现了出来。

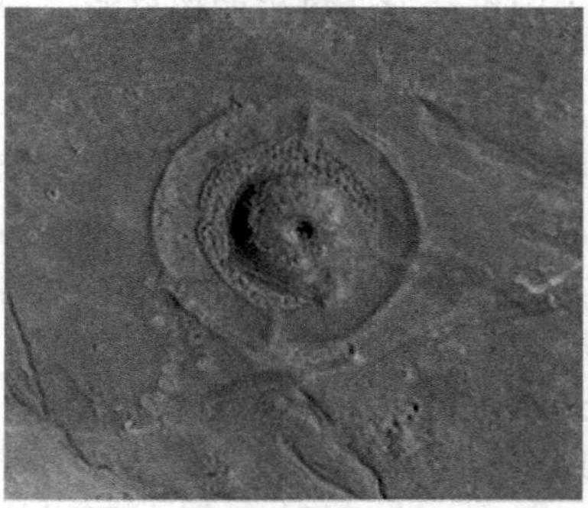

图 9.20　无人机拍摄的那热德大墓

1994 年，卢新巧等人用航天飞机成像雷达 SIR-C 数据探测到位于陕西和宁夏交界处干沙掩埋的古长城，引起国际遥感考古界的轰动。2016～2018 年，我国科学家王心源带领的空间考古研究团队，利用空间考古技术与方法，历经两年多时间在古代海上丝绸之路西端突尼斯发现 10 处古罗马时期考古遗址。这是我国科学家利用遥感技术首次在境外发现考古遗址，所发现的遗址揭示了古罗马时期南线军事防御系统的布局与农业灌溉系统的结构。新发现的 10 处遗址包括边墙 3 段、军事堡垒 2 个，以及农业灌溉系统 1 处、水窖 3 处、墓葬 1 处。这些考古遗址形成的证据链条反映出古罗马时期南部边疆的军事防御体系等情况。专家认为，此次遥感考古新发现对于研究古罗马时期军事防御系统、农业灌溉系统、古罗马与游牧民族关系，以及丝绸之路西端线路走向、古绿洲变迁、环境变化及其影响等具有重要意义。

2. 地下遗迹的无损探测

遥感考古能够对深埋于地下的古代遗迹、古墓实现无损探测。目前采用的无损探测方法主要包括磁力探测法、电阻率探测法、微波脉冲“探地雷达”以及地震探测法等。

2015 年 10 月 25 日，埃及、法国、加拿大和日本等考古学家和科学家共同发起了一个名为“扫描金字塔”的项目，试图通过无损勘探的方法，如红外热成像、调制热成像、μ介子探测、摄影测量与激光扫描等技术，对现存的埃及金字塔进行新的探索，进一步了解金字塔内部的方方面面。不久后，美国亚利桑那大学学者尼古拉斯·里维斯从扫描的图像中，敏锐地发现了墓穴墙壁上疑似有道密室之门，这与先前通过雷达、热成像等技术发现的墓穴墙后有真空区相呼应。美国《国家地理》杂志评选出 2015 年世界七大考古发现，其中之一便是考古学家运用激光扫描等技术，发现了古埃及法老图坦卡蒙金字塔中的密室。

利用遥感技术寻找密室的想法由来已久，早在 1974 年，美埃两国合作，希望利用美方的雷达技术在吉萨高原地区的金字塔中寻找未知的结构，但由于技术和条件的限制，直至数年后，才通过专业的地震仪与探地雷达，检测到一些墓道和密室。特别是近些年来，国外考古学界频繁使用该技术进行密室探测。2004 年，两名法国业余考古学家提出胡夫金字塔内“王后室”下面还有一个密室，通过探地雷达，进一步证明了他们的设想，探测结果还显示，通往该密室有一条神秘的走廊。

我国学者采用航空遥感高光谱技术和热红外遥感技术与磁法、电法等 20 多项国内外最先进的、高精度的物理探测技术，对秦始皇陵区 $2.13km^2$，陵园区 $56.25km^2$ 进行遥感和地球物理综合考古研究，探明地宫、建筑遗址、陪葬坑文物遗存等信息，并且在此基础上发展了用于探测和定位的新算法，如用遗传算法从雷达资料中提取古墓遗迹定位信息。

3. 环境考古

环境考古主要研究人类形成以来整个第四纪时期同人类有关的环境问题。随着遥感技术的不断进步，遥感考古可通过遗址生态环境的复原，全面了解当时人类的生产和生活，探知环境和气候的变化对人类文化的影响，还可以研究环境与人类起源和演化的关系，了解农业起源与环境的关系，等等。

1981 年 11 月，哥伦比亚号航天飞机飞越东撒哈拉沙漠上空时，获取了该区域的 SIR-A 雷达图像，McCauley 等通过对 SIR-A 图像上沙层覆盖下基岩的雷达回波的研究，揭示出了隐藏在数米沙层下的古河道。后期研究表明：非洲北部存在过比现今尼罗河水系更为庞大的河流水系，否定了那里不存在主干水系的论断。古河道为旧石器时代的人类提供了沙漠中的绿洲，揭示出当时撒哈拉沙漠的环境条件。

1994 年航天飞机成像雷达 SIR-C/X SAR 和 AIRSAR 对地处茂密森林的柬埔寨吴哥古城的研究，重建了吴哥古城的分布范围，使其由原来的 200～$400km^2$ 扩大到 $1000km^2$，重新勾绘出古运河水系，使人们了解到已消亡的吴哥古城的壮观原貌。

何宇华、孙永军等利用卫星遥感探索楼兰古城的消亡之谜，指出因古孔雀河上游两次地质滑坡堵住河道且切断供水源，导致楼兰古城因断水而被遗弃，最终消亡。这是目前国内首次利用卫星遥感图像分析、破解楼兰古城的消亡之谜。

4. 文化遗产保护

遥感技术在文化遗产保护方面有着其他技术无法比拟的优势。遥感技术不仅能全面准确地了解遗址的数量以及整体分布情况，了解遗址的空间结构和遗址所处的环境信息，还能通过对各类文化遗产进行数字化，建立空间数据库，并在此基础上进行虚拟现实等三维可视化研究。

雷达遥感能穿透云雨，长波雷达信号能穿透细颗粒干旱沉积物，便于发现边远、荒漠地区的地下遗迹。另外，雷达遥感能捕获地表粗糙度、土壤湿度、介电常数、微地形与地物几何特征等物理参数，可用于考古信息增强与目标识别。雷达干涉技术，尤其是多基线雷达干涉技术在遗产病害监测上具备独特优势。2012 年，联合国教科文组织（UNESCO）正式把雷达干涉作为遗产地保护与管理的新型技术手段。与此同时，欧洲学者们率先把经典的多基线雷达干涉技术应用于罗马遗址、威尼斯文化古城等文化遗产监测。

我国科学家陈富龙从 2012 年便专注于雷达遥感考古及遗产保护方法理论体系研究，研发了面向遗产病害监测与健康诊断的双尺度雷达干涉方法与模型，在全球首次应用于柬埔寨吴哥世界遗产地可持续发展评估中。该研究认为：雷达干涉“天眼”在世界遗产病害异常形变监测中具有非凡潜力；吴哥遗址核心区并未出现地下水下陷，地表总体稳定，推翻了古寺庙群倒塌原有主流论断；通过对重要寺庙结构不稳定性驱动力分析，发现地下水季节性变化、材质热胀冷缩与古建自然风化存在耦合与互动，可触发 1～2mm/a 差异性结构形变。研究构建的寺庙群病害演化动力模型为揭开吴哥世界遗产地退化之谜提供了全新视野与科学依据。

激光雷达能获得物体的三维图像，是遥感中的一项新兴技术，在文物的修复和数字化保存方面发挥着极其重要的作用。比如，风化侵蚀一直是石窟保护的一个难题，但运用激光雷达对石窟进行三维扫描成像，就可以通过计算机模型对其进行复原研究，并进一步分析破坏发生的原因，如温度、风力、湿度等，从而指导文物部门进行更加精细的修复。

二、遥感技术在测绘方面的应用

以下主要介绍利用遥感图像制作专题地图、编制遥感影像地图、修测地形图等方面的技术方法和过程。

（一）制作专题地图

遥感专题地图的制作，是指在计算机制图环境下，利用遥感资料编制各类专题地图的过程。编制专题地图是遥感信息在测绘制图和地理研究中的主要应用之一。图 9.21 概括了遥感专题地图制作的全过程，以下就其中一些关键的技术环节作重点阐释。

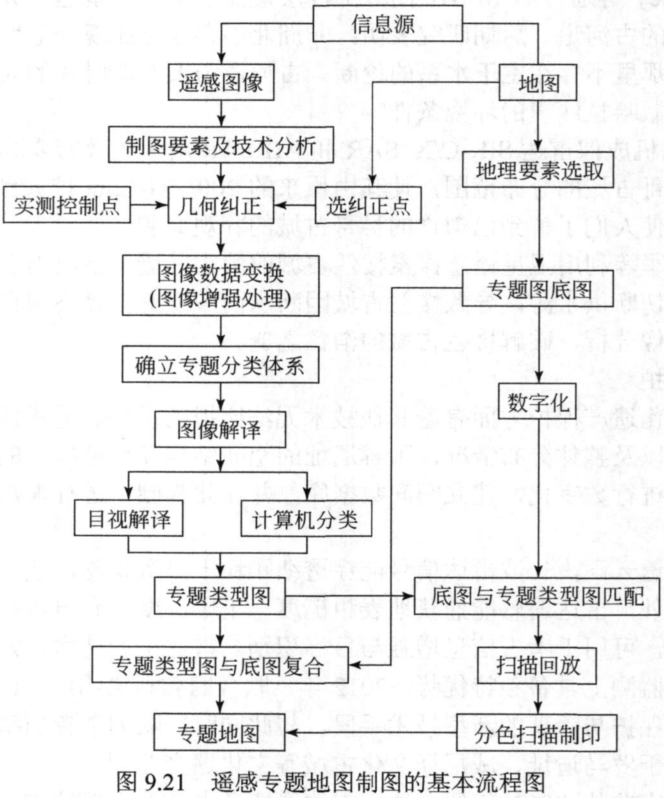

图 9.21　遥感专题地图制图的基本流程图

1. 遥感图像的选择

不同类型的遥感图像有不同的特点，有优点也有不足。因此，制作专题地图时，制图者要根据地图的主题、用途、比例尺要求等多种因素，综合确定遥感图像的类型、波段、时相。

在选择遥感图像类型时，空间分辨率是最为重要的考虑因素。因为遥感制图是利用遥感图像来提取专题制图信息的，所以在选择图像的空间分辨率时要考虑以下两个因素：一是解译目标的最小尺寸；二是地图的最终成图比例尺。解译目标指的是专题制图的制图对象。不同空间尺度或者规模下的制图对象的识别，对遥感图像的空间分辨率都有相应的要求。例如，全球尺度下的环境要素的制图，解译目标的最小尺寸比较大，要求低空间分辨率的图像就可以了，如气象卫星图像；而小尺度下的城市要素制图，解译目标的最小尺寸小，要求高空间分辨率的遥感图像才能满足要求。

遥感图像的空间分辨率与地图比例尺有密切的关系。不同的遥感数据可满足成图精度的比例尺范围是不同的，即遥感图像的空间分辨率决定了制图比例尺的大小。例如，TM 图像的空间分辨率是 30m，那么用它制作专题地图的比例尺在 1∶25 万～1∶50 万最为合适。遥感图像空间分辨率越高，图像可放大的倍数就越高，地图的成图比例尺就越大。

遥感制图时，选择遥感图像的时相，也就是遥感图像的成像时间也非常重要。遥感图像是某一瞬间地面实况的记录，而地理现象是变化、发展的。因此，在一系列按时间序列成像的多时相遥感图像中，必然存在着最能揭示地理现象本质的“最佳时相”图像。“最佳时相”就是图像上信息量丰富，而且探测目标与环境的信息差异最大、最明显、最容易识别的那个时间的图像。例如，编制地质地貌专题地图，选择秋末冬初或冬末春初的图像最为理想，因为这个时段的地面覆盖少，有利于地质地貌内在规律和分布特征的显示；进行“三北”防护林的遥感调查与制图，选择树木已经枝繁叶茂，但农作物及草本植被尚未覆盖地表的五月末的时相最为理想；解译海滨地区的芦苇地及其面积用五六月间的遥感图像；编制黄淮海地区盐碱土分布图用三四月间的图像比较适宜。总之，遥感图像时相的选择，既要考虑地物本身的属性特点，也要考虑同一种地物的空间差异。

2. 遥感图像处理

确定了遥感信息源之后，还必须根据遥感制图的任务要求，对所获得的原始遥感数据进行加工处理。图像处理主要包括图像的校正处理和增强处理。

遥感卫星在运行过程中，因为飞行姿态、飞行高度的变化、传感器光学系统本身的误差、地表起伏、地球自转等多种内部、外部因素的影响，必然引起遥感图像的几何畸变和辐射畸变。所以，在专题地图制图之前，必须对遥感图像进行几何校正和辐射校正，通过校正消除图像的各种变形，这样才能确保成图的精度。遥感专题制图时，要根据制图的目的、制图比例尺、专题要素的特点等多种因素，对遥感图像进行必要的校正处理。

图像增强处理的目的是突出相关专题信息，提高图像的视觉效果，使制图者能更容易地识别图像内容，从图像中提取更有用的专题要素信息。遥感数字图像增强处理的方法主要有对比度增强、图像滤波、彩色增强、图像运算、多光谱变换等多种方法。

3. 专题制图要素的提取

从经过处理的遥感图像上，通过图像解译提取专题制图要素，是遥感专题制图的关键。图像解译的方法有目视解译和计算机解译两种。需要强调的是，在提取专题要素之前，要制定出适合遥感制图需要的专题要素的分类系统。

目视解译是制图者通过观察和分析图像的影像特征，用肉眼识别并提取专题制图要素的一种解译方法。目前，遥感制图已经全面实现了数字化操作，目视解译也从过去手工蒙片解译发展为数字环境下的人机交互式图像解译。目视解译的关键是建立专题要素的解译标志。卫星图像的解译标志包括目标地物的色调、形状、大小、纹理、阴影、图案、空间组合、空间位置等八大要素。目视解译时，制图者要充分依据解译标志，综合使用多种解译方法进行专题要素的识别和提取。常用的目视解译方法有直接解译法、对比分析法和逻辑推理法。

计算机解译是利用专业图像处理软件，实现制图专题要素的自动分类。计算机自动分类有监督分类和非监督分类两种方法。监督分类根据已知试验样本提出的特征参数建立解译函数，对待分类像元进行归类；非监督分类根据待分类像元特征参数的统计特征，建立决策规则并进行制图要素的分类提取。解译得到的栅格数据，可以转换成矢量数据，以备进一步的处理使用。

4. 专题地图基础底图的编制

图像解译只是完成了从影像图到专题要素线划图的转化过程。为了说明专题要素的空间分布规律，还必须编制相应的基础底图。

传统的遥感制图中，编制基础底图时首先选择制图范围内相应比例尺的地形图并进行展点、镶嵌、照相，制成线划地形基础底图膜片，然后将地形基础底图蒙在影像图上，根据影像基础底图上解译的地理基础，更新地形基础底图上的要素（主要是水系要素），并对地形图上原有的地理要素进行适当的取舍，最后制成供转绘专题要素用的基础底图。这种线划基础底图的内容主要有水系、道路、境界线等，其比例尺与遥感图像一致。与此同时，可进一步编制出成图用的出版底图。

数字制图环境下，基础底图的编制与传统方法有所不同。一种方法是直接使用已经编好的数字底图资料。如果底图的数学基础、内容要素等与成图要求不同，用户可以通过投影转换或地图编辑功能进行统一协调。另一种方法是把相应的普通地图或专题地图进行扫描，然后与用户建立的数学基础进行配准，或经过几何纠正后，再根据基础底图的要求，分要素进行屏幕矢量化编辑，获得基础底图数据文件。

5. 专题要素解译图与地理底图的复合

在计算机制图环境下，通过人机交互解译或计算机解译得到的专题解译图，必须与地理底图文件复合，复合后的图形文件，经过符号设计、色彩设计、图面配置等一系列编辑处理过程，最终形成专题地图文件。

（二）制作卫星遥感影像图

卫星遥感影像图是以遥感影像为主体，并运用一定的地图符号、注记，直接反映制图对象地理空间分布和环境状况的地图。与普通线划地图相比，卫星遥感影像图具有鲜明的特点：一是以丰富的影像细节去表现区域的地理外貌，比单纯使用线划的地图信息量丰富，真实直观、生动形象，富于表现力；二是用简单的线划符号和注记表示影像无法显示或需要计算的地物，弥补了单纯用影像表现地物的不足，因而减少了制图工作量，缩短了地图的成图周期。

影像地图按其内容可以分为普通影像地图和专题影像地图两类。普通影像地图是综合了遥感影像和地形图的特点，在影像的基础上叠加了等高线、境界线、沟渠、道路、高程注记等内容；专题影像地图是以影像地图作基础底图，通过解译并加绘有专题要素位置、轮廓界线和少量注记制成的一种影像地图。因像片上有丰富的影像细节，专题要素又以影像作背景，两者可以相互印证，又不需要编制地理底图，因而具有工效高、质量好等优点，是有发展前途的一种新型地图。

制作卫星影像图首先需要选择遥感影像。遥感影像是影像地图的主体，因此，根据制图的目的、要求和成图比例尺等，选择最为合适的遥感图像至关重要。影像地图成图比例尺的大小，对遥感影像的空间分辨率的要求是不同的，表 9.4 是各种卫星影像与影像图成图比例尺之间的关系。例如，Landsat/MSS 空间分辨率 79m，成图比例尺最大就是 1∶50 万，Landsat/TM 空间分辨率 30m，最大成图比例尺为 1∶10 万。此外，因为不同时相的遥感影像所表现出来的地表信息的视觉效果是有差异的，所以，影像的选择还包括时相的选择，要根据制图需要选择最佳时相的遥感影像。

表 9.4 卫星影像与影像图成图比例尺之间的对应关系

卫星影像类型	分辨率/m	按规范规定最大成图比例尺	仅用于一般判读的成图比例尺
Landsat/MSS	79	1∶50 万	1∶25 万
Landsat/TM	30	1∶10 万	1∶5 万
SPOT-4/HRVIR	20（MS）；10（PAN）	1∶5 万	1∶2.5 万
SPOT-6、7/NAOMI	8（MS）；2（PAN）	1∶2.5 万	1∶1 万
IKONOS	4（MS）；1（PAN）	1∶1 万	1∶5000
QuickBird-2	2.44（MS）；0.61（PAN）	1∶5000	1∶2000

遥感影像确定之后，需要按照成图精度的要求对遥感影像做几何纠正处理。几何校正时，首先要在制图区域内均匀选择一定数量的控制点。控制点的坐标可以从地形图上选取，也可以通过 GPS 等其他测量工具实际测定，但用来选取控制点的地形图的比例尺通常要比影像图的比例尺大一个等级。然后，选择多项式校正模型或其他模型，把影像坐标转化成符合特定地图投影的地面坐标。最后，进行像元亮度值的重采样。

卫星遥感影像图可以是黑白影像图，但更多的是彩色影像图。彩色影像图的制作通常是利用多光谱遥感数据经过彩色合成技术实现的。不同的彩色合成方案所产生的图面效果不仅有真彩色和假彩色之分，而且对植被、土壤、水体等地物的表达效果有很大的差异。因此，制图者需要通过最佳合成方案获得最为理想的图面视觉效果。影像的处理还包括不同分辨率影像之间的融合，如 SPOT 多光谱影像与 SPOT 全色影像的融合、TM 多光谱影像与 SPOT 全色影像的融合，等等。融合的目的主要是进一步提高影像图的信息表现力。

当制图区域比较大时，需要对多景遥感影像进行镶嵌。镶嵌处理直接影响到遥感影像图的视觉效果和信息表达能力，因此，在遥感影像选择时应尽可能选择同一时相的影像，同时还必须做影像基色和反差调整处理以及镶嵌边的平滑处理，力争做到无缝镶嵌。

符号和注记是遥感影像图上必不可少的要素。为了保证影像图的现势性，卫星影像图的地图符号是在屏幕上通过判读地形图上的同名点进行的影像符号化，即在栅格图像上用鼠标输入的矢量图形。有些要素在影像上很难获取，如境界线等，需要采用地图数字化方式或直接利用 GIS 数据库中的地理要素矢量数据，经矢量-栅格变换后与影像配准并复合。由此可见，在影像上标绘地理要素与将地形图上的地理要素叠合在影像上是两回事。

（三）修测地形图

遥感数据具有实时性、真实性、综合性和客观性等特点，是修测地形图的理想数据源。同时，利用卫星影像修测地形图具有速度快、费用低的特点。因为地表地形一般情况下很少发生大的变化，所以修测的主要内容是城镇居民地、道路、水系以及部分地物类型，还包括对变化的地名的更新。

卫星遥感图像由于空间分辨率的差异，适合修测不同比例尺的地形图。一般来说，修测 1∶5 万地形图最好使用分辨率在 5m 左右的遥感图像，修测 1∶1 万比例尺地形图最好使用分辨率在 1m 左右的遥感图像，如 IKONOS 全色影像分辨率为 1m，用于修测 1∶1 万比例尺地形图最为合适。ZY-3 卫星是我国高分辨率立体测图卫星，正视影像分辨率为 2.1m，前视、后视影像分辨率由 01 星的 3.5m 提升到 02 星的 2.5m，可满足 1∶5 万比例尺立体测图需求以及 1∶2.5 万和更大比例尺地图的修测和更新。由此可见，同一种遥感图像可修测的地形图的比例尺，比制作遥感影像地图的比例尺小一档。例如，用 TM 图像制作遥感影像地图的最大比例尺是 1∶10 万，那么其可修测的地形图的比例尺最大是 1∶25 万。以下是利用 ZY-3 02 星 2.1m 分辨率正视影像修测 1∶2.5 万地形图的主要技术过程。

（1）待修测地形图的数字化及其几何校正。首先把 1∶2.5 万地形图扫描数字化后形成数字栅格地图（DRG）或数字矢量地图（DLG）。然后，对 DRG 进行几何校正处理，消除在扫描过程中产生的各类变形，改变扫描地形图的坐标系统，同时设置投影参数。

（2）遥感图像的几何校正。利用校正好的 DRG 或 DLG 对 ZY-3 02 星的正视影像进行几何精校正，使其具有和 DRG 或 DLG 完全一致的地图投影，为下一步地形图内容的修测做好准备。

（3）地形图修测。在确定经过几何校正处理后的 DRG 或 DLG 和遥感图像完全匹配的基础上，通过细致的观察、比对，去除 DRG 或 DLG 上已经变化了的地物，绘制变化后的地物，形成更新后的地形图。

思 考 题

1. 地表水资源遥感监测的主要内容有哪些？
2. 简要说明遥感地质矿产资源勘查的工作程序。
3. 利用遥感技术提取区域土地利用变化信息的主要方法有哪些？
4. 大面积农作物遥感估产的基本程序和主要内容是什么？
5. 遥感技术监测森林火灾的基本原理是什么？试列举几种可用于森林火灾监测的遥感数据类型。

第九章测试题

主要参考文献

陈桂红，唐伶俐，戴昌达，等. 2003. 洪涝灾情快速反应的星载SAR与TM数据的融合处理.地球信息科学，（1）：103-108

陈启浩. 2007. 面向对象的多源遥感数据分类计数研究与实现. 北京：中国地质大学（北京）

陈述彭. 1997. 遥感地学分析的时空维. 遥感学报，1（3）：161-171

陈述彭，赵英时. 1990. 遥感地学分析. 北京：测绘出版社

陈晓玲，赵红梅，田礼乔. 2008. 环境遥感模型与应用. 武汉：武汉大学出版社

陈晓翔，丁晓英. 2004. 用FY-1D数据估算珠江口海域悬浮泥沙含量. 中山大学学报，43（增刊）：194-196

陈新芳，安树清，陈镜明，等. 2005. 森林生态系统生物物理参数遥感反演研究进展. 生态学杂志，24（9）：1074-1079

戴昌达，姜小光，唐伶俐. 2004. 遥感图像应用处理与分析. 北京：清华大学出版社

戴昌达，唐伶俐，陈刚，等. 1993. 从TM图像自动提取洪涝灾情的研究. 自然灾害学报，2（2）：50-54

党安荣，贾海峰，陈晓峰，等. 2010. 遥感图像处理教程. 北京：清华大学出版社

杜培军. 2006. 遥感原理与应用. 徐州：中国矿业大学出版社

杜子涛，杨小明，颜树强，等. 2012. 奈曼旗土地退化遥感监测研究. 农业工程学报，28（3）：154-161

高隽. 2007. 人工神经网络原理及仿真实例. 2版. 北京：机械工业出版社

高懋芳，覃志豪，刘三超. 2005. MODIS数据在林火监测中的应用研究. 国土资源遥感，（2）：60-63

关泽群，刘继琳. 2007. 遥感图像解译. 武汉：武汉大学出版社

胡嘉骢，朱启疆. 2010. 城市热岛研究进展. 北京师范大学学报（自然科学版），46（2）：186-193

胡运发. 2003. 数据与知识工程导论. 北京：清华大学出版社

黄家柱，尤玉明. 2002. 长江南通河段卫星遥感水深探测试验. 水科学进展，13（2）：235-239

黄韦艮，毛显谋，张鸿翔，等. 1998. 赤潮卫星遥感监测与实时预报. 海洋预报，15（3）：110-115

黄耀欢，江东，庄大方，等. 2012. 汤逊湖水体叶绿素浓度遥感估测研究. 自然灾害学报，21（2）：215-222

贾海峰，刘雪华. 2006. 环境遥感原理与应用. 北京：清华大学出版社

黎夏. 1992. 悬浮泥沙遥感定量的统一模式及其在珠江口中的应用. 遥感学报，7（2）：106-110

黎夏. 1995. 形状信息的提取与计算机自动分类. 环境遥感，10（4）：279-287

李弼程，彭天强，彭波. 2004. 智能图像处理技术. 北京：电子工业出版社

李朝峰. 2004. 基于知识发现和决策规则的遥感图像城区土地覆盖/利用分类方法. 计算机工程与应用，（23）：212-215

李德仁，张良培，夏桂松. 2014. 遥感大数据自动分析与数据挖掘测绘学报，43（12）：1211-1216

李登科. 2005. 高泥沙含量洪水的MODIS遥感识别. 灾害学，20（3）：29-35

李继龙，唐援军，郑嘉淦，等. 2007. 利用MODIS遥感数据探测长江口及邻近海域赤潮初步研究. 海洋渔业，29（1）：25-31

李锦萍，李永刚，刘秀芳. 2006. Landsat卫星WRS网格坐标位置估算方法的研究. 测绘科学，31（3）：52-53

李京. 1986. 水域悬浮固体含量的遥感定量研究. 环境科学学报，6（2）：166-173

李爽，张二勋. 2003. 基于决策树的遥感影像分类方法研究. 地域研究与开发，22（1）：17-21

李伟云. 2001. TM遥感数据在中甸县森林资源调查中的应用. 林业调查规划，26（2）：36-45

李晓琴，田奎，余珍风. 2009. 黄河流域水土流失遥感监测. 国土资源遥感，（4）：57-61

李炎，李京. 1999. 基于海面-遥感器光谱反射率斜率传递现象的悬浮泥沙遥感算法. 科学通报，44（17）：1892-1897
李志勇，陈虹，卢汉民. 2010. 遥感技术在地质灾害调查中的应用. 测绘技术装备，12（1）：30-31
梁继，王建，王建华. 2002. 基于光谱角分类器遥感影像的自动分类和精度分析研究. 遥感技术与应用，17（6）：299-303
林辉，童显德，黄忠义. 2002. 遥感技术在我国林业中的应用与展望. 遥感信息，（1）：39-43
刘良明. 2005. 卫星海洋遥感导论. 武汉：武汉大学出版社
刘龙飞，陈云浩，李京. 2003. 遥感影像纹理分析方法综述与展望. 遥感技术与应用，18（6）：441-447
刘彤，闫天池. 2011. 我国的主要气象灾害及其经济损失. 自然灾害学报，20（2）：90-95
楼琇林，黄韦艮. 2003. 基于人工神经网络的赤潮卫星遥感方法研究. 遥感学报，7（2）：125-130
马金峰，詹海刚，陈楚群，等. 2008. 赤潮卫星遥感监测与应用研究进展. 遥感技术与应用，23（5）：604-610
梅安新，彭望琭，秦其明，等. 2001. 遥感导论. 北京：高等教育出版社
倪金生，李琦，曹学军. 2004. 遥感与地理信息系统基本理论和实践. 北京：电子工业出版社
年波，杨士剑，王金亮. 2004. 植被遥感信息提取的最佳波段选择——以云岭中部山区为例. 云南地理环境研究，16（02）：18-21
彭定志，郭生练，黄玉芳，等. 2004. 基于 MODIS 和 GIS 的洪灾监测评估系统. 武汉大学学报，37（4）：7-10
彭望琭，白振平，刘湘南，等. 2002. 遥感概论. 北京：高等教育出版社
浦瑞良，宫鹏. 2001. 高光谱遥感及其应用. 北京：高等教育出版社
日本遥感研究会. 2011. 遥感精解. 修订版. 刘勇卫，译. 北京：测绘出版社
沙晋明. 2012. 遥感原理与应用. 北京：测绘出版社
申克建. 2009. CBERS CCD 数据土地利用/覆被分类研究. 北京：中国地质大学（北京）
沈国状，廖静娟. 2007. 面向对象技术用于多极化 SAR 图像地表淹没程度自动探测分析. 遥感技术与应用，22（1）：79-82
石菊松，吴树仁，石玲. 2008. 遥感在滑坡灾害研究中的应用进展. 地质论评，54（4）：505-514
史同广，王丽娟，孟飞. 2008. 济南市城市热岛遥感反演. 山东建筑大学学报，23（6）：482-485
舒宁. 2000. 微波遥感原理. 武汉：武汉测绘科技大学出版社
舒守容，陈健. 1982. 水体悬浮泥沙含量遥感的模拟研究. 泥沙研究，（3）：43-51
宋立松，陈武，向卫华，等. 2004. 基于粗糙集的杭州湾含沙量遥感模型. 水利学报，2004（5）：58-62
孙家抦. 2003. 遥感原理与应用. 武汉：武汉大学出版社
塔西甫拉提·特依拜，丁建丽. 2002. 干旱区绿洲遥感技术研究. 新疆大学学报（自然科学版），19（4）：483-487
王静. 2006. 土地资源遥感监测与评价方法. 北京：科学出版社
王军，许世远，石纯，等. 2008. 基于多源遥感影像的台风灾情动态评估——研究进展. 自然灾害学报，17（3）：22-28
王其茂，马超飞，唐军武，等. 2006. EOS/MODIS 遥感资料探测海洋赤潮信息方法. 遥感技术与应用，21（1）：6-11
王桥，杨一鹏，黄家柱. 2005. 环境遥感. 北京：科学出版社
王世新，阎守邕，魏成阶. 2000. 基于网络的洪涝灾情遥感速报系统研制. 自然灾害学报，9（1）：19-25
王治华. 1999. 滑坡、泥石流遥感回顾与新技术展望. 国土资源遥感，（3）：10-15
韦玉春，汤国安，汪闽，等. 2015. 遥感数字图像处理教程. 2 版. 北京：科学出版社

吴孟泉，崔伟宏，李景刚. 2007. 温度植被干旱指数（TVDI）在复杂山区干旱监测的应用研究. 干旱区地理，30（1）：30-35

徐冠华，柳钦火，陈良富，等. 2016. 遥感与中国可持续发展：机遇和挑战. 遥感学报，20（5）：679-688

徐升，张鹰，王艳姣，等. 2006. 多光谱遥感在长江口水深探测中的应用. 海洋学研究，24（1）：83-89

徐希孺. 2005. 遥感物理. 北京：北京大学出版社

许珺，方红亮，傅肃性，等. 1999. 运用 SPOT 数据进行河流水体悬浮固体浓度的研究——以台湾淡水河为例. 遥感技术与应用，14（4）：17-22

杨存建，魏一鸣，王思远，等. 2002. 基于 DEM 的 SAR 图像洪水水体的提取. 自然灾害学报，11（3）：121-125

杨存建，周成虎. 2001. 利用 RADARSAT SWA SAR 和 LANDSAT TM 的互补信息确定洪水水体范围. 自然灾害学报，10（2）：79-83

袁金国. 2006. 遥感图像数字处理. 北京：中国环境科学出版社

张树誉，景毅刚. 2004. EOS-MODIS 资料在森林火灾监测中的应用研究. 灾害学，19（1）：58-63

赵卫平，李晓静. 2010. 遥感影像技术在国土资源动态监测中的应用. 测绘与空间地理信息，33（5）：50-56

赵英时，等. 2013. 遥感应用分析原理与方法. 2 版. 北京：科学出版社

周成虎，骆剑承，杨晓梅，等. 1999. 遥感影像地学理解与分析. 北京：科学出版社

朱述龙，张占睦. 2002. 遥感图像获取与分析. 北京：科学出版社

诸云强，孙九林. 2006. 土地利用遥感动态监测应用研究——以兰州安宁区为例. 资源科学，28（2）：82-87

Benz U C，Peter H，Gregor W，et al. 2003. Multi-resolution，object-oriented fuzzy analysis of remote sensing data for GIS-ready information. Journal of Photogrammetry and Remote Sensing，58（3）：239-258

Bittencourt H R，Clarke R T. 2003. Use of classification and regression trees（CART）to classify remotely-sensed digital images. Geoscience and Remote Sensing Symposium，6：3751-3753

Flasse S P. 1996. A contextual algorithm for AVHRR fire detection. International Journal of Remote Sensing，17（2）：419-424

Friedl M A，Brodley C E. 1997. Decision tree classification of land cover from remotely sensed data. Remote Sensing of Environment，61（3）：399-409

Groom S B，Holligan P M. 1987. Remote sensing of coccolithophore blooms. Advances in Space Research，7（2）：273-280

Holligan P M，Viollier M，Dupouy C，et al. 1983. Satellite studies on the distributions of chlorophyll and dinoflagellate blooms in the western English Channel. Continental Shelf Research，2（2-3）：81-96

Huete A R. 1992. Normalization of multidirectional red and NIR reflectances with the SAVI . Remote Sensing of Environment，41（2-3）：143-154

Ichoku C，Kaufman Y J，Giglio L. 2003. Comparative analysis of daytime fire detection algorithms using AVHRR data for the 1995 fire season in Canada：perspective for MODIS. International Journal of Remote Sensing，24（8）：1669-1690

Jensen J R. 2007. 遥感数字影像处理导论. 陈晓玲，田礼乔，吴忠宜，等译. 北京：机械工业出版社

Jensen J R，Qiu F，Patterson K. 2001. A neural network image interpretation system to extract rural and urban land use and land cover information from remote sensor data. Geocarto International，16（1）：21-30

Liu Z J，Liu A X，Wang C Y，et al. 2004. Evolving neural network using real coded genetic algorithm（GA）for multispectral image classification. Future Generation Computer Systems，20（7）：1119-1129

Moore I D，Burch G J. 1986. Modelling erosion and deposition：topographic effects. Transactions of the ASABE，

29（6）：1624-1630

Muchoney D M，Strahler A H. 2002. Pixel and site-based calibration and validation methods for evaluating supervised classification of remotely sensed data. Remote Sensing of Environment，81（2）：290-299

Qiu F，Jensen J R. 2004. Opening the black box of neural networks for remote sensing image classification. International Journal of Remote Sensing，25（9）：1749-1768

Sandholt I，Rasmussen K，Andersen J. 2002. A simple interpretation of the surface temperature/vegetation index space for assessment of surface moisture status. Remote Sensing of Environment，79（2）：213-224

Steidinger K A，Haddad K. 1981. Biologic and hydrographic aspects of red tides. BioScience，31（11）：814-819

Townshend J R G，Justic C O. 2002. Towards operational monitoring of terrestrial systems by moderate-resolution remote sensing. Remote Sensing of Environment，83（1）：351-359

Wang F. 1990. Fuzzy supervised classification of remote sensing images. IEEE Transactions on Geoscience and Remote Sensing，2（2）：194-201

Wischmeier W H. 1976. Use and misuse of the universal soil loss equation. Journal of Soil and Water Conservation，31（1）：51-56

Yang D T，Pan D L，Zhang X Y，et al. 2005. Detection of algal blooms with in situ and MODIS in lake Tai Hu, China. Proceedings of SPIE，5977：178-185

Zhang Q F，Wang J F. 2003. A rule-based urban land use inferring method for fine-resolution multispectral imagery. Canadian Journal of Remote Sensing，20（1）：1-13